이 책은 세 부분으로 나뉘어 있다. 제1부 "창의성의 기술" 에서 기존의 여러가지 기술 창의성의 방법론들을 그 철학적 배경과 함께 분석한다. 제2부 "발명의 변증법" 에서 우리에게 발명의 문제를 해결하는 새로운 접근방법이자 해결의 열쇠인, 아리즈를 설명하고 있다. 이 책의 마지막인 제3부, "인간과 알고리듬" 에서는 창의성의 주요 장애물인 심리적 장벽을 다루면서, "트리즈 마인드" 를 고양시켜 어떻게 이 심리적인 관성을 극복할 수 있는가를 설명하고 있다. 또한 알트슐러는 타협 없이 많은 기술적 모순을 해결할 수 있게 하는 40가지 원리를 설명하고 있다.

The Innovation Algorithm

Triz, Systematic innovation and technical Creativity

트리즈, 체계적 이노베이션과 기술 창의성

새로운방식의 트리즈

겐리흐 알트슐러 저 박성균 역

도서출판 GS인터비전

알트슐러

1926년 10월 15일 ~ 1998년 9월 24일

창의적인 일에 몰두하는 사람은 나쁜 사람일리 없다.
귀중한 시간을 쓸 뿐, 나쁜 사람이 되는 것에 관심이 없다.
나는 굴라그 캠프에서 이 사실을 알았다…

the Innovation Algorithm

차례

머리말

1998년 초, 우리의 마지막 번역서인, **40가지 원리(40 Principles)**가 출판된 이래, 트리즈의 발전과 보급에 여러 중요 사건들이 있었다. 그러나 그 모든 것들이 다음 한 사건 앞에서 빛을 잃었다.

1998년 9월 24일, 알트슐러(Genrich Saulovich Altshuller), 오랜 병고 끝에 세상을 뜨다.

이 소식은 개인적으로 또는 책을 통해서 알트슐러를 아는 모든 사람들에게 충격을 주었다. 우리에게 다소나마 위안이 되는 것은, 알트슐러는 생전에 자신의 사상이 러시아의 지하로부터 전세계적인 현상의 씨앗으로 싹트는 것을 볼 수 있다는 점이다. 우리의 첫번째 알트슐러 번역서, **그러자 갑자기 발명가가 나타났다(And Suddenly The Inventor Appeared)**는 채 5 년도 안 되어, 스페인어, 일본어, 중국어, 한국어로 번역되었다. 이 책은 세계 각지에서 두 번째 인쇄에 들어갔고, 미국에서는 네 번째 인쇄를 계획 중이다. 이제 트리즈에 관한 지식은 전세계로 퍼지고 있으며, "트리즈"라는 단어 자체가 현대의 이노베이션[1]과 동의어가 되었다. 그리고 트리즈 연구를 위해 알트슐러 협회(Altshuller Institute)가 세워졌고, 그의 이름을 딴 것을 대단한 영광으로 여기고 있다.

오늘날 수천명의 사람이 트리즈를 배우면서, 그것을 인간 활동의 모든 분야에 응용하기 위한 새로운 길을 열어가고 있다. 트리즈는 기술 분야에 처음 적용되었지만, 이제 경영, 마케팅, 예술, 교육, 심리학, 그리고 그 밖의 여러 다른 분야에 응용되기 시작했다. 발전해가는 트리즈가 이제 우리 인류와 지구를 가장 위협하는 문제들을 해결하기 위한 전례

---

1) 혁신(革新)이라는 말은 급진적인 경우만을 뜻하지만 이노베이션(Innovation)은 급진적인 경우와 점진적인 경우를 모두 포함한다. 따라서 구분하여 사용할 필요가 있다. - 역자 주

없는 기회를 줄 것이다.

고맙게도, 이 경이적인 과학의 창시자는 자신의 영웅적인 삶의 노력이 가져온 결과를 보면서 살았다. 앞으로 언젠가 알트슐러라는 이름이 인류의 운명을 결정한 위인들 이름 사이에 새겨질 것이라고 우리는 확신한다.

트리즈에 관한 이야기가 널리 퍼져감에 따라, 서방의 독자들은 알트슐러의 원저(原著), 특히 트리즈 철학이 과학으로서 형태를 갖추어가기 시작할 무렵에 쓰인 기본서들을 더욱 더 요구하고 있다. 그런 요구에 부응하여, 우리는 TIC(Technical Innovation Center)에 그의 저서들을 가능한 많이 번역하고 출판하도록 부탁했다.

당신이 손에 있는 **이노베이션 알고리듬(The Innovation Algorithm)**은 트리즈의 길잡이 교본이다. 이 책은 1969년에 처음 출판되었고, 1973년에는 대폭 보완된 제2판이 나왔다. 이 책에서 알트슐러는 트리즈 이론과 방법론에 대한 기초를 마련하였고, 트리즈의 강력한 문제해결 능력을 실현하기 위해, 섬세하게 다듬어진 아리즈(ARIZ)라는 알고리듬을 경험하게 해 주었다.

이 책을 번역하면서, 우리는 알트슐러 저서의 깊이와 철학적인 기초에 매료되어 무척이나 놀랐다. 첫 출판 뒤 35년이나 지난 지금도, 기술 창의성에 관한 그의 개념은 여전히 응용될 뿐만 아니라, 기술 문제를 빠르고 효과적으로 해결하는 아주 강력한 도구가 되었다. 이 사실로부터 알트슐러가 아리즈로 쌓은 기초가 얼마나 튼튼한지 우리는 알 수 있다.

이 책 **이노베이션 알고리듬**은 세 부분으로 나뉘어 있다. 제1부 "창의성의 기술"에서 알트슐러는 기존의 여러 가지 기술 창의성의 방법론들을 그 철학적 배경과 함께 분석한다. 그는 인류가 혁신을 위한 새롭고 보다 효율적인 도구와 도움을 필요로 하고 있다고 결론짓는다. 사람들이 의사나 음악가가 되기 위해서 훈련을 받는 것처럼, 혁신적인 사고를 얻기 위해 훈련 받을 수 있다고 그는 주장한다. 이용할 수 있는 방대한 자료들을 분석하면서, 알트슐러는 모든 사람이 창의성과 혁신에 관해서 배울 수 있는 기초적이고 실제적인 방법과 법칙이 있다고 지적한다. 이 숙련된 기술을 가지고 사람들은 이노베이션을 수행하는 능력을 높일 수 있다. 제1부는 이상 시스템(Ideal System)에 대한 그의 비전을 제시하고, IFR(Ideal Final Result, 이상적인 최종 결과)를 얻는 데 항상 장애가 되는 여러 가지 유형의 모순을 다루는 것으로 끝맺는다. 중요한 것은 도처에 나타나는 전형적 장애물을 극복하는 법을 배우는 것이다.

제2부 "발명의 변증법(The Dialectic of Invention)"에서 알트슐러는 우리에게 발명의 문제를 해결하는 새로운 접근방법이자 해결의 열쇠인, 아리즈(ARIZ, 'Algorithm of Inventive Problem Solving'의 러시아어 머리글자)를 설명하고 있다. 이 과정은 한 단계 한 단계씩 정확하게 문제 정의를 제공하여, 사용자가 이상적인 해결책의 개념에 이르도록 도와준다. 또한 알트슐러는 타협 없이 많은 기술적 모순을 해결할 수 있게 하는 40가지 원리를 설명하고 있다.

이 책의 마지막인 제3부, "인간과 알고리듬(Man and Algorithm)"에서는 창의성의 주요 장애물인 심리적 장벽(Psychological Barrier)을 다루면서, "트리즈 마인드"(높은 창의적인 의식)를 고양시켜 어떻게 이 심리적인 관성을 극복할 수 있는가를 설명하고 있다.

우리의 견해로는, 이 책이 20세기의 경이로운 과학적 작품이 될 것이 틀림없다.

알트슐러가 러시아어로 쓴 책을 번역하는 것은 꽤 힘든 작업이었다. 알트슐러가 글을 쓰는 스타일은 과학자보다는 소설가에 더 가깝다. 그가 쓴 글은 러시아어로만 이해가 잘 되는 용어로 되어있다. 사실 러시아의 몇몇 트리즈 전문가들은, 알트슐러의 저서를 다른 언어로 번역하는 것 자체가 불가능하다는 견해를 나타내기도 한다. 우리는 알트슐러의 글이 지닌 본래의 맛을 간직하려고 노력했다. 완성하는 데 1년 이상 걸리는, 길고도 꼼꼼한 과정이었다. 우리는 번역과정을 다음과 같은 단계로 나누어 진행했다.

1. 레브(Lev)가 초벌 번역을 하였다.
2. 스티브(Steve)가 될 수 있는 한 영어해석에 가깝도록 다시 썼다.
3. 스티브의 번역이 정확한지 레브가 점검하고, 필요한 경우 교정했다.
4. 둘이 함께, 의심이 가는 구절을 재번역하여 적합한 의미를 갖게 했다.
5. 스티브가 최종 편집 원고를 작성했다.

6. 리차드 랭게빈(Richard Langevin)이 "논리상의 오류"를 찾기 위해 이 원고를 읽어 보았다.
7. 로빈 컬터(Robyn Culter)가 전체적인 교정을 보았다.
8. 레브와 스티브가 마지막 원고를 최종 검토하였다.

결과적으로, 잘된 것에 관한 모든 영예는 알트슐러에게, 잘못된 것에 대한 모든 책임은 레브 슐리악(Lev Shulyak)과 스티브 로드먼(Steve Rodman)에게 돌아가야 할 것이다.

마지막으로, 우리는 독자가 이 책을 철저히 즐기고, 이 새로운 과정이 지닌 힘에 불타올라 기술 창의성을 정복하기를 희망한다.

레브 슐리악과 스티브 로드먼

1999년 1월

우리는 다음 사람들에게 심심한 감사를 표하고 싶다:

Robyn Culter, Lidya Shulyak, Victor Fey, Simon Litvin, Boris Zlotin, Leonid Lerner, Richard Langevin, Isak Bukhman, Larry Abramoff, Jampa Dhondup, Thinley Dhargay, Peter Thuse (Commonwealth Printing), Peter Geraty (Praxis Bindery), & Bookcrafters Inc.

알트슐러(1926~1998)를 위하여

세 가지 질문

알트슐러와의 짧은 인터뷰, 1998년 여름

이 책의 번역을 준비하면서 우리는 책에 넣을 특별 서문을 부탁하려고 알트슐러를 찾아갔다. 이것은 그에게 서방의 새로운 독자들에게 개인적인 인사말을 할 기회였고, 그리고 어쩌면 그의 두뇌의 산물인 트리즈의 미래 발전에 대한 자신의 소망과 우려를 표현할 수 있는 자리였을 것이다.

알트슐러는 기꺼이 승낙하였다. 그러나 그는 자신의 건강이 좋지 않기 때문에, 우리가 그를 위해 서문을 써야만 한다고 말했다. 알트슐러와 인터뷰를 하고 그의 대답으로 서문이 만들어지기 전까지, 우리 두 사람은 그의 그런 말이 의아스러웠다. 그의 말년의 작품 방향을 보여주는 그의 논조는 기술적이라기 보다는 인간적이고 철학적이었다.

1998년 한 여름, 그렇게 우리는 알트슐러에게 일반적인 질문 세 개를 적어 보냈는데, 이것은 폭 넓은 문제를 제기하여 그의 고찰과 반응을 이끌어 내기 위한 작전이었다. 그러면, 계속되는 질문과 대답으로 그의 생각이 드러날 것 같았다.

불행하게도, 하늘은 다른 계획을 갖고 있었다.

지금 가지고 있는 것은, 우리 최초의 질문에 대한 그의 최초의 대답뿐이다. 알트슐러에 대한 깊은 존경과 애정으로, 그 내용을 여기 싣는다.

질문 1 :

트리즈가 인간의 복지에 장기적으로 어떤 영향을 줄 것이라고 생각합니까?

"물론, 나는 이 질문에 낙관적인 생각으로 대답하고 싶습니다. 그러나, 과학과 기술이 겪어온 역사는 우리에게 위안적이지 못한 전망을 보여줍니다. 사회적 복지, 선과 악 사이의 사회적 관계는 과학과 기술의 수준과는 그다지 관계가 없습니다. 이 말이 역설적으로 들릴지도 모르지만..."

질문 2 :
기술 체계를 넘어서 트리즈의 장래 중요한 응용분야는 무엇입니까?

"이것은 매우 흥미로운 질문입니다. 과학자와 발명가들은 오랫동안 자신들의 환상에 빠져 있었습니다. 때때로, 새로운 탐구는 전통적인 과학과 기술이 쳇바퀴 돌 듯 하고 있는 영역에서만 이루어집니다. '위대한 극점 통과' 뒤에도 잠시 다음과 같은 똑같은 논쟁이 있었습니다: '북극에 감으로써 우리가 얻는 것은 무엇인가? 그곳은 불모지일 뿐이다.' 물론 그곳은 쓸모없는 얼음만 있는 불모지입니다. 그러나, 대단히 많은 과학 연구와 거의 모든 기술이 어떤 식으로든 '위대한 극점 통과' 에 관련되어 있습니다. 이렇게 '가치 없다' 고 여겨졌던 여러 발견과 발명들이 나중에는 일반적인 기술분야에서 쓰이게 되었습니다.

질문 3 :
트리즈가 널리 응용되면, 의심할 여지없이, 기술 폭발이 일어날 것입니다. 이것은 좋은 것입니까, 아니면 나쁜 것입니까?

"좋지도 나쁘지도 않습니다. 그것은 불가피하지요. 만약 사람들이 "기술 폭발" 을 이해하게 될 만큼 튼튼한 이론을 만들 수 있다면, 그들은 열정을 갖고서 흥분되는, 흥미로운 세상을 살게 될 것입니다. "기술 폭발" 을 통제할 수 없다면, 인류는 슬픈 시대를 맞이할 것입니다."

세 명의 트리즈 대가(大家)가 바치는 감사의 글

1998년 9월 트리즈의 아버지인 알트슐러는 빅터 페이(Victor Fey), 보리스 즐로틴(Boris Zlotin), 시몬 리트빈(Simon Litvin)을 트리즈의 대가로 임명하였다. 이들 세 사람은 모두 알트슐러의 가장 가까운 동료들로서, 그들의 모국어인 러시아어로 쓰여진 '이노베이션 알고리듬(The Innovation Algorithm)'을 처음 대하고는 깊은 영향을 받았다. 우리는 그들에게, 그들의 삶에 있어서 이 책이 갖는 의미를 짤막한 글로 써달라고 요청했다. 다음은 그들이 이 책과 저자에게 감사의 표시로 바친 글이다.

보리스 즐로틴(Boris Zlotin)

인류의 역사는 자신들의 삶과 운명을 통제하는 사람들의 역사이다.

농업은 끊임없이 증가하는 인구에 대해 충분한 식량을 제공한다. 산업은 기후와 자연재해에 대한 의존을 줄이는 데 도움을 주었다. 글을 쓰고 출판하는 능력, 그리고 현대의 컴퓨터는 지식을 효과적으로 교환하고 이용할 수 있게 해준다. 오늘날, 기술 진화의 미래에 대한 예견이라는 가장 중요한 것 한 가지를 제외하고는, 인류의 원초적 요구를 모두 만족시킬 수 있는 효과적인 수단들이 많이 존재한다. 수천 년 동안 사람들은 그들의 운명을 통제하여 그들의 비전에 운명을 맞추려는 노력을 해왔다. 그러나 그들은 무엇이 일어날지 예견할 수 있는 지식, 모순을 극복할 수 있는 지식, 그리고 비전을 실현하기 위해 과학기술 문제를 해결할 수 있는 지식을 파악하지 못하고 있었다.

미래에 대한 통제는 한 세기에 한 번 태어날까말까 할 정도의 천재 알트슐러가 만든 트리즈(발명문제 해결 이론)가 개발됨으로써 가능해졌다.

50여년 전인 1946년, 20세 때, 알트슐러는 모든 사람에게 더욱 창의적인 능력을 줄 수 있는 발명 방법론을 생각해내기로 마음 먹었다. 그는 이 방법론의 이름을 계속 바꾸었다. 처음에, 알트슐러는 이것을 이노베이션 알고리듬(Algorithm of Innovation)이라 불렀고, 다음엔 발명문제 해결 알고리듬(Algorithm of Solving Inventive Problem), 그 다음에는 발명문제 해결 이론(Theory of Solving Inventive Problem, TRIZ)이라 불렀다. 그 내용은 계속적으로 확장되었다. 오늘날, 트리즈는 기술 및 비기술 시스템에 대한 진화 이론이며, 그 발명 능력은 예측의 방법론, 과학 문제의 해결책, 창의성 훈련의 방법론 등과 함께 하나의 중요한 부분이다. 오늘날, 전 세계에서 수천 명의 사람들이 트리즈를 사용한다. 눈 사태 같은 이런 파급효과는 알트슐러라는 한 사람에 의해 촉발되었다.

당신이 손에 있는 이 책은 트리즈 발전에 있어서 하나의 이정표가 되었다. 이 책은 알트슐러가 창의성을 주제로 쓴 최초의 책도 마지막 책도 아니다. 그렇지만, 이것은 매우 특별한 책이다. 여기에 기술된 많은 도구들은 탁월하다. 이 책에는 기술 시스템의 진화 법칙, 물질－장 분석, 표준 해결책, 그리고 트리즈를 둘러싼 최근의 여러 기법들이 담겨 있지는 않다. 그러나 이 책에는 항상 트리즈의 중요한 토대가 되는 핵심 아이디어가 담겨 있다. 물리학에 뉴턴의 '프린키피아'[2]가 있듯이, 발명문제 해결 이론에는 이 책이 있다. 트리즈 전문가가 되고 싶은 모든 사람, 그리고 이상성(理想性), 기술적 모순, 기술 시스템의 진화, 그리고 그 밖의 많은 것들을 진정으로 이해하려고 하는 사람은 모두 먼저 이 책을 읽어야 한다.

내가 말하고 싶은 것이 하나 더 있다:

이 책은 나에게 개인적으로 매우 특별한 것이다.

내가 이 책을 처음 읽은 것은 1974년이었는데, **하멜린의 피리부는 사람(Hamelin's Pied Piper)**에 나오는 마술 피리처럼 이 책은 나를 먼 곳으로 데려갔다. 박사학위를 마무리하지 못한 체 나는 직업을 버리고, 전문적인 트리즈의 대가와 발명가가 되기 위한 경력을 성공적으로 쌓기 시작했다. 나는 그 길에서 내가 아는 가장 비범한 사람인 알트슐러를 만나 나중엔 우정을 나누게 되었다. 사람들을 훈련시키고 트리즈를 더욱 개발하는 일을 하면서, 이 책은 나로 하여금 알트슐러와 가까운 관계를 맺게 해주었다. 이 책은 또한 나중에 키쉬네프(Kishinev) 트리즈 과학 학교를 세우고, 기술 및 비즈니스의 다양한 분야에서

2) 프린키피아 : 뉴턴의 저서인 '자연철학의 수학적 원리(Phylosophiae Naturalis Principia Mathemetica)'를 줄여 부르는 말. 이책은 역학계와 천체 운동현상을 완전한 수학적 형식으로 다룸으로써 고전 물리학의 토대를 완성하였으며, 상대성이론과 양자이론이 나오기 이전의 모든 물리학은 이 저서에 기반을 두었음 - 역자 주

6,000개 이상의 문제를 해결하는 데 참여하고, 그 뒤에 러시아에 몇 개의 회사를, 이제는 미국에 회사(Ideation International Inc.)를 세우도록 해주었다.

나는 트리즈를 발전시키고 전파하는 나의 책무 수행에 대해 결코 후회가 없다.

보리스 즐로틴은 아이디에이션 사(Ideation International, Inc.)의 수석 과학자이다. 그는 트리즈에 관한 10권의 저서를 가지고 있으며, 그 중 3권은 알트슐러와 공동으로 출간하였다. 그는 트리즈 분야에서 100편 이상의 논문을 썼다. 그는 또한 국제 트리즈 협회 위원회의 일원이다.

시몬 리트빈(Simon Litvin)

행동이 된 말 : 알트슐러의 **"이노베이션 알고리듬(The Innovation Algorithm)"**에 관하여

"태초에 말씀이 있었다…"

1969년, 아직 학생이었을 때, 나는 우연히 휘황찬란한 제목을 가진 책 한 권을 샀다. 그것은 **"이노베이션의 방법론"**이라는 책으로 새로운 지식영역을 다루고 있었다.

약 15년 후, 알트슐러는 문학작품의 등급을 매기는 데 있어서 객관적인 시스템을 제공하는 '공상의 등급' 을 제시하였다. 그가 여기에서 사용한 한 가지 평가기준은 책이 독자에게 미치는 영향의 정도였다. 그의 의견에 따르면, 독자의 인생을 변화시킨 책이 최고의 등급을 받아야 한다. 나에게는 "이노베이션 알고리듬" 이 바로 그런 책이었다.

십만 부를 찍은 이 책의 초판은 즉시 품절되었다. 이 책이 기술 서적이라는 점을 감안할 때 그것은 놀라운 일이었다. 이 책에는 그의 발명 이론에 관한 사상, 아이디어 그리고, 설득력 있는 예제들로 가득 차 있다. 게다가, 이 책은 뛰어난 저자의 손으로 만들어졌고, 매력과 사람을 끄는 비범한 힘을 지녔다. 각 부와 각 장의 제목들조차, 조각그림 퍼즐처럼 결합하여 이노베이션 이론이라는 하나의 그림을 만들어낼 수 있다. 그 제목들은 다음과 같다:

· 발명하는 방법 발명하기
· 시행횟수가 아니라 지식을 통하여
· 한 걸음 한 걸음

· 논리, 직관, 숙련으로 만든 합금
· 알고리듬은 어떻게 작동되나
· 낡은 틀 부수기
· 장벽을 넘어서

오늘날 트리즈는 세계 각지에서 받아들여지고 있다. 기술을 개선하기 위한 새로운 도구들은, 그런 도구를 실용적으로 이용한 많은 사례와 함께, 트리즈 시스템의 일부가 되었다. 새로운 트리즈 소프트웨어가 개발되어 성공적으로 사용되고 있으며, 알트슐러의 **"이노베이션 알고리듬"**의 주요 아이디어들은 아직도 그 중요성을 잃지 않았다. 그 아이디어들은 다음과 같다 : **창의성 과정은 학습이 가능하다; 창의성 과정은 창의적 문제를 해결하기 원하는 사람들이 찾아내어 접근할 수 있다; 발명을 위한 "알고리듬"은 존재한다.**

시몬 리트빈은 프라그마틱 사(Pragmatic Vision, Inc.)의 부사장이며, 국제 트리즈 협회 위원회의 일원이다. 그는 TRIZ, FSA, DCI(Development of Creative Imagination)에 관한 여섯 권의 책과 80편의 논문을 저술했다. 그는 알트슐러와 함께 12번의 세미나에 참가하였다. 그들의 친밀한 교제는 알트슐러의 마지막 날까지 계속되었다.

빅터 페이(Victor Fey)

언젠가 나는 알트슐러에게 무엇이 그에게 굴라그 수용소의 무시무시하고 모욕적인 조건들(하루 12시간의 노동, 굶주림, 추운 날씨, 기본 위생시설의 부족, 질병, 간수들의 냉소)을 수년 간이나 견딜 수 있게 해주었는지 물어 본 적이 있다.

알트슐러의 대답은, 육체적으로뿐만 아니라 개개인으로서 스스로를 더 중요하게 여기며 가까스로 생존하는 사람이 세 종류 있다는 것이었다: 독실한 신앙가들, 고위급 장교들, 그리고 "미치광이 발명가들".

알트슐러는 자기 자신을 그 셋 중 마지막 무리에 속하는 것으로 생각했다. 알트슐러는 트리즈를 발전시켜 나갔고, 그것이 그의 삶의 의욕을 유지시키는 데 필요한 힘을 주었다. 알트슐러의 철학의 바탕에는 창의적인 인물에 대한 존경심이 있다. 트리즈는 흔히 공학적 문제를 푸는 일련의 강력한 도구로 인식된다. 이것이 사실이긴 하지만, 트리즈는 그 이상이다. 우선, 트리즈는 생각하는 새로운 방법이다. 트리즈는 알트슐러가 '튼튼한 사고(이것은 러시아어를 사전적으로 번역한 것이며, '분석적이며 독립적인 사고' 라고 달리 번역하는 것도 가능할 것이다)' 라고 했던 기법을 개발하기 위한 도구이다.

알트슐러는 어떤 사회의 복지는 윤리적으로, 그리고 경제적으로 그 사회 내부에 있는 창의적인 인물들의 비율에 크게 의존한다고 생각했다. 알트슐러에 따르면, 창의적인 인물은 중요하고 고귀한 목표를 추구하는 사람(예를 들면, 알렌 봄바드(Allen Bombard), 앨버트 슈바이처(Albert Schweitzer), 앨버트 아인슈타인(Albert Einstein) 등)이다. 창의적인 인물은 자유롭게(창의적으로), 즉 분석적이면서, 전체적이면서, 독립적으로 사고할 수 있어야 한다. 또한 알트슐러는, 인류가 현재 직면하고 있고, 미래에도 어쩔 수 없이 직면할 많은 첨예한 문제들은, 논리적이며 독립적으로 생각할 수 없는 우리의 무능력만 아니라면, 제거하거나 예방할 수 있다고 믿었다. 사람에게 현실을 이해하고 바꿀 수 있는 유일한 수단은 이성(理性)이다. 인류의 계속적인 진화를 보장할 수 있는 윤리적/물질적 목표를 성취하기 위해, 우리가 우리의 지적 능력을 충분히 개발하고 사용하지 않는다면, 우리는 살아 남지 못한다. 그러므로 삶의 권리, 일할 권리, 자유의 권리, 양심의 자유, 의사의 자유 등과 같은 그런 개인의 기본 권리 중에서 '튼튼한 사고' 의 기술을 개발할 권리 또한 양도할 수 없는 권리이어야 한다. 트리즈는 그러한 사고의 기본을 개발하기 위한 도구이다. 사회에 대한 이러한 막중한 중요성 외에, '튼튼한 사고' 는 보다 친근한 호소력을 갖는다. 그것은 정열적인 사랑과 같이 가장 강력한 인간의 감정인, 창의성의 즐거움이다.

트리즈 덕분에, 발견과 발명의 흥분, 그리고 독창적인 생각의 아름다움에 대한 스릴 넘치는 느낌을, 창의성을 타고난 소수의 행운아들만이 아니라, 스스로 새로운 아이디어를 탐구하고 싶어하는 많은 사람들도 체험할 수 있다. 1998년 9월 28일 저녁, 내 친구와 나는 상트페테르부르크(Petersburg)에서 페트로자봇스크(Petrozavodsk)로 가는 기차의 침대차에서 마주 앉아 있었다. 다음날 아침 러시아의 작은 도시, 페트로자봇스크에서 우리의 스승 알트슐러와 마지막 작별을 고했다. 슬픔과 우울함으로, 기차 바퀴의 덜커덕 소리와 창문을 때리는 빗소리를 들으며 우리는 침묵을 지켰다. 친구가 침묵을 깼다. "자네도 알고 있듯이, 때때로 삶이 나에게 다가와 앞에 한 줄기 희망도 없는 것처럼 보일 때, 나는 책장에서 알트슐러가 쓴 아무 책이나 하나 뽑아 들어 아무 데나 펴고 읽기 시작한다네. 그것이 나에게 최고의 특효약이라는 것을 알게 되었네. 잠시 후면 나는 내 자신 속의 희망과 신념이 돌아오는 것을 느끼기 시작하기 때문이지."

그의 이야기를 듣고, 나는 트리즈에 관한 책(당신의 손에 들려있는 바로 이 책)을 처음 읽은 뒤 나를 압도했던 생각과 느낌을 돌이켜 보았다. 열 일곱 살이었던 나는, 희귀한 재능과 타고난 사고력을 모든 사람들이 이용할 수 있게 해준다는, 트리즈의 핵심 아이디어의 독창성과 엄청난 규모에 넋을 잃었다. 그 경외감은 그 뒤 지금까지도 나에게 남아있다. 나는 여러분이 트리즈를 통해 도전적인 창의성의 세계로 성공적으로 안내되기를 희망한다.

빅터 페이(Victor R. Fey)는 트리즈 그룹(The TRIZ Group)의 경영 파트너이며, 웨인 주립대학의 기계공학 겸임교수이다. 1978년에서 1990년까지 그는 알트슐러의 가까운 동료이자 친구였다. 그는 또한 기술시스템 진화의 법칙, 사회시스템 진화의 법칙, 과학적 문제 해결의 원리에 관한 분야에서 기초연구를 수행했다. 그는 또한 1991년부터 1998년 알트슐러가 죽을 때까지, 미국에서 알트슐러의 대리인 역할을 수행했다.

the Innovation Algorithm

제1부

창의성의 기술

Technology of Creativity

한 사람이 어두운 미로 속을 헤매며 뭔가를 찾고 있다?
그는 아마도 무엇인가 쓸모 있는 것을 찾거나, 자신의 두개골을 깰지도 모른다.
다른 사람은 암흑을 밝히는 작은 등불을 들고 있다. 여행 중에, 그 등불은 더더욱
밝아지더니 마침내 전기 태양이 되어 모든 것을 비추어 드러낸다.
이제 내가 묻겠다: "당신의 등불은 어디에 있는가?"

– 멘델레예프(D.I.Mendeleyev)

1장 건초더미 속의 바늘

발명가는 어떻게 일하고,
얼마나 늦게 발명이 나타나는가

발명에 관한 어떤 이론이든, 발명문제를 해결하는 효과적인 방법을 개발하기 위해서는 반드시 혁신적 창의성을 연구해야 한다.

언뜻 보면, 이 말 속엔 어떤 이단적인 생각이 담겨있다. 즉 기존의 발명 방법들이 아주 나쁘기 때문에 기존 방법을 다른 것으로 바꿔야 한다는 것이다. 아직까지 사람들은 그런 낡아빠진 방법으로 대단한 발명을 해내고 있다! 오늘날의 모든 발명은 이런 방법에 기초하여, 해마다 수천 가지의 새로운 기술 아이디어를 만들어낸다. 기존의 방법들이 뭐가 잘못되었단 말인가?

너무 조급하게 답을 기대하지 말자. 먼저, 과거부터 지금까지 발명문제가 어떻게 해결되어 왔는지 살펴보자.

대체로, 발명가들은 그들의 새로운 기술 아이디어가 개발된 과정을 논의하려고 하지 않는다. 그러나 'NSE의 비밀(The Secret of NSE)'의 저자이자 유능한 발명가인 에고로프(B.S.Egorov)는 이 점에 있어서 예외적이다.[3] 이 책에서 에고로프는 자신이 전선을 감는 장치를 어떻게 발명했는지를 자세하게 설명하고 있다.

이 발명가의 사고 과정을 따라가 보자.

에고로프는 다음과 같이 자신의 문제를 기술하고 있다.

3) B. S. Egorov, *Secret of NSE, M.*, Profizdat(Union Publisher), 1961

"수천 개의 작은 고리 모양 변압기가 들어 있는 거대한 컴퓨터를 생각해 보자. 변압기 중심 구멍의 지름은 겨우 2밀리미터이다. 그 구멍을 통해 사람 머리카락보다도 가는 전선을 감는다. 이 전선은 실크로 코팅되어 있다. 이 약한 절연층의 손상을 막기 위해 각 변압기의 전선을 감는 작업을 수고스럽게 수작업으로 하고 있다."

문제는 명확하다. 페라이트[4] 고리에 가느다란 절연 전선을 빠르고 정확하게 감아야 한다. 에고로프는 수년 전에 비슷한 문제를 성공적으로 해결했었다. 그 때는 전화기 유도 코일을 감는 과정을 기계화하는 것이었다. 언뜻 보기엔 두 문제가 똑같아 보인다. 두 문제 모두 고리에 전선을 감는 것이지만, 이 새로운 문제에서 작은 페라이트 고리의 지름은 전화기 유도코일 지름보다 훨씬 작다. 이 점이 바로 문제를 근본적으로 다르게 하는 요인이다.

"나는 문제가 처음부터 복잡한 것은 아니었다라고 말하고 싶다." 에고로프는 이렇게 쓰고 있다. "그러나 문제를 좀더 철저하게 분석하자 생각이 달라졌다. 문제는 바로 지름이 겨우 2밀리미터인 고리에 전선을 감아야 한다는 것이다."

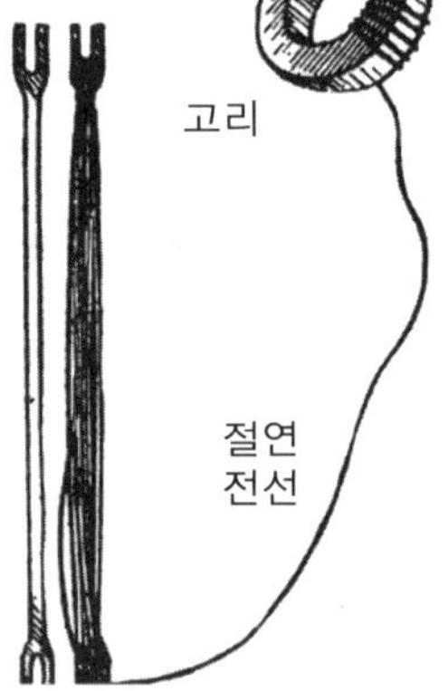

그림 1
고리에 전선을 감는 일은 수작업으로 이루어졌다.

참고로, 소련의 BESM－2 컴퓨터 시스템에 사용된 페라이트 고리 K－28은 이와 비슷한 크기인데 바깥 지름이 3.1밀리미터, 안 지름이 2.1밀리미터, 두께는 1.2밀리미터이다. 심지어는 더 작은 극소형의 토로이드(Toroid, 환상체) 변압기도 BESM－2 기억장치의 내부에 쓰인다.

이 정도로 작은 고리에 전선을 감는 일도 스풀을 사용하여 수작업으로 했다. 스풀은 전선을 운반하는 바늘과 같은 역할을 한다. 그림1은 고리와 스풀을 확대하여 나타낸 것이다. 고리의 단면 모양은 중요하지 않다. 고리의 단면은 정사각형, 직사각형, 또는 원형일 수도 있다.

---

4) 철산화물의 일종으로 자성체 - *역자 주*

물론, 고리를 2개의 C자 형태로 분할하여 만들 수 있으면 문제가 더 간단해진다. 그러나 페라이트 고리는 분말야금(powder metallurgy)을 통해 만드는데, 이 과정에서 분말을 압축하여 굽는다. 그러나 불행하게도 어떠한 전선도 그와 같이 높은 온도와 압력에 견딜 수 없다. 그러므로 고리를 완성하고 난 후, 그 위에 전선을 감아야만 한다. 에고로프는 다음과 같이 설명한다.

"스풀을 얼마만한 크기로 만들어야 할까? 또 스풀의 귀는 얼마나 크게 해야 할까? 처음 장치에 전선을 감는 데 썼던 스풀은 여기에서는 사용할 수 없다는 것이 곧바로 분명하다. 스풀이 아주 작아야 하므로, 문제가 좀 더 까다로워졌다. 스풀 없이 전선을 감는 게 가능할까? 전선을 감는 완전히 새로운 개념을 얻을 수 있을까? 그것은 어떤 종류의 개념이어야 할까? 이런 질문들이 내 마음의 평안을 깨뜨렸다."

"혹시 진자를 사용할 수 있지 않을까? 이 아이디어를 나와 의견을 나눈 여러 친구들이 내놓았다. 그래서 나는 진자를 이용해서 문제를 해결하기로 했다. 개념은 간단하다. 두 개의 진자 사이에 고리가 놓여 있다. 바늘을 가진 오른 쪽 진자가 고리를 통해 전선을 끌어 당겨서 왼쪽 진자로 가져간다. 그러고는 고리를 들어 올리고 바늘이 오른쪽 진자로 되돌아가며 전선을 고리 아래 쪽으로 가지고 간다. 그런 다음 이런 과정을 처음부터 다시 시작한다. 놀랄 만큼 단순하다. 모든 것이 스풀 없이 이루어진다."

이 기계의 모형이 만들어졌다. 하지만 시험해보니 부정적인 결과가 나왔다. 바늘이 가장 먼 위치에 있을 때에만 전선이 팽팽해졌다. 전선이 움직이는 동안에는 전선이 쳐져서 감긴 상태가 고르지 못했다.

"나는 두 배의 노력으로 전부 새로 시작했다. 처음에는 진자의 위치를 바꾸어 보았고, 다음에는 고리의 위치를 바꾸어 보았다. 그런 다음, 진자의 진폭을 변화시켜 보았다. 어느 것도 별 도움이 되지 않았다. 전선은 여전히 처졌다. 나는 300번 이상 실험했다. 그러고는 결국, 진자가 좋은 해결책이 아니라고 결론 내렸다."

"이제, 새로운 개념을 찾아야 하는 것이 분명해졌다. 그러나 어떤 개념을? 몇 가지 변형 개념들을 조사해 보았지만, 어느 것도 만족스럽지 못했다. 한 아이디어가 떠올랐다. 진자 대신 압축공기로 전선을 감는 것은 어떨까? 공기가 바늘을 고리 속으로 밀어넣을 것이다."

에고로프는 또 하나의 실험 모형을 만들었다. 압축공기도 도움이 되지 못했다. 전선은 여전히 처졌다.

"갑자기 한 가지 생각이 머리에 스쳤다. 고리 **둘레에** 전선을 감는다는 개념 자체가 모두 잘못된 것이다. 그 개념 속에는, 바늘이 고리를 **통과하여** 이동해야 한다는 생각이 담겨 있다. 전선을 쳐지게 만드는 원인은 바로 바늘의 운동이다. 그러므로 바늘을 포함하는 개념들은 모두 버려야 한다. 나는 전적으로 새로운 방법을 찾아야만 했다."

시간이 흐르고, 에고로프는 줄곧 이 문제에 대해서 생각했다. 어느 날, 기차로 여행하던 중 그의 머리 속에 또 다른 생각이 떠올랐다.

"기차 의자에 앉아 주위를 돌아 보던 내 눈길이 모자를 뜨개질하는 노부인의 손 앞에서 멎었다. 그녀는 갈고리 모양의 바늘을 들고 있었다. 그녀가 손을 한번 움직이자 갈고리가 고리를 만들었다. 또 한번의 동작으로 또 하나의 고리가… 뜨개질하는 손을 바라보면서 나는 마음 속으로 그녀의 손동작을 반복해 보았다. 하나의 고리, 그 다음 고리, 또 그 다음 고리… 그러고는 갈고리의 움직임을 상상했다. 뜨개질 하는 사람의 손에 있는 갈고리가 아니라, 내 권선 기계에서 움직이는 갈고리를 머리 속에 그려 보았다."

"내 기계의 스풀과 진자를 갈고리로 대신하면 어떨까? 갈고리는 전선을 집어 들어 고리 속으로 밀어 넣을 것이다. 스프링으로 전선을 팽팽히 잡아 당기게 할 수 있다. 나는 처음엔 바늘과 실로 시작했지만, 노부인의 손동작을 반복해보면서 바늘을 갈고리로 바꾸었다. 한 동작 다음에 다음 동작이 이어졌다. 이 간단한 갈고리에, 권선 기계의 비밀이 숨어 있다는 것을 믿을 수 없었다. 답이 없어 보였던 문제의 비밀을 내가 찾다니 이게 가능한 일인가? 그렇다. 이제 전선 감는 작업의 완벽한 방법을 찾았다. 이것이 바로 내가 그토록 오랫동안 찾던 개념이었다. 이 갈고리 덕분에 고리 둘레에 팽팽하게 전선을 감는 작업이 가능해졌다."

이것이 새로운 전선 감는 기계가 출현하게 된 과정이다.

한 발명가가 발명하기 위해 따라간 경로를 바라보며, 이제 우리는 무엇을 말할 수 있는가?

첫째, 그 문제 해결을 위한 탐색은 심리학자가 말하는 이른바 '시행착오'에 의해 무작위적으로 이루어졌다. 마침내, 한 아이디어가 출현한다: "이렇게 해보면 어떨까?" 그리고는 그 아이디어에 대한 이론적이고 실제적인 검증이 이어진다. 실패한 아이디어는 다른 것으로 대체되고 계속 그런 식으로 이어진다.

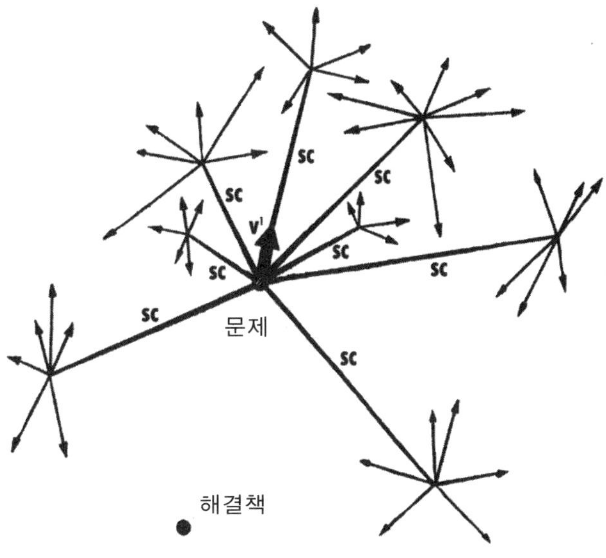

그림 2
시행착오 탐색 방법의 그림

그림 2는 이와 같은 방법을 나타낸 그림이다. 발명가는 **문제**에 해당하는 지점으로부터 **해결책**을 나타내는 지점으로 가야만 하는데, 그 위치를 알지 못한다. 발명가는 한 방향을 따라 하나의 탐색 개념(그림2에서 SC, searching concept)을 전개시킨다 – "나는 진자를 사용하여 이 문제를 풀기로 했다." 문제에 대한 접근

이 이런 방향에서 시작된다 — "그걸 이렇게 해보면 어떻게 될까?" 나중에는 전체 개념이 잘못되었다는 것이 명백해진다 — "나는 진자가 좋은 해결책이 아니라고 결론지었다."

발명가는 원래 문제로 되돌아가 새로운 탐색 개념을 도입한다 — **"한 아이디어가 떠올랐다. 진자 대신 압축공기로 전선을 감는다."** 이제 발명가는 다시 새로운 방법으로 접근하기 시작한다.

실제로는 이 그림에서 보여주는 것보다 훨씬 많은 시행착오가 있었다. 에고로프는 권선 기계의 첫번째 모형에 대해서만 300회나 수정작업을 했다고 한다. 발명 문제를 시행착오에 의해 풀어가는 과정에는 그 시행의 횟수가 대단히 많다. 만족스러운 해결책을 찾을 때까지 **"이렇게 하면 어떨까?"**하고 수천 번, 심지어는 수만 번까지도 되풀이해야만 한다.

이 방식에는 또 한 가지 분명한 특성이 나타난다. 그림 2에서 보면, 한 무리의 화살표들이 해결책의 반대 방향을 가리키고 있는데, 이것은 우연이 아니다. 일반적으로 그러한 시도들은 시작단계에서는 그리 무질서하지 않다. 발명가는 과거의 경험에 기초하여, 마음속에 품고 있는 하나의 개념으로 탐색을 시작한다. 에고로프는 이미 전화기 유도코일을 감는 기계를 개발했었다. 그가 새로운 문제를 풀기 위해 일에 착수했을 때, 그의 마음은 즉시 자신의 과거 경험으로 돌아갔다. "반드시 스풀이 있어야겠군. 그런데 이번엔 스풀을 아주 얇게 하거나, 전선을 감아두는 바늘 귀를 가늘게 해야겠어."

대부분의 시도가 실패한 것은, 발명가들이 바늘이라는 개념에 너무 집착한 탓이었다. 그림2의 관성 벡터(V^{I})가 보여주는 것처럼, 초기에는 **문제**로부터 출발하여 **해결책**과는 멀리 떨어진 반대 방향으로 향한다. 마침내, 바늘을 사용하여 전선을 감는다는 개념을 버릴 때, 그 문제는 거의 해결되어 버린다.

이 책의 뒷부분에서 우리는 시행착오 방법에 대해서 아주 상세하게 다룰 것이다. 독자는 이제 개인적으로 이 방법을 시험해 볼 기회를 가지게 될 것이다.

문제 1

에고로프의 전선 감는 방법은 페라이트 고리의 안지름이 2밀리미터보다 작지 않은 경우 아주 효과적이다. 그러나 소형 전자기기에서는 더 작은 고리로 된 변압기가 필요하다. 다시 예전과 같이 이 작업을 손으로 해야만 한다. 우리는 어떻게 이 과정을 자동화할 수 있을까?

아무 발명 방법도 사용하지 말고, 시간을 좀 들여가며 이 문제를 풀어보자. 문제는 명확하다. 페라이트로 된 고리가 하나 있다. 예를 들면, 그 안지름이 0.5밀리미터라고 하자. 또한 가느다란 절연전선이 있고, 이것을 고리에 감아야 한다. 어떻게 이 과정을 자동화할 수 있을까?

전선을 감는 횟수는 변압기의 설계에 따라 달라질 수 있다. 어떤 토로이드 변압기에서는 수백 번 감아야 하고, 컴퓨터 기억장치용 토로이드 같은 경우에는 2~3번만 감을 수도 있다. 우리의 경우는 전선을 20회 감아야 한다고 해두자.

여기에 덧붙여, 고려할 사항이 두 가지 더 있다. 첫째, 이 문제는 연습문제이기 때문에 바꿀 수 없다. 즉, 페라이트 고리를 제거하는 해결책이어서는 안 된다. 둘째, 컴퓨터 메모리에는 이런 변압기가 수백만 개나 필요하므로, 그 생산성이 높기만 하면 어떤 해결책이더라도 가능하다.

이 문제를 해결하는 데는 특별한 지식이 필요하지 않다. 그렇지만, 경험 있는 발명가라 하더라도 시행착오법으로 좋은 해결책을 찾을 수 있을지는 의문스럽다. 사실 나는, 독자들이 이 문제를 풀지 못할 것이라고 단정한다. 당신이 토머스 에디슨처럼 재능 있다고 가정하자. 에디슨이 실토한 것처럼, 한 가지 발명을 위한 해결책을 얻기까지 그는 평균 7년씩이나 작업했다는 사실을 당신은 알고 있는가? 그는 해결책의 개념을 찾는 데에만 전체 소요시간의 1/3을 허비했다.

한 때 에디슨과 함께 일을 했던 니콜라 테슬라(Nicola Tesla)는 이렇게 적고 있다.

> "만약 에디슨에게 건초더미 속에서 바늘을 찾으라는 임무를 준다면, 그는 바늘이 있을 만한 위치를 정하는 데 전혀 시간을 들이지 않을 것이다. 그는 곧바로 꿀벌처럼 부지런하게 자기가 원하는 것을 찾을 때까지 지푸라기를 계속해서 집어 올리기 시작할 것이다."
>
> "그의 방법은 아주 비효율적이었다. 운이 따르지 않았다면, 그는 아무것도 얻지 못하고 많은 시간과 에너지를 낭비했을 것이다. 그저 약간의 이론적 지식을 갖고 계산을 몇 번만 해보아도 일에 소비하는 시간을 최소한 30% 절약할 수 있음을 알게 되자, 그가 일하는 모습을 바라보는 것이 처음엔 슬프기까지 했다. 그는 책을 통한 배움, 특히 수학 지식을 경시했으

며, 자신의 발명 직관과 미국인의 상식을 철저히 신뢰했다."

나는 당신이 변압기 문제를 해결한다는 것을 의심하면서도, 당신에게 몇 차례 시도해보라고 권하고 있다. 우리는 나중에, 이 문제가 발명 방법론의 도움을 받아 어떻게 해결될 수 있는지 알아볼 것이다. 그리고 나면, 그 경험을 바탕으로 문제해결을 위한 시행착오식 탐색과 이 책에서 설명하는 체계적인 방법을 서로 비교할 수 있다.

□ ■ □ ■ □

권선 기계는 재능 있는 장인(匠人)이자 발명가인 에고로프에 의해서 개발되었다. 만일 그러한 탐색이 과학자에 의해 이루어졌다면 어떻게 되었을까? 과학자가 지닌 더 많은 지식으로 시행착오 방식의 효율이 좋아졌을까?

얼마 전, '발명가와 혁신가(Inventor and Innovator)' 라는 잡지에 기술과학을 전공한 베레테니코프(E. Veretennikov) 박사의 논문이 실렸다. 이것은 보기 드문 또 한가지의 사례로써, 한 발명가가 어떻게 새로운 아이디어를 발견하게 되었는지에 관하여 설명하고 있다. 베레테니코프가 해결한 문제는 복잡하지 않았기 때문에, 그의 높은 과학 지식도 이 경우에는 특별한 걸 보여줄 수 없었다. 다음은 베레테니코프가 한 이야기이다 :

"관정 굴착용 나선 모양 부품을 제조하는 쿠이부세프(Kuibushev) 공장은 우리 쿠이부세프 산업연구소와 공동으로 일하는 곳이다. 그 공장의 조립장에 들어서는 사람마다 똑같은 질문을 던진다. '이런 조립을 다르게 할 수는 없을까요?'"

"작업장 내부는 아주 불쾌하다. 접착제 역할을 하는 흑연 그리스를 나선 부품의 축에 코팅한다. 이 그리스가 두 개의 수평면으로 롤러들을 잡고 있다. 그리스가 없다면 롤러들이 여기저기 흩어질 것이다. 두 줄의 베어링을 고정하자 마자, 절단기 앞부분이 이 조립품 위쪽으로 이동한다. 이 전체 공정을 수작업으로 한다. 더구나 흑연 그리스는 사람 피부에 해롭다. 게다가 작은 금속 조각들은 조립공의 손을 다치게 할 수도 있다. 이런 작업은 힘이 들뿐만 아니라, 고도의 숙련이 필요하다."

"부품을 어떤 위치에 붙잡아 두어야 하는 이런 조립 형태는 흔히 볼 수 있다. 납땜, 용접, 접착제, 끈끈한 물질과 같은 여러 가지 고정 장치들은 부품을 일시적으로 한 곳에 붙잡아 두는 데 사용된다. 이 특별한 나선 모양 부품의 조립 공정을 보고, 나는 어떻게 하면 축에 롤러들을 일시적으로 달라붙게 할 수 있을까 다시 생각하게 되었다."

문제는 다음과 같다 :

나선 부품을 조립하기 위해서 축의 표면에 먼저 두 줄의 롤러 베어링을 배치해야 한다. 각 줄에는 20~30 개의 롤러가 있다. 그것들을 전부 손으로 잡는다는 것은 정말 불가능하다. 절단기가 조립품 위에 올 때까지는 축 표면에 (그리스 없이) 롤러들을 붙들어 두는 방법을 찾아야 한다. 그 개념은 간단하고, 효율적이어야 하며, 게다가 자동화가 가능해야 한다.

"맨 처음 생각이 떠오른 것은 물론, 롤러를 묶는 밧줄이었다. 즉시 그 다음 생각이 뒤따랐다 : '조립한 다음에 밧줄을 어떻게 제거할 수 있을까?' 우리는 밧줄 대신에 필름을 사용하고, 나중에 그것을 기름으로 녹일 수 있다. 제조공정이 더 복잡해지는 것만 아니라면, 이것이 올바른 해결책일지도 모른다. 생각을 더 하자 더 좋은 해결책이 나왔다. 자석의 힘과 같은 다른 수단들이 베어링을 붙잡아 둘 수 있다."

베레테니코프가 정말로 훌륭한 발명을 했는지 이야기 해보자. 이 발명에서 최종 이야기는 마치 좋은 결말로 끝나는 삼류소설과도 같다.

이 문제는 오래 전에 나타났고, 그 당시에도 해결 수단이 존재했었다. 불행하게도, 이 발명 해결책은 거의 20~30년이 지나서 나타났다! 그 조립공장에 들어선 모든 사람들이 조립과정을 개선해야 할 필요성을 알고 있었다는 점을 베레테니코프는 강조했다. "제발 저를 주목해주세요!" 문제는 이렇게 외쳤다. 이 문제를 푸는 것은 매우 중요했으며, 그리 어렵지도 않았다.

그러나 사람들은 주의를 기울이지 않고 그냥 지나쳐 버렸다.

이 사례는 동떨어진 이야기가 아니다. 모든 산업분야엔 동시대의 과학과 기술 지식을 활용하여 이루어내야 할 발명이 많이 있다. 그러나 그런 발명은 좀처럼 나오지 않는다.

이 발명가가 이 문제를 어떻게 풀어 나갔는지 살펴보자:

그의 첫번째 아이디어는 "물론, 밧줄"이었다. **"물론"**이라는 말에 주목하라. 그의 사고 과정의 시작점은 밧줄이라는 이미 존재하고 있는 기구와 관련되어 있었다. 금속 밧줄은 잡아매는 데 쓸 수가 없어서 그는 보통의 밧줄을 쓰려고 생각했다.

밧줄이라는 아이디어가 이 발명가의 상상력을 너무나 지배한 나머지, 그는 밧줄을 버릴 수 없었다. 다음 단계에서도 다시 밧줄을 포함한 관성 벡터는 계속된다. 이번엔 밧줄이 플라스틱 필름으로 바뀌었다. 이런 아이디어가 좀더 현대적이긴 하지만, 성공적인 해결책을 이끌어 내지 못한다는 사실이 분석을 통해 밝혀졌다. 마침내, 더 많은 사고가 올바른 해결책으로 안내하였다 : 자기력을 이용해야 한다.

이 문제는 문제를 정확하게 정형화하자마자 저절로 문제가 해결된 유형에 속한다. **여기서 창의성은 문제를 올바르게 기술하는 솜씨에 달려있다.** 반복해보자 : **축 위에 놓인 롤러 베어링들은 그 위에 절단기 앞부분을 올려놓기 전까지 아래로 떨어지지 않아야 한다.** 다시 말하면, 하나의 금속부품이 다른 금속부품에 일시적으로 붙어 있어야만 한다.

문제를 이렇게 표현하는 것만으로도 충분하다. 그러면, 단지 초등학교 6학년 정도의 과학 지식으로도 10명 중 5명은 즉시 풀 수 있을 것이다. 자석이라고!

우리는 문제를 좀더 명확히 진술할 수 있다 : **(그리스 같은) 다른 물질을 사용하지 않고 한 금속부품이 다른 금속부품에 붙어 있어야 한다.** 큰 힘은 필요하지 않다. 부품의 자기 무게만 지탱하면 충분하다. 이제는 10명 중 8명은 답을 맞출 수 있을 것이다.

나중에, 우리가 발명의 방법에 관해서 더 많은 것을 배우게 되면, 이 문제를 푸는 과정에서 생긴 다른 실수들이 눈에 확 들어 올 것이다. 그러나 지금이라도 우리는 다음과 같은 몇 가지 결론을 얻을 수 있다.

1. 발명가의 사고는 알려진 개념으로부터 알려지지 않은 개념으로 옮아갔다. 그는 금속 밴드라는 이미 존재하는 기구를 발명의 원형(原型)으로 삼아, 그것을 개조해 보려고 하였다. 이것은 많은 성공하지 못한 해결책을 내놓았다.

에고로프의 경우와 똑같은 일이 일어났다. **관성 벡터**는 언제나 해결책과는 먼

곳을 향한다.

2. 발명가는 올바른 해결책을 찾아, 일부러 완전히 다른 새로운 길을 선택할 수밖에 없게 된다. 그는 처음엔 그 길을 몰랐지만, 이제는 자기가 어떻게 여러 가지 실패한 아이디어를 거쳐 그 길로 오게 되었는지를 논리적으로, 그리고 자신 있게 설명할 수 있다. 그런데 갑자기 길이 끝난다. 논리적인 설명 대신 그는 의미 없는 말만 계속한다. "더 깊은 사고가 이 길에 이르게 했다…"

더 좋은 아이디어가 왜 더 일찍 떠오르지 않았는지를 에고로프는 설명할 수 없었다는 사실을 기억하자.

3. 마지막 해결책이 성공적이긴 했지만, 그 발명가의 탐색은 결코 완벽하지 않았다.

자기력에 의한 조립은 훨씬 더 일찍 개발될 수 있었다. 이러한 발명에 대한 경제적 요구는 오래 전부터 제기되었고, 그에 필요한 기술도 당시에 이용할 수 있었다. 발명가들은 그 문제를 눈여겨보지 않았거나, 충분히 진지하게 파고 들지 않았다. 그들은 이 문제를 방치했고, 그에 따른 대가는 아주 혹독했다. 그 힘들고 더러운 수작업을 수년 동안이나 계속해야 했으니…

오랜 역사를 되돌아보면, 발명이 어떤 진화의 법칙에 따라 나타난다는 것을 알 수 있다. 예를 들어, 증기선은 증기기관이 발명되자 나타났다. 증기기관은 경제적 필요성에 앞서서 나타날 수 없었다. 그러나 발명은 타당한 이유없이 자주 늦어지곤 한다. 어떤 것을 발명할 수 있는 객관적인 조건이 갖추어져 있는 데도, 발명은 좀체로 이루어지지 않는다.

기술 진화에 있어서 논리적인 방향들이 뜻하는 것은 발명이 저절로 이루어지는 것은 아니고, 우리 할 일은 그저 앉아서 무슨 일이 일어나는지 기다리는 것이 아니라는 것이다.

지금의 "발명 산업"은 가장 값진 것들을 생산해내고 있지만, 여전히 재래식 방법을 사용함으로써 낮은 생산성과 열등한 품질을 초래하고 있다.

때로는, 새로운 발명이 왜 훨씬 더 일찍 나타나지 않았는지 이해가 되지 않는다. 예를 들어, 자동차 시대의 초기에는 엔진을 냉각시키기 위해서 팬을 설치했는데, 당시의 운전자들은 바깥 기온이 낮을 때에는 엔진을 냉각할 필요가 없다는 사실을 알고 있었다. 더욱

이 엔진을 지나치게 냉각하는 것은 해롭고 또한 많은 에너지를 소모했다. 그러나 바깥 기온이 낮을 때 팬을 분리하는, 자석을 이용한 클러치가 1951년이 되어서야 발명되었다. 정체상태의 시간이 거의 반세기 동안이나 계속되었고, 엄청난 가솔린의 낭비라는 비싼 대가를 치러야 했다.

□ ■ □ ■ □

좀더 복잡한 문제에서는 어떤 종류의 "창의성의 기술"이 사용되는지 알아 보자. 그 사례로서 메니스커스 렌즈[5] 망원경의 발전 역사를 살펴보자.

제2차 세계대전이 일어나기 전, 레닌그라드의 광학 기술자 막수토프(D. D. Maksutov)는 교육용 망원경을 개발하는 일을 하고 있었다. 그의 목표는 교실같이 함부로 다루어지는 조건에서도 견딜 수 있도록 간단하고 값이 싼, 그러나 품질이 좋은 장치를 만드는 것이었다. 기존의 망원경은 복잡하고 비쌌으며, 조심스럽게 다루어야만 했다. 망원경을 단순화하고 경제성 있게 하려는 모든 시도는 광학적 품질을 악화시켰다. 막수토프는 양립할 수 없는 두 가지를 양립시킬 수 없었다. 막수토프는 자신의 책 '천체 광학(Astronomical Optics)'에서 이렇게 썼다.

"내가 레닌그라드로부터 피난나가 있던 때인 1941년 8월 초, 나는 혼자 메니스커스 망원경을 발명하였다. 내 삶의 절반을 보내게 될 교육용 망원경 개발을 위해 필요한 모든 채비를 갖추고 나는 레닌그라드를 떠났다. 내 발명이 성공할지는 확실치 않았고, 그래서 나는 내 '아이'의 슬픈 운명을 상상했다. 이 기간 중에 바쁜 사람에게서는 보기 드문 어떤 것을 내가 갖고 있다는 사실을 알았다? 그것은 나에게 가장 관심 있는 주제에만 몰두할 수 있는 '시간'이었다."

"나의 망원 반사경 설계의 모든 것은 정확했을까? 아니다. 특히, 알루미늄 도금 거울은 그 품질을 급격히 잃게 될 것이다. 개방형 튜브에 들어

5) 초승달 모양의 렌즈 - *역자 주*

있는 이 반사경은 학교 같은 환경에서는 오래가지 못할 것이다. 학교 관리인이 거울에 앉은 먼지를 한 번만 닦아내도 그 반사경은 못쓰게 된다. 그 반사경에 유리를 씌울 수는 없을까? 물론, 그러면 유리가 거울을 보호할 수는 있을 것이다. 그런 유리에는 어떤 재료를 써야 할까? 일반 유리는 값이 싸지만 빛을 많이 흡수한다. 광학 유리는 그보다 훨씬 더 좋지만 값이 훨씬 더 비싸다."

"어떻게 하면 이 설계를 개선할 수 있을까? 오직 한 가지 방법 밖에는 없는 것 같다? 튜브 앞에 평평한 보호 유리창을 설치하여 설계를 더 복잡하게 하는 것이다. 광학 유리로 된 창을 설치하면 (꼭 그래야 하겠지만) 망원경 가격이 크게 올라갈 것이다…"

막수토프는 수년동안 이 문제를 생각했다. 그 때마다 일반 유리는 좋지 않고, 광학 유리는 너무 비싸다는 사실에 부딪혔다. 한번은, 기차를 타고 가다가, 백일몽(막수토프의 표현대로)에 빠져있었다. 막수토프는 자신의 관성 벡터에서 한 발 물러나, 예전에는 적합하지 않다고 여겼던 변형들을 다시 시험해 보았다. 그는 공상의 가능성에 마음을 열고, 자신이 다음과 같은 상상을 펼치도록 내버려 두었다 : **'광학 유리의 가격이 아주 싸졌다고 가정하자.'** 그러자 망원경의 입구를 막는 반사경의 보호 유리창으로 그것을 사용할 수 있었다. 이제, 이것으로 어떤 결과를 얻을 수 있을까? 첫째, 물론 반사경의 수명이 늘어날 것이다.

그는 계속해서 보호 유리창을 사용함으로써 얻게 되는 이점들을 찾아냈다.

"밀폐된 튜브가 갖는 또 다른 이점은 공기의 대류가 사라진다는 것이다. 유리에 구멍을 내고 그 안의 반사경 고정틀에 연결 막대를 설치하면 보호 유리창에 경사 거울을 부착할 수 있다. 이렇게 함으로써, 빛의 흡수와 간섭현상을 일으키는 반사경 지지틀이 없어지게 될 것이다."

여기가 바로 막수토프가 발명을 향해 첫 발을 내딛은 시점이다. 처음에 광학유리는 어떤 불가피한 필요악처럼 생각되었다. "그렇지만 괜찮아"라고 그 발명가는 생각한다. "광학유리를 써보자. 광학유리가 거기에 있어야 한다면, 보상(報償)으로써 그것으로부터 추가적인 이점을 얻을 수 없을까?"

단지 이렇게 말하는 것으로 충분했다. 전문가가 아니더라도 망원경 구조에 대해 아는 사람이라면 누구든지, 이제 올바른 해답을 발견할 수 있다. 평면거울(2차 거울)을 망원경 입구에 두어야 한다. 이 거울은 1차 거울로부터 광선을 반사하여 관측자의 눈으로 보낸다. 원래 2차 거울을 고정하는 기구는 빛을 많이 흡수했다. 이제는 그것을 보호 유리창에 직접 부착할 수 있다.

사고의 기차는 더욱 앞으로 나아간다. **평면 디스크 모양 대신 메니스커스 모양의 보호창을 붙이면 안될까? 그리고 그 가운데 부분을 알루미늄으로 도금해서 2차 거울 대신 쓰면 안될까?** 그렇게 하면 2차 거울을 고정하는 기구뿐만 아니라 거울 그 자체도 사라진다. 2차 거울의 기능을 이제는 보호 유리창 중앙 부분이 맡게 되는 것이다.

"이 설계는 매우 훌륭하다. 2차 거울 고정기구가 없어지니 굴절로 벗어나는 빛도 줄어든다. 그러나 이제 다른 우려가 생긴다. 메니스커스 렌즈가 해로운 광학 수차(收差)를 일으키지 않을까? 아마 그럴 것이다. 무색수차가 아니라, 정방향과 역방향의 구면 수차가 동시에 나타날 것이다."

"여기서 중요한 발견을 그냥 지나칠 뻔했다. 메니스커스 렌즈는 '수차가 없도록' 설계할 수 있다는 것을 말이다."

다음 줄도 주의 깊게 읽어보기 바란다. 이 발명가는 두 개의 장벽을 극복했다. 첫번째 장벽은 값이 비싼 광학유리로만 보호 유리창을 만들 수 있다는 것이다. 나중에 밝혀졌지만, 광학 유리의 높은 가격은 그것이 갖는 여러 가지 기능으로 보상할 수 있었다. 이것은 더 이상 그 장벽을 반드시 뛰어 넘을 필요가 없다는 것을 의미한다. 간단히 비켜갈 수 있으니까 말이다.

이 발명가는 이제 두 번째 장벽을 만난다. 메니스커스 렌즈에 의해 생기는 왜곡현상을 없애야 한다. 지금은 새로 발견한 '보상'이라는 개념을 이용할 때다. 렌즈의 수차를 그냥 받아들이자. 수차는 그저 하나의 불가피한 필요악일 뿐이다. 우리는 이런 필요악을 없애기보다는 거기서 무엇인가 유용한 것을 찾아내 보상 받을 수 있다.

시행착오법의 약점은 이 사례에서 분명히 드러난다. 처음에 이 방법은 무질서한 것 같다. 그러나 사실은 그렇지 않다. 거기에는 분명한 시스템이 있다. 시행은 저항을 최소화하는 방향으로 진행된다. 결국, 익숙한 방향을 추구하는 것이 훨씬 더 쉽다. 발명가는 무의식적으로 똑같은 경로를 밟는다. 그리하여 새로운 어떤 것을 발견하려는 그에게 곤란한 일이 닥친다. 장벽을 "뛰어 넘으려는" 똑같은 시도만을 되풀이 한다. 우리가 이제 막 배운 것처럼, 그저 돌아가면 되는 것을 굳이 뛰어 넘을 필요는 없는 것이다.

막수토프는 계속해서 이야기 한다 :

> "나는 몇 시간동안 곰곰이 생각한 끝에 해답을 찾았다. 정방향 구면수차를 일으키는 메니스커스 렌즈를 써서 구면거울의 역방향 구면수차를 보상하는 것이다. 메니스커스 망원경이 발명된 것은 정확히 이 순간이었다."

그리하여 두 번째 장벽도 똑같이 '보상'으로 극복했다. 메니스커스 렌즈가 광선을 왜곡시키지만, 발명가는 그런 왜곡 현상에 맞서 싸울 필요가 없다는 것을 알았다. 그 대신에 주반사경의 제조과정에서 생기는 왜곡을 보상하기 위해 그러한 왜곡을 활용하는 것이 더 좋다.

포물면 반사경을 만드는 것은 복잡하고 힘든 작업이다. 막수토프의 발명으로 포물면 반사경을 제조가 더 쉬운 구면경으로 대체할 수 있게 되었다. 원래 구면경을 사용하면 상(像)이 일그러지기 때문에 구면경을 사용하는 것이 불가능했었다. 이제는 반사경의 왜곡을 메니스커스에 의한 왜곡으로 보상할 수 있다. 광학적으로 불완전한 반사경, 그리고 불완전한 메니스커스. 이들이 합쳐져 정말로 완벽한 광학시스템이 만들어진 것이다!

막수토프는 이렇게 쓰고 있다.

> "메니스커스 시스템의 이론에 계속 매달리면서, 그 이점들을 이해하게 되자, 나는 나도 모르는 사이에 그 가시밭길 같은 광학 산업의 역사를 생각하게 되었다. 반사 망원경과 굴절 망원경 옹호자들 간의 싸움으로 얼마나 많은 창칼이 부러졌을까? 정밀한 구면을 제조하고 검사하는 완벽한

> 방법을 찾느라, 그리고 색수차 없는 유리 문제를 해결하느라 얼마나 많은 정열을 낭비했던 것일까? 플린트 유리(crystal glass, 광학 기계 · 식기용의 고급 유리)와 만들기 복잡하고 일손이 많이 드는 유리들을 얼마나 많이 만들었고, 결국 쓸모 없게 되었을까? 그리고 또한 비싸고, 우람하며, 불완전한 망원경들을 얼마나 많이 만들었을까? 그리고 마지막으로 거대하고 값비싼, 불완전한 망원경(거대한 회전식 둥근 천장이 달린 건물들에다 거대하고 값비싼 장치를 갖춘)을 얼마나 많이 만들었을까!"
>
> "만일, 천문광학의 태동기부터 보상 메니스커스의 간단한 개념이 알려져 데카르트나 뉴튼과 같은 시대를 살던 사람들이 그것을 이용할 수 있었다면, 천문광학은 완전히 새로운 방향으로 발전했을 것이다. 단일 종류의 광학 유리만을 기초로 한 구면의 무색 근초점 광학기구들이 그들의 개별적인 특성에 관계없이 개발되었을 것이다."[6]

이 경우에서 발명은 250~300년이나 늦게 나왔다.

이 발명의 운명은 어땠을까?

메니스커스 망원경을 만든 뒤, 막수토프는 메니스커스 현미경, 쌍안경, 그리고 다른 광학기구들을 개발하기로 결심했다. 광학 분야에서조차도, 막수토프의 아이디어는 막수토프가 처음에 마주쳤던 것과 비슷한 과제들을 해결하는 데 이용될 뿐이었다. 문제가 조금만 달라져도 풀리지 않았다. 또는 사람들이 만약 그것을 풀려고 노력했다면, 막수토프가 전에 그랬던 것과 똑같이 시행착오길을 따랐을 것이다.

여기에 그러한 한 발명에 관한 이야기가 있다. 사고 과정과 해결책에 주목해 보라. 둘 다 놀랍게도 메니스커스 망원경의 발명을 상기시킨다.

> "우연히 한 아이디어가 떠올랐다. 내가 아는 아마추어 다이버 한 사람은 여러 해 전부터 안경을 쓰고 있었다. 그의 문제는 물 속에서 안경을 쓰는 것이었다. 내는 그에게 플렉시글라스[7]로 얼굴 마스크를 만들고 그 렌

6) D. D Maksutov, "New Catadioptical Meniscus Systems," V.XVI, Issue 124, L., 1944, page 15.

즈 부분을 안경과 똑같은 도수로 연마해보라고 제안하였다. 이 아이디어는 마음에 끌렸지만, 모든 사람들이 그것을 할 수 없었다."

"갑자기, 진짜 해결책은 물 그 자체에 있다는 것이 확실해졌다. 만약 마스크의 평면유리를 볼록하게 만든다면, 두 물질(물과 공기)의 경계는 오목하게 되어, 오목렌즈처럼 빛을 퍼지게 할 것이다. 그 수영선수가 낀 안경 렌즈는 -2~-3 디옵터(곡률)였다. 이 안경과, 곡률반경이 10~15센티미터인 볼록 마스크의 착용 효과가 동일하다는 것이 실험을 통해 밝혀졌다. 여기서 나는 안경이 물 속에서의 시력과 아무런 관계가 없다는 사실을 깨달았다. 물 속에 잠긴 멀리 있는 객체는 왜곡되어 훨씬 더 크고 가깝게 여겨진다. 유리의 곡률반경이 20~30센티미터라면 물에 의한 확대 현상은 사라지고, 수중 세계는 훨씬 깨끗하면서 원래의 크기대로 보일 것이다."[8)]

막수토프와 똑같이 이 발명가도 광학 렌즈를 수영 마스크 창에 부착한다는 아이디어로 시작했다. 그러고는 마스크 창을 볼록하게 만들어 메니스커스로 바꿈으로써, 렌즈들을 모두 없애버릴 수 있을 거라고 추측했다. 하지만 이 메니스커스는 또 다른 기능을 할 수 있었다. 마스크 창의 평면 유리에 의해 생기는 왜곡을 제거할 수 있었다. 그리하여, 하나의 새로운 기술적 아이디어가 탄생했다.

막수토프의 발명에 담긴 가장 중요한 아이디어는 과거에는 받아들일 수 없었던 것을 받아 들인다는 것과, 그리고 그것을 '보상'한다는 것이다. 풀지 못했던 많은 문제들 중에는 이와 같은 보상의 방법으로 풀 수 있는 문제가 많이 있다고 우리는 이제 자신 있게 단언할 수 있다. 수백 편의 논문에서 메니스커스 렌즈 망원경을 다루었지만, 그 어디에도 다음과 같은 말은 없었다 : "이것은 서로 다른 발명문제를 해결하기 위한 성공적인 방법이다. 광학산업뿐만 아니라 다른 산업에서도 마찬가지로 이용할 수 있다."

□■□■□

7) 아크릴산 유리의 일종 비행기의 창문 등에 씀. 상표명은 Plexiglas - *역자 주*

8) V. Maslaev, Mask-glasses *Technology* to Youth magazine, July 1962, page 27.

지금까지 우리는 문제를 개인적으로 해결하는 발명가들에 대해 이야기했다. 마음대로 다룰 수 있는 자원을 더 많이 갖고 있고, 창의성을 위한 더 효과적인 기술들을 지니고 있는 커다란 조직에서는, 아마도 조건이 다를 것이다. 다음은 항공기 설계사이자 영업이사인 올레그 콘스탄티노비치 안토노프(Oleg Konstatinovich Antonov)가 한 이야기이다.

"안테이(Antey)라 하는 러시아의 대형 항공기를 설계하던 중에, 꼬리날개[수직날개와 수평 안정판을 포함하는 비행기 꼬리부분]에 아주 복잡한 문제가 하나 있었다. 항공역학연구소에서 추천한, 상부 안정판과 함께 단순하고 커다란 수직날개의 아이디어는 매력적이었으나, 만들기가 어려웠다. 너비 4.4미터, 길이 17미터나 되는 커다란 적재 공간을 가진 비행기의 동체는, 그러한 큰 보조날개와 충돌하여 마치 종이 가방처럼 뒤틀릴 수도 있었다."

"이 수직 꼬리날개를 분할하여, '와셔(washer)'라고 하는 둥근 수직판을 안정판 양단 위에 배치하는 것 역시 불가능했다. 그것이 가능하다면 꼬리부분에서의 위험한 진동을 크게 줄일 수 있을 것이다. 시간은 흘렀고, 꼬리날개에 대해 쓸만한 개념은 여전히 나타나지 않았다."

이 시대의 항공회사는 공통적인 문제들에 꾸준히 매달려 일하는 조직이다. 프로젝트를 담당하는 총괄 설계자는 혼자가 아니다. 한 그룹의 재능 있는 엔지니어들이 비행기의 각 시스템에 할당된다. 그 사람들은 자기 직업에 관련된 모든 것에 대한 최신 정보를 가지고 있다. 한 그룹의 작업이 늦어지면, 그것이 조직 전체의 작업 리듬에 영향을 준다. 다음과 같은 말이 나오기까지 얼마나 많은 비용이 들었는지 상상하는 것은 그리 어렵지 않다. "시간은 흘렀고, 꼬리날개에 대해 쓸만한 개념은 여전히 나타나지 않았다."[9)]

안토노프는 계속한다 :

"언젠가 나는, 한밤에 깨어나, 습관대로, 나를 가장 괴롭히던 문제를

9) *Literature Newspaper*, August 14, 1968.

생각하기 시작했다. 만일 꼬리날개의 수평 안정판 위에 있는 반쪽 와셔들이 그 무게 때문에 펄럭거린다면, 와셔 무게의 부정적인 효과가 긍정적으로 되도록 와셔 위치를 잡을 수도 있을 것이다. 그러므로, 와셔를 수평 안정판의 중립축 앞으로 옮겨야 한다."

"이렇게 간단할 수가!"

"나는 침실 스탠드로 손을 뻗어 연필과 노트를 찾았다. 그러고는 어둠 속에서 내가 새로이 발견한 개념을 그림으로 그렸다. 완전한 안도감을 느끼며 나는 곧 잠에 빠져 들었다."

처음에 안토노프는 막수토프처럼 해로운 요소를 제거하려고 노력했지만 성공하지 못했다. 막수토프의 경우에, 해로운 요소는 빛의 굴절이었고, 안토노프의 경우엔 약간의 질량이었다. 그러나 그들의 해결책 개념은 똑같다. 해로운 요소를 제거할 필요 없이, 어떻게든 그저 그것이 이로운 것이 되도록 수정하는 것이다.

아마 오늘날, 어떤 엔지니어링 회사에서 엔지니어들이 해로운 요소를 없애느라 애쓰고 있을지도 모르겠다. 문이 있는 줄도 모른 채, 벽에 머리를 꽝꽝 박아 대면서……

□ ■ □ ■ □

이 장을 시작하면서 물어 본 질문에 대해 대답하는 것은 이제 더 이상 어렵지 않다. 발명의 방법론은 다음과 같은 것이어야 한다 :

· 발명가들의 관심을 즉시 끌, 혁신적인 해결책을 기다려온 정체상태의 문제들을 가져와라.
· 발명문제를 효과적으로 해결하라.
· 다른 기술 문제들을 풀 때, 새로 발견한 방법들을 반복적으로 활용하여, 발명가들이 새로운 해결책을 힘들게 찾는 노고를 덜어주어라.

2장 창의성의 수준

발명은 인간의 가장 오래된 활동이다. 엄격히 말하면, 우리 조상들의 인간화는 도구의 발명과 함께 시작했다. 그 뒤 수많은 발명이 이루어지고 발명의 문제가 더욱 복잡해졌는데도 그 해결 방법엔 거의 개선이 없었다는 것은 놀라운 일이다. 대체로, 발명가들은 시행착오에 의한 방법으로 자신들의 목표를 계속 추구해왔다.

프랑스의 과학자 샤를 니꼴(Charles Nicolle)은 이렇게 쓰고 있다. "발명가는 예상하거나 추리하는 능력을 갖고 있지 않았다. 그보다 못한 '인내력' 조차 없다. 발명가는 탐구하지 않고 생생한 상상력을 따르지도 않는다. 그 대신, 자신을 곧장 미지의 세계에 내던지며, 그런 행동으로 문제를 정복한다. 연기에 가득 차 흐릿하던 문제가 갑자기 번개가 치듯이 밝아지고, 새로운 창조물이 태어난다. 이런 방식은 논리나 지능의 힘을 빌지 않는다."[10]

미국의 발명가 존 라비노프(John Rabinov)는 이렇게 말한다. "발명이 논리적이고 체계적인 과정의 결과라면 좋을 터인데, 불행히도 그런 경우는 드물다. 발명은 심리학자들이 말하는 이른바 직관(인간의 내면에 숨겨진 영감이 갑자기 드러나는 과정)에서 나온다."[11]

니꼴과 마찬가지로, 라비노프도 창조 과정이 논리적이지 않다고 생각했다. 그러나 라비노프는 그저 문제에 덤벼들어 마침내 그것을 정복함으로써 발명이 이루어진다는 니꼴

---

10) Charles Nicolle, *Biology De L' Invention*, Paris, 1932, p.5.

11) John Rabinov, "Why Do People Invent", *Inventor and Innovator*, USSR, 1966, Issue #7, page 15.

의 의견과는 달랐다. 라비노프는 그보다 못한 장미빛 그림을 그렸지만, 좀더 현실적이었다. 그는 문제에 달려들어, 있을 수 있는 모든 변형(變形)을 골라 제거해야만 성공할 수 있다고 하였다.

이와 비슷한 여러 가지 주장이 있지만 모두 조금은 비현실적인 생각들이다.

소련의 뛰어난 발명가 바바트(G. Babat)는 창의성을 "험한 산을 오르는 것"에 비유한다.

> "당신은 길을 찾느라 이리저리 헤맨다. 낭떠러지를 내려가거나 기어오르며, 지나온 길을 되돌아 가기도 한다. 많은 고통을 겪은 뒤, 마침내 당신은 정상에 이르러 아래를 내려다 보면서 자신의 경로 선택이 얼마나 혼란스럽고 무질서한 것이었는지 깨닫게 된다. 그리고 곧고 넓은 길이 지나온 길 아주 가까이 있었다는 걸 알게 된다. 만일 당신이 그 길을 미리 알았었더라면, 정상에 도달하는 게 훨씬 빠르고 쉬웠을 것이다."[12)]

여기서 바바트는 창의적인 과정의 본질을 세밀하게 묘사하고 있다. 이와 같이 혼란스럽고 무질서한 탐색에 많은 시간과 에너지라는 대가를 지불하고 있다. 따라서 정상에 이르는 '곧고 넓은 길'을 보여주는 산악지도와 같이, 규칙이 있는 질서정연한 탐색 절차를 개발할 필요성이 생겼다. 창의적인 문제 해결을 위한 과학 즉, 휴리스틱스(Heuristics)[13)]가 필요해진 것이다.

휴리스틱(Heuristic)이라는 말은 3세기 후반에 살았던 그리스 수학자 파푸스(Pappus)의 저서에 맨 처음 등장한다. 그 뒤에는 라이프니쯔(Leibnitz)와 데카르트(Descartes)를 비롯한 여러 뛰어난 과학자들이 창의적 사고과정 자체를 연구할 필요가 있다고 주장하였다. 많은 연구 결과들이 모아지자 휴리스틱스에 몇 가지 원칙이 있다는 사실이 밝혀졌고, 창의적 과정을 이해하는 데 있어서 자신감이 생겼다. 그러나 발명가들은 지금까지도 여전히 시행착오에 의한 방법을 사용하고 있다.

---

12) G. Babat, *Roads into the Unknown*, 1962, p.581.

13) 휴리스틱스(Heuristics): 시행착오 등의 경험을 통하여 학습, 탐구, 문제해결을 하는 방법. 문제해결을 위해 경험을 체계적으로 이용하는 방법론. 발견기법, 발견법, 발견적 교수(학습)법, 발견학습법(교육학)이라고도 한다 - *역자 주*

PART 1

1700년이나 지난 지금까지 휴리스틱스는 왜 발명의 문제를 해결하기 위한 효과적인 수단을 만들어 내지 못했을까? 막연하나마 휴리스틱스가 그 태동기부터 가진 목표는 어떤 창의적 과제라도 해결할 수 있도록 인간 활동의 모든 분야에 적용할 보편원리를 발견한다는 것이었다. 고대 그리스의 철학자들은 다양한 현상을 설명할 수 있는 몇 가지 기본 요소를 찾으려고 했다. 아리스토텔레스는 어떤 물질이든 다섯 가지 요소(불, 공기, 물, 흙, 에테르)로 구성되어 있다고 가르쳤다. 그래서, 창의성에 대한 기본 요소도 이와 똑같은 방식으로 표현되었다.

확실히, 모든 창의성은 어떤 공통된 속성을 지닌다. 그러나 보편적 요소를 분석하는 데 너무 얽매이게 되면, 기본 개념을 뛰어넘기가 어렵다. 이런 점에서 볼 때, 엥겔마이어(Engelmeyer)의 업적은 주목할 만하다. 이 뛰어난 러시아 과학자는 풍부한 실제의 사례를 활용하여, 창의적 과정에 대해 다음과 같은 모델을 제시하였다.

제1단계 활동	제2단계 활동	제3단계 활동
직관과 욕구	지식과 분석	노하우(Know-how)
아이디어의 생성	개념 개발과 계획	발명의 공학적 실행

일반적으로, 이 모두가 맞는 말이다. 각 창조 과정은 계획(문제 진술), 새로운 아이디어 탐색(문제에 대한 해결책), 아이디어의 개발(공학적 실행)로 구성된다. 그러나 이러한 개념은 너무 모호해서 발명가들이 발명하는 데에는 아무런 도움이 되지 못한다.

사실 엥겔마이어도 다른 연구자들과 마찬가지로 발명문제를 해결하는 실제적이고 효과적인 방법을 찾으려는 목표를 세우지는 않았다. 최근까지도, 현재의 '발명 산업'이 이노베이션에 대한 기존의 모든 요구를 충족시켰다고 믿었다. 결국 문제를 성공적으로 해결하기만 하면, 시행착오 횟수는 문제 삼지 않았다. 할아버지 세대와 똑 같은 방법을 써서 세상의 요구를 충족시키는 "발명 산업"이 제 역할을 하는 것처럼 보였다. 휴리스틱스의 발전이 느린 것은 당연했다.

좁은 전문적인 입장에서 주제를 다루었기 때문에 상황을 더 복잡하게 하였다. 일반적으로 과학기술의 역사가들은 창조 과정의 심리적 측면을 완전히 무시한다. 또한 심리학자들은 과학과 기술에 있어서 진화라는 객관적 법칙을 고려하지 않는다. 그들은 오직 뛰어난 과학자나 발명가들의 개인적인 창의성에 흥미를 가질 뿐이다.

1926년, 미국의 심리학자 터만(L. Terman)과 콕스(S. Cox)는 '천재 300인의 유년기 정신적 특성(On the Early Years of the Mental Characteristics of 300 Geniuses)'라는 책을 출간하였다. 그 후 25년 내지 30년 동안, 터만과 이든(M. Eden)은 1000명의 재능 있는 학생들을 연구하였고, '천재에 관한 유전적 연구(Genetic Studies of Genius)'라는 세 권짜리 책을 출판하였다.

발명가들은 스스로 창의적 과정을 명확히 밝히려는 아무런 시도를 하지 않았다. 발명가들은 소수였고, 그들 대부분은 탁월함에 대한 찬사의 분위기에 젖어 있었다. 20세기 초에, 미국의 심리학자인 로스만(Rossman)은 많은 발명가들에게 설문조사를 실시했는데 그 설문 중의 하나는 이런 것이다. "당신은 창의적 능력이 선천적이라고 생각합니까, 아니면 학습을 통해 배울 수 있는 것이라고 생각합니까?" 발명가의 70 %가 "발명하는 것을 배우는 건 불가능하다. 발명가가 되기 위해서는 선천적인 능력을 지녀야만 한다."고 대답했다. 그러나 설문 조사에 답한 사람들 중 어느 누구도 그 "선천적 능력"이 무엇을 뜻하는지 설명하지 못했다.

1931년, 조사를 실시한 직후, 로스만은 **"발명가의 심리학"** 이라는 책을 출간하였다. 이 책에서 그는 이렇게 쓰고 있다.

> "지금, 우리는 발명에 이르는 심리적 과정에 관하여 실질적으로 아무런 지식도 갖고 있지 않다. 발명을 발전시켜 가기 위해서 어떤 조건이 바람직한 것인지도, 발명가만의 특별한 특성이 무엇인지도 우리는 알지 못한다."

로스만은 여러 가지 흥미로운 사실들을 수집하기는 했지만, 발명 창의성의 본질을 캐내지는 못했다. 로스만은 창의적 과정에 관한 개략적인 체계만을 보여주는 평범한 결론을 얻었다. 그것은 다음과 같다 :

1. 필요성과 (또는) 문제의 확인
2. 그러한 필요성과 (또는) 문제의 분석
3. 기존 정보의 검토

4. 모든 가능한 해결책의 정형화
5. 그러한 해결책들의 분석
6. 새로운 아이디어의 생성
7. 새로운 개념의 실험과 확인

줄리어스 시저(Julius Caesar)는 갈리아[14] 지방을 정복한 다음, 로마에 사람을 보내 이렇게 전했다. "왔노라, 보았노라, 정복했노라." 이런 역사적 사실에 기초하여, 군사 전략의 원리를 설명할 수 있다. 제1단계－도착한다, 제2단계－본다, 제3단계－정복한다. 로스만의 개념은 바로 이와 같다. 중요도에 따라 각 단계를 구별하지 않고, 단지 시간의 순서에 따라 발명이 행해지는 기본 단계를 배열해 놓았을 뿐이다. 여기서는 정보의 탐색과 아이디어의 생성이 똑같은 중요도를 갖는다. 정보는 도서관에서 쉽게 얻을 수 있는 것이다. 그러나 "건강"하고 가치 있는 새로운 아이디어를 어떻게 "내놓을" 수 있는가? 로스만은 이런 질문에 대답을 할 수 없었다. 그리하여 발명의 기술은 여전히 발견되지 못한 채 남게 되었다.

1934년, 소련의 심리학자 자콥슨(P. Jacobson)은 "**발명가의 창의성 과정**"이라는 그의 첫 저서를 출판하였다. 자콥슨은 로스만의 결론을 분석하고, 로스만과 마찬가지로 7단계로 이루어진 창의성 과정에 대한 자신의 개념을 발표하였다.

1. 지적/창의적 준비 기간
2. 요구의 발견
3. 과제와 (또는) 아이디어의 생성
4. 해결책 찾기
5. 발명 개념 만들기
6. 개념을 체계적인 형태로 전환
7. 아이디어의 기술적 실행 및 개발

이런 개념은 로스만의 개념과 비슷하다는 것을 쉽게 알 수 있다. 그러나 자콥슨은 발

14) 갈리아 : 현재의 북부 이탈리아, 프랑스 등지를 포함하는 유럽 서부의 고대 이름 - *역자 주*

명의 문제를 해결하기 위하여 기술 창의성의 근본 법칙을 밝히고 과학적 방법을 개발할 필요성이 있다는 자신의 생각을 더욱 분명히 표현하였다. 그는 자신의 저서 제2권에서 이러한 방법을 제시하려고 하였다. 하지만, 그는 심리학에 관한 다른 책들의 출판은 계속하면서도 그 책은 결국 쓰지 못하고 말았다.

1930년대 중반, 특허 도서관의 선반에는 수백만 건의 특허가 쌓여 있었다. 발명이 점점 더 널리 퍼져나갔다. 창의성에 관한 과학적 방법론의 필요성이 보다 명백해졌다. 그럼에도 불구하고, "발명기술"에 관한 새로운 책들은 여러 가지 이유 때문에 그 뒤 20년 동안 출판되지 못했다. 동시에 낡고 모호하고 효과 없는 개념들은 쓸모가 없었다. 그 모든 것들은 역동적인 과학 · 공학 발전의 시대인 오늘날에 더욱 쓸모가 없다. 소련 공산당 중앙위원회는 24차 회의에서 이렇게 보고했다 : "우리의 가장 큰 취약점은 과학적 성과를 대량생산으로 연결하는 부분이다." 발명의 방식으로 과학적 성과를 산업으로 연결할 수는 없을까?

1944년, 미국의 수학자 뽀이아(D. Poia)는 휴리스틱스에 대하여 이렇게 썼다. "… 그 이름은 논리학, 철학, 심리학과 조금씩 관련이 있지만, 명확히 정의된 고유의 연구 영역이 없다. 휴리스틱스는 종종 일반화되어, 자세히 묘사되는 경우는 드물었다. 그리고 오늘날에는 사실상 잊혀졌다."[15] 휴리스틱스의 역사에는 짧은 고조기와 긴 저조기가 반복되어 나타났다. 고조기는 매번 새로운 희망과 새로운 용어로 번창했다. 하지만, 그런 위대한 약속들을 실현하기 위해 노력하지 않았다는 것이 곧 밝혀지곤 했다. 새로운 용어 뒤에 숨은 낡고 모호한 개념들이 드러났고 저조기가 찾아오곤 했다.

사이버네틱스(인공 두뇌학)의 출현으로 휴리스틱스의 저조기는 길어지게 되었다. 순차적으로 변형을 골라내는 방식이 컴퓨터 소프트웨어 기술을 지배하였다. 그리하여, 컴퓨터와 인간 두뇌가 비슷하다는 피상적인 확신을 갖게 되었고, 발명문제는 시행착오에 의한 방법으로 해결해야 한다는 의견이 강화되었다.

컴퓨터 기술은 계속 발전했다. 1950년대 말에는 컴퓨터의 놀라운 처리속도에도 불구하고, 변형 전체에 걸친 연속적 선별 방식이 창의적 문제를 해결하는 데는 쓸모없다는 것이 밝혀졌다. 휴리스틱스를 다시 검토해 볼 필요가 생겨났다. 휴리스틱 프로그래밍이라는 새로운 아이디어가 나타났다. 즉, 컴퓨터가 '모든' 변형을 선별하지 않고, 정해진 규칙에

15) D.Poia, *How To Solve a Problem*, Moscow, Uchpedgiz, 1961, page 200.

따라 미리 몇 개의 변형만을 선택하는 것이다. 이렇게 선택된 변형 그룹만으로도 문제를 해결하는 데 적합했다.

1957년, 미국의 과학자 뉴엘(A. Newell), 쇼우(J. Show), 그리고 사이먼(G. Simon)은 **"일반 문제 해결사"**라는 휴리스틱 프로그램을 내놓았다. 그 용어는 사이버네틱스의 분위기를 풍기는 매우 새로운 것이었지만, 창의적 문제를 해결하기 위해 보편 원리를 개발한다는 그 아이디어는 오래된 것이었다. 그러나 이러한 문제들의 결정인자는 매우 특수해서 일반적으로 수학적 정리(定理)를 증명하는 경우에만 쓸모가 있었다. 뉴엘은 **"일반 문제 해결사"**를 체스를 두는 데 이용하려고 했으나 아무 것도 하지 못했다. 그것으로 발명문제를 푼다는 건 어림도 없는 일이었다. 발명문제들은 **"일반 문제 해결사"** 프로그램으로 풀기에는 너무 어려웠던 것이다.

나중에 뉴엘, 쇼우, 사이먼은 체스를 두기 위한 특별한 프로그램을 개발하였다. 하지만 이번에는 전통적 휴리스틱스의 탐구 규칙을 포기했다. 과학자들은 체스를 두는 객관적 법칙을 연구하기로 방향을 바꾸었다. 예전에 개발된 매우 우수한 체스 이론이 이 프로그램의 핵심이 되었다.

올바른 방향을 찾은 것처럼 보였다. 휴리스틱스 프로그램을 개발하기 위해서는 한 주어진 영역에서 작용하는 객관적 법칙에 그 기초를 둘 필요가 있었다. 그러나 현재의 휴리스틱스는 이 아이디어를 큰 열의 없이 받아들인다. 체스 교본에 규칙과 정석(定石), 그리고 도움말이 있는 것처럼, 사실 체스에 이론이 존재했던 것이다. 과거에 둔 체스 게임들의 많은 분석이 있었다. 만일 이런 것들(체스 이론, 게임 분석)이 앞서 존재하지 않았다면, 수천 배나 복잡한 작업이 필요했을 것이다. 먼저, 이론을 개발하고, 그 다음 그 이론에 기초하여 휴리스틱스 프로그램을 개발하라. 이것이 바로 이 시대의 휴리스틱스가 발명가들에게 아무 것도 제공하지 못한 이유이다.

□ ■ □ ■ □

로스만과 그밖의 연구가들은, 창의적 과정을 몇 개의 단계로 나누었지만, 각 단계가 양적으로 다른 수준으로 진행될 수 있다는 것을 생각하지 못했다.

이것은 발명 창의성 조사에 있어서 일반적이다. 발명들이 실제로 가지각색의 분명한 사물을 표현하더라도 일반적 관점으로 고찰된다.

다음의 두 발명을 비교해 보자 :

발명가 인증서 #166,584

병을 따는 데 쓰는 이 장치는 손잡이와 집게발로 되어 있다. 이 발명의 새로운 점은 이것으로 폴리에틸렌 마개로 밀봉된 병을 열 수 있다는 것이다. 집게발은 말굽 모양으로서, 병마개를 잡기 위해 그 테두리 안 쪽에 입술모양의 부분을 갖고 있다.

발명가 인증서 #123,209

전자기 복사(자외선, 가시광선, 적외선, 전파)를 증폭시키기 위한 방법. 보조 복사선이나 그 밖의 수단의 도움으로 어떤 매질을 통과한 증폭된 복사선이 원자나 그 밖의 입자 또는 이들로 조합된 물질의 농도를 과도하게 짙게 한다(그것의 평형 상태와 비교해서). 이것이 더 높은 에너지 준위로 전자기 복사를 여기(勵起)함으로써 전자기 복사를 "증폭"하는 작용을 한다.

위의 두 가지 사례에서 창조 과정은 동일한 단계를 따랐다 : 시작, 중간, 끝. 그러나, 플라스틱 병마개의 제거 필요성과 유도복사장치(레이저)의 개발 필요성 사이에 양적인 차이가 있다. 새로운 아이디어를 발명으로 연결하는 메커니즘에도 분명한 차이점이 같이 나타나야만 한다.

나는 12세와 40세 사이에 있는 29명의 사람들에게 무작위로 물어보았다. 그들 모두가 2분 내지 5분만에 병마개를 따는 과정을 기계화하는 아이디어를 찾아냈다.

이 조사에서 나온 한 기록이 여기 있다. 이 기록은 12살 난 내 아들과 나눈 대화이다.

저자 : 플라스틱 병마개를 따는 새로운 병따개를 생각해내야 한다. 일반 코르크 나사로는 충분치 않다. 깡통을 여는 날카로운 칼도 마찬가지란다. 플라스틱 병마개를 위한 특별한 병따개를 만들어야 해.

아들 : 엄마는 부엌칼을 쓰던데요.

저자 : 칼을 쓰는 것은 불편하지. 특별한 병따개가 필요해.

아들 : 가위를 쓸 수도 있어요.

저자 : 가위가 더 좋은 이유는?

아들 : 칼은 마개의 한 쪽을 집어 올리지만, 가위는 두 곳을 집어 올리니까요.

저자 : 어떻게 하면 그것을 더 좋게 할 수 있겠니?

아들 : (열광적으로) 코르크 마개를 세 군데서 집어 올리면 돼요![16]

저자 : 특수한 병따개를 개발하는 일은 아직도 끝나지 않았어.

아들 : 코르크 마개를 세 군데에서 집어 올리는 특별한 칼날이요.

(세 손가락으로 그 모양을 만들어보인다.)

그리고 위에 손잡이를 붙이면 돼요.

발명 과정의 기법을 이해하기 위해서는 창의적 과정의 각 단계에서 여러 가지 수준으로 발명의 활동을 고찰할 필요가 있다.

이것이 바로 지금 우리가 하려고 하는 것이다.

표 1은 창의적 과정을 체계화한 도표이다. A, B, C, D, E, F는 창의적 과정의 각 단계를 나타낸다. 그리고 1, 2, 3, 4, 5는 창조 과정의 수준을 표시한다. 각 단계를 다섯 개의 수준으로 취급할 수 있다.

나중에 우리는 이러한 수준들 사이의 차이에 대해 좀더 자세히 논의할 것이다. 이제 우리는 창조 과정의 특성을 다음과 같이 정의할 수 있다.

제1수준 : 다른 사물을 고려하지 않고 기존의 사물을 이용한다.

제2수준 : 여러 개의 사물 중에서 하나를 선택한다.

제3수준 : 선택된 사물에 대해 부분적인 변경을 가한다.

제4수준 : 새로운 사물을 개발하거나 선택된 사물을 완전히 개조한다.

제5수준 : 완전히 새로운 복합 시스템을 개발한다.

---

16) 이것은 발명가 인증서 #166,584(말굽모양의 브래킷)에 쓰여진 그대로이다.

표 1

수준	과제 선정	탐색 개념 선정	자료 수집	아이디어 탐색	아이디어 발견	실제-실행
	A	B	C	D	E	F
1	기존과제 활용	기존의 탐색 개념 활용	기존 자료 활용	기존 해결책 활용	준비된 설계 활용	기존 설계대로 제조
2	여러 과제 중 하나 선택	여러 탐색개념 중 하나선택	여러 출처로 부터 자료수집	여러 아이디어 중 하나 선택	여러 설계 중 하나 선택	기존설계를 수정하여 제조
3	원래 과제의 변경	새 과제에 맞도록 탐색개념 수정	새 과제에 맞도록 수집한 자료를 수정	기존의 해결책 변경	기존 설계 변경	새로운 설계로 제조
4	새로운 과제 발견	새로운 탐색 개념 발견	새 과제에 관련된 새로운 자료수집	새로운 해결책 발견	새로운 설계 개발	새로운 방법을 설계에 이용
5	새로운 문제 발견	새로운 방법 발견	새 문제에 관련된 새로운 자료수집	새로운 개념 (원리) 발견	새로운 조성 개념 개발	새로운 개념이 실행되도록 전체시스템 수정

다음은 서로 다른 수준에 속한 몇 가지 예이다.[17]

▮ 제1수준의 예 :

발명가 인증서 #157,356

압축 가스, 액화 가스, 또는 유용성(油鎔性) 가스[18]의 저장을 위한 보호 덮개. 강도 증가를 위해 내부 갈비뼈대를 갖는 플라스틱으로 덮개를 만든다. 이것이 비용을 줄이고 금속을 절약하게 해준다.

평범한 문제(금속 절약하기)가 있었다. 기존의 탐색 개념(금속을 값싼 어떤 것으로 대체)을 사용하였다. 마지막으로 기존의 해결책(덮개를 플라스틱 재료로 만듦)을 설계한다. 이 설계는 사소한 것이다 - 덮개 속에 갈비뼈대. 그러므로 연구나 오류수정 과정이 필요 없다.

17) 이것들은 소련의 발명가 인증서로부터 발췌한 실제 사례들인데, 발명가 인증서는 미국특허와 대략적으로 동일한 것이다.

18) 원유에 용해되어 존재하는 천연가스

발명가 인증서 #362,335

액체 금속을 펌핑하는 사이펀은 "U-자형" 튜브로 구성되어 있는데, 이것은 수평파이프에서 흡입진공 펌프까지 접속용 파이프로 연결된 가스투과성 세라믹 플러그를 갖고 있다. 이 장치는 펌핑된 금속의 순도를 높일 수 있는데, 그 이유는 사이펀이 멈춤 막대의 도움으로 용기의 침전물보다 높은 곳에 위치하기 때문이다.

사이펀이 슬러그 같은 침전물 속으로 가라앉지 않도록 하기 위해, 사이펀이 지지대(멈춤 막대)를 갖고 있다. 이것은 사소한 과제와 사소한 해결책이다.[19]

제2수준의 예 :

발명가 인증서 #210,662

유도형 전자기 펌프. 이 펌프는 몸체, 유도 코일 및 도관(導管)으로 구성되어 있다. 이 펌프는 유도 코일이 도관의 축을 따라 움직일 수 있기 때문에 새로운 펌프이다.

전자기 펌프는 오랫동안 알려져 왔다. 이것은 파이프와 그 위에 놓인 고리 모양의 유도 코일로 구성되어 있다. 작동 중에 파이프의 한 끝이 액체 금속에 잠긴다. 보통 유도코일은 액체 금속의 수위보다 높은 위치에 있다. 펌프가 운전을 시작하기 위해서는, 액체 금속을 유도 코일의 높이까지 빨아 올려야 한다. 이 문제에 대해서 몇 가지 서로 다른 해결책이 있다.

가. 흡입 파이프의 아래쪽 끝에 기동용 유도 코일을 설치한다.
나. 펌프를 작동하기 전에, 파이프 위쪽으로 액체 금속을 부어 넣는다.
다. 파이프는 그냥 두고, 유도 코일을 낮춘다.

19) 나는 수준 1에 속하는 발명들을 특허에서 중요하게 다루지 않아도 된다고 말하는 것이 아니다. 그러한 낮은 수준의 발명의 법적 보호도 유효할 수 있다. 우리는 다른 주제를 이야기 하고 있다. 심리학적 관점에서 이 수준의 발명에는 창의성이 없다.

여기서, 하나의 (아마도 최선의) 해결책을 선택하였다. 파이프 자체를 낮추지 않고, 작업이 시작되면 유도 코일의 위치를 낮추는 방법이 그것이다. 그러면, 액체 금속이 유도 코일의 작동 위치로 올라온다. 표에서 알 수 있듯이, 이것은 D단계, 제2수준의 발명에 속한다(여러 아이디어 중 하나 선택).

제3수준의 예 :

발명가 인증서 #163,487

폭발로 작동되는 셔터를 이용하여 광선을 차단하는 방법(예를 들면, 고속 영화를 만들 때). 이 발명이 색다른 것은 "재사용 가능한 셔터"를 제안하고 있기 때문이다. 두 개의 보호유리판 사이에 있는 액체 속에서 불꽃방전을 일으킴으로써 액체가 셔터 역할을 하고, 중립 상태에서는 보호유리판이 광학 시스템의 광선을 통과시킨다.

광선을 순간적으로 차단하기 위한 이전의 방법들은 유리를 파괴하는 방식에 의존했기 때문에 셔터를 일회용으로 만들었다. 셔터의 물리적 상태를 바꾸어 셔터에 새로운 특성을 준다. 액체 "셔터"는 재사용이 가능하다. 이것은 D단계와 E단계의 제3수준에 해당된다.

발명가 인증서 #256,956

물고기의 내장을 제거하기 위한 방법. 이 방법이 새로운 것은 영하 5도 이하의 온도를 갖는 어떤 기구를 물고기 안에 삽입함으로써 물고기의 내장을 얼리는 것을 제안하고 있기 때문이다. 이것은 물고기의 품질을 그대로 유지해 준다.

제4수준의 예 :

발명가 인증서 #163,559

사용 중인(예를 들어 우물을 파면서) 굴착공구의 상태를 제어하기 위한 방법. 이 발명이 다른 발명과 다른데, 왜냐하면 굴착공구의 심한 마모 상태를 알리기 위해 강한 냄새의 사용을 제안하고 있기 때문이다. 이것은 드릴 내부에 화학물질 앰플을 미리 삽입함으로써 가능하다.

이것은 제4수준의 발명에 속하는데, 왜냐하면 이것이 기존의 과정을 수정하기 보다는 마모 과정을 제어하기 위한 새로운 방법을 제안하고 있기 때문이다.

> **발명가 인증서 #187,135**
> 전기모터의 증발식 냉각 시스템. 전기모터를 위한 별도의 냉각 장치를 없애기 위해서 이 새로운 시스템은 모터의 여러 작동 요소에 대해 액체 냉매가 스며든 다공성 강철분말의 활용을 제안한다. 모터가 작동되는 동안, 냉매가 증발하여 짧은 기간 동안 강하고도 균일한 냉각 작용을 제공한다.

전통적인 냉각 시스템은 '외부'로부터 작용하기 때문에 귀찮고, 비효과적이다. 이 발명은 금속 내부에 미리 냉매를 저장하는 방법을 제안하고 있다.

▮ 제5수준의 예 :

> **발명가 인증서 #70,000**
> 금속, 합금, 그리고 그 밖의 전도성 재료를 분말 형태로 생산하기 위한 방법. 이 방법이 색다른 것은, 이러한 재료로 만든 전극을 진동 회로에 연결하고, 전기 스파크가 방전을 일으켜 전극 재료를 분말 형태로 흩어지도록 하기 때문이다.

이 방법은 재료 처리를 위한 전기 방전 기술의 출발점이 되었다.

□ ■ □ ■ □

물론 각 단계와 수준을 더욱 세분할 수도 있다. 그러나 각 수준 간의 질적인 차이는 각 수준 내에 양적인 차이보다 더 중요하다.

한 가지 비슷한 사례를 통해 이것을 설명해 보겠다. '일반적으로' 물질(물과 같은)을 연구하는 것은 불가능하다. 물에는 얼음, 액체, 증기와 같이 여러 **질적** 수준이 존재한다. 이런 물질들은 다른 특성과 다른 규칙성을 갖는다. 각 수준 내에도 여러 차이가 존재한다.

4℃의 물은 99℃의 물과 다르며, 임계온도에서의 증기는 임계점 아래의 증기와 다르다. 그러나 수준간의 차이는 구조 분석의 첫 단계에서 중요한 역할을 하지 못한다.

아마도 독자는 제1수준과 제5수준의 발명 사이에 무슨 관계가 있는가 궁금하게 생각할 것이다.

나는 1965년에서 1969년 사이에 있었던 14개 분야의 발명을 분석하여 다음과 같은 결과를 얻었다.

· 제1수준 32.0 %
· 제2수준 45.0 %
· 제3수준 19.0 %
· 제4수준 4.0 % 이하
· 제5수준 0.3 % 이하

그러므로, 등록된 발명의 77 %(제1수준과 제2수준)는 새로운 설계만을 제시한다. 일반적으로 모든 엔지니어는 이 처음 두 수준에 대한 발명방법을 알 것이다. 이 두 수준의 전반에 걸쳐 새로운 과제, 새로운 기술적 아이디어 등을 선택할 필요는 없다. 모든 엔지니어가 지닌 지식과 기술은 효과적인 해결책을 제공하기에 충분하다. 한편, 제5수준의 하위수준들, 그 중 높은 하위수준들은 새로운 발견의 활용과 관련이 있다. 오늘날의 발명 창의성은 대개 제3수준과 제5의 중간 수준 사이에 속해 있다.[20]

양으로 볼 때, 이 발명들은 등록된 전체 발명의 1/4 이하이지만, 기술에 질적인 변화를 제공하는 것은 정확하게 이러한 발명들이다.

단계 D에서의 수준간의 차이는 보통의 엔지니어가 해결책을 찾는 동안 겪는 시행착오의 횟수로 나타낼 수 있다 :

· 제1수준 1 ~ 10
· 제2수준 10 ~ 100
· 제3수준 100 ~ 1000

20) 법적으로라기 보다 창의성의 관점에서

· 제4수준　　1000 ~ 10,000

· 제5수준　10,000 ~ 100,000 이상

제5수준의 위쪽 하위수준에 대해서는, 주어진 발명 과제를 풀 수 있는 가능한 해결책이 없기 때문에 시행의 횟수는 무한하다.

심리학자들이 제1수준과 제2수준에 대한 사고과정의 메커니즘을 정확히 정의할 수 있다. 왜냐하면, 이것들은 창의적 사고과정이 아니기 때문이다. 여러 가지 변형들을 분류하면서, 좋지 않은 변형들을 제거한다. 일부 변형을 제거함으로써 문제는 더욱 명확해지고, 문제를 다시 진술한다.

전통적인 심리학으로 높은 수준의 창의성 메커니즘을 밝히려고 할 때 어려움이 나타난다. 이론적으로 변형의 수는 많지만, 발명가가 모든 것을 선별하지 못한다는 것이 분명하다. 어떤 방법으로든, 발명가는 가능성이 있는 전체의 수를 줄인다. 발명가는 100,000번의 가능한 시행 중에서 휴리스틱스 방식으로 한 블록(말하자면, 100번의 시행)을 선택한다. 여기서는 선택 메커니즘이 결정적인 역할을 하지만, 전통적인 시행 과정은 보통 더 많은 활동을 한다.

휴리스틱스과 대부분의 창의성 사고를 다루는 심리학은 100,000개의 변형을 100개로 줄여주는 어떤 메커니즘을 찾으려는 희망에서 개발되었다. 이런 노선을 따르는 실험들은 휴리스틱스 그 자체만큼이나 낡고, 또한 쓸모없다.

기본 가정에 잘못이 있다. 큰 탐색분야(수백만 번의 시행)를 작고도 본질적인 분야(수백 번의 시행)로 전환하기 위한 메커니즘이 없다. 문제는 100,000번의 시행이 필요하지만, 발명가는 실제로 100번만 시도하고 만다.

이 겉보기 모순을 설명할 수 있다. 심리학자들은 단 한 사람의 행위만을 생각한다. 그러나 높은 수준에 속하는 문제들은 여러 사람들의 계속적인 노력에 의해 해결 된다.

100,000 에이커의 들판에 숨겨진 보물을 상상해 보자. 여러 세대에 걸쳐 수천 명의 사람들이 그 보물을 찾으려고 그 땅을 파헤친다. 모든 사람들이 200에이커씩 땅을 판다. 때로는 땅 파는 작업이 겹치기도 한다. 쓸모 없이 판 땅이 점점 많이 알려진다. 그러면서 사람들은 여전히 땅 파기를 계속한다. 마침내, 1001번째의 보물 사냥꾼이 나타난다. 그의 조상들이 앞서 50년간 땅을 파왔기 때문에, 그는 파지 말아야 할 구역을 이미 알고 있다. 그는 나머지 구역을 선택하고 보물을 찾아낸다. 이제 심리학자가 나타나 이렇게 묻는다: "당

신은 어떻게 그렇게 간단히 보물을 찾았습니까?" 실제로, 그것은 아주 간단하다. "나쁜" 구역은 지난 반 세기 동안 다른 사람들이 열심히 파 보았다. 새로 파야 할 땅은 아주 조금 남아 있었다.

예를 들어, 소형 변속기를 발명하는 과정을 살펴 보자.

변속기는 속도를 연속적으로 변환하는 장치이다. 회전속도를 연속적으로 조절하는 장치는 산업에서 중요하다. 20세기 초부터 이런 종류의 변속기에 대한 연구가 진행되었다. 피로쯔코프(E. I. Pirozkov)라는 발명가는 바라노프(G. G. Baranov)박사의 기술 지도를 받으며, 1945년에 이 문제를 다루기 시작했다. 그런데, 피로쯔코프는 이미 유압식 변속기(발명가 인증서 #70,842)를 발명한 적이 있었다. 이것은 이상적인 환경임을 알 수 있다. 즉 발명가가 과학자의 지도를 받으며, 이전과 관련된 문제를 다루고 있다.

그러면 이 일이 어떻게 진행되었는지 알아보자. 다음 글은 **'발명가와 혁신가'** 라는 잡지의 1969년 7월호에서 발췌한 것이다 :

> "진지한 연구 작업이 이루어졌다. 국내외의 수많은 문헌들을 공부했다. 모든 변속기에 관한 설계뿐 아니라, 각 변속기의 강한 요소와 약한 요소를 모두 연구했다. 그것은 엄청나고 끝없이 힘든 작업이었다. 피로쯔코프는 과거의 발명에서는 성공을 거두었지만, 이번에는 공기식과 전기식 변속기뿐만 아니라 유압식 변속기조차 해결할 수 없는 한 가지 중대한 결함 때문에 곤란을 겪고 있다는 사실을 깨닫게 되었다. … "
>
> " … 마찰식에 주목한 변속기 전문가는 그다지 많지 않았다. 많은 설계들이 명백한 결점 때문에 곤란을 겪었기 때문이다. 예를 들면, "건식" 변속기는 두 마찰면이 서로 미끄러지기 때문에 신뢰할 수 없다. 그러므로, 두 접촉면을 단단히 압착할 필요가 있다. 이런 경우, 20~30톤의 힘이 축과 베어링에 작용하므로 접촉면이 빨리 망가질 수 있다."

기관차의 견인력을 높이기 위해 바퀴를 톱니로 해야 한다고 믿었던(그렇지 않으면 움직이지 않을 테니까) 적이 있었다는 사실은 흥미롭다. 어쩌면 마찰식 변속기에 대한 편견은 이때부터 유래했을지도 모른다.

> "… 피로쯔코프는 이것을 깨달았다. 만약 마찰식 변속기의 결점을 제거하거나 적어도 최소화할 수 있다면, 아무 것도 그것과 경쟁할 수 없을 것이다. 이것은 다음과 같이 간단하면서도 매우 멋진 아이디어 덕분에 가능했다. 만일 위성 기어(satellite gear)에 작용하는 힘들이 닫힌 다각형을 이루면서 분산되면, 그 힘들의 합은 제로가 될 것이다. 이러한 조건 하에서 매개체(위성 기어)는 평형 상태에 있으며, 축과 베어링에 작용하는 압력은 사라질 것이다. 그러나 문제가 있다 – 어떤 변속기에서든 힘은 항상 그 위치를 바꾼다. 이것은 위성 기어의 균형을 유지하는 데 적합한 모양의 매개체를 찾아야 할 필요가 있음을 뜻한다. 마침내, 끝이 잘린 두개의 원추를 결합한 모양이 문제를 해결하는 데 적합한 매개체의 형태라는 사실이 밝혀졌다. …"
>
> "해결책은 기대하지 않았던데서 나왔다. 피로쯔코프는 가르치고, 보고서를 쓰고, 발표를 하는 그의 일상에서 벗어나서 사업상 여행 중에 있었다. 기차 안에서 갑자기 그에게 희한하고 즐거운 생각이 떠올랐다. 아인슈타인이 말한 것처럼 즐거운 생각은 글로 적을 필요가 없다. 새로운 변속기의 그림이 그의 눈앞에 나타났다. 이 때는 1952년으로 그가 변속기 문제를 처음 접한 뒤 7년이라는 힘든 세월이 흘러간 뒤였다."

이 7년 동안의 작업을 분석해보자.

과거 50년 동안 수천 명의 사람들이 일해온 널리 알려진 분야가 있었다. 발명가는 '유압식 변속기'라는 자신의 개인적 경험이 있는 부분부터 시작했다. 그의 탐색은 성공하지 못했고, **그의 탐구는 모든 분야를 여기저기 표류하기 시작했다.** 동시에 다른 분야의 정보가 수집되었다.

실제 발명 과정의 매우 중요한 이 특성은 그 과정을 심리적으로 모델링할 때 완전히 빠졌다. 만약 심리학자가 피로쯔코프의 뒤를 쫓아 다녔다면, 다른 발명가들의 탐구 과정을 생각하지 않고 오직 피로쯔코프의 개인적인 탐색 과정만을 기록할 수 있었을 것이다. 한편, "표류" 하던 탐색영역이 다른 분야로부터 주워 모은 정보에 의해 수정되었다. 만약 피로쯔코프가 이 문제에 대한 일을 20년이나 30년 일찍 시작했었다면, 그는 다른 분야에서 많은 정보를 얻지 못했을 것이고, 그의 탐색 양상은 꽤 달라졌을 것이다.

오늘날 비슷한 상황에 대해 평가를 반대로 한다. 만약 한 발명가가 그의 선조 수천 명이 풀지 못했던 문제를 풀었다면, 사람들은 그가 뛰어난 발명 능력을 지녔다고 말할 것이다. 선조들이 없으면 문제 풀기가 훨씬 더 어렵다는 사실을 사람들은 생각하지 않는다. 불확실성이 증가하고, 결과적으로 시행횟수가 증가한다. 역설적인 것 같지만, 더 많은 사람들이 문제를 해결하는데 실패하면 할수록 그것을 풀기가 더욱 쉬워지는 것이다. 실패한 시행은 모두 추가적인 정보가 되어 문제를 보다 잘 이해할 수 있게 해주며, 그리하여 탐색영역이 줄어들 것이다.

피로쯔코프의 작업에 있어서 전환점은, 그가 문제를 다시 진술할 때 시작되었다. 자신의 잘못과 다른 사람들의 잘못에 대한 정보를 바탕으로, 그는 가장 대중적인 모델을 개선하는 방향을 거부하고, 마찰식 전동장치에 관심을 기울였다. 탐색영역을 아주 다른 분야로 멀리 옮겼다. 100,000번의 시행이 필요한 분야로부터 겨우100 번의 시행만 필요한 작은 곳으로 전이가 일어났다.

움직이는 다각형의 힘에 대한 아이디어는 섬유 산업에서 널리 사용되고 있다. 그러나 만약 탐구 영역을 처음부터 마찰형 동력전달장치로 제한한다면, 같은 아이디어를 훨씬 쉽게 재발견할 수 있다.

그래서 정략적인 전술(우리가 찾고 있는 휴리스틱 접근방법)이 마법에 걸린 "백설공주" 를 찾는 쪽으로 목표를 잡아야 하고, 그녀와 이웃 왕국(산업)의 다른 "백설공주들" 을 어떻게 깨울지 결정해야 한다. 실제의 발명 과정이 휴리스틱스에 의한 발명과정과 얼마나 다른 것인지 이제 우리는 알 수 있다.

□■□■□

조금만 물러서서 생각해 보자.

많은 발명가들이 기술 문제를 풀기에 앞서, 특허 정보에 대해 어떤 것도 알려고 하지 않는다는 조사 결과가 있다. 그 주된 이유는 특허에 포함된 정보가 사람들에게 하찮은 해결책을 생각하게 하여, 상상력을 얼어붙게 만들기 때문이다.

그 이유를 분석해 보자.

만일 우리가 어떤 것을 개선할 필요가 있다면(제2수준, 제3수준의 발명), 우리는 언제나 연구에 유용한 정보를 포함하고 있는 특허의 부분을 찾을 수 있다. 이 경우에 문제를 풀기 전에 특허 정보를 사용해야만 한다. 만일 우리가 원리적으로 새로운 어떤 것을 발명할 필요가 있다면(제4수준, 제5수준의 발명), 그 과제에 대한 조건이 너무 광범위하여 연구에 필요한 어떤 특정 특허정보를 정하기가 어렵다.

이제, 구체적인 예를 살펴보자 :

강 중앙의 깊이를 측정하기 위한 여러 가지 방법들이 이미 존재한다. 배로 또는 수영으로 강 가운데로 가서 장대를 세우거나, 추가 달린 밧줄을 늘어뜨려 측정을 한다. 그런데 이제 강둑에서 강 깊이를 재는 새로운 방법을 찾아야 한다. 그 방법은 간단해야 하고, 그 측정장치는 여행자나 지질학자가 사용할 수 있도록 가볍고 작아야 한다.

배나 뗏목에서 강 깊이를 재려는 초보적인 방식은 과제의 조건에 의해 거부된다. 여기서 의문이 생긴다 : **어떤 분야의 특허 정보가 쓰일 수 있을까?** 우리는 어쩌면 이 문제의 모델을 우리가 찾는 곳에서 멀리 떨어진 다른 분야의 발명에서 발견할 수 있을지도 모른다. 우리는 우물, 증기 보일러, 보청기, 수력발전용 구조물, 잠수 기구 등에 관한 특허를 조사할 수 있다. 어쩌면 침몰선 부양함이나 온수 공급 구조물과 같은 다른 분야의 특허 정보가 필요할지도 모른다.

사실, 발명의 모델을 어떤 특허 분야에서나 찾을 수 있다. 이것은 제4수준이나 제5수준으로 해결된 문제들에 대해서 전형적인 상황이다. 높은 수준의 발명문제를 풀 때 기존의 특허 정보 분석 시스템이 효과를 발휘하지 못하는 이유가 바로 여기에 있다.

□ ■ □ ■ □

고대로부터 휴리스틱스 방법들은 보편적으로 적용할 수 있다고 생각되었다. 창의성을 연구하던 심리학자들은 다양한 퍼즐과 간단한 과제를 실험하면서 창의성 메커니즘이 모든 수준에서 같다고 여겼다. 마치 종이배를 실험하면서 조선술 지식을 개발하려고 하는 것과 같다.

100,000번의 시행을 요구하는 영역에서 해결책을 찾는 휴리스틱스 탐색 방법이 100번의 시행을 요구하는 영역에서 해결책을 찾는 휴리스틱스 탐색과 같을 수는 없다. 완전히 다른 심리학적 메커니즘이 필요하다.

딕슨(G. Dickson)의 책 '**시스템 설계 : 발명, 분석, 의사결정(System Design : Inventing, Analysis, and Decision-Making)** (Mir 출판사, 1969)' 에는 낮은 수준의 휴리스틱스 방법들이 설명되어 있다. 이 책에 간단한 규칙들이 쓰여 있다. "심리적 관성을 기억하라", "유사성을 이용하라", "당신 자신을 사물이라 생각하라(감정 이입)" 등. 이러한 절차는 제1수준과 제2수준의 발명문제를 푸는 데 좋다. 더 높은 수준에 대해서는 이것들은 쓸모가 없으며, 때로는 해롭기까지 하다. 이것은 세미나에서 해결된 문제를 통해 확인되었다. 만약 사람이 심리적 관성을 어떻게 극복하는지 알지 못한다면 "심리적 관성을 기억하라"와 같은 슬로건은 아무런 가치가 없다. "유사성을 이용하라"는 추천도 유사한 것들이 너무 많을 때는 소용없다. 만약 기술 시스템이 너무 복잡하면 감정 이입은 문제를 모호하게 할 뿐이다.

낮은 수준에 대한 휴리스틱스을 모든 엔지니어에게 가르칠 수 있다. 현실적으로 20번의 시행 끝에 얻은 발명과 두 차례의 휴리스틱스 방법으로 얻은 발명 사이에 별다른 차이는 없다. 휴리스틱스는 보다 높은 창의성 수준에 대해서만 그 힘을 충분히 발휘할 수 있고, 여기에 낮은 수준의 휴리스틱 방법들은 효력이 없다. 그러나 높은 수준의 휴리스틱 방법이 존재하지 않는다.

이것은 당연한 일이다.

진화 과정에서 인간의 두뇌는 그 복잡성 때문에 제1수준에 속하는 문제를 푸는 데 적응하였다. 자연 진화가 여기에 기여를 해왔다. 제1수준의 문제는 이제 충분한 자신감을 갖고(심지어는 지나친 자신감을 갖고) 풀 수 있다. 과학적으로 개발된 사고 메커니즘들(휴리스틱 방법을 포함해서)은 제2수준의 문제에 대해 유효하다. 그러나 이것들을 더 높은 창의적 수준으로 이루어지는 작업에 대해서는 절대 이용할 수 없다.

자연의 선택이 제1수준에 해당되는 메커니즘의 개발과 확보를 도왔다. 만약 어떤 사람이 높은 수준의 휴리스틱스 능력을 갖고 태어났다면, 그 사람은 아무런 혜택을 받지 못할 테지만 사실은 그 반대다.

각 사이클에 너무 긴 시간이 필요했기 때문에 자연은 더 높은 수준의 휴리스틱 방법을 개발하지 않았다. 인간은 한 두 가지 제4수준의 발명을 하는 동안, 휴리스틱 경험을 축적할 시간이 단순하게 없었다.

신뢰할 수 없는 요소들로부터 신뢰할 수 있는 시스템을 개발하면서, 진화는 자신의 길을 걸어왔다. 100,000번의 시행을 할 수 있는 발명가는 없다.[21] 그러나 이러한 시행 횟수를 요구하는 발명은 여전히 탄생한다. 100,000번의 시행이 필요한 분야는 각각 100번의 시행을 포함하는 1000 개의 영역으로 충분히 커버할 수 있다.

결국, 휴리스틱스 방법들이 높은 수준의 문제를 해결할 때 중요한 역할을 하는 것처럼 보이지만, 실제로는 낮은 수준의 발명문제를 풀 때만 잠깐 모습을 보일 뿐이다. 두 종류의 조사 결과, 즉 발명가로서 25년 동안의 개인적인 관찰(세미나 도중에 행해진 것을 포함해서)과 조사정보의 분석, 그리고 내 개인적 경험에 의하면 우리는 높은 수준의 휴리스틱스 방법 없이 높은 수준의 발명들을 얻었다고 자신 있게 말할 수 있다. 대신에, 사람들은 낮은 수준의 발명문제를 해결할 때 사용하던 같은 방법을 높은 수준의 문제에 사용하고 있다.

발명 과정의 비극은, 사람들이 낮은 수준의 문제해결에 이용한 방법들을 높은 수준의 문제를 해결할 때에도 사용한다는 것이다.

□■□■□

정량적으로 말하면, 문제의 수준은 그 해결책을 찾기 위해 필요한 시행착오의 횟수에 달려 있다. 그러나 왜 어떤 문제는 100번, 다른 문제는 1,000번 이상의 시행이 필요할까? 이들 사이의 '질적인' 차이는 무엇인가?

몇 개의 문제에 대한 비교 분석을 해보면 그 질문의 답을 얻을 수 있다.

제1수준 : 문제와 그 해결책의 수단이 하나의 '직업' 영역(한 산업의 특정 부분) 안에 존재한다.

21) 에디슨은 엄청나게 많은 시행을 통해 제4수준의 문제를 해결할 수 있었다. 그러나 에디슨 혼자 하지는 않았다. 이런 시행은 직원과 동료로 구성된 대규모 조직에 의해 행해졌다.

제2수준 : 문제와 그 해결책의 수단이 하나의 '산업' 영역 안에 존재한다. 기계제작 문제들은 같은 산업 안에 알려진, 그 산업의 다른 영역에 존재하는 방법들에 의해 해결된다.

제3수준 : 문제와 그 해결책의 수단이 하나의 '과학' 영역 안에 존재한다. 기계적인 문제는 기계적 수단으로 해결된다.

제4수준 : 문제와 그 해결책의 수단이 그 문제가 일어난 '과학의 범주 밖에' 존재한다. 기계적 문제가 화학으로 해결된다.

제5수준의 위쪽 하위수준들 : 문제와 그 해결책의 수단이 '동시대의 과학'의 테두리 밖에 존재한다. 먼저 새로운 발견을 하고 난 다음, 이 새로운 과학적 데이터를 기반으로 하여 발명문제를 해결해야 한다.

어떤 문제가 나타나면, 처음엔 그것을 제1수준으로 해결하려고 한다. 다음엔 제2수준으로, 다음엔 제3수준으로 … 이런 식이다. 한 발명가가 제4수준으로 문제 해결에 착수할 때, 그의 심리적인 관점에서는 그것이 첫번째 시행이지만, 실제로는 N번째의 시행을 하는 것이다. 여기서 N은 물론 큰 수이다.

제1수준의 문제를 푸는 사람은 문제를 풀 때 제일 먼저 자신의 일상적 경험을 사용한다. 세케이(L. Sekei)실험[22]이 보여주듯이, 사람이 처음에 문제를 이해하지 못하는 이유가 바로 이것 때문이다. 그러나 일상적 경험과 제1수준 방법의 차이는 크지 않다. 그러므로 그 문제를 이해하기 위해서 몇 차례의 시행만 필요할 뿐이다. **제1수준의 문제를 풀기 위한 "이상적인" 전술은 "실생활" 전술과 실질적으로 일치한다.** 제4수준에서는 그런 일치가 없다.

우리 선조들이 사자를 만났을 때, 문제가 똑같이 발생했다: "내 뒤엔 키 큰 나무가 있다. 조금 멀리 바위 산이 있고, 가까이엔 호수가 있다. 어느 쪽으로 도망쳐야 하지?" 그들의 생각은 이렇게 이어졌다: "호수까지 가기가 쉬울 것 같아. 하지만 누가 알아? 사자가 수영을 잘 하는지. 나무는 어떨까? 나무에 오를 시간이 없겠다. 내 경험으로 보면, 그건 시간도 걸리고 나를 받쳐 올려줄 사람도 필요해. 남은 것은 산뿐이다 … 뛰자!"

제1수준의 문제들은 각 세대마다 풀렸고, 오늘도 우리 각자 이런 문제를 "일상 생활의

---

22) Knowledge and the Thinking Process, Psychology of the Thinking Process, Process Publishing, 1965, page 355

상황" 에서 여전히 풀고 있다. 진화는 이런 종류의 문제에 대해 우리들의 사고 과정의 메커니즘을 발전시켰다.

제4수준의 발명문제는 보통의 일상 생활의 상황보다 복잡하다. 사자 이야기로 돌아가면, 복잡한 발명문제는 다음과 같다고 볼 수 있을 것이다 : "500마리의 야수가 있다. 그들 모두가 사자는 아니다. 그 중 몇 마리는 때로는 뱀으로 바뀌고, 또 몇 마리는 참새로 바뀌고, 그리고 다른 것들은 정체를 알 수 없는 어떤 짐승으로 바뀐다. 호수로 달려가야 하나? 그렇지만, 여러 방향에 수많은 장애물이 있는 호수가 수백 개나 있다. 게다가 호수의 성질이 매우 복잡할 수 있다 —때로는 호수가 너무 얕을 수 있고, 때로는 움직이기도 한다. 더구나, 모습이 변하는 짐승이 악어로 바뀔 수도 있다 — 악어에게 호수는 아무런 문제가 안 된다. 당신의 눈 앞에 있는 나무가 곧바로 그 높이를 바꾼다 — 난쟁이 나무나 거대한 바오밥나무가 되기도 한다. 그 밖에도 하늘을 나는 어떤 것이 있다. 그것은 독수리나 찌르레기가 될 수도 있다. 이 언덕의 뒤쪽, 또는 다른 언덕 뒤쪽에 무엇이 있는지 아무도 모른다 — 그리고 이 관목 숲 뒤엔 무엇이 있을까? 매우 어려운 상황이다. 그러나, 서두를 것은 없다. 나는 이런 상황을 앞으로 5년 동안 분석할 수 있다."

□ ■ □ ■ □

이제 우리는 제1수준과 제4수준의 문제 사이의 차이를 매우 정확히 정립할 수 있다. 제1수준의 문제, 즉 일상 생활의 상황과 경험에 바탕을 둔 심리학적인 문제에는 특별한 특징이 있다 :

1. 문제 내에 요소의 수가 적다.
2. 알려지지 않은 요소가 없다(알려지지 않은 요소가 1, 2개 있는 경우도 거의 없다).
3. 분석이 간단하다. 문제의 조건 하에서 수정이 필요한 요소를 수정 없이 그대로 두어야 할 요소와 쉽게 분리할 수 있다. 요소간의 상호관계를 추적하기가 쉽다.
4. 문제를 푸는 데 주어진 시간이 짧다.

제4수준의 발명문제는 다르다 :

1. 많은 요소를 갖고 있다.
2. 알려지지 않은 요소가 꽤 많다.
3. 분석하기가 어렵다(알려지지 않은 요소와 알려진 요소를 분리하기가 어렵다). 요소 간의 모든 관계를 고려한 완전한 모델을 세우기가 거의 불가능하다.
4. 문제를 해결하는 데 주어진 시간이 길다.

□ ■ □ ■ □

진화하는 과정에서 우리의 두뇌는 간단한 문제에 대해 대략적인 해결책을 찾는 방법을 배우고 있다.

그러나 우리의 두뇌는 복잡한 문제에 대해 느리고 세밀한 해결책을 찾는 메커니즘을 개발하지 않는다.

비록 우리가 훌륭한 발명가의 두뇌 속에서 진행되고 있는 모든 것을 정확하게 알았다고 하더라도, 우리는 제4수준의 문제를 해결하는데 필요한 전술을 개발하지는 못했을 것이다. 제4수준의 문제를 해결하려는 발명가가 제1수준의 문제를 해결할 때 사용했던 것과 똑같은 전술을 사용한다는 것을 우리는 알게 되었다.

높은 수준의 휴리스틱스 방법들은 발견될 수 없다. 왜냐하면, 그것은 존재하지 않기 때문이다. 하지만 휴리스틱스 방법은 '개발' 될 수 있으며, '개발' 되어야 한다.

3장 발명하는 방법 발명하기

1953년, 미국의 심리학자 오스본(A. Osborn)은 시행착오 방법을 개선해 보려고 하였다. 이 방법으로 문제를 해결하려 한다면 발명가가 맨 처음 하는 일은 아이디어 하나를 내놓는 것이다. 이러이러한 것을 하면 어떨까? 쓸만한 해결책이 나오든 안 나오든, 그런 과정을 반복한다. 어떤 사람들은 천성적으로 아이디어를 잘 만들어내지만, 아이디어를 잘 분석하지는 못한다. 그 반대의 경우도 있는데, 어떤 사람들은 아이디어를 내놓기보다는 그것을 비판하고 분석하는 쪽에 더 능숙하다. 오스본은 이런 두 과정을 분리하기로 했다. 한 그룹은 문제를 받아서 아이디어를 만들기만 하고(아무리 터무니 없는 것이더라도) 다른 그룹은 그러한 아이디어를 분석하기만 한다.

오스본이 브레인스토밍(brainstorming)이라 이름 붙인 이 방법은 무질서한 탐색을 제거하지 못했고, 실제로는 탐색을 더욱 무질서하게 만들었다. 우리가 보아 왔듯이, 그러한 시도들은 오랫동안 관성 벡터 방향으로 이어진다. 그러한 시도는 무질서할 뿐만 아니라, 대부분 잘못된 방향으로 간다. 그러므로 원래의 무질서한 탐색방법으로 되돌아가는 것이 사실상 하나의 개선이다.

브레인스토밍의 주요 규칙은 복잡하지 않다.

1. 아이디어를 내놓는 팀은 서로 다른 분야에서 종사하는 사람들로 구성되어야 한다.
2. 누구든지 주어진 1분 안에 어떤 아이디어라도 내놓을 수 있다. 실수나 농담, 공상도 허용되며 아이디어에 대한 근거를 제시하지 않아도 된다. 그러한 모든 아이디어들을 기록한다.
3. 아이디어가 나오는 동안에는 어떤 형태의 비판도 허용되지 않는다. 말이나 글, 침묵, 그리고 의심을 띤 미소조차도 용납되지 않는다. 참가자들이 아이디어를 내놓는 동안 그들은 자유롭고 친근한 관계를 유지해야 한다. 어떤 사람이 내놓은 아이디어를 다른 사람이 골라잡아 발전시켜 나가도 좋다.
4. 아이디어 전체를 분석하는 동안, 심지어 그릇되고 시시해 보이는 아이디어들 조차도 주의 깊게 분석해야 한다.

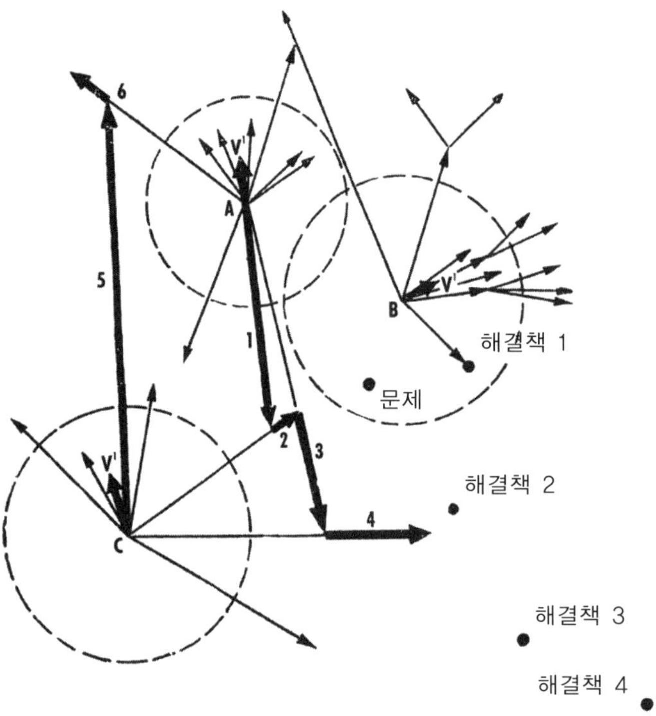

그림 3
미국의 심리학자 오스본은 "브레인스토밍"을 제안함으로써 시행착오 방법을 개선했다.

아이디어를 내놓는 팀은 보통 6~9명으로 구성되며, 브레인스토밍에 소요되는 시간은 20분 정도이다.

그림 3은 3명의 참가자(A, B, C)로 구성된 브레인스토밍 활동을 보여준다. 그들은 서로 다른 분야의 전문지식을 갖고 있다(세 개의 다른 원으로 표시됨). 그러므로 그들의 탐색과정은 여느 때와는 달리 관성 벡터에 얽매이지 않는다. 또한 브레인스토밍의 원칙들은 더욱 진보적이고 환상적이기 조차 한 아이디어들을 자극한다. 브레인스토밍 참가자들은 자신의 좁은 전문분야를 탈피하여 혁신적인 해결책이 위치한 정확한 자리를 찾아간다.

이 그림에는 아이디어들의 상호작용과 발전이라는 특별히 중요한 브레인스토밍의 메커니즘이 담겨있다. 브레인스토밍의 참가자 A가 하나의 아이디어(1)을 내놓는다. 곧 참가자 B는 생각을 바꾸어 새로운 아이디어(2)를 내 놓는다. 이제 참가자 A는 자신의 원래 아이디어(1)을 다른 시각에서 본다. 이 아이디어는 계속해서 발전해 나아간다(화살표 3). 수준 2의 해결책으로 이어지는 아이디어의 사슬(1-2-3-4)이 형성된다. 계속되는 아이디어의 발전(5-6)으로 이 메커니즘이 때로는 해결책의 반대 방향을 향할 수도 있다.

존 딕슨(John Dickson)의 **'시스템 설계 : 발명, 분석, 의사결정(System Design : Inventing, Analysis, and Decision-Making)'** 이라는 책에는 브레인스토밍 회의에 대한 몇 가지 기록이 있다. 다음 글은 익은 토마토와 익지 않은 토마토를 어떻게 분류할 것인가 하는 문제에 대한 해결책을 보여주는 기록 중에서 발췌한 것이다.

톰 : 토마토를 색으로 구별할 수 있습니다. 그러면 아마 색채 센서를 사용해야겠지요.

에드 : 빛을 발산하거나 반사하는 특성을 이용해보죠. 익지 않은 녹색 토마토는 반사 특성이 더 클 테니까요.

데이브 : 딱딱한 정도. 토마토를 누릅니다. 그것을 가볍게 건드립니다.

딕 : 전기 전도성

톰 : 전기 저항…

데이브 : 자성.

딕 : 크기. 녹색 토마토가 더 작지요?

에드 : 무게. 익은 토마토가 더 무겁습니다.

톰 : 크기와 무게는 상호 의존 합니다.

데이브 : 크기와 무게로 밀도를 알 수 있습니다.

에드 : 비중. 붉은 토마토는 수분이 많아 물의 비중에 더 가깝습니다.

데이브 : 그러면 그게 물에 뜨나요, 아니면 가라 앉나요?

딕 : 어쩌면 토마토가 물에 뜨거나 그렇지 않다면, 밀도에 의해 가려낼 수 있을 겁니다.

에드 : 반드시 물일 필요는 없겠지요… 아마 다른 액체도 가능할 겁니다.

몇 가지 다른 형태의 브레인스토밍이 있다 :

역(逆)(Opposite) 브레인스토밍 기계과 기술 프로세스에서 결점 찾기(이것은 결점을 드러낸다). 이것을 통해 새로운 발명 과제를 도출할 수도 있다.

개인(Individual) 브레인스토밍

결합(Coupled) 브레인스토밍

2단계(Two-stage) 브레인스토밍 30분씩 두 단계로 나누어 진행하되, 그 사이에 문제에 대한 자유토론을 갖게 한다.

순차(Sequential) 브레인스토밍 먼저 문제에 대한 진술을 브레인스토밍 한 다음, 해결책에 대해 브레인스토밍을 한다. 그러고 나서 아이디어를 설계로 발전시킬 방안을 브레인스토밍 한다. 그리고 마지막으로 "제조 방법"을 브레인스토밍 한다.

지난 수년 동안에 브레인스토밍의 개념이 다양한 프로젝트, 설비 설계, 그리고 몇 가지의 실제적 테스트 문제들을 해결하기 위해서 사용되었다. 브레인스토밍의 성공은 그것이 지닌 강점 때문이 아니라, 전통적인 시행착오 방법이 지닌 본래의 결점들 때문이라고 할 수 있다. 만약 기온이 현재 -100도에서 -50도로 올라가면 사람들은 봄의 해빙기처럼 따뜻하게 느낄 것이다.

탐색 과정으로서 브레인스토밍이 갖는 약점은 그것의 양적인 요소(많은 구성원으로 이루어진 팀에 의해 문제가 공략된다)에 의해서 보상된다. 하루 안에 문제가 해결되기 때문에 브레인스토밍은 겉으로는 효율적인 것처럼 보인다. 50명이 하루를 소비하는 것은 한 사람이 50일을 소비하는 것과 같다. 사전 준비에 드는 시간을 고려하면, 브레인스토밍 과정은 언제나 수백 인・일(人・日)을 필요로 한다. 이런 상황에서 소득이라는 것은 관성 벡터의 방향에 따라 발생하는 비효율적인 시행 횟수의 감소를 통해서만 가능하다.

브레인스토밍은 긍정적인 효과를 보여주었는데, 예를 들어 새로운 마케팅 방법을 찾기 위해 사용했을 때 효과적이었다. 그러나 해결될 수 없는 높은 수준의 복잡한 발명문제들을 다룰 경우, 브레인스토밍은 뚜렷한 결과를 만들어 내지 못한다. 이것이 브레인스토밍의 한계(제2수준의 해결책)이다.

브레인스토밍을 개선하는 데는 두 가지 방향이 있다. 브레인스토밍을 전문화하는 방향(우리는 이것을 나중에 논할 것이다)과, 브레인스토밍 과정 자체의 효과를 높이는 방향이다. 두 번째 방향은 소련 발명가와 혁신가 총연합 중앙위원회의 발명연구소에서 연구되었다. 여기서는 연구원들이 이미 답을 알고 있는 문제를 사용하였다. 이런 유형의 체계화된 실험에서, 실험자들은 이리저리 헤매며 돌아다니는 미로 위에 자신들을 놓고, 서로 다른 단계가 답을 제대로 찾아가게 해주는지 아니면 다른 방향으로 가게 하는지를 분명히 볼 수 있었다.

그들은 브레인스토밍이 지닌 개념적 결함을 찾아냈다. 브레인스토밍은 사고 과정의 통제를 거부한다. 이것이 브레인스토밍의 중대한 결함이다. 브레인스토밍은 실제로 관성을 극복하는 데는 도움을 준다. 즉, 생각이 사각지대를 벗어나 속도가 증가하지만, 멈추어야 하는 지점을 자주 놓친다. 그 실험기간 동안 수십 번이나 브레인스토밍 과정의 어떤 참석자가 한가지 생각을 말하였는데, 그 생각은 분명 올바른 방향이었다. 이때 다른 사람이 그 아이디어를 받아서 발전시킨다. 최종 지점에 도달하기 까지는 몇 단계가 남아 있다. 그 순간 어떤 사람이 완전히 새로운 아이디어를 제안한다. 그 아이디어의 고리는 끊어지고, 그 팀은 다시 출발점에 서있는 자신들을 발견한다.

브레인스토밍이 진행되는 동안 어떠한 비판도 금지된다. 그럼에도 불구하고 숨겨진 비판은 새로운 아이디어의 형태로 항상 불가피하게 표현되어 이전의 아이디어를 억누른다.

우리는 숨겨진 비판을 금지하는 브레인스토밍 회의를 진행시켰다. 아이디어 고리의 전개를 끊지 못하게 했고, 각 아이디어가 그 논리적 결론으로 발전해 가도록 했다.

"우리가 배를 둘로 나누면 어떨까?… 나는 배를 여러 부분으로 나누자고 제안하고 싶다 … 블록이나 작은 입자들로 만들어진 배 … 가루로 만들어진 배 … 분리된 분자들로 만들어진 배 … 소립자들 …분리된 원자들로 만들어진 배?"

이러한 구조는 브레인스토밍의 효과를 높여 주기는 하지만 시간이 많이 걸린다. 회의는 며칠 동안 계속된다. 이것은 올바른 브레인스토밍이 아니다. 이것은 두뇌폭격(brainblitz)이다.

이렇게 두뇌폭격을 하는 동안 사고과정의 통제가 가능하다. 하지만 많은 차이가 있는 것은 아니다. 여느 때와 마찬가지로 변형들의 단순한 선별로 탐색이 이루어진다.

□ ■ □ ■ □

일부 발명가들은 아마도 아주 매혹적인 생각을 가지고 있었을 것이다. 각각의 문제에 대해 가능한 모든 변형들의 목록을 만들 수 있을까? 그러한 목록을 갖고 있다면, 어떤 가능성도 놓칠 위험이 없을 텐데.

변형에 대한 전체 목록을 작성하기 위해서는 특별한 방법이 필요하다. 그러한 방법(또는 이와 유사한 방법)이 유명한 미국의 천문학자 쯔비끼(F. Zvikki)가 1942년에 개발한 소위 **형태학적 분석법(morphological analysis)**이다.

창의적 사고 과정을 체계화하기 위한 방법론이 천문학자에 의해 개발되었다는 것이 이상하게 보일지도 모른다. 사실, 이것은 꽤 논리적인 이유에 의한 결과이다. 천문학은 수많은 별과 은하라는 거대한 동적 시스템에 직면한 최초의 과학이었고, 그러한 시스템에 대한 분석방법의 필요성을 느낀 최초의 과학이기도 했다. 20세기 초반에 네덜란드의 천문학자 에즈나르 헬쯔스프렁(Ejnar Hertzsprung)과 미국의 천체 물리학자 헨리 노리스 러셀(Henry Norris Russell)은 "분광－명시" 도표를 개발했다. 이 차트에서 한 축은 별의 스펙트럼 등급을, 다른 축은 별의 휘도(輝度)를 나타낸다. 별들의 각 스펙트럼 등급이 특정 휘도를 갖는다는 사실이 밝혀졌다. 그리하여, 이 선(주계열)을 따라 별들의 등급을 매김으로써 무한히 많은 별들에게 하나의 질서가 즉시 도입되었다. 또한 별의 진화에 대해 우리는 더욱 체계적으로 이해할 수 있게 되었다－별이 나이를 먹어 감에 따라 별의 스펙트럼이 바뀌고, 주계열선을 따라 이동한다.

헬쯔스프렁－러셀 차트는 천문학적 사고에 엄청난 영향을 끼쳤다(드미트리 멘델레예프의 주기율표가 화학자들의 사고 과정에 미친 영향과 마찬가지로). 이 차트는 그 뒤 수년간에 걸쳐 개선되었으며, 거성(Giant stars)과 왜성(Dwarf stars)에 대한 새로운 주계열선이 발견되었다. 곧 이어서 크기가 2×3미터나 되는 새로운 차트가 만들어졌다.

1939년, 그 도표의 빈 자리를 분석하던 쯔비끼는 대단한 것을 발견하였다. 그는 이론적으로 중성자 별의 존재를 증명하였다. 3년 뒤, 로켓을 설계하는 일을 제안 받았을 때, 쯔비끼는 다차원 차트를 사용하는 이 방법을 제안하였고, 이것을 형태학(Morphology)이라고 명명했다.

이 방법의 본질은 다차원 도표(형태학적 상자)를 만드는 것인데, 그 도표 안의 축들은 주어진 사물 조합의 중요한 특성들을 나타낸다. 잠수부를 위한 이동용 추진배낭의 최적설계 임무가 우리에게 주어졌다고 가정하자. 우리는 "만일 이렇게 하면 어떨까?"라는 변형을 물어봄으로써 해결책을 향한 탐색을 시작할 수 있다. 예를 들어, **"전기 모터와 배터리를 사용하면 어떨까?"** 또는 **"터빈으로 압축한 공기를 에너지로 사용하면 어떨까?"** 혹은 **"터빈이 아니라, 물고기 꼬리 모양의 고무 물갈퀴로 압축한 공기를 이용하면 어떨까?"**

아이디어를 선별하기 전에 형태학을 이용하려면, 우리가 이용할 수 있는 에너지들의 형태(전기, 기계, 화학 등)를 한 축에 나타낸 다차원 표를 만들어야 한다. 두 번째 축에는 추진기관(여러 가지 형태의 전기모터, 터빈, 로켓엔진)을 표시한다. 세 번째 축에는 이용할 수 있는 형태의 추진 구성요소(스크루, 지느러미, 로켓)를 나타낸다. 이 도표는 거의 모든 조합들을 커버한다.

물론, 그 축들이 더 많아지고 길어질수록 그 도표는 더 완벽해질 것이다. 단지 한 가지 형태의 로켓엔진을 예측하기 위해 쯔비끼가 만든 도표에는 무려 11개의 축과 36,864개의 조합이 들어 있었다!

엄격히 말해서, 이것이 형태학이 지닌 주된 결점 중의 하나이다. 단지 중간 수준의 난이도를 지닌 발명문제를 해결하면서 수백, 수천 혹은 수백만 개의 변형을 이 도표는 포함한다.

이 방법에는 또 다른 결점이 있다. 형태학적 도표를 만들 때, 모든 축 그리고 그 축에 포함되는 모든 등급을 고려하였다고 확신할 수 없다. 변형에 대한 직관적인 탐색이 축과 등급에 관한 직관적인 탐색으로 대체되었다. 우리는 작은(그래서 쉽게 손실되는) 변형에 대한 선별로부터 큰 요소(축과 그 축에 딸려있는 등급)의 선별로 이동했기 때문에 소득이 있다. 또한 손실도 있다. 만일 우리가 어떤 한 축을 놓친다면, 자동적으로 큰 그룹의 변형들을 잃게 된다. 변형과 마찬가지로, 축이 있기 때문에 가장 사소한 것들이라도 우리의 시야에 즉시 들어온다. 반면에 가장 관심 있는 것들은 심리적 장벽 뒤에 숨는다. 그럼에도 불구하고 형태학은 기존의 변형 선별 과정들과 비교할 때 엄청나게 진보한 것이다.

이 방법은 새로운 기계를 설계하는 것과 같이 일반적인 설계 문제를 해결할 때, 또는 새로운 개념적인 해결책을 찾을 때(예를 들어, 새로운 스노우모빌의 설계) 가장 효과적으로 사용된다. 우리는 다음의 축들과 그 축 상에 있는 등급들을 가지고 하나의 형태학적 도표를 만들 수 있다.[23)]

우리는 가능한 모든 축과 등급을 포함시키지 못했다. 그런데도 이 도표는 백만 개 이상의 변형들이 들어 있다. 그러므로 형태학적 방법이 보조 수단으로 유용하다는 것을 우리는 인정할 수 있다.

1. 엔진 :

내연기관	터보제트
가스터빈	돛(스노우모빌에서는, 이것이 여전히 의미를
전기엔진	가질 수 있다.)

2. 추진 요소 :

단일 바퀴(바퀴 안에	공기 스크루
운전자를 위한 공간이 있다)	호버(hover)
재래식 바퀴	걸어 다니는 엔진(다리)
빗살 바퀴	나선형 엔진
계란형 바퀴	스프링 판
사각 바퀴	충격 마찰식 엔진
실린더형 공기타이어	스노우 제트 엔진
무한궤도	회전 판
스노우 스크루	스키
진동식 스키	그리고 적어도 15개 이상의 다른 형태의 엔진

3. 동체 지지 :

엔진 위의 지지	눈 위에 직접 지지

4. 동체의 형태 :

개방형	두 개의 객실
하나의 객실을 가진 폐쇄형	직렬식 마차 형태

23) 이것에 대한 추가정보는 다음을 참조하시오 : G. Lipman and G. Turgenev, *Snow-mobiles*, Knowledge Publishing Company, Moscow, 1967.

쌍동선	
5. 현가장치 :	
엔진에 의해	현가장치 없음
특수한 충격 흡수장치에 의해	
6. 스노우모빌의 제어 :	
엔진의 위치 바꾸기	스노우 방향타
추진 구성요소의 위치 바꾸기	에어 방향타
7. 후진 방법 :	
역방향 엔진	후진 없음
역방향 추진 요소	
8. 제동장치 :	
주엔진에 의해	에어 브레이크
보조엔진에 의해	스노우 브레이크
9. 땅에 얼어붙는 것 방지 :	
기계적 방법	화학적 방법
엔진의 도움에 의한 기계적 방법	열에 의한 방법
전기적 방법	방지를 하지 않음

□ ■ □ ■ □

변형들을 더 쉽게 선별하기 위해, 질문이나 제안 목록을 만드는 것도 가능하다. 그러한 목록을 "길잡이 질문(Pilot Question)"이라고 부른다. 1920년대 초에 많은 사람들이 다양한 목록을 내놓았다.

미국에서 오스본이 개발한 질문 목록이 가장 보편적인 것이다. 그 목록에는 9개 그룹의 질문들이 있는데 다음과 같은 것들이다: "**기술 시스템에서 줄일 수 있는 것은 무엇인가?**" 혹은 "**기술 시스템에서 반대로 할 수 있는 것은 무엇인가?**" 각 그룹의 질문은 하위 질문들을 가지고 있다. 예를 들면 "**무엇을 줄일 수 있는가?**"라는 질문은 다음과 같은 하위 질문을 갖는다. "**어떤 것을 더 농축하거나, 압축하거나, 더 얇게 하는 것이 가능한가?**" 또는 "**소형화하는 방법, 또는 좁게 줄이거나 분리나 분할하는 방법을 이용할 수 있는가?**"

가장 유용한 목록 중의 하나는 영국인 발명가 앨로티(T. Alorti)[24]의 목록이다. 그 목록 중에서 몇 항목을 여기에 소개한다.

- **생물학, 경제학, 그리고 다른 분야로부터 공상 유추를 할 수 있는가?**
- **변형의 의존성, 가능한 상호관련성 그리고 논리적 일치성을 세울 수 있는가?**
- **이 문제에 대해 아무런 지식이 없는 사람들로부터 의견을 구할 수 있는가?**
- **장치의 내부에 있다고 상상할 수 있는가?**

본질적으로, 각각의 질문은 하나의 시행 또는 일련의 시행들이다. 이러한 목록을 만들면서, 저자들은 자연스럽게 자신의 발명 경험에 따라 상대적으로 강렬한 질문을 선택한다. 그러나 이러한 선택은 발명 과정의 내부 메커니즘에 대한 연구 없이 이루어진다. 따라서 이러한 목록은 무엇을 해야 하는지를 지적해 주지만, 그것을 어떻게 해야 하는지는 알려주지 않는다. 예를 들면, 우리는 어떻게 변형들을 세울 수 있는가? 또는, 만약 많은 변형들이 있다면 그들의 상호작용을 어떻게 추적할 수 있는가? 또는 이런 활동이 문제의 해결책으로 우리를 안내하도록 하기 위하여, 상상 속에서 장치의 내부로 들어가는 유추를 어떻게 할 수 있는가?

'길잡이 질문'을 이용하는 방법은 심리적 관성을 줄이는데 어느 정도 도움이 된다—하지만, 그것이 전부이다.

□ ■ □ ■ □

24) *Inventor and Innovator*, 1970, Issue #5.

브레인스토밍을 개선하려고 할 때, 다음과 같은 두 가지의 개선 가능성이 있다는 것을 쉽게 발견할 수 있다 :

1. 한 가지 방법이 아니라, 여러 가지 다른 방법을 개발하라.
2. 특별히 훈련 받은 집단이 그 일련의 방법을 이용할 수 있도록 과정을 체계화하라. 그러면 이 집단은 방법론적 문제해결과정의 경험을 서서히 얻을 것이다.

이러한 가정에 기초하여, 미국의 연구원인 윌리엄 고든(William Gordon)은 시넥틱스(Synectics)를 개발하였고, 1960년에 발명 회사 시넥틱스사(Synectics, Inc.)를 설립하였다.

"시넥틱스"는 그리스어로, 서로 다른 요소들의 조합을 의미한다. 그 회사의 광고 문구에는 다음과 같은 정의가 있다. "시넥틱스 그룹은 상상력을 위한 무제한적인 훈련을 통해서, 그리고 양립할 수 없는 요소들을 조합함으로써, 문제를 창의적으로 해결하고자 하는 목적으로 모인 각기 다른 직업을 가진 사람들의 그룹이다."

시넥틱스는 그룹으로 조직된 브레인스토밍에 토대를 두고 있다. 이런 그룹은 경험과 기법들을 쌓아감으로써, 우연히 결성되거나 모인 팀들보다 자신들을 훨씬 더 효율적으로 되게 한다. 시넥틱스에서 그룹은 대개 다른 전문 분야의 사람들을 포함시킨다. 그러한 그룹을 훈련하기 위해, 시넥틱스는 20,000~200,000 달러를 투자한다. 그들의 고객은 GM, IBM, GE, 그리고 그 밖에 다른 대기업들이다.

한 시넥틱스 그룹은 문제를 해결할 때, 먼저 주어진 문제를 학습하는 것부터 시작한다. 그리고 문제를 좁혀 나가고, 모두가 이해할 수 있는 구조로 문제를 바꾼다. 그런 다음 실제 문제해결 과정을 시작한다. 이 과정은 생소한 것을 친숙한 것으로 변환한 다음, 다시 생소한 것으로 되돌아 가는 방식에 기반을 두고 있다. 이것은 문제를 새로운 시각에서 바라보려는 체계적인 시도가 심리적인 관성을 제거하기 위하여 사용된다는 것을 의미한다. 시넥틱스는 이것을 달성하기 위해서 네 가지 형태의 유추를 사용한다.

1. **직접 유추(Direct Analogy, DA)** : 주어진 대상을 자연이나 다른 기술 분야의 유사한 대상과 비교한다. 예를 들어, 가구의 도색 공정을 개선하기 위해서, 직접 유추는 다음과 같은 분석을 구성할 수 있다: 바위, 꽃, 새들이 어떻게 자연에서 색소를 얻는가? 종이에 어떻게 색을 칠하는가? 또는 칼라 TV에서 색상 이미지를 어떻게 만

드는가?

2. **의인 유추(Personal Analogy, PA)** : 감정이입이라고도 한다. 여기서 문제를 해결하는 사람은 시스템이 "되어", 그 느낌과 감각을 상상한다. 앞에서 나온 예를 응용하면, 자기 자신이 깃털색깔을 바꾸고 싶어하는 흰 까마귀라고 상상할 수도 있을 것이다.
3. **상징 유추(Symbolic Analogy, SA)** : 일반화와 추상 유추. 예를 들어, 바퀴의 마찰면의 특성은 회전숫돌 자체의 거칠기에 대한 상징 유추이다.
4. **상상 유추(imaginary Analogy, FA)** : 몇 가지 가상적인 창조물을 문제에 도입한다. 이런 창조물은 그 문제의 조건이 요구하는 것이라면 무엇이든지 수행한다. 또는 어떤 신비한 수단이 동원될 수도 있다(투명 모자라든가 고속이동 신발처럼).

해결책 전술을 개선한다는 목표를 갖고 시넥틱스 회의의 과정을 기록하고 분석해야 한다.

시넥틱스는 소련의 바깥세상에 있는 가장 강력한 발명 방법론이다. 그러나 시넥틱스는 한계가 있다. 시넥틱스는 기술시스템 진화의 객관적 법칙에 대한 연구를 고려하지 않은 기법이다. 제2수준의 문제와 제3수준의 하위수준에 해당되는 문제가 시넥틱스의 한계이다.

□ ■ □ ■ □

높은 수준의 발명문제를 해결하는 경우 그 효율을 높이려면, 변형들에 대한 단순한 선별 대신에 목표 지향적(해결책 영역을 향한) 활동으로 대체할 수 있게 해주는 휴리스틱 프로그램이 필요하다. 다시 말해서, 100,000번의 시행이 필요한 제4수준의 문제로부터 단지 10번의 시행이 필요한 제1수준의 문제로 전이해 줄 수 있는 휴리스틱 알고리듬이 필요하다.

이 알고리듬은 한 명의 발명가나, 심지어 한 그룹의 발명가의 경험을 기초로 해서는 개발될 수 없다. 실용적인 휴리스틱 알고리듬을 개발하기 위해서 다음과 같은 것이 필요하다 :

1. 기술시스템의 발전에 대한 객관적인 법칙을 정의한다.

2. 많은 양의 특허정보자료를 분석한다.
3. 각 단계가 이전 단계로부터 "유기적으로" 진화하는, 문제해결 과정을 위한 프로그램을 개발한다.
4. 실제로 응용되는 동안에 그 프로그램을 계속적으로 추려내고 개선한다.

이런 작업을 나는 1946년에 시작했다. 그 당시에 나는 발명을 위한 일반적인 방법론의 개발을 마음속에 품고 있었다고 말하고 싶지 않다. 원래의 목표는 훨씬 단순했다. 그것은 바로 나의 개인적인 발명업무에 도움이 되는 원리를 찾는 것이었다. 그러나 1946년에, 발명은 부차적인 일이 되었다. 나에게 분명하게 "발명하는 방법을 발명"하는 것이 가장 흥미롭고 중요한 문제가 되었다. 보통의 발명들은 나에게 발명문제 해결 알고리듬을 시험하기 위해서 사용될 "실험용 토끼"가 되었다. 이 책의 다음 장에서 우리는 이러한 발명 방법론의 근본적 측면뿐 아니라, 발명문제 해결 알고리듬에 대해 좀더 자세히 배우게 될 것이다. 이제, 알고리듬식 방법론은 발명문제 해결의 과정을 기술적 모순의 정확한 정의와 그것을 해결하기 위한 순차적인 활동이라고 간주한다고 말하고 싶다. 그 사고 과정은 이상적인 방법 혹은 이상적인 장치를 향한다. 이 체계적인 접근방법은 문제해결 과정의 모든 단계에서 이용된다. 이 알고리듬은 또한 심리적 장벽을 제거하기 위한 특별한 단계들을 갖고 있다. 뿐만 아니라, 이 알고리듬은 기술적 모순을 제거하기 위해 사용되는 전형적인 원리들로 구성된 정보시스템을 발전시켰다.

발명문제를 해결하기 위한 실용적이고 실행가능한 방법론을 개발하기 위해서는, 각각의 권고사항을 실제로 적용하여 시험해야만 한다.

이러한 주제에 관한 최초의, 그리고 근본적인 논문은 1956년에, 기술분야와는 매우 동떨어진 **'심리학의 질문들(Questions of Psychology)'** 이라는 잡지에 발표되었다. 그 논문은 발명가들의 주목을 끌지 못했다. **'Komsomol Truth'**[십대 공산당원들을 위한 기관지]라는 신문이 1959년에 이 방법론이 낳은 실용적인 결과에 관해서 기사를 내자 상황이 바뀌었다. 그 후, 이 방법론에 관한 기초 개념이 '발명가와 혁신가'[25]라는 잡지에 실렸다. 그 다음해 내내 그 잡지를 통해 토론이 계속되었다.

이 토론에 참가한 사람들 대부분은 이 방법론이 수천 명의 혁신가와 기술 제조업자들

25) G. Altshuller and P. Shapiro, "Expulsion of Six-Winged Seraphims," *Inventor and Innovator*, 1959, issue #10

의 강력한 무기가 될 것이라고 자신 있게 말했다. 발명과 발견 전문가위원회(The Expert Committee on Invention and Discovery)는 그 방법론을 승인했다.

토론의 결과를 마무리하면서, 그 잡지 발행인은 다음과 같이 썼다 :

> "오늘날, 창의성이 수백만 명의 소련 사람들의 관심사가 된, 과학과 기술의 왕성한 발전 시대에, 발명 창의성의 비밀을 밝혀내는(기술 향상을 위해 유용한 규칙과 효과 있는 방법을 개발하는) 문제는 점점 더 중대한 과제가 되고 있다."

1961년부터 1965년까지 일련의 책들이 출판되어 발명가들이 기술 문제들을 해결하는 데 도움을 주었고, 그 방법론 자체의 정당성을 입증하고 개선하는 데에도 도움을 주었다. 동시에, 발명가들이 얻은 경험에 대해서 계속적인 연구가 있었다. 소련의 180개 이상의 지역에서 온 발명가들에 대한 두 차례의 조사가 있었고, 혁신의 이론과 실제에 관한 세미나가 모스크바(Moscow), 바쿠(Baku), 스베르들롭스크(Sverdlovsk), 두브나(Dubna), 그 밖의 다른 도시에서 개최되었다. 이 방법론의 도움으로 얻은 발명의 수가 3,000개를 넘었다.

1968년, VOIR(발명가와 혁신가의 총연합)의 중앙 위원회는 '기술 창의성을 위한 방법론의 담당 부서'를 만들었고, 1년 뒤에는 '방법론적 혁신 공동 연구소'를 설립했다. 이 연구소는 많은 열성가들의 노력을 한곳에 모았다. 이 곳에서는 프로그램, 교과서, 문제 목록, 세미나 유인물들을 개발하고 출판했다. 교사들을 위한 조직적인 훈련이 시작된 것이다. 지금은 자치단체 창의성 연구소 및 국립 창의성 연구소에서, 젊은 발명가들을 위한 학교에서, 그리고 기술 창의성 대학교에서 그 방법론의 이론과 실용적인 응용을 가르치고 있다.

바쿠에는 1971년 이래로 기술 창의성 공립 연구소가 있었다. 이 연구소는 여러 다른 기술 분야에 걸쳐 있는 복잡한 문제들을 해결할 수 있는 능력있는 발명가들을 길러내고 있다. 이 연구소의 주요 과목은 발명문제 해결을 위한 알고리듬식 방법론이다. 이 휴리스틱 알고리듬을 사용하는 능력은 그 알고리듬을 처음에는 연습문제에, 그 다음 실생활의 문제에 실제로 적용하면서 발전되었다.

4장 시행횟수가 아니라 지식을 통하여

기술의 진화는 다른 진화와 마찬가지로 변증법을 따른다. 그러므로, 발명을 위한 일반 이론은 기술 문제를 해결하는 창의적 활동에 대한 변증법적 논리의 응용에 기반을 두어야 한다. 그러나, 논리만으로는 실용적인 방법론을 개발하는데 충분치 않다. 발명가가 작업할 때 사용하는 도구의 특성도 생각해볼 필요가 있다. 그 도구는 독특한 것인데, 다름아닌 인간의 마음이다. 창의적인 작업이 올바르게 조직화될 때, 직관이나 상상력과 같은 인간의 사고 과정의 보다 강력한 요소가 극대화된다. 하지만, 사고 과정의 취약한 면(심리적 관성과 같은)도 고려해야 한다

결국, 발명이론은 경험과 실천으로부터 많은 것들을 수집해야 한다. 경험 있는 발명가는 기술 문제를 해결하기 위한 자기나름의 방법을 서서히 개발한다. 일반적으로 이와 같은 방법들은 한계가 있으며, 창의성 과정의 첫 단계와 관련이 있다. 그런 다음에 이런 발명 방법론은 가장 가치 있는 원리들을 비판적으로 선택함으로써 일반화된다.

중요하고도 위대한 발명(우리의 분류에 따르면 제5수준의 높은 하위수준에 속하는 발명)을 하기 위해서는 역사적으로 시기가 들어 맞아야 한다는 것을 알 수 있다. 게다가 여건들이 창의적인 작업에 유리해야 한다. 또한 확신, 근면, 용기, 학식과 같은 두드러진 능력이 있어야 한다. 발명 방법론은 독학 교육과정이 아니고, 발명을 대량 생산하기 위한 처방전도 아니다. 발명 방법론의 목표는 창의성 과정의 과학적 조직화이다. 이와 같은 조직

화의 중요성은 첫번째 장(章)에 있는 예제를 통해 확실해졌다. 하지만, 나는 **'발명가와 혁신가'** 라는 잡지에 자주 나오는 예제를 하나 더 제시하고자 한다.

> "나는 한 발명에 대한 생각으로 고심하고 있었다. 나는 수중 구조장치의 전개를 어떻게 자동화할 수 있는지 생각하고 있었다. 아무 생각도 떠오르지 않았다."
>
> "열차 속에서 나는 읽을 것을 아무것도 갖고 있지 않은 채로, 나의 구조장치에 대하여 생각하고 있었다. 젊고 매력적인 한 여자가 걸어 들어왔다. '여기 앉으시죠' 라고 말하며 내가 자리를 권하자, 그녀는 잠깐동안 생각하고는 '고맙지만, 곧 가야 해요' 라고 말하며 사양했다."
>
> "걸어나가는 그녀를 나는 바라보았다. 갑자기 나는 기차 문이 닫히는 방법을 주목했다. 내가 똑 같은 것을 얼마나 많이 보아왔던가? 그제서야 처음으로 나는 피스톤이 달린 실린더에 주의를 기울였다. 그것들은 내 발명에 안성맞춤이었다."
>
> "그 후, 나는 발명가 인증서를 받았다."

'어떤 일이든 일어날 수 있다' 라는 전통적인 격언을 강조하기 위해 이런 예를 들었다. 이제, 해결책을 얻기 위한 탐색이 얼마나 잘못 조직되었는지 자세히 살펴보자. 보트와 같은 구조장치는 배에서 분리되어 물로 내려보내야 한다. 피스톤이 달린 실린더는 일반적으로 제1수준에 속하는 사소한 발명이다. 그럼에도 불구하고, 이런 단순한 해결책을 얻기 위해서 우연의 일치들(열차, 낯선 사람, 문을 바라봄)의 조합이 있어야만 했다.

한번은 특허들을 검토하다가 나는 우연히 "잠수용 장화"[26]라는 이름의 발명을 접했다. 때때로 시간이 흐른 뒤에 발명이 나타나는 것이 불가피하다는 것을 나는 이미 알고 있었지만, 정말 믿기 어려운 사례였다.

---

26) 발명가 인증서 # 132,499. *Inventors and Trademarks Magazine*, 1960, #19.

그 발명가는 이렇게 적었다 :

> "이미 알려져 있는 잠수용 장화들이 있다. 대개 그런 잠수용 장화들은 한 사이즈로만 생산된다. 그렇기 때문에 어떤 잠수부에게는 너무 크고 어떤 잠수부에게는 너무 작다. 이 새로운 장화는 늘어나는 슬롯이 달린, 움직이는 발가락 부분이 있기 때문에 이런 결점을 없애준다. 나사가 슬롯을 통과하여 잠수부의 발에 맞는 특정 위치에 발가락 부분을 고정시킨다."

그렇게, 적어도 100년 동안 잠수부용 납장화는 하나의 크기로 만들어졌다. 100년 동안, 잠수용 장화는 어떤 사람에게는 너무 작았고, 또 어떤 사람에게는 너무 컸다. 100년 동안 아무도 발가락 부분의 길이를 조정할 수 있는 장화를 만들지 않았고, 사람들은 불편한 장화를 신은 채 일을 하였다.

이 발명은 매우 간단하기 때문에, "이 문제를 어떻게 해결할 수 있지?" 하고 질문 할 필요도 없다. 이 문제는 학생도 풀 수 있다. 이 문제가 왜 70~80년 전에 해결되지 않았는지 이해하는 것이 오히려 더 어렵다.

사람들은 결국 잠수용 장화가 사소한 것이라고 말할 수도 있다. 첫째, 그것은 그렇게 사소한 것이 아니다. 둘째, 더 중요한 발명들도 뒤늦게, 때로는 아주 늦게 개발된다. 렌즈와 안경은 망원경이 발명되기 300년 전부터 사용되었다. 300년 동안 아무도 하나의 렌즈를 다른 또 하나의 렌즈를 통하여 보는 것을 생각하지 못했다. 어쩌면 망원경에 대한 요구가 없었을지도 모른다. 그러나 실제로 군사 지도자들이 오래 전부터 휴대용 망원경을 필요로 했음에도 불구하고, 그것은 300년 뒤에 세상에 나왔다.

왜 그랬을까?

일반적으로 사람들은 렌즈가 상(像)을 왜곡시킨다고 믿었다. 나란히 놓인 2개의 렌즈는, "상식"적으로 볼 때, 상을 두 배나 왜곡시킬 게 틀림없었다. 이 "심리적 장벽"이 망원경의 개발을 300년 동안이나 방해했다. 그러나 망원경 외에 인류의 세상적 사고방식에 대해서 더욱 중요하고 혁명적인 영향을 끼친 다른 발명품을 생각하기란 어렵다. 망원경은 인간에게 멀리 떨어진 별들을 보여 주었고, 인류를 우주의 무한한 영역으로 데려다 주었으며, 종교의 기반을 무너뜨렸고, 우리 세계가 제한된 공간이라는 이미지를 무너뜨렸다. 망원경의 이용으로 과학의 발전은 엄청나게 많은 자극을 받았다. 만약 망원경이 "제때에"

나왔었더라면 우리의 문명이 얼마나 더 진보했을지를 상상하기란 쉽지 않다.

아인슈타인의 저서 중에 다음과 같은 글이 있다 :

> "과학적, 기술적 발견의 역사는 그다지 독자적인 사고와 창의적인 상상력으로 번쩍이지 않는다. 필요한 아이디어가 현실로 성숙하기 위해서 인류에게 어떤 형태의 외부 자극이 필요하다. 인류가 그런 상황과 정면으로 부딪혀야만 비로소 아이디어가 탄생한다."

불행하게도, 오늘날의 혁신은 이 신랄한 진술을 확실하게 뒷받침하고 있다.

수중 회중전등에 관한 발명가 인증서 #162,593을 예로 들어보자. 심해의 잠수부는 몸이 본의 아니게 수면으로 떠오르는 것을 막기 위해 납으로 된 무거운 판을 몸에 묶어야 한다. 이 무거운 납판을 전등 배터리로 대체하자는 새로운 아이디어가 나왔다. 이것은 매우 간단하고 재치 있는 아이디어이다. 이 전에 회중전등을 개발했을 때는, 쓸모 없이 추가되는 무게를 줄이기 위해 무게를 일일이 계산했다. 잠수복 자체의 사하중(死荷重)에는 아무도 주목하지 않았다.

비활성 무게의 이용은 항공 산업에서는 오랫동안 잘 알려진 원리이다. 1940년대에도, 러시아의 유명한 항공기 설계/제조업자인 일류신(Iliushin)은 늑골, 기체(機體) 등과 같은 추가 기능을 수행하는 방탄구조물을 갖춘 비행기를 만들었다.

많은 발명들은 어떤 형태로든 다른 산업의 문제해결에서 이미 사용되고 있는 원리들에 기초를 두고 있다.

다음 두 가지 발명을 살펴보자.

발명 #112,684, 1958년

물에 잠긴 교탑(橋塔)의 표면을 청소하는 장치. 이 장치는 교탑의 위쪽에 도너츠 모양의 부표가 있는 것이 특징이다. 이 부표는 스프링으로 작동되는 골격형 롤러를 갖추고 있는데, 파도의 힘에 의해서 부표가 수직운동을 하면서, 교탑의 표면을 청소한다.

발명 #112,284, 1964년

펌프의 흡입 파이프에 달라붙은 해초를 제거하는 장치. 이 장치는 흡입 파이프의 윗쪽에 칼날이 달린 이음쇠가 있는 것이 특징이다. 파도 위에 뜬 부표가 수직운동을 하는 동안 파이프가 청소된다.

이 발명들은 서로 다른 특허 분류에 속하지만, 기본 아이디어는 같다. 즉, 물속에 위치한 실린더 형의 구조물(교탑 또는 파이프)은 파도가 위아래로 출렁이는 동안 구조물을 따라 움직이는 도너츠 모양의 부표에 의해 자동으로 청소될 수 있다. 그러나 두 번째 발명은 첫번째 발명이 나온 다음 6년이 지나서 나타났고, 더 많은 세월이 흘러 누군가가 또 다른 구조물(반드시 실린더형의 구조물은 아니더라도)에 이와 같은 아이디어를 다시 사용할 것이다.

낮은 수준의 발명 체제가 여기서 분명히 드러난다. 어떤 완벽한 발명 군(群) 대해서 공통원리(공통열쇠)가 존재한다. 그러나 한 번 사용하고 나면 그 열쇠는 버려지므로, 다음 번 해결책을 찾기 위한 탐색을 시행착오 방법으로 완전히 다시 해야만 한다.

더욱 나쁜 경우가 있을 수 있다. 그 열쇠를 한 번도 사용하지 않은 채 버리는 경우가 그런 경우이다. 언젠가 '발명가와 혁신가' 라는 잡지에 냉소적인 편집자 논평이 실린 적이 있다. 그 글에는 충돌할 때 기관차를 보호하는 공기식 보호장치를 설계하여, 상트 메테르부르크 출신의 발명가 페쯔(R. petz)가 발명가 인증서 #22,347을 받았다는 내용이 나온다. 이 발명가는 기관차 앞 쪽에 공기로 팽창되는 충격흡수장치를 설치할 것을 제안했었다. 편집자의 논평은 다음과 같이 끝을 맺었다: "물론, 첫번째 심한 충돌에서 이 발명품은 실제로 또한 비유적으로 표현하면 '폭발' 할 것이다." 즉 이 발명품은 말 그대로 '폭발' 한다. 한편, 비유적인 의미에서 이 발명은 세월의 시련을 견뎌왔다. 즉, 공기식 충격흡수장치의 아이디어는 다른 발명가들에 의해서 발견되었다. 소련 발명가 모레프(Morev)는 비행기 승객을 위한 공기 팽창식 충격흡수조끼를 발명하여 발명가 인증서 #115,000를 받았다. 얼마 후에는, 미국 발명가 벨(Bell)은 자동차 운전자를 위한 유사한 충격흡수장치를 만들어 특허 #2,931,665를 받았다. 나중에 프랑스의 철도 선로에 운송 중 화물이 손상되는 것을 방지하기 위한 공기 팽창식 충격흡수장치가 사용되었다. 결국에는 거친 해상 조건에서 배의 화물을 보호하기 위해 공기로 부풀린, 고무로 입힌 나일론 자루를 활용하는 실험이 함부르크에서 행해진다는 발표가 나왔다.

수천 건의 발명가 인증서와 다른 나라의 특허들을 분석해 보면, 발명 아이디어의 기반이 되는 몇 가지 공통원리가 존재한다는 것을 알 수 있다.

다른 예를 살펴보자. 광산의 갱도를 받치는 직선형 들보는 상부의 무거운 지층이 가하는 압력에 대한 더 좋은 반작용을 얻기 위해 아치형 들보로 바뀌었다. 몇 년 뒤, 똑같은 원리가 수력발전소 건설에 사용되어, 직선형 댐이 아치형 댐으로 바뀌었다. 광산업에서 다음 단계는, 고정식 아치형 들보가 이음매가 있는 가변형 들보로 바뀌는 것이었다. 마찬가지로 아치형 댐이 가변형 댐으로 바뀌었다.

굴착기 버킷(동력삽)의 제조는 다른 산업분야이다; 하지만, 여기에도 같은 논리가 여전히 존재한다. 동력삽 버킷의 앞날은 처음에는 반듯한 톱니모양으로 되어 있었다. 겉으로 보기에도, 그것은 마치 직선 댐과 비슷하다. 그 뒤 아치형의 버킷이 나왔다. 나는 이 책의 제1판에서, "아직 만들어지지는 않았지만, 다음 단계는 가변형의 관절 형태의 버킷이 개발될 것이다"라고 썼다. 나의 예측은 적중했다. 얼마 뒤 발명가 인증서 #284,715를 보았다: "광석을 실어 담는 기계의 버킷은 절단 날이 있는 바닥 면, 측면 및 후면 벽으로 구성되어 있다. 전단력(剪斷力)을 줄이기 위해 바닥의 절단 날을 부분품의 조합으로 만들고, 각 부분품을 관절로 바닥면에 연결한다."

계속된 분석의 결과, 하나의 공통원리가 다른 산업에까지 이어진다는 사실이 밝혀졌다. 즉, 직선에서 곡선으로, 평면에서 곡면으로, 입방형에서 구형 디자인으로 변화해 가는 뚜렷한 경향이 바로 그것이다.

또 다른 공통원리들이 존재하는데, 이들은 각각 자신의 고유한 발명 집합을 형성한다. 이들 모두는 공통원리에 기초를 두고 있으면서 별도로 특허를 받을 수 있는 서로 다른 발명들이다. 이 원리들을 알고, 더불어 그 사용 방법도 알게 되면, 창의적 작업의 효율을 높일 수 있다. 이것이 발명문제 해결을 위한 합리적인 시스템을 개발하기 위한 주요 필요조건 중의 하나이다.

□ ■ □ ■ □

사람들이 "발명은 어떻게 나타나는가?"라는 질문을 던질 때, 그들은 발명 창의성이 정적인 것이 아니다라는 사실을 자주 망각한다. 사람들은 시대에 따라 서로 다른 발명방법을 갖고 있었다. 그러므로 현대의 발명가들이 창의성에 관하여 말을 할 때, 50년 전 또는 100년 전에 이루어진 발명들과 관련된 사실을 기초로 할 수는 없다. 그러나 그런 일이 자주 벌어진다. 발명을 한 뒤 지나간 시간도 고려해야 한다. 왜냐하면 어떤 발명을 이야기할 때, 그 발명에서 얻은 결론들이 현대의 기술 문제를 해결하는데 도움을 줄 수 있는 힘이기 때문이다. 세레다(N. Sereda)는 **작업자-발명가(Worker-Inventor)**라는 그의 저서에서 이렇게 썼다: "영국의 발명가 헨리 베세머(Henny Bessemer)는 야금학자도 아니었고 쓸만한 중요한 기술정보도 없었다. 그러나 그는 자신의 경험을 바탕으로 회전 변환기 내부에 있는 용융 금속 내부로 압축공기를 불어 넣음으로써 액체 주철을 강철로 변환시키는 방법을 발견했다. 그는 1960년 이 발명에 대한 특허를 받았다. 그러므로 발명가들 중에는 필요한 이론적 지식을 갖고 있지 않은 사람들도 있으며, 그들의 발명은 호기심이 강한 사고방식과 집요하고도 지루한 노고의 결과이다."[27]

사실, 베세머는 자신의 길을 더듬어 찾아 나아감으로써 발명을 이룩했다. 100년이 지난 오늘날, 같은 야금술분야에서 경험적 방법을 사용하여 새로운 것을 연구하는 것은 매우 불합리하다. 예를 들어, 야금술 내에서 새로운 내열합금 개발이라는 협소하고 특수한 분야를 생각해 보자. 학술원 회원인 카피자(P. Kapiza)는 그것에 대해 다음과 같이 말한다 :

> "이와 같은 연구에 경험적 방법을 이용하는 것은 대개 그것을 체계화하고, 실용화하기 위한 복잡한 과정과 함께 많은 양의 자료를 수집하는 노동집약적 과정을 포함했다. 합금을 구성하는 요소는 약 100가지가 알려져 있다. 한 종류의 금속이나 합금의 요구특성(강도, 전도율, 내열성, 탄성률 등)을 진술하는 데 한 페이지가 필요하다고 가정하자. 그러면 각 요소의 특성을 진술하는 데는 100페이지가 필요할 것이다. 2개의 요소로 구성된 합금을 진술할 경우에는 10,000페이지, 3개의 요소로 된 합금은 백만 페이지가 필요할 것이다. 따라서 경험적 조사 방법은 그 스스로 자연적인 한계를 갖는다."[28]

사실, 현대의 기술 문제를 해결하기 위하여 모든 가능한 변형들을 무작위로 선별해 내기에는 인간의 수명이 충분치 않다.

카피자는 계속해서 말한다 : "다(多)성분 합금이 우연히 발견되었을 수도 있다. 하지만 그것들은 거의 틀림없이 재능 있는 과학자들의 직관적인 식별력에 의해 발견되었을 것이다. 경험 많은 요리사가 맛있는 음식을 만드는 법을 아는 것처럼 말이다. 만약 직관과 같은 것이 존재한다면, 그 저변에는 어떤 종류의 규칙성이 있음이 틀림없다. 과학의 목표는 이 규칙성을 찾아내는 것이다."

---

27) N. Sereda, *Worker-Inventor*, Liesma Publishing, Riga, Latvia, 1961, page 26.
28) P. Kapiza, "The Future of Science," *Science and Life*, 1962, #3, page 22.

베세머의 시대에는 발명가가 인내와 운에 의존하면서 시행착오 방법으로 목표에 도달하지 않으면 안되었는데, 그 이유는 달리 이용할 수 있는 창의성 방법이 없었기 때문이다. 이제 상황은 변했다. 발명문제는 대개 구조화된 사고 과정을 통해서 해결될 수 있다. 창의성 과정의 올바른 **구성**이 이제는 중요한 역할을 한다. 즉, 맹목적인 탐색으로 보내는 날수, 달수, 햇수가 중요한 역할을 하는 것이 아니다.

과거의 발명가들이 가졌던 인내심에 깊은 감사를 보내며, 현대의 발명가는 다르게 일할 수 있고, 또 그렇게 해야 한다는 사실을 잊지 말아야 한다. 오늘날, 하나의 아이디어나 해결책을 탐색하는 데 오랜 시간이 걸리는 것은, 그저 발명가의 인내력이 아니라, 창의성 과정이 빈약하게 구성되어 있다는 증거이다.

□ ■ □ ■ □

창의성은 갑작스러운 계몽이나 영감에 의해 특징 지워지는 것이 아니라, 창의성의 결과로 나타난 성취에 의해 특징지어지는, 체계적인 과정과 상당히 일치한다. 어떤 **새로운** 것을 만들었다면, 그 작업은 **창의적**인 것이다. 그것은 얼마나 많은 시행착오를 했는가는 중요하지 않다. 문제는 **지식**을 통해서 해결되어야 하지, 수많은 시행횟수를 통해서 해결되어서는 안 된다.

예를 들어, 새로운 화학물질의 개발이 창의적 행위라는 것은 의심의 여지가 없다. 그러나 무수히 많은 화학물질들은 동일한 "특유의 조각"(화학적 원소)으로부터 만들어진다. 무작위로 새로운 화학물질의 개발을 시도할 수도 있다. 과거의 연금술사들이 정확히 그런 방식으로 했다. "특유의 조각"(화학적 원소)에 대해서뿐만 아니라, 그것들의 상호작용의 법칙에 관해서도 배울 수 있다. 현대 화학은 바로 그런 방법에 관심을 갖는다. 현대 화학자들이 개발했거나 개발중인 새로운 물질들은 연금술사들이 "창의적으로" 발견한 황산보다 더 복잡하다. 그러나, 예를 들어 합성 폴리머가 창의성 과정의 결과가 아니라고 누가 말할 수 있겠는가?

창의성은 변화하는 개념이다. 그 의미는 끊임없이 갱신된다. 한 가지 형태의 활동이 창의성의 범주에서 배제되는 동안, 더욱 복잡한 다른 활동들이 창의성에 포함된다. 한때 심지어는 간단한 수학문제가 창의성 과정을 대표하는 것으로 여겨지기도 했다. 15세기 어느 과학자가 한 상인의 아들에게 덧셈을 가르치기로 했다. 지금까지 보존된 그의 편지에서 그 과학자는 로마숫자의 곱셈은 가르칠 수가 없다고 썼다. 그 편지에서 그는 그의 학생을 곱셈의 전문가가 있는 이탈리아로 보낼 것을 제안했다.

창의성 이론의 본질은 바로 여기에 있다 : **즉, 창의적이라고 여겨지는 오늘의 문제들은, 비로소 내일이 되어야 나타나는 새로운 수준의 체계화된 정신적 과정에 의해 해결될 수 있다.**

옛날 옛적에는 증기선을 만들기 위해 배에 증기기관을 결합한다는(또는 기관차를 만들기 위해 철도트럭에 증기기관을 장착한다는) 아이디어가 가장 높은 수준의 공상의 비약으로 여겨졌었다. 그런 아이디어들을 상상한 사람들의 이름은 역사 속에 기록되어 전해지고 있다. 그러나 이제는 원자력 운송수단을 발명한 사람의 이름조차도 기억하려 하지 않는다. '요소들의 결합'이라는 단순한 원리가 한 때는 창의성의 절정으로 여겨졌지만, 이제는 상식이 되어버렸다. **발명의 기초(Basics of Inventiveness)**라는 책에 에디슨을 난처한 입장에 놓이게 했던 문제 하나가 기술되어 있다. 그 문제의 내용은 다음과 같다 :

에디슨은 그의 연구소에서 일하고 싶어하는 사람들을 모두 개별적으로 면접했다. 에디슨은 그들의 계획을 물었다. 에디슨은 그들이 개발하고 싶어하는 어떤 아이디어를 갖고 있는지 관심이 있었다. 한번은 어떤 젊은이가 기적과 같은 아이디어를 갖고 있다고 에디슨에게 말했다.

"기적 같은 아이디어라고?" 에디슨이 물었다.

젊은이는 이렇게 설명했다 :

"저는 만능 용매를 발명하고 싶습니다. 당신도 알겠지만 어떤 것이라도 녹일 수 있는 액체 말입니다."

"만능 용매?" 놀란 에디슨이 물었다. "자네는 그걸 어떤 종류의 용기에 저장할건가?"

그 젊은이는 당황한 채 아무 말도 못하고 서 있었다.

파이오니아 트루스(Pioneer Truth)라는 잡지는 5학년에서 7학년까지의 학생들에게 이 문제를 냈다. 그 잡지의 발행인은 나에게 그 문제의 답변들을 검토할 기회를 주었다. 문제해결 대회에 참가한 3,000명의 "개척자 그룹" 중에서 2,500명이 에디슨을 놀라게 한

이 문제를 해결했다.

그들의 답변 중 몇 가지를 소개하면 다음과 같다 :

> 용매를 냉동상태로 저장한다(6학년).
>
> 용매를 고체물질의 상태로 저장한다(6학년).
>
> 전자기장 속에 플라즈마 상태로 저장할 수 있도록 용매를 도체로 만든다(7학년).

반세기 전에 만능 용매를 다른 물리적 상태(화학적으로 결합된 형태로 또는 전자기장 속에)로 저장한다는 아이디어는 발명 창의성의 걸작이었을 것이다. 오늘날에는 초등학교 어린이들도 자신있게 이 원리들을 다룬다.

이것 때문에 발명이 사라질까? 새롭고 더욱 복잡한 문제들이 항상 나타난다. 그런 문제들을 해결하기 위한 더욱 새롭고 더욱 정교한 원리들과 함께 말이다.

가장 "끔찍한" 일이 일어난다고 가정하자. 즉, 발명문제를 해결하는 과정을 완전히 자동화하는 것이 가능해졌다고 하자. 그러면 즉시, 훨씬 더 높은 혁신적인 수준의 문제가 튀어 나올 것이다.

세상은 무한하고, 우주는 고갈되지 않으며, 인간 두뇌가 실직으로 위협을 받는 일은 절대 일어나지 않을 것이다.

5장 이상 기계

새로운 기계와 기구, 그리고 장치들은 아무 것도 없는 곳으로부터 나타난다는 널리 퍼져 있는 천진난만한 견해가 있다. 처음에는 **아무 것도 없다**. 그러다가 한 위대한 발명가가 나와서, 완전하게 완성된 **무언가**를 개발한다. 우리가 고대 신화를 믿을 수 있다면, 여신 아테네가 이와 똑같은 식으로 나타난다. 마법의 도끼가 제우스의 머리를 내려쳐 두쪽 내자, 그 속에서 아테네 여신이 아무런 상처 없이, 완전무장을 한 채 걸어 나왔다. 그녀는 창과 방패를 들고 놀란 눈을 하고 있는 올림피아 신들의 앞에 섰다.

그러나 기계는 발명가의 머리 속으로부터 완전히 "무장한" 상태로 나타나지 않는다. 대신, 연약한 상태로 태어나 여러 가지 발명들을 흡수하면서 서서히 힘을 얻는다.

그림 4는 스크루 프로펠러의 200년 동안의 진화를 보여주고 있다. 여기서 발명가들의 생각은 세 가지 방향으로 흘렀다. 풍차의 "날개", 아르키메데스 스크루, 그리고 물레방아 외륜. 이 각각의 프로토타입[29]은 여러 나라에서 많은 발명가들의 노력에 의해 발전한다.[30] 이노베이션의 세 가지 방향(일련의 진화과정)은 서서히 수렴하여 결국 현재의 프로펠러로 발전할 수 있었다.

현대의 어떤 기계(기구, 기술 프로세스—즉, 어떤 기술 시스템)라도 그 배후에는 수십, 수백, 수천 가지의 연쇄적인 발명이 있다. 연필과 같은 단순한 기계조차도 20,000가지의 특허 및 발명가 인증서의 주제가 되어왔다!

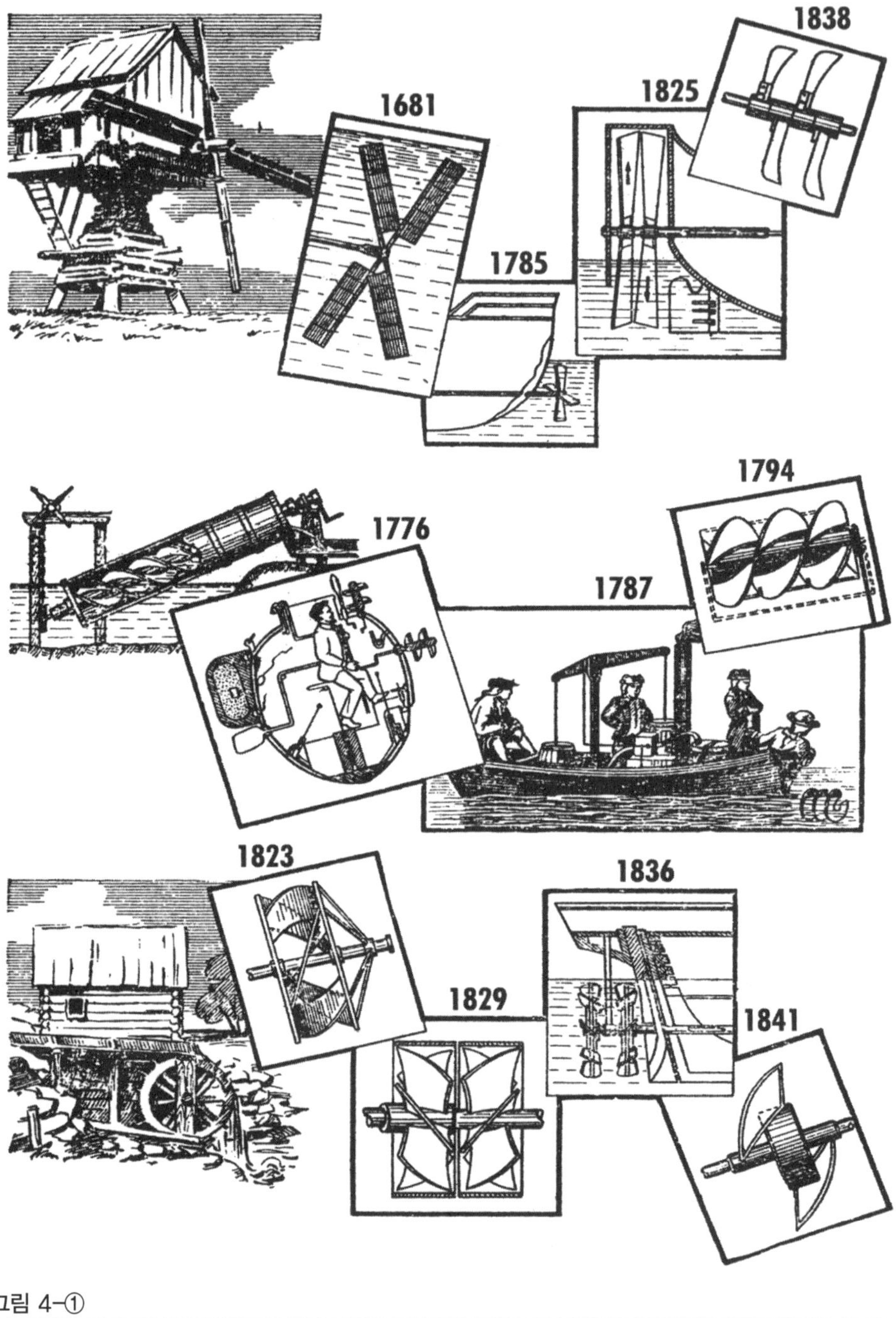

그림 4-①
200년 간의 프로펠러 발전 역사(1)

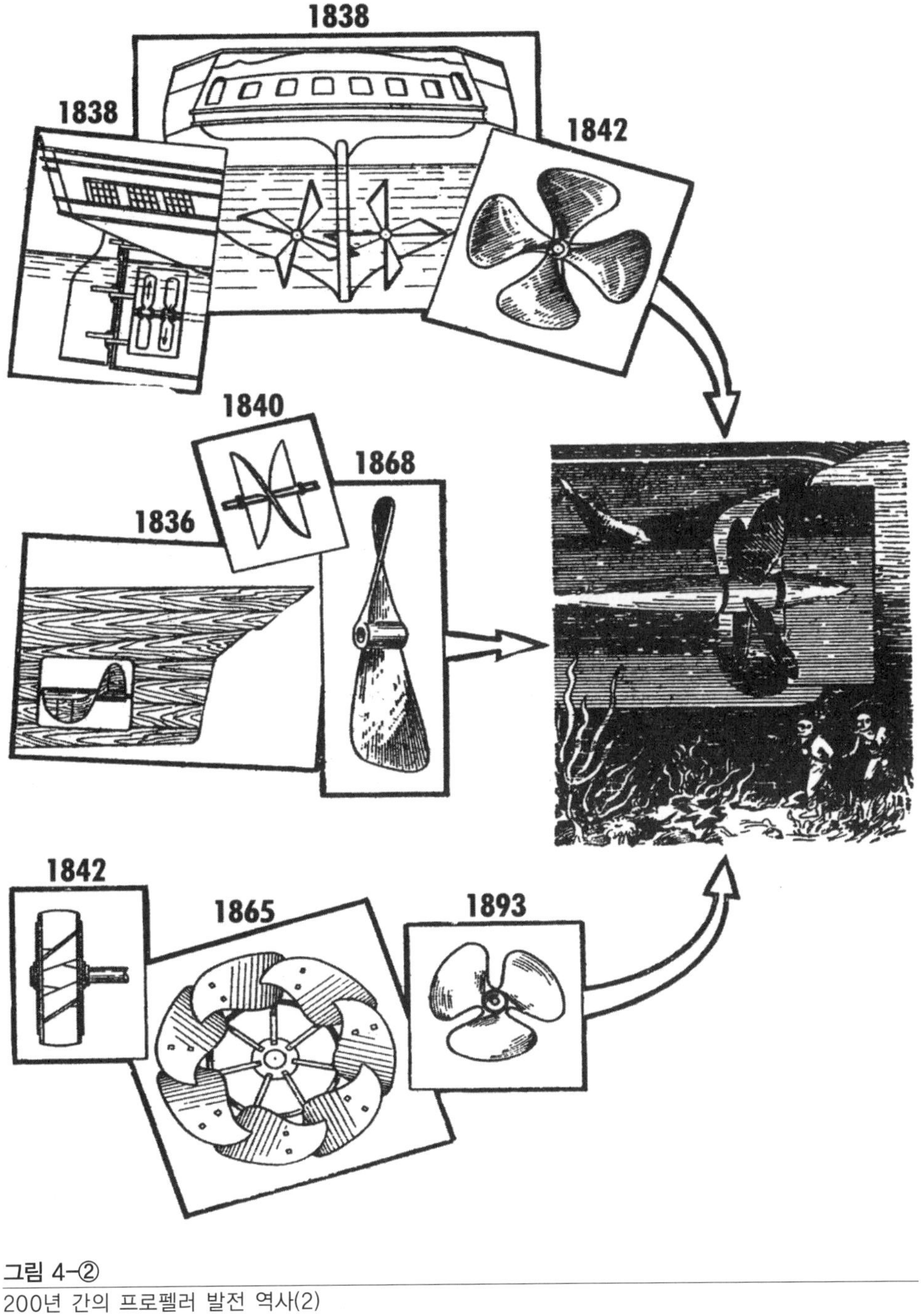

그림 4-②
200년 간의 프로펠러 발전 역사(2)

각각의 발명은 기계의 발전을 촉진시킨다. 발명이 기계의 발전을 촉진시키지 못하면, 그 기계는 전체 기간동안 내내 변화하지 않는 상태로 남아있게 된다. 그런 정체기간이 길어지고, 기계를 느리게 개선되게 한다. 최초의 실험적 모델이 나오고 나서, 최초의 실용적이고 사용가능한 시스템이 되기까지 수 십 년의 기간이 걸린다. 예를 들어, 백열전등에 대한 최초의 아이디어는 19세기 초반에 나왔지만, 전선을 가열하여 빛을 내는 첫번째 실험은 1840년에서야 이루어졌다. 또, 전구가 대량 생산되기 시작한 것은 그로부터 39년이 지난 뒤였다.

우리들 시대에는 기계나 기구들이 훨씬 더 빠르게 성숙한다. 예를 들면, 레이저의 개념은 1952년에 발표되었다. 그런 아이디어를 바탕으로 만든 최초의 장치가 2년 뒤에 시험되었다. 그리고 단지 5년이 지나 레이저 장치들이 생산되기 시작하였다.

기계는 끊임없이 진화한다. 그러므로 발명가에게 문제가 부족해지지는 않는다. 그렇지만 대체로 발명가들은 그런 새로운 문제들을 단지 간헐적으로 해결한다.

조사 결과에 의하면 발명가와 발명문제 간에는 두 가지 유형의 관계가 있다. 열 명 중 여덟 명의 발명가는 문제가 긴급해질 때까지 기다렸다가 문제를 해결하기 시작한다. 이것은 본질적으로 문제가 발명가를 찾은 것이다. 다른 발명가들은 해결되지 않은 문제들을 적극적으로 찾는다. 그들은 내일이 되면 어떤 특정 기계에 대한 요구가 커질지를 알고 있기 때문에, 가장 현대적인 기술 수단을 이용하여 오늘 해결해야 할 예상 문제들을 찾는다.

여기서 그 차이는 매우 중요하다. 당신이 작은 트럭을 밀고 있는 사람이라고 상상해보자. 트럭을 한 번 밀고 나서, 트럭이 멈추면 다시 밀 수 있다. 그러나 다른 방법도 가능하다. 즉, 계속해서 트럭을 미는 것이다. 당연히, 두 번째 경우에 속도가 훨씬 더 클 것이다. 발명산업에서도 똑같은 일이 일어난다. 제조공정이 장애 없이 순조롭게 돌아가는 동안에 그 공정은 발명가에게 개선을 해야 한다는 자극을 주지 못한다. 그런데 나중에 어떤 "병목현상"이 갑자기 나타난다(말하자면, 자재의 공급 장애). 발명가는 더 일찍 예견할 수도 있었던 문제를 그제서야 해결해보려고 일을 시작한다.

오래 전부터 제조공정에 나타나는 병목현상을 제거할 때에는 투입할 수 있는 발명가를 모두 투입해 왔다. 발명가를 오직 긴박한 경우에만 쓰는 최후의 수단으로 생각하였다.

---

29) 프로토타입(prototype): 원형(原型), 표준이 되는 모델 - *역자주*

30) *Inventor and Innovator*, 1964, #6, page 41.

□■□■□

수십 년 전에는, 대부분의 산업에서 발명은 우연히 이루어지고 있었다. 10년 내지 15년 동안에 한두 가지 발명을 해내면 그 사람을 발명가로 여겼다. 요즘에는 기술의 발전 속도가 빠르기 때문에 이노베이션에 대한 요구가 끊임없이 커져 간다. 오래된 기계들은 현대적이고 더 빠른 새로운 것으로 재빨리 대체된다. 이런 상황에서, 가끔씩 새로운 것을 창조해내는, 즉 15년마다 한 차례 발명하는 사람을 발명가라 하기는 어렵다. 결국, 우리는 일 년에 한 번 노래하는 사람을 가수라고 생각하지는 않을 것이다.

발명문제가 오랜만에 이따금씩 나타난다면, 발명가는 창의성 과정에서 얻은 경험과 솜씨를 잃어버릴 것이다. 그러면 당신은 문제해결을 시작할 때마다 완전히 다시 발명기술을 습득해야 한다. 이와는 반대로, 계속적으로 창의적인 작업을 하는 경우에는 자신의 발명원리 병기고가 풍부해져서, 자신의 능력에 대한 자신감을 얻을 것이다.

문제를 적극적으로 탐색하는 거의 모든 발명가들이 (조사 자료에 의하면) 5~7년이라는 비교적 짧은 기간에 15~20건의 발명을 한다는 사실은 중요하다.

발명은 창의적으로 사고하는 노동자, 기술자, 엔지니어들에게 제2의 직업이 될 것이다.

□■□■□

이노베이션이 필요한 문제가 바닥나는 경우는 없다. 우리가 필요로 하는 모든 것은 어떤 문제들을 **해결해야 하는가**를 결정하고, 그런 문제들을 **해결할 수 있는** 것과 **해결할 수 없는** 것으로 분류할 수 있는 지식이다.

일반적으로 발명문제는 다음과 같은 형식으로 정립된다:

"어떤 목적을 위해서 기술시스템을 만든다."

때로는 새로운 시스템을 창조하기보다는 기존의 시스템을 개선할 필요가 있다:

"이러이러한 결과를 얻기 위해 이러이러한 시스템을 개선한다."

문제를 부분적으로만 진술할 수도 있다 :

"어떤 것을 개선한다." (결과를 규정하지는 않고)

여기서 목표는 분명하다. 예를 들어, 문제가 운반기계의 무게를 줄이는 문제라면, 목표는 비교적 명확하다. 문제 진술이 원래 진술의 앞부분(**이러이러한 결과를 얻기 위해**)만을 포함하는 경우는 매우 드물다. 그런 경우에는, 기술시스템이 무엇인지, 그리고 어떤 기계를, 또는 그 기계의 어떤 부분을 개선해야 하는지가 분명하지 않다.

발명가가 문제 진술을 접할 때, 문제는 대개 이미 정립되어있는 상태이다. 그러나 이노베이션 과정의 각 단계를 거침에 따라 문제의 정립에 있는 실수를 피하는 것이 매우 중요하다. 결과적으로, 다른 사람이 만든 문제 진술을 그대로 받아들여서는 절대 안 된다. 올바르게 진술되어 있다면 어떤 문제라도 아마도 맨 처음 그 문제를 접한 사람이 그 문제를 해결했을 테니까 말이다.

자신이 미로의 막다른 골목에 서있는 사람이라고 상상해보라. 계속해서 출구를 찾으라고 당신에게 요구하고 있다. 그것은 이제 의미 없는 행동이다. 다르게 접근해야만 한다. 먼저, 처음 시작점으로 되돌아가라. 그리고 옳은 방향으로 나아가라. 그러나 불행하게도 문제가 잘못 진술되면, 문제가 우리로 하여금, 알아채지 못하는 사이에 일어나는 일이기는 하지만, "막다른 골목"으로 되돌아가게 한다.

왜 이러한 일이 일어나는지 이해하기 위해서, 발명문제의 진술이 어떻게 이루어지는지 살펴보자.

매 시간, 매 분, 제조업자는 여러 가지 서로 다른 문제들을 만들어 낸다. 기관장, 설계자, 기술자, 근로자들은 날마다 많은 기술적 과제를 해결한다. 대부분의 시간에 이런 과제들은 기존에 알려진 수단과 원리를 사용하여 진부한 방법으로 해결된다. 때로는 창의성의 요소가 약간 필요한 문제들이 발생한다. 이것들이 이노베이션인데, 주어진 산업분야에서 이미 알려져 있는 것을 찾아서 특정 상황에 그것을 적응시킨다는 점에서 창의성이 있다. 다시 말하면, 이런 문제들은 가장 비슷한 크기의 열쇠를 찾아서 자물쇠에 맞도록 열쇠를 조절하는 일을 필요로 한다. 그러나 발명문제는 그런 "가장 잘 맞는" 열쇠가 존재하지 않는 상황에서 해결책을 요구한다.

쓸모없는 기존의 안 맞는 열쇠(종종 완전히 사용할 수 없는)를 개조하는 것보다는 새로운 열쇠를 만드는 것이 훨씬 더 쉽다. 그러나 대개 발명가는 그런 "안 맞는 열쇠"를 가지고 시작해야 하는 경우가 더 많다. 왜 이런 일이 일어날까?

문제는 제조공정 자체에서 일어난다. 처음에는, 전통적인, 그리고 잘 알려진 방법을 사용하여 해결책을 찾기 시작한다. 하지만 이 시도는 실패한다. 그 다음 간단한 혁신적인 접근방법을 통해 문제를 해결하려는 시도가 있다. 결과는 마찬가지이다. 그러자 발명을 통해 완전히 새로운 무언가를 개발함으로써 해결책을 찾으려는 시도를 한다. 만일 이것이 성공적이었다면, 적어도 그 문제는 "미해결 문제" 목록에 오르지 않았을 것이다.

그러나 새로운 어떤 것도 개발하지 못했다고 가정해보자. 이 말은 처음으로 그 문제를 접한 사람이 그것을 해결하려고 하다가 막다른 골목을 만났다는 것을 의미한다. 그래서 그는 다른 발명가들에게 도움을 청했고, 그들에게 문제가 무엇인지를 보여주기 위해 문제를 정립했다. 이 때 그는 두 가지 선택을 할 수 있다 : 하나는 처음에 이해했던 대로 문제를 진술하는 것이고, 다른 하나는 나중에 해결책의 장애물이 되었던 문제를 정립하는 것이다. 대부분의 경우, 후자 쪽을 선호한다. 이 때의 의도는 호의적이다 : "우리는 벌써 중간까지 왔는데, 왜 전부 다시 시작해야 하지?" 사실 해결책까지 절반이나 되는 길을 걸어왔고, 때로는 그것이 짧은 거리가 아니다. 그러나 그렇게 걸어온 길은 발명가를 잘못된 방향으로 인도했다.

앞에서 보았듯이, 문제 진술에는 두 부분이 있다 : 목표(무엇을 **성취해야** 하는가)와 수단(무엇을 **하고, 개선하고, 바꿔야** 하는가)이다. 목표는 언제나 올바르게 진술된다. 그러나 똑같은 목표를 다르게 달성할 수 있다.

어쩌면 이것이 문제를 진술할 때 가장 흔히 범하는 실수이다. 어떤 결과에 도달하기 위해서, 새로운 **기계**(**프로세스, 장치, 기구 등**)를 만들기 위한 문제 정립의 속성에 의해서만 발명가가 방향을 잡는다. 외견상으로는 이것은 논리적인 것처럼 보인다. R-1의 결과를 만들어 내는 M-1이라는 기계가 있다. 이제 R-2의 결과를 달성해야 하는데, 그래서 M-2라는 기계의 개발이 필요하다. 보통 R-1보다 R-2가 더 커야 한다. 따라서 M-1보다 M-2가 더 크다는 것은 명백해 보인다.

형식적인 논리에 의한다면, 이런 논리는 옳다. 그러나 기술 개발의 논리는 변증법적 논리이다. 예를 들어, 두 배의 결과를 얻기 위해서 두 배의 자원을 사용할 필요는 없는 것이다.

오래전에, 철도 트럭에 화물(자루)을 싣는 작업을 기계화하기 위한 더 좋은 개념을 찾는 설계경진대회가 열린다는 발표가 있었다. 수작업으로 짐을 싣는 동안에는, 작업자들은 팔레트로부터 한 자루를 들어내어 트럭으로 가져가, 다른 팔레트에 올려놓는다. 창고에서 철도 트럭까지의 화물운반은 쉽게 기계화될 수 있다. 아마도 컨베이어벨트를 사용하면 될 것이다. 그러나 트럭 안에 화물을 쌓아놓을 수 있는 휴대용의 소형 기계는 아직 존재하지 않았다. 플랫폼에서 6개 내지 8개의 자루를 운반하는 지게차는 트럭 안에서 움직이기 어려워 필요한 생산성을 제공해주지 못한다. 그 경진대회동안 이 문제는 다음과 같이 정립되었다 : 화물 적재를 완전히 자동화하도록 컨베이어와 지게차를 개선해야 한다.

문제가 올바르게 진술되었는가?

물론 아니다.

이미 알려진 도구(컨베이어, 지게차 등)를 사용함으로써 문제를 해결하려는 원래 시도는 막다른 골목에 도달하였다. 그런 다음, 이 막다른 골목에서 문제가 정립되었다 : **컨베이어와 지게차를 개선하라.**

문제의 조건은 이제 좁혀졌다. 원래의 과제는 포장된 화물을 트럭에 적재하기 위한 고생산성 공정을 제공하는 것이었다. 그러나 광범위한 과제를 협소한 과제(**컨베이어와 지게차의 개선**)로 대체함으로써 우리는 이것에 지장을 받았다. 당연히, 이 문제는 그런 기계들을 이용하지 **않고** 해결되어야 한다.

문제를 올바르게 진술하기 위해서 주어진 기술시스템의 진화 경향을 살펴볼 필요가 있다. 특히, 짐을 싣고 내리는 과정에서 주요 진화 경향은 화물 단위를 큰 블록으로 다루는 것이다. 이것은 한 블록이 한 자루(컨베이어를 사용하는 경우) 또는 6~10개의 자루(지게차를 사용하는 경우) 대신에 50~70개의 자루로 구성되어야 한다는 것을 의미한다. 이것이 올바른 문제 진술이다.

문제가 올바르게 진술되었는지 점검하는 간단한 방법이 있다. 다른 산업 분야의 동일한 문제 진술을 살펴보라. 더욱 명확히 말하면, 문제가 더 정밀하게 진술되어 있는 산업이나 운영규모가 더 큰 산업을 살펴보는 것이 좋다. 예를 들어, 화물 운반에 대한 문제 진술을 수정하여 다듬기 위해서는 작은 단위 구성으로 화물의 운송을 자주하는 건축 산업을 살펴보는 것이 유용하다.

과거에는 돌이나 벽돌 같은 건축 자재들을 손으로 화물차에 싣거나 내렸다. 그러고 나서 더 큰 블록이나 판재를 이용하는 쪽으로 변화가 이루어졌고, 그렇게 함으로써 작업을 기계화하기 위한 더 효과적인 조건들이 생겼다.

여러 개의 자루를 쌓아 놓은 것은 커다란 블록과 유사하다. 이 블록을 분할하고, 그런 다음에 기계의 도움으로 그 "분할된" 부분들을 철도 트럭으로 옮겨서 다시 합쳐 놓는 것이 합리적인가? 분명히 이 해결책은 기술 진화 경향을 따른 것이 아니다.

그러므로 이 문제의 원래 진술은 희망이 없다고 결론을 내릴 수 있다. 동시에 문제에 대한 올바른 진술이 명확해진다. 큰 블록(블록의 크기는 출입구의 크기에 의해서만 제한된다)을 한 단위로 하여 트럭으로 옮긴 다음, 그것을 트럭의 바닥에 내려 자리를 잡아야 한다.

예상했던 대로, 이 최고의 제안이 문제를 정확하게 해결한 개념이었다. 이 개념은 화물 적재 과정 중 최소의 기계화 비용으로 최고의 생산성을 제공했다. 각각 50개의 자루를 운반하는 바퀴(또는 에어 쿠션)가 달린 팔레트가 트럭의 열린 문 속으로 굴러 들어갔다.

□■□■□

기계들은 어떤 논리적인 절차를 따라 발전한다. 불규칙하게 발전하는 것이 아니다. 예를 들어, 그림 5는 증기 보일러의 발전을 보여준다. 증기 보일러의 설계에서 서로 모순된 요구조건이 나타났고(보일러는 높은 증기압 하에서 필요한 힘을 얻기 위해 구형 또는 실린더형의 모양이어야 한다 ; 하지만 이런 모양은 가열 면적을 최소화한다.) 그로 인해 증기 발생량이 감소했다. 이와 같은 요구조건을 만족시키기 위해서 실린더형의 모양은 유지하였지만, 그 길이가 늘어났다. 보일러 용기는 총 가열 면적이 큰, 파이프 시스템으로 서서히 변형되어 갔다.

기술시스템 진화의 주요한 방향 중 하나는 시스템 크기의 변화이다. 기계들은 소위 "중간 크기"로 탄생한다. 그러고 나서 기계는 두 가지 반대방향으로 발전한다. 즉, 기계는 크기가 커지면서 동시에 소형 시스템이 개발된다. 이러한 두 경향은 굴착기의 진화과정에서 선명하게 드러난다. 크기의 증가는 수송기계와 가공기계에서 일반적으로 나타난다. 제어장치와 측정장치에서는 크기의 감소가 더 일반적이다.

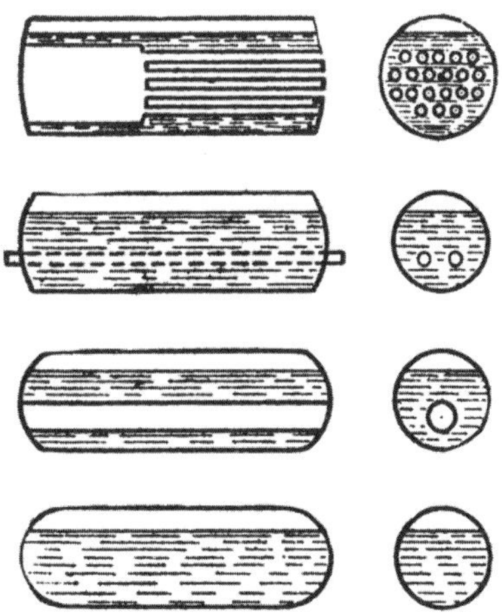

그림 5
증기 보일러의 진화. 보일러 용기는 총 가열 면적이 더 큰, 파이프 시스템으로 변형되었다.

기계마다 그 자체의 "발전 경향"을 가지고 어떤 이상적인 상태를 향해 나아간다. 결국, 여러 자오선들이 극점에서 만나듯, 그런 경향들은 한 점으로 수렴하게 된다. 기술시스템(기계) 진화의 모든 노선에 대한 극점은 "이상 기계"이다.

이상 기계는 다음의 특성들을 갖는 임의의 표준 시스템이다 : 기계가 **상호작용(운반, 가공** 등)하는 객체의 무게, 부피, 면적. 이것들은 기계의 무게, 부피, 면적과 일치하거나 거의 일치한다.

이 이상 기계 자체가 목표는 아니다. 그것은 어떤 일을 하기 위한 수단이다. 예를 들어, 승객과 화물을 운반하기 위해 만들어진 헬리콥터를 생각해 보자. 헬리콥터는 "반드시" 자기 **자신도** 운반해야 한다. 헬리콥터의 다른 특성이 저하되지 않는다면 무게가 덜 나가는 헬리콥터가 분명히 더 이상적이다. 이상적인 헬리콥터는 객실만을 가지고 있으며, 헬리콥터 자신을 운반할 수 있는 속도로 움직일 수 있어야 한다.

이상 기계의 또 다른 특성은 그 기계의 모든 부분이 가능한 최대의 용량으로 유용한 작업을 수행한다는 것이다.

기계는 일을 하기 위해 존재한다. 한편, 많은 기계들은 주기적으로만 일을 한다. 게다가, 기계의 어떤 일부분만 일을 하고 다른 부분은 일을 하지 않을 때에도, 우리는 그 기계가 일을 하고 있다고 믿는 데 익숙해져 있다. 건축용 판재를 운송하는 기계는 한 번 운송할 때마다 40~50분을 놀고 있다. 싣거나 내리는 동안에는 트럭의 차체만 일을 하고, 엔진과 차대는 놀고 있다. 하나의 트럭을 분리할 수 있는 몇 개의 차체로 구성하여 만들면, 화물을 싣고 내리는 동안 시간손실이 거의 없다 : 한 차체가 화물을 내리는 동안 다른 차체는 목적지로 운송하고, 또 다른 차체는 건설 현장에서 기다리고 있는 차체에 짐을 싣는다. 기계를 이상적인 상태(이상성)로 더 가깝게 접근하게 해주는 경향들만이 오랫동안 진보하고 활기를 띨 것이다. 단일 기술 시스템(기계)의 크기가 증가하는 경향을 예로 들어 보자. 언뜻 보기에, 크기를 키우는 것이 왜 기계를 이상성에 가깝게 하는 것인지 명확하지 않다. 그러나 이유는 매우 간단하다 : 일반적으로 큰 기계일수록 수행한 일의 무게(또는 부피, 또는 면적)에 대한 그 기계 자체의 무게(부피, 면적)의 비율이 더 낮다. 3톤의 화물을 운반하는 트럭은 무게가 1.5톤이다. 트럭이 내는 출력의 1/3은 트럭 자체를 움직이는 데 소모된다. 15톤의 화물을 운반하도록 만든 트럭은 무게가 겨우 5톤 밖에 나가지 않는다. 결국, 자체 중량 부분이 크게 감소하였다. 이것이 바로 기계를 이상성에 더 가까이 가져다 주는 것이다. 140톤 트럭 한 대는 자갈을 내리는데 15초 걸린다. 이것은 5톤 트럭 28대보다 훨씬 더 빠르다.

이상 기계는 멋있게 보여야 한다고 믿는 사람들이 종종 있다. 이것은 중대한 잘못이다. 이것은 발명가가 이겨내기 어려운 심리적인 장벽을 만들어낸다. 이런 생각이 발명가들에게 기품 있고 아름다운 기계를 지향하는 방향으로 해결책을 탐색하도록 한다. 이렇게 될 경우에 새로운 개념이 고려대상 밖으로 버려질 수도 있다.

좋은 기계가 우아한 백조와 같아야 한다고 주장을 하는 사람은 아무도 없다. 그러나 그런 우아함은 성숙한 기계에만 적용된다. "새로 태어난" 기계는 당연히 꼴사나워도 좋다. 중요한 것은 그들의 본질이 기존 기계의 그것보다 더 발전된 것이어야 한다. 만일 이 조건을 충족한다면, 새로운 기계는 의심할 바 없이 점차 우아하고 아름다운 백조로 성장하여, 다른 오리 형제들을 무색하게 만들 것이다.

문제를 해결하는 동안, 발명가는 기계의 미래의 아름다움에 대하여 생각해서는 안 된다. 발명가는 외적으로는 흉하지만 내적으로 아름다운 설계를 제시하는 것을 두려워해서는 안 된다.

□■□■□

어떤 문제가 시행착오 방법으로 해결된다면, 탐색은 관성 벡터를 따르거나, 아니면 기껏해야 모든 방향으로 흩어지게 된다. 한편, 발명가는 문제에 접근할 때 그 탐색영역을 과감하게 줄일 수 있다. 해결책은 원래의 시스템을 이상적인 상태로 가져가야만 한다. 이상 기계에 대한 파라미터가 정해지면, 발명가는 가장 유망한 탐색방향을 즉시 찾을 것이다.

물론, 각각의 경우에 대하여 이상 기계를 결정할 필요가 있다. 발명가가 이상 기계를 정확하게 상상할수록, 우연에 맡기는 탐색방향은 줄어든다.

이상 기계는 나아갈 방향을 비추는 등대와 같다. 발명가가 등대 없이 해결책을 찾으려 할 때 그의 생각들이 너무나 많은 개인적인 동기(動機)의 영향을 받아 흩어지게 된다. 미국의 심리학자 에드워드 손다이크(Edward Thondyke)는 이렇게 말했다: "우리들 각자가 지능적인 문제를 해결하려 할 때, 우리는 사방으로부터 여러 가지 서로 다른 경향들에 의해 둘러싸이게 된다. 각 요소들은 마치 우리의 신경계에 대한 세력권 싸움에서 이기기라도 하려는 듯, 자신의 연상만을 자극하고 다른 요소들과 그 요소들의 전반적인 상태에 대해서는 고려하지 않는다."

습관적인 개념들이 발명가를 에워싸서, 근본적으로 새로운 해결책으로 가는 방향을 어떤 것이라도 막아버린다. 그러한 조건에서는, 파블로프(Pavlov)가 말한 것처럼, 틀에 박힌 사고방식과 선입견이라는 일반적인 사고의 약점이 많아진다.

반면에 구조화된 탐색은 사람의 사고 과정을 체계화하고, 생산성을 증대시킨다. 사고가 어떤 특정한 문제에 대한 하나의 주요 방향으로 집중된다. 동시에 부차적인 아이디어는 밀려나고, 문제와 직접 관련된 아이디어들은 더 가까이 다가온다. 결과적으로 그런 아이디어와 마주칠 가능성이 매우 높아지고, 새로운 발명의 탄생을 위한 조건이 형성된다.

방향이 잡힌 탐색은 결코 직관을 배제시키지 않는다. 오히려 구조화된 사고과정은 유익하게도 직관을 촉진시키는 특별한 정신적인 조율을 해준다.

□ ■ □ ■ □

"이상 기계"는 발명 방법론의 기본 개념이다. 많은 "어려운" 문제들은 기술 시스템 진화의 핵심 경향과 모순되는 요구조건을 가지고 있기 때문에 어려운 것이다. 문제에 관한 거의 모든 주제는 "이러 이러한 장치를 개발하세요"라는 말로 특징지어진다. 그러나 장치를 개발할 필요가 없을 때가 많다 - 문제의 본질은 "아무 것도 없이" 또는 거의 "아무 것도 없이" 요구 기능을 제공하는 것이다. 이상적인 해결책은 마치 기계가 존재했던 것처럼 같은 결과를 주면서도 존재하지는 않는 기계이다.

발명가와 혁신가라는 잡지의 "발명을 찾아서"라는 부문에 나왔던 구체적인 발명문제를 예로 들어 보자.

문제 2

"현대 농장의 급수용 분무기는 용량이 작다. 날개 길이를 늘려 분무 생산성을 충분히 높이려고 하면 금속의 사용량 또한 증가한다."

"뭘 할 수 있을까? 플라스틱을 이용하여 날개 프레임을 가볍게 하라. "분무"의 개념을 개선할 방법에 대하여 생각해 보아라. 간단한 정원용 급수 분출구가 분무기에 사용된 원리이다 : 그러나 여러 가지 다른 개념이 사용될 수 있다 : 튜브 다발, 다중식 샤워기, 분무기, 터빈. 날개 면적이 최대 영역에 대해 최대로 비를 내리게 할 수 있는 것이라면 어떤 것이라도 좋다."[31]

분무기는 펌프와 날개형태의 외팔보(cantilever)가 장착되어있는 트랙터이다. 분출구는 날개에 붙어 있다. 이중 외팔보 기계 DD－100M은 1초에 90~100리터의 물을 운반할 수 있다. 작동 압력은 30미터에 달하고, 분무하는 폭은 120미터이다. DD－100M은 120미터 간격으로 있는 관개 수로를 따라 움직인다.

이 분무기는 거추장스럽고 많은 금속이 들어간다. 날개의 무게는 늘어난 길이의 세제곱에 비례한다. 예를 들면, 날개의 길이가 0.5배만큼 증가할 때 그 무게는 3.5배로 증가한다. 따라서 날개의 길이는 100미터로 제한되어 있다.

그 동안 이 문제를 해결하려는 많은 시도가 있었다. 예를 들어, 스프레이 파이프를 비행선에 매달았다. 지상에서 퍼 올린 물의 압력으로 프로펠러가 회전하도록 되어있는 헬리콥터가 스프링클러를 들어올렸다. 또 다른 아이디어는 스프링클러 파이프를 탑에 장착하고 터빈엔진으로 회전시키는 것이었다. 이 아이디어들은 공통점이 있다는 것을 발견하기란 어려운 일이 아니다. 즉, 이 아이디어들은 원래의 기계를 이상적인 상태로 몰고 가지 않는다.

들에 물을 주기 위해서는 물만 있으면 된다. 장치는 물을 나르는 것을 도와 줄 뿐이다. 기계가 단순하고 간단할수록 이상적인 스프링클러 시스템에 분명히 더 가까이 다가갈 것이다. 비행선, 헬리콥터, 터빈엔진은 설계를 복잡하게 할 뿐이다. 그것들은 의심할 나위 없이 이상 시스템과는 동떨어진 방향을 향해있다.

공기 팽창식 외팔보가 있는 자체추진 기계가 훨씬 더 좋다.[32] 이런 설계는 기계를 좀 더 이상성에 가깝게 가져다준다. 외팔보의 무게가 줄어들고, 기계를 운전하지 않을 때에는 작게 접어 둘 수 있다. 불행하게도, 팽창된 외팔보가 길어지면, 그 날개 표면이 엄청나게 증가하여 약간의 바람만 불어도 문제가 생긴다.

이상적인 스프링클러 기계는 트랙터와 지지대 없이 들판을 스스로 가로질러 움직이는

31) Inventor and Innovator, 1964, #6, page 4

32) 발명가 인증서 #144, 335

구멍난 파이프 같은 것이어야 한다. 파이프는 어쩌면 기존 기계의 구조보다 몇 배 더 길어야 할지도 모른다. 작동하지 않는 조건에서는 파이프가 가능한 한 작은 공간을 차지해야 한다.

이와 같이 우리는 이 문제에 대한 이상 기계의 이미지를 아주 정확하게 규정하였다. 이제 해결책을 찾아보도록 노력하라. 이것은 연습 문제이다. 그러므로 다른 관개 수단, 예를 들어 지하 파이프라인, 휴대용 파이프라인 등을 제시하지 마라. 우리는 길이가 300미터 이상 되는 들판 위로 구멍 난 가벼운 파이프를 움직일 수 있는 이동식 스프링클러 시스템에 대해 이야기하고 있다. 단순한 설계일수록 더욱 좋다.

6장 기술적 모순

전통적인 방법을 사용하여 스프링클러 문제를 해결해 보자.

스프링클러의 날개 길이를 3배 정도 늘릴 필요가 있다. 3백 미터짜리 날개 구조를 만드는 것은 기술적으로 가능하다. 이때의 단점은 무엇인가? 전체 무게가 증가한다는 것이다. 날개 길이가 3배 늘어나면, 그것을 지지하는 구조는 27배나 무거워진다.

기계 및 기술적 장치와 관련된 몇 가지 중요한 특성들(무게, 치수, 동력, 신뢰성과 같은)이 있는데, 이런 특성들은 그 장치의 효율성의 정도를 나타낸다. 이들 특성들 사이에는 일정한 상호 의존관계가 존재한다. 예를 들어, 한 단위의 동력은 구조물의 일정한 무게를 필요로 한다. 우리는 어떤 주어진 산업에서 이미 알려진 수단으로 한 가지 특성을 개선시킴으로써, 다른 특성을 악화시키는 대가를 치르고 있다.

여기 항공산업에서 가져온 전형적인 예가 있다 :

> "항공기의 수직 안정판의 면적을 2배로 늘이면 항공기의 진동폭은 50 % 감소한다. 그러나 그 때문에 공기저항이 증가하므로 항공기는 돌풍에 대한 취약성이 증가할 뿐 아니라 더 무거워지게 된다 ? 한층 더 복잡한 문제가 생긴다."[33)]

특수한 조건들을 고려하며, 설계자는 특성들의 가장 적합한 조합을 선택한다. 그러나 무언가 얻는 것이 있으면 항상 잃는 것도 있기 마련이다. 유명한 항공기 설계자인 안토노프(O. Antonov)가 말하길 "해결책을 모색할 때, 문제의 기술적인 요구조건들(절대로 이것들 모두를 종이에 적지는 못할 것이다) 가운데 가장 중요한 것들을 선택하라. 최악의 경우 어떤 부분을 만들 수 없다면, 허용 가능한 변형을 받아들여야 한다. '허용 가능한 변형'은 주어진 기술적 조건으로부터 벗어난다는 것(말하자면, 타협적인 해결책)을 의미한다. 항공기를 설계할 때, 화물적재용량과 속도에 대한 요구조건을 충족시킬 수 있지만, 활주로 길이에 대한 요구조건을 완전히 충족시킬 수 없다고 가정하자. 당신은 이 세 가지 주요 요구조건을 고려하면서, 다른 유리한 특성들을 유지하기 위해서 활주로 길이에 대한 요구조건을 약간 희생시키다(500미터 대신에 550미터로). 이것이 바로 타협적인 해결책이다."[34)]

학술원 회원인 크릴로프(A.N. Krilov)는 자신의 전기에서 다음과 같은 이야기를 하고 있다 :

> 1924년, 한 과학자[크릴로프]가 비제르타(Bizerta) 항구에 정박 중인 러시아 군함들을 사찰하는 소련-프랑스 위원회의 일원으로 활동하고 있었다. 브랑겔(Vrangel)[한 프랑스 장군]이 이러한 선박들을 항구로 옮겼다. 항구에 러시아와 프랑스 전함들이 나란히 정박했다. 그들은 거의 같은 시기에 건조(建造)되었다. 양쪽 전함 간의 전투력 차이가 너무 컸다. 위원회 회장인 부이(Bui) 제독은 참을 수가 없어서 다음과 같이 외쳤다 : "당신네 전함은 거대한 함포를 가지고 있지만 우리 전함은 단지 장난감 총만을 가지고 있군요. 당신네는 전함의 병기에 있어서 어떻게 많은 차별을 달성했

---

33) V. G. Denisov, R. N. Lopatin, *Pilot and Airplane*, M. Oboringiz, 1962, page 17.
34) Weekly #15, 1965, page 10.

습니까?"

크릴로프는 다음과 같이 대답하였다: "제독님, 갑판을 보십시오. 주요 하중을 운반하는 배의 구조를 제외하고, 지붕 역할을 하는 다른 모든 것들은 거의 녹이 슬었습니다. 파이프, 선체, 사령탑 등은 모두 낡았습니다. 당신의 전함을 보십시오. 배에 있는 것은 모든 것이 새 것처럼 보입니다. 물론, 우리의 전함은 6년 동안 유지보수와 페인트 작업이 없었습니다. 그러나 이것이 주된 이유는 아닙니다. 당신의 전함은 적어도 24년은 운항할 수 있는 상선과 같이, 7 kg/mm²의 설계 응력을 가진 일반 강철로 건조되었습니다. 우리 배는 12 kg/mm² 또는 그 이상(일부에는 23 kg/mm²까지)의 설계 응력을 가진 고강도 강철로 전부 건조되었습니다. 우리의 전함은 10~12년 동안 사용할 수 있도록 건조되었는데, 그 이유는 그 기간 동안에 우리 전함이 너무 구식이 되어 버려 더 이상 적절한 전투능력을 가지지 못할 것이기 때문입니다. 선체에서 절약한 용적은 대포의 전투력을 증가시키기 위해 썼습니다. 당신이 알 수 있는 바와 같이, 함포전에서 당신의 배에 있는 "장난감 총"이 사거리에 도달하기도 전에, 우리 전함은 당신 배를 적어도 4척은 파괴할 것입니다."

"아주 간단명료하군." 부이 제독이 말했다.[35]

설계자의 기교는 대부분 타협을 통해서 얻는 것과 잃는 것을 결정하는 솜씨에 달려있다. 발명 창의성의 본질은 타협이 필요 없는(또는, 성취된 결과에 비해 타협이 아주 적은) 방법을 찾는 것이다.

화물을 싣고 내리는 속도를 높이기 위해서 중형 수송기 내부에 비치할 수 있는 휴대용 크레인을 개발할 필요가 있다고 가정하자. 이 문제는 기존의 기술로 해결될 수 있다. 승강장치의 일반 설계원리를 기초로 하고, 경량 자동크레인의 개발에서 얻은 경험을 활용하여, 자질 있는 기술자는 필요한 기구를 설계할 수 있다.

---

35) A. N. Krilov, Remembrances and Notes, Military Publishing, 1949, page 249.

36) 밸러스트(ballast): 바닥짐. 배(또는, 부력 또는 양력에 의해 떠서 움직이는 물체)에 실은 짐이 적을 때 배의 안전을 위하여 바닥에 싣는 돌, 모래 - *역자 주*

이것은 당연히 항공기의 불필요한 밸러스트[36]를 증가시킬 것이다. 설계자가 어떤 것을 얻는 동안, 동시에 다른 것을 잃게 된다. 우리가 체념하고 이 방법을 택하는 이유는, 설계자의 목표가 손실을 조금 더 적게 하면서 소득을 조금 더 많게 하는 것이기 때문이다.

발명의 필요성은 어떤 문제가 요구조건을 하나 더 포함할 때 발생한다. 그 요구조건은 '손실 없는 소득'이다. 예를 들어, 승강장치가 충분한 힘을 얻는 동시에, 항공기의 무게는 증가하지 않아야 한다. 최상의 휴대용 크레인조차도 무겁기는 마찬가지이기 때문에 전통적인 방법을 사용하여 이 문제를 해결하기란 불가능하다. 우리는 새로운 접근방법이 필요하다. 이것은 바로 발명이다.

이처럼 기술적 모순의 제거가 문제 해결을 위한 필요조건일 때, 평범한 문제는 발명문제로 바뀐다.

모든 기술적 모순들을 무시하면서 새로운 기계를 개발하는 것은 어렵지 않다. 그러나 그 결과로 만들어진 기계는 무능력하고, 실용적이지 못한 것으로 판명될 것이다.

발명을 위해서는 언제나 기술적 모순들을 제거해야 하는가?

여기서 "발명"에 대한 두 가지 개념을 언급할 필요가 있다. 즉, 특허(법률적)와 기술이 있다.

특허 개념은 자주 바뀌며 나라마다 차이가 있다. 특허 개념에서는 어떤 주어진 순간에 새로운 공학적인 해결책에 대한 법적인 보호가 경제적인 의미를 갖게 해 주는 영역을 정확하게 식별하기 위해 노력한다. 기술적인 개념에 있어서는 발명의 핵심(역사적으로 불변인 본질)을 식별하는 것이 더 중요하다.

공학적 관점에서 볼 때, 새로운 발명은 언제나 기술적 모순을 완전히 또는 부분적으로 극복함으로써 태어난다.

모순의 형성과 극복은 기술진보의 주요 특성 중의 하나이다. 물레방아의 발전을 분석하면서 마르크스는 **자본론(*Das Capital*)**에서 다음과 같이 썼다 :

> "작동 기계의 크기가 커지고 동시에 작동하는 부품의 수가 증가하여 더 큰 엔진이 필요해지고 … 심지어 18세기에는 하나의 물레방아 바퀴를 사용하여 두 개의 분쇄바퀴와 두 개의 맷돌을 움직여 보려는 시도도 있었다. 그러나 그 결과로 커진 구동기어의 크기가 부족한 수력과 충돌하였다."

이것은 기술적 모순에 대한 하나의 생생한 예이다. 즉, 기계의 한 가지 특성을 개선하려는 시도가 다른 특성과 충돌이 생겼다.

엥겔스(Friedrich Engels)는 그의 논문 "총의 역사(The History of the Gun)"에서 기술적 모순에 대한 여러 가지 예를 들고 있다. 사실상 논문 전체는 총의 역사적인 발전을 결정짓는 내부 모순의 분석을 보여주고 있다. 예를 들어, 엥겔스는 총이 처음 만들어졌을 때부터 후장식 총[37](총신 뒤로 장전하는 총)이 발명될 때까지 주요한 모순은 다음과 같았다고 서술하고 있다. 총의 발사 특성을 강화시키기 위해서는 총신을 짧게 할 필요가 있다(장전이 총열을 통하여 이루어지므로, 총신이 짧을수록 장전하기가 쉬워진다). 반대로 총의 총검술 특성을 강화시키기 위해서는 총신은 더 길어야 한다. 이러한 모순적인 특성들이 후장식 총에 결합되어 있다.[38]

다음은 여러 산업에서 모은, 모순이 있는 몇 가지 문제들이다. 이들 문제들은 신문, 잡지 및 서적에서 발췌한 것이다. 이것들은 저자가 지어낸 것이 아니다.

광업

오랫동안, 지하 화재가 발생할 때 어떤 구역을 분리하기 위해서 광부들은 칸막이 벽(벽돌, 콘크리트 혹은 나무 등으로 만들어진 특수한 벽)을 설치하였다. 만일 가스가 갱도 내에 있을 경우에는 그런 칸막이 벽을 만드는 것은 매우 복잡해진다. 이와 같은 경우, 칸막이 벽은 모든 틈을 철저하게 막아서 밀폐시켜야 한다. 계속되는 폭발의 위협 아래에서 이 모든 작업을 해야 한다. 안전을 이유로 광부들은 두 개의 칸막이 벽을 하나씩 차례대로 설치하기 시작하였다. 첫번째 칸막이 벽은 임시 칸막이 벽이고, 서둘러 설치한다. 첫번째 칸막이 벽은 공기를 통풍시켜 주면서 두 번째의 영구적인 칸막이 벽의 건설을 보호해 주는 바리케이드 역할을 한다. 따라서 광부들은 안전을 얻었지만, 그들이 해야 할 일의 양이 많아져서 손해를 보았다.

화학공학

압력이 증가할 때, 화학 합성의 속도는 증가하며, 결과적으로 합성용기의 생산성도 증가

---

37) 전장총(前裝銃) : muzzle-loader, 후장총(後裝銃) : breech-loader - *역자 주*

38) F. Engels, "History of the Gun," *History of Technology*, Issue 5, 1936, page 18.

한다. 그러나 주어진 일정량의 가스를 압축하기 위한 에너지의 소비량도 동시에 증가한다. 구조상의 이유 때문에 장치의 크기, 즉 용량을 제한할 필요가 있다. 그러므로 액체 암모니아 안에서의 하이드라조익 산[39] 혼합물의 용해도는 증가하지만, 혼합물의 손실 또한 증가한다.

전자공학

현대 전자공학은 심각한 딜레마에 직면해 있다. 전자공학 시스템의 작업특성에 대한 요구조건이 지속적으로 증가하는 반면, 그에 따라 시스템 자체가 더욱 복잡해졌다. 한편으로는 치수, 무게 그리고 에너지 소비량의 제약조건은 더욱 엄격해지고 있다. 이렇게 증가된 시스템의 복잡성 때문에 어쩌면 더욱 중요할 지 모르는 같은 정도의 신뢰성 문제 또한 일어나고 있다.

전파공학

전파망원경의 안테나는 두 가지의 주요 특성, 즉 수신감도와 해상도를 갖는다. 안테나의 크기가 클수록 전파망원경의 수신감도는 좋아져서, 우주의 깊은 곳을 더 잘 볼 수 있다. 해상도는 망원경의 "시각 선명도"를 말한다. 이는 망원경이 작은 각거리에 위치한 두 개의 서로 다른 발광원을 얼마나 잘 구별할 수 있는가를 의미한다. 더욱이, 큰 "전파 눈"(radio eye)은 하늘의 가장 적절한 위치로 접근할 수 있어야 한다. 이를 위해서 안테나는 이동 가능해야 한다. 그러나 안테나의 구조를 변형시키지 않고 밀리미터 이내의 단위로 조정하면서, 큰 안테나를 이동시키는 것은 대단히 어렵다.

이러한 모순이 해결될 때까지, 망원경 안테나 설계는 두 가지 방향으로 진행될 것이다: 매우 크지만 움직일 수 없는 것과, 이동할 수는 있지만 상대적으로 작은 것.

엔진 제조

내연기관의 밸브와 가스분배 시스템은 왕복운동 하는 몇 개의 부품으로 구성되어 있다. 엔진의 RPM(분당 회전수)이 증가하면 질량 관성도 증가한다. 이것을 피하기 위해, 밸브와

---

39) 하이드라조익 산(hydrazoic acid) : 무색 휘발성, 독성, 폭발성의 액체(HN_3)이며, sodium azide(NaN_3)가 물(H_2O)과 반응해서 HN_3를 만든다 - *역자 주*

가스분배 기구를 한 블록 안에 배치함으로써 왕복운동을 하는 부품의 질량을 줄이려는 시도가 있다. 그러나 이런 방법은 연소실을 좁고 납작하게 만들어, 열전달 면적이 증가한다. 여기에 모순이 있다 : RPM의 증가는 낮아진 밸브의 위치와 결합하여, 출력과 경제성의 증가를 가져다 준다. 하지만 좁고 납작해진 연소실이 이러한 소득을 없애버린다.

농기계 제조

"견인력" 이라고 알려진 개념이 있는데, 이것은 실제로 유용한 일을 수행할 수 있는 트랙터의 엔진출력 부분과 관련이 있다. 특정한 트랙터에 대한 이러한 출력의 효율성은 트랙터의 총 무게와 함께, 우선 트랙터 바퀴의 정지마찰 특성 또는 캐터필러(무한궤도) 트랙에 좌우된다. 출력이 크지만 가벼운 기계는 큰 견인부하가 걸릴 때 헛바퀴가 돌 것이다. 그러면 트랙터 엔진 출력의 일부분만이 유용한 작업을 제공하기 위해서 이용된다. 무거운 트랙터는 더 좋은 지면 견인력을 주지만, 단지 트랙터가 들을 가로질러 이동하기 위해 엔진 에너지의 대부분을 소비한다. 설계자는 기계를 더 가볍게 만들고, 결과적으로 그 기계의 능력이 증가한다. 그러나 운전 중에는 그와는 반대 과정이 시작된다. 즉, 감소된 무게가 트랙터의 견인 특성을 악화시키는 것이다. 따라서 이것이 "견인력" 감소의 원인이 된다. 이것이 바로 작업현장에서 바퀴에 무쇠 원판을 달고, 무한궤도 트랙과 바퀴의 폭을 넓혀서 트랙터를 무겁게 만드는 이유이며, 그렇게 함으로써 설계자가 달성한 것들을 없애버린다.

자동차 산업

우리가 새로운 설계 해결책의 적용 없이(계획 없이) 엔진의 출력을 올리자마자, 엔진의 무게와 휘발유 소비량 또한 증가한다. 이것은 자동차의 뼈대와 차체가 더 강하고 무거워야 한다는 것을 의미한다. 이것은 또한 승객을 위한 공간이 줄어든다는 것도 의미한다.

부드러운 타이어는 조용한 승차감을 제공한다. 자동차가 울퉁불퉁한 길을 따라 보트처럼 떠서 움직이듯이 말이다. 그러나 줄어든 타이어 압력은 도로의 저항을 많이 발생시켜, 속도를 감소시킨다. 지면에 밀착되어 움직이는, 안정성이 높은 자동차를 설계할 수는 있다. 그러나 그것은 거친 지형의 도로를 주행할 수 없다. 한 기술자가 타협적인 해결책으로 모든 특성에 가중치를 부여하는 "중용" 을 발견한다 : 여기서 한 특성이 다른 특성들을 개선하기 위해 희생된다.[40)]

▌조선 산업

요트의 선체를 설계할 때, 다음의 세 가지 주요 요구조건을 고려할 필요가 있다 :

1. 최소 저항을 보이는 선체모양
2. 최소 마찰
3. 최대 안정성

이 요구조건들은 상호 모순이다. 길고 폭이 좁은 요트는 낮은 형태 저항을 갖는다. 따라서 안정적이지 못하고 충분한 용량의 돛을 달 수 없다. 밸러스트 무게를 늘려 요트의 안정성을 증가 시키는 방법은 요트의 침수 깊이가 증가하고 결과적으로 요트의 마찰저항이 증가한다. 또한 선체의 폭을 넓게 하여 요트의 안정성을 증가시키는 방법은 저항을 증가시킨다. 설계자의 과제는 중용(이 상호 모순적인 요구조건들을 조화시키는 가능한 최선의 해결책)을 찾는 것이다.[41]

▌항공 산업

수석 설계사가 한 가지 아이디어를 갖고 있다. 항공기가 크고 무거운 화물을 수송할 필요성이 있다고 하자. 또한, 항공기는 빠르고 편리한 적재 시스템이 필요하다. 이러한 목적을 위해서 동체는 널찍하고, 지상에 정지해 있을 때 가능한 한 지면에 가까이 있어야 한다. 이것은 비행할 때 동체 속으로 쉽게 접혀 들어가는 착륙장치가 낮아야 한다는 의미이다.

화물 무게는 항공기 구조물의 무게를 결정하며, 엔진 출력과 엔진의 개수에 영향을 미친다. 만일 엔진이 터보 프로펠러 엔진이라면 프로펠러를 지면에 닿지 않는 위치로 높이고, 엔진을 날개에 설치해야 한다. 날개를 동체의 상부에 장착해야 하는 것이 분명해진다.

이것이 프로젝트의 첫 단계이다. 다수의 서로 다른 요구조건들은 점차적으로 미래 항공기의 "얼굴"을 결정한다. 공항 현장이 효과적인 이착륙 특성을 위해 필요한 것을 결정한다. 즉 큰 저압 타이어와 공기역학적으로 강력한 직선형 날개의 활용이 필요하다. 이러한 경우에 물론 큰 속도는 낼 수 없다. 그러나 다른 중요한 특성들을 유지하기 위해서, 설

---

40) U. Dolmatovski, *I Need an Automobile*, Molodaia Guardia, 1967, page 256.
41) C. Marhai, *The theory to sail*, Physical Education and Sport, 1963, page 43.

계사는 몇 가지 합당한 타협안을 모색한다.[42)]

□ ■ □ ■ □

원칙적으로 발명은 "실질적인 참신성(substantial novelty)"을 가져야 한다. 그러나 "실질적"이라는 말은 무엇을 의미하는가? **발명응용의 심사방법에 대한 지침서**는 다음과 같이 기술하고 있다 : "발명(기계, 프로세스, 물질)의 대상에 새로운 특성을 제공하면서, 전에 알려지지 않은 새로운 특성을 주는, 긍정적인 효과를 일으키는 해결책은 기술 문제의 해결책에 있어서 실질적인 참신성의 특징을 나타낸다." 이 정의는 큰 변화 없이 그 적용의 타당성에 관한 끊임없는 논란을 일으키면서 수십 년 동안 적용되어 왔다. 참신성은 새로운 특성이 존재한다는 것을 의미한다고 이 정의는 기술하고 있다. 무엇이 새로운 특성으로 간주되는가? 그 근거에 대한 정확한 규정은 없다.

여기에 그것이 나타나 있다 :

참신성은 참신성이 있는 곳에 존재한다.

실제로, "실질적인 참신성"은 필연적으로 (프로토타입과 비교하여) "실질적인 변화"라는 개념으로, 더 나아가 "중대한 변화"라는 개념으로 바꾸어 쓸 수 있다. 만일 많은 변화가 있다면, 그것은 발명이 된다. 만일 변화가 거의 없으면, 그것은 발명이 아니다. 게다가 "많다"와 "적다"라는 개념은 전적으로 개인적인 의견에 의해서 결정된다.

그러나 객관적인 판단기준은 존재한다 :

발명은 기술적 모순의 제거이다.

이 판단기준을 사용하면, 발명 출원에 대한 심사가 훨씬 더 객관적으로 이루어질 수 있다.

특정한 예를 살펴보자.

---

42) I. Shelest, *From Wing to Win*, Molodaia Guardia, 1967, page 479-480.

발명가와 혁신가라는 잡지는 러시아의 특허 전문가인 네미롭스키(E. Nemirovsky)가 쓴 "발명이란 무엇인가"라는 논문을 게재하였다. 이 논문에서 저자는 그의 개인적인 경험에서 나온 사례를 하나 설명하고 있다.

두 명의 기술자가 계속되는 공정을 위한 바인더(화물을 묶는 기계) 적재장치를 설계하였다. 특허 전문가는 이렇게 쓴다. "이 발명 출원서를 심사하면서, 나는 독일의 특허 중에서 똑 같은 장치를 기억하였다. 유일한 차이는, 발명가들이 케이스의 측면부를 바인더의 덮개 길이보다 짧게 설치하였다는 것이다 … 나는 이 차이를 무의미한 것으로 간주하여 발명가 인증서 부여를 거절할 준비를 하였다."

이것은 매우 전형적이고 고전적인 비교방법의 예이다. 특허 전문가는 변화가 이루어진 이유나 그 변화가 어떠한 결과를 가져왔는지에 대해서는 관심이 없다. 단지 공식적인 비교의 원칙이 사용될 뿐이었다. 특허 전문가는 프로토타입을 발견하려고 애쓴다. 변화는 그에게 무의미해 보인다 : 측면의 길이가 바뀐 것은 큰 변화가 아니다. 특허 전문가의 견해로 볼 때, 무의미한 변화는 실질적인 참신성이 부족하다는 의미이다. 그러면 그는 눈도 꿈쩍하지 않고, 공식적인 거절서를 작성한다.

그러나 여기서의 비교방법은 분명히 실패하였다. 네미롭스키는 계속해서 다음과 같이 설명한다 : "그러나 발명가들은 측면지지대(독일 특허에서 설명되어 있는)는 바인더 확공기(擴孔器)의 휨을 없애기 위해 매우 견고해야 한다고 설명하였다. 다른 한편으로 만일 측면 지지대가 지나치게 견고하면, 흡입 컵이 케이스의 덮개를 들어 올릴 수 없다. 이러한 모순이 포장장치를 오작동하게 한다. 나는 실수한 것을 인정한다. 그 발명가들은 발명가 인증서를 받았다." 여기서 논문의 끝에 네미롭스키는 처음부터 있어야 했던 단어인 **모순**을 썼다. 새로운 변화가 얼마나 있었는가가 아니라 존재하는 모순이 제거 되었는가가 의미 있는 것으로 밝혀졌다.

한 가지 예를 더 살펴보자.

상트 페테르부르크 출신 기술자인 긴스버그(L. Ginsburg)와 페르스키(J. Persky)는 고리형의 변압기가 달린 전자식 램프 받침대에 대해서 특허를 출원하였다. "당신은 매우 우수한 장치를 만들었습니다. 그러나 실질적인 참신성의 요소가 없군요."라고 특허사무원이 답장하였다. 그 특허 출원서는 상트 페테르부르크 지역사무소인 VOIR[발명가와 혁신가 총연합]에서 재검토 되었으며, 실질적인 참신성이 발견되었다. 다음은 이에 대한 설명이다 :

> "고전압 램프와 전류 변압기로 구성된 전자식 램프 받침대에 대한 설계. 변압기를 포함하여, 다른 전압을 갖는 주변 객체들로부터, 램프 소켓과 램프의 여러 고전압 접촉점들을 격리시킬 필요가 있다. 지금까지 전통적인 설계는 램프의 소켓과 변압기의 본체 사이에 큰 방전거리를 두는 것이었다. 그래서 변압기와 고전압 램프 사이에 기다란 고전압 절연물을 설치해야 했다. 그러나 이와 같은 받침대를 설계할 때 전체 제품 크기를 크게 하지 않고, 줄이는 것이 중요하다."
>
> "그래서 기술자인 긴스버그와 페르스키는 고리형 변압기의 창을 약간 키우고, 램프 소켓을 내부에 설치하고, 그 밖의 고전압 요소들을 저항 합성물로 밀봉할 것을 제안했다. 이러한 재치 있는 해결책 덕분에 우리는 절연물와 외부 고전압 지지대를 제거할 수 있었다. 가장 중요한 요소는 다음과 같다 : 전체 받침대의 크기가 줄었으며, 이제 이 설계 개념을 이용하면, 전압을 올려도 받침대의 크기를 반드시 크게 할 필요가 없다."[43]

특허 전문가들과의 논쟁은 다음과 같이 끝을 맺는다 : "특허 출원자들은 위에서 설명한 모순을 극복하고, 문제를 해결할 수 있는 것을 입증하였다. 그들의 설계에서 변압기는 변압기 역할뿐만 아니라, 고전압 접촉점들의 절연체 역할을 하였다. 절연체로써 변압기의 활용은 그 설계가 참신하다는 의미이다." 그 발명가들에게 발명가 인증서가 주어졌다.

발명가들이 기술적 모순의 제거가 발명이라는 것을 인식하고, 전문가들이 자신들의 특허 출원서에서 그와 같은 모순을 제거하기 위한 수단을 찾게 될 때, 거절되는 특허 출원서의 숫자는 크게 줄어들 것이다.

□■□■□

종종, 문제 안에 있는 기술적 모순을 분명하게 알 수 있다. 예를 들어, 전통적인 방법에

---

43) *Inventor and Innovator* Magazine, 1961, Issue #8, page 26.

의해서 해결한다면, 받아들일 수 없는 무게증가를 가져오는 문제들이 있다. 종종, 모순은 마치 문제조건 속에 녹아있는 것처럼 감지할 수가 없다. 그러나 발명가는 기술적 모순을 정복해야 한다고 언제나 기억해야 한다.

"이러 이러한 결과를 달성할 필요가 있다." 이것은 단지 문제의 절반일 뿐이다. 발명가는 두 번째 부분을 보아야 한다 : "이러 이러한 것을 잃지 않으면서 무엇인가를 달성한 필요가 있다."

조사에 의하면 경험 있는 발명가는 문제에 포함된 기술적 모순을 분명하게 파악한다고 한다. 20개 이상의 발명가 인증서를 가지고 있는 프리드만(P. Fridman)(상트 페테르부르크 출신)은 다음과 같이 적고 있다 :

> "나는 기존의 기계, 장치, 시스템의 어려움과 모순을 연구한다."

카우나쓰(Kaunass) 출신의 발명가 체펠르(Y. Chepele)는 발명술의 가장 중요한 특성을 세밀하게 묘사하고 있다 :

> "문제 안에 있는 기술적 모순을 발견한 다음, 그 모순을 제거하기 위해 경험과 지식이 제안하는 방법을 사용할 필요가 있다."

유명한 소련 발명가인 브리노프(B. Blinov)는 자신의 30년간 발명 경력의 결과를 고찰하면서 다음과 같이 쓰고 있다 :

> "당신이 대상 안에 있는 모순을 분명하게 보는 법을 배우지 않는다면 당신은 발명가가 될 수 없다는 것을 나는 나 자신의 경험으로부터 배웠다."[44]

발명가 치노프(Y. Chinov)는 9개의 발명가 인증서를 가지고 있었다. 치노프는 발명하는 방법을 익힌 후, 이전에 해결할 수 없으리라 여겼던 수없이 많은 문제를 해결하여 30개

---

44) *Mysterious Impulse*, Molodaia Guardia, 1969, page 163.

의 발명가 인증서를 더 받았다. 치노프의 주요 문제해결 도구 중의 하나는 기술적 모순을 분석하는 것이었다. 치노프가 전화 케이블을 꼬기 위한 고용량 기계를 설계하라는 과제를 받았을 때, 그의 첫 단계는 문제에 포함된 기술적 모순을 밝히는 것이었다:[45]

> "기계 설계 과정에서 전선의 장력이 기계 용량의 증대를 방해한다는 것이 분명해졌다. 이러한 장력은 전선이 움직이는 동안 꼬이고 있는 구조물 벽면에 대한 전선의 마찰 때문에 일어나고, 이것은 받아들일 수 없을 정도로 전선을 늘어나게 한다. 꼬이고 있는 구조물의 회전속도와 그 지름이 증가함에 따라, 구조물에 전선을 누르는 원심력이 증가하고, 결과적으로 전선과 구조물 사이의 마찰력 또한 증가한다."
>
> "이것은 악순환을 낳는다. 지름과 구조물의 꼬는 속도가 증가하면 원심력이 지나치게 증가하게 되고, 이것이 결과적으로 전선을 늘린다. 다른 한편으로 구조물의 지름을 줄임으로써 꼬는 속도를 증가시킬 수 있다. 그러나 이것은 구조물 내부에 있는 보빈의 지름을 지나치게 감소시켜, 결과적으로 케이블의 생산량이 줄어든다."
>
> "이것은 명백한 기술적 모순이다!"

일반적으로 발명의 주된 행위는 기술적 모순의 발견이다. 일단 기술적 모순이 발견되면, 극복하는 것은 어렵지 않다. 그러나 분명하게 파악된 기술적 모순이 발명가를 위협하여 쫓아버리는 일이 일어날지도 모른다. 즉, 겹치는 것이 불가능해 보이는 것을 겹치게 만들어야 하는 것처럼 말이다.

치노프가 계속하여 다음과 같이 말하였다 :

> " '미리 꼬기(twisting en passant)' 로 케이블을 꼬는 방법을 찾을 필요가 있다. 이것은 전선을 꼬는 구조물에서 보빈[46]을 꺼내, 구조물 외부의 정

45) 치노프(Y. Chinov), "꼴 필요가 있지만, 꼬는 것이 불가능 하다 …". 발명 방법에 대한 세미나 자료, 벨라루스 열교환 연구소가 출판함, 1971, page 44-45.

지 위치에 연결해야 한다는 것을 의미한다."

그와 같은 보빈을 그 지름에 제한이 없이 만들 수 있고, 케이블의 길이도 제한이 없을 것이다. 그리고 꼬는 속도 또한 증가할 것이다.

타쉬켄트 케이블 공장의 신기술 설계부 이사는 나에게 발명가들과 설계자들이 이미 이 방향으로 많은 노력을 기울렸다고 경고하였다. 최종적으로 그들은 "미리 꼬기" 방법에 투자하는 것은 영구기관에 투자하는 것처럼 불가능하다는 결론을 지었었다. 그러나 나는 이 문제를 해결할 수 있을 것이라는 생각을 포기하지 않았다. 나는 "발명하는 방법"을 따르기로 결심하였다.

기술적 모순을 두려워하지 말라!

다음은 더욱 단순한 문제 중 하나이다. 그것을 스스로 해결해 보아라. 이를 위해서 당신은 단지 기술적 모순을 정확하게 정립만 하면 된다.

문제 3

"경주용 자동차를 보면, 바퀴가 바로 눈에 들어온다. 바퀴는 자동차에 사나운 외관을 갖게 한다. 게다가 바퀴는 또한 추가적인 공기저항을 일으키고 최대속도를 감소시킨다. 보통 일반 자동차들은 바퀴를 유선형 바퀴덮개로 덮었다. 그렇다면 왜 경주용 자동차는 바퀴를 덮개로 덮지 않는가?"

"급커브에서 자동차 경주 운전자는 앞바퀴를 계속해서 바라본다. 운전자는 앞바퀴의 위치를 보면서 차의 진행 방향에 관한 첫 번째 정보를 얻는다. 지금 바퀴가 바퀴덮개로 덮여있다고 가정하자. 운전대를 돌리면서, 경주용 자동차의 운전자는 차가 가는 방향을 관찰해야 하고, 차가 코스에서 눈에 띄게 벗어나면 조종을 해간다. 이것이 경주용 자동차를 바퀴덮개 없이 만드는 이유이다. 기동성이 요구되지 않는, 특별한 설비가 갖춰진 트랙에서 경주하도록 만들어진 자동차의 경우에는 다르다. 그런 자동차는 바퀴덮개를 갖는다."[47]

---

46) 보빈(bobbin) : 방적기나 미싱에 쓰는 실패. 코일을 감는 틀 - *역자 주*

이 문제를 해결하기 위해서, "겹칠 수 없는" 것이 무엇인지 정확히 결정할 필요가 있다. 그리고 다음 질문에 답해야 한다: "'겹칠 수 없는' 것을 제거하기 위해서 무엇을, 그리고 어느 곳을 바꾸어야 하는가?" 이 문제는 경주용 자동차에만 관련된 것이며, 해결책을 장기간의 사용자에게 적용할 의도는 없다.

47) *Science and Life*, 1963, #2, page 57.

the Innovation Algorithm

제2부

발명의 변증법

The Dialectic of Invention

정형적인 논리조차도 근본적으로 새로운 결과를 발견하기 위한, 알려진 것에서 알려지지 않은 것으로 전이하기 위한 방법을 제시한다. 변증법은 훨씬 더 높은 수준의 감각으로 위와 같은 것을 제시한다.

– 엥겔스(Frederick Engels)

7장 한 걸음 한 걸음

이상 기계와 **기술적 모순**이란 개념을 활용하면 발명문제의 해결 과정을 크게 제어할 수 있다. **이상 기계**는 **탐색방향**을 결정하는 데 도움을 주고, **기술적 모순**은 **제거해야 할 장애물**을 확인하는 데 도움을 준다. 그러나 때때로 모순은 교묘하게도 문제의 진술 속에 숨어버리곤 한다. 더욱이 도출한 모순이 스스로 완전히 사라지지 않는다. 그것을 제거하는 방법을 찾아야 한다. 문제 진술과 그 해결책 사이의 거리를 항상 단번에 뛰어넘을 수 없다. 문제의 해결책을 향하여 한걸음 한걸음씩 나아갈 수 있도록 해주는 합리적인 전술이 필요하다. 여기서 이러한 전술을 실행하기 위한 방법으로 발명문제 해결을 위한 알고리듬(Algorithm for Solving Inventive Problems (ARIZ))을 제시한다.

이 장에서는 그 알고리듬의 각 단계에 대해서 자세히 알아보고, 그것이 어떻게 작동하는지를 예제를 통하여 보여줄 것이다. 한편 우리는 아리즈에 대한 일반적인 의견을 제시할 것이다.

일반적으로 말해서, "알고리듬(algorithm)" 이라는 단어는 모호하다. 수학에서 알고리듬은 문제를 해결하는 데 필요한, 엄격히 규정된 절차를 의미한다. 수학의 알고리듬은 예를 들어 정수의 제곱근을 구하기 위해서 수행해야 하는 행동이다. 이러한 유형의 알고리듬은 그 특징상 엄격하다 : 각 단계가 정확하게 정해져 있고, 문제의 수정조건이나 문제를 해결하는 사람의 개성에 달려있지 않다.

더 넓은 의미로 보면, 알고리듬은 순차적으로 구조화된 일련의 행동을 갖는 과정이다. 이것이 바로 발명문제를 해결하는 과정을 알고리듬이라고 부르는 이유이다.

아리즈는 융통성이 있다. 즉, 동일한 문제라도 문제를 해결하는 사람과 문제해결 방법에 따라 다양한 접근방법으로 해결될 수 있다. 아리즈는 아리즈를 사용하는 사람의 개별적인 개성을 무시하지 않는다. 반면, 아리즈는 발명가의 특별한 성격상의 강점을 최대한 활용하도록 자극한다. 그러므로 문제 진술에서 그 해결책까지의 경로는 사람마다 다를 수 있다. 발명가는 그의 지식, 경험, 창의적 능력에 따라서 행동한다. 알고리듬은 단지 발명가가 잘못된 단계를 수행하지 않도록 도와줄 뿐이다.

더욱이, 각각의 발명가들은 트리즈를 이용할 때 동일한 문제에 대해서 각기 다른 해결책을 도출한다. 아리즈는 발명가로 하여금 주어진 문제에 대한 가장 강력한 해결책으로 인도해주는 체계를 갖고 있다.

다른 도구들처럼 아리즈도 아리즈에 대한 사용자의 지식에 크게 의존한 결과를 낳는다. 알고리듬에 대한 설명을 단지 몇 번 읽은 후에 어떤 문제라도 해결할 것이라고 기대하지 말라. 여러 가지 대련방법에 관한 설명만 읽은 다음에 태권도 경기에 참가할 수는 없다. 아리즈도 마찬가지다. 문제와 싸우기 위해서는 실용적인 기술들이 필요하다. 우리는 훈련용 문제를 다룸으로써 이러한 기술들을 개발할 것이다.

□■□■□

아리즈를 개발하고 개선시켜온 지난 25년 동안의 작업 시나리오를 상상해 보라. 당신은 사건들의 긴 사슬을 발견할 것이다. 아리즈의 첫 번째 버전이 나온 다음 이 버전에 대한 실용성 테스트와 최종 수정이 이루어졌다; 그러고 나서 두 번째 버전이 나오고 더 많은 실용성 테스트와 수정이 이루어졌다; 그러고 나서 세 번째 버전이 나오고 … 이와 같은 식으로 계속되었다.

어떤 발명가들은 아리즈-59(1959년에 발표된 알고리듬)와 같은 초기 버전의 아리즈조차도 성공적으로 이용했다. 그러고 나서 아리즈-61, 아리즈-64, 아리즈-65가 개발되었다. 많은 세미나를 통한 경험들은 이러한 알고리듬들을 개발하는 데에 참고가 되었다. 세미나가 진행되면서 많은 다양한 발명문제들을 해결하는 데 아리즈를 사용하였다. 특히 아리즈-64와 아리즈-65는 실제로 많은 발명문제를 해결하는데 유용했다. 그러는 동안에 알고리듬은 계속해서 개선되었고, 마침내 아리즈-68이 본서의 초판(1969)에 실리게 되었다.[48)]

우리는 두 개의 아리즈 변형(아리즈-61, 아리즈-71)을 설명할 것이다. 이것이 아리즈가 어떻게 발전해왔는지에 대한 방향을 보여줄 것이다. 그리고 결과적으로 다음 5년 이후에는 아리즈가 어떤 모습을 띠게 될지 상상할 수 있게 해줄 것이다.

아리즈-61은 창의성 과정을 3단계로 나눈다 : 분석단계, 운영단계(기술적 모순을 제거), 종합단계(부가적인 변화의 도입). 각각의 단계는 몇 개의 순차적인 단계들로 나뉜다. 이처럼, 아리즈는 하나의 복잡한(그래서 대단히 어려운) 문제해결 활동을 몇 개의 훨씬 간단한 문제해결 활동들로 분리한다.

PART 2

[아리즈-61]

■ 제1부 분석 단계

- **제1단계 :** 문제를 진술한다.
- **제2단계 :** 이상적인 최종 결과(Ideal Final Result(IFR))를 상상한다.
- **제3단계 :** 무엇이 IFR 달성을 방해하는지 정한다(즉, 모순을 찾는다).
- **제4단계 :** 그 모순이 왜 IFR 달성을 방해하는지를 정한다(즉, 모순의 원인을 찾는다).
- **제5단계 :** 어떤 조건하에서 그 모순이 IFR 달성을 방해하지 않는지를 정한다(모순이 제거되는 조건을 찾는다).

■ 제2부 운영 단계

- **제1단계 :** 객체(주어진 기계, 장치, 그리고/또는 기술적 공정) 자체의 변화가 가능한지를 알아본다.

48) 아리즈의 마지막 버전은 아리즈 85c이다. 이 버전의 원본은 www.sigmatriz.com/자료실/트리즈 자료실에서 내려 받을 수 있다.

1. 크기를 바꾼다.
2. 모양을 바꾼다.
3. 재료를 바꾼다.
4. 온도를 바꾼다.
5. 압력을 바꾼다.
6. 속도를 바꾼다.
7. 색깔을 바꾼다.
8. 부품의 상대적 위치를 바꾼다.
9. 부품의 작업 하중을 최대로 하기 위하여 부품의 작업 조건을 바꾼다.

· **제2단계 :** 객체를 몇 개의 독립된 부품으로 나눌 수 있는지 알아본다.

1. "취약한" 부품을 격리한다.
2. "필요한/적절한" 부품을 격리한다.
3. 객체를 몇 개의 동일한 부품으로 분리한다.

· **제3단계 :** (주어진 객체의) 외부 환경을 바꿀 수 있는지 알아본다.

1. 환경 파라미터를 바꾼다.
2. 환경을 대체한다.
3. 환경을 몇 개의 매개물로 분리한다.
4. 유용한 기능을 수행하기 위하여 환경 특성을 활용한다.

· **제4단계 :** 이웃한(상호 작용하는) 객체들에 변화를 줄 수 있는지 알아본다.

1. 동일한 기능을 수행하는 독립적인 객체들 사이의 관계를 정의한다.
2. 한 객체의 기능을 다른 객체에 옮김으로써 그 객체를 제거한다.
3. 반대편 영역의 빈 공간을 활용함으로써 정의된 영역에서 동시에 작동하는 객체의 수를 늘인다.

· **제5단계 :** 다른 산업의 프로토타입을 연구한다(이런 질문을 던진다: 비슷한 모순이 다른 기술 영역에서 어떻게 해결되었는가?).

· **제6단계 :** 원래 문제로 되돌아가서(위의 단계를 적용할 수 없는 경우에) 문제의 조건

을 확장한다. 즉, 더 일반적인 문제의 진술로 전이한다.

■ 제3부 종합 단계

· **제1단계** : 주어진 객체의 모양을 바꾼다. 새로운 기능을 갖는 기계는 새로운 모양을 가져야 하기 때문이다.
· **제2단계** : 고려중인 객체와 작용하는 다른 객체에 변화를 준다.
· **제3단계** : 객체가 기능을 수행하는 방식에 변화를 준다.
· **제4단계** : 다른 기술 문제의 해결에 새롭게 발견된 원리의 활용방안을 알아본다.

□ ■ □ ■ □

1969년 탄광부(Coal Mining Ministry)는 지하에서 화재가 발생했을 때 사람들을 구조하는 구조대원들이 입을 냉각복을 개발하기 위해서 전국 경진대회를 열었다. 이 문제는 굉장히 어려웠고, 언뜻 보기에도 해결할 수 없을 것처럼 보였다.

이 문제가 아리즈-61로 어떻게 풀렸는지 살펴보도록 하자:

문제 4

지하 탄광에서 화재가 발생하면 유독성 가스(일산화탄소)가 생기므로, 구조대원들은 산소장비를 착용하도록 되어 있다. 이 산소 장비를 소위 폐쇄회로 시스템이라 하는데, 일정한 압력으로 저장된 산소가 호흡 주머니로 서서히 이동하여 마스크로 올라간다. 사용되지 않은 산소를 다량 포함하고 있는, 사람이 내뿜은 가스는 특별한 여과 장치를 거쳐서 호흡 주머니로 되돌아간다.

이 폐쇄회로 시스템은 내뿜는 가스를 밖으로 버리는 개방회로 시스템(예를 들어, 스쿠버다이빙 장비에서 사용되는 것과 같은)보다 경제적이다. 그렇다고 하더라도 여전히 이 폐쇄회로 시스템은 이상적이지 못하다. 산소 장비가 꽤 무거워서 무게가 12킬로그램 이상 나가고, 고온에서 보호되지 않는 큰 결점을 갖고 있다. 한편 불이 난 지하 탄광 내부의 공기는 순식간에 100°C 이상까지 올라갈 수 있다.

힘든 육체노동을 하는 동안 인체는 시간당 400킬로칼로리의 열량을 방출한다. 그러나 주위의 온도가 인체 온도보다 높기 때문에 이 400킬로칼로리의 열량은 우리의 문제 속에서 아무데도 갈 곳이 없다. 지하 탄광에서 아무리 땀을 많이 흘려도 지하의 높은 습도가 땀의 증발을 막기 때문에, 땀은 단지 몸에서 흘러내리기만 할 것이다. 400킬로칼로리의 열량뿐만 아니라, 외부에서 강력한 열이 발생한다(100°C에서 시간당 300킬로칼로리 이상의 열량이 발생한다). 그러므로 2시간 동안 작업을 하려면 1,400킬로칼로리의 열량을 제거해야 한다.

냉각 장비를 개발하는 데 있어서 중요한 문제는 장비가 가벼워야 한다는 것이다. 구조대원들은 28킬로그램 이하의 짐만을 운반할 수 있다. 그보다 무거우면 그들은 작업을 할 수 없다. 총 28킬로그램 중에서 산소 장비가 12킬로그램을 차지하고, 연장은 7킬로그램을 차지한다. 이제 9킬로그램의 여유만이 남아 있다. 예를 들어, 냉각 장비가 냉각 물질만으로 구성되어 있다고 해도(물론, 냉각 장비 자체는 어느 정도 무게가 나갈 수밖에 없다), 그 정도의 냉각능력 저장량으로는 2시간 정도의 구조 작업을 수행하는 것조차 충분치 않을 것이다. 이러한 조건들은 모두 경진대회의 문제에 명시되었다. 얼음, 드라이아이스, 프레온가스, 액화가스. 이 냉각 물질들 중 어느 것도 엄격한 무게 요구조건을 충족시키지 못한다.

예를 들어, 얼음을 생각해 보자. 얼음은 매우 강력한 냉각 물질이다. 1킬로그램의 얼음을 녹이기 위해서는 80킬로칼로리의 열량이 필요하다. 녹은 얼음을 섭씨 35도까지 가열하기 위해서는 35킬로칼로리의 열량이 추가로 필요하다. 따라서 1킬로그램의 얼음은 인체로부터 115킬로칼로리의 열량을 제거할 수 있다. 우리는 1,400킬로칼로리의 열량을 제거해야 하므로 총 12킬로그램의 얼음이 필요하다. 작업복과 냉각 장비(모든 냉각작용이 곳곳으로 퍼져, 제어되어야 한다)의 무게를 고려하면, 적어도 15~20킬로그램의 무게가 되어버릴 것이다. [이 문제의 해결 과정을 자세하게 보여주는 표를 보려면 다음 두 페이지를 보시오]

엔지니어인 샤피로(R. Shapiro)[49]와 나는 냉각 장비와 호흡 장비에 대한 두 개념을 개발

49) 영문역자 주석 : 트리즈에 관해서 처음 출판된 논문중의 하나인 "발명 창의성의 심리학에 대해서", *Elements of Psychology*, 제6권(1956)은 알트슐러와 샤피로에 의해 공통으로 집필되었다.

문제 4의 해결과정		
분석 단계		
단계	논리적 단계	사고 과정
1	문제를 개괄적으로 상상한다.	냉각장비를 개발한다.
2	이상적인 최종 결과(IFR)를 상상한다.	최대한의 냉각 용량
3	무엇이 IFR을 방해하는가?	필요한 냉각 물질의 무거운 무게
4	왜 그런가?	장비의 무게가 제한되어 있기 때문이다. 구조 대원들에게 허용 가능한 28킬로그램 중에서 9킬로그램 만이 냉각장비로 사용될 수 있다.
5	어떤 조건 하에서 IFR을 방해하지 않는가?	만일 냉각 장비의 무게가 9킬로그램이 아니라, 15~20킬로그램이라면?
결론 : 연장과 산소 장비의 무게를 줄여야 한다.		
운영 단계		
단계	논리적 단계	사고 과정
1	객체 자체의 변화, 특히 분할 가능성을 확인해 본다	객체는 바로 산소 장비와 연장이다. 그것들의 무게를 줄여야 한다. 이 방향으로 문제를 해결하는 것은 매우 어렵다. 왜냐하면 산소 장비와 연장이 수년에 걸쳐 개선되면서, 설계자들은 말 그대로 1그램이라도 더 줄이기 위해서 노력했기 때문이다. 결론은 'No'이다. 여기서 우리는 아무것도 할 수 없다.
2	외부 환경을 바꿀 수 있는지 확인해 본다.	탄광환경에서 외부 환경은 공기이다. 물론, 이 공기를 정화할 수 있다면 산소 장비를 제거할 수 있다. 그러나 화재 중에 탄광 공기를 정화하는 것은 불가능하다.
3	이웃하는 객체를 바꿀 수 있는지 확인해 본다.	연장과 산소 장비의 이웃하는 객체는 구조대원들의 짐의 세 번째 구성요소인 냉각 장비이다. 동시에 산소를 생성할 수 있는 장비를 설계할 수 있을까? 이를 위해서 우리는 얼음이나 드라이아이스를 사용해서는 안 된다. 우리는 액화 산소(LOX)가 필요하다. 이것은 가능할지도 모른다. 비록 산소가 액화 암모니아보다는 냉각력이 떨어지지만, 우리는 15킬로그램의 액화 산소를 운반할 수 있다.
결론 : 두 개의 장치(하나는 산소를 위한 장치, 또 하나는 냉각을 위한 장치) 대신에 우리는 액화 산소를 이용하는 하나의 장치만 있으면 될지도 모른다. 열은 액화 산소를 증발시키는 동시에 냉각 작용을 제공한다. 평상 온도로 가열된 액화 산소를 호흡에 사용할 수 있다. 전체 장비의 무게는 21킬로그램이다.		

종합 단계		
단계	논리적 단계	사고 과정
1	새로운 모양을 개발한다.	새로운 작동 원리는 액화 산소를 이용하는 것이다. 이제 많은 양의 산소가 있을 것이다. 이전에는 산소의 양이 적었기 때문에 폐쇄회로시스템을 사용하여 산소의 일부를 보존할 필요가 있었다. 즉, 내뿜은 산소는 석회필터를 통과한 후 호흡에 재사용되었다. 이제, 우리는 이 복합하고 덩치 큰 폐쇄회로 사이클을 없앨 수 있다. 새로운 장비는 각각 따로 분리된 장비보다 간단하고 값쌀 것이다.
2	다른 객체에 변화를 준다.	유일한 다른 객체는 연장세트이다. 그것들이 부가기능을 수행하도록 만들 수 있는지 의문스럽다.
3	객체의 활용방법에 변화를 준다.	이 장비의 활용방법이 어떻게 달라지는지 생각해보자. 액화 산소는 빠르게 증발한다. 이것은 장비의 무게 또한 변한다는 의미이다 : 21킬로그램에서 산소가 차지하는 무게는 15킬로그램이다. 작업을 마칠 때에는 장비의 무게가 6킬로그램밖에 안 나가게 될 것이다. 구조대원들의 피로도는 장비의 평균 무게에 달려있다. 이것은 장비에 훨씬 더 많은 양의 산소를 담아 가져갈 수 있다는 것을 의미한다.
4	발견한 원리를 다른 문제의 해결에 활용한다.	두개의 장치를 결합하여 하나로 작동하게 한다는 원리를 어느 곳에서 활용할 수 있을까? 휴대용 가솔린 용기와 산소장비를 사용하는 용접기술에서 비슷한 문제를 본 적이 있다.
결론 : 복잡한 냉각 장치는 액화 산소로 작동되며, 개방회로가 산소를 공급하고, 처음 많은 양의 산소 충전으로 그 성능이 증가한다.		

했다. 두 개념 모두 경진대회에서 1, 2위라는 최고의 점수를 받았다. 냉각 장비와 호흡 장비를 결합한다는 이 기본 원리는 현재 모든 가스/열 차단복의 기초가 되었다.

발명가 인증서 #111,144에 의하면, "개인용 가스/열 차단복을 위한 장비는 밀폐 용접된 작업복, 헬멧, 연결고리, 호흡 주머니, 마스크로 구성되어 있다. 작업복의 안쪽 공간에 액화 산소 탱크를 두었다. 냉각장비에서 사용한 가스를 호흡에 사용함으로써 이 장치는 별도의 인공호흡장치의 필요성이 없어졌다는 점에서 다르다."

가스/열 차단복의 설계는 그림6에서 보이는 바와 같다. 액화 산소가 배낭형 저장탱크(1)에 저장된다. 증발된 산소가 도관(3) 아래쪽에 있는 주입기(2)에 다다른다. 주입기로부터 흘러들어가는 산소가 작업복 안쪽에 있는 따뜻한 공기와 섞이면서 작업복을 냉각한다.

저장탱크는 15~16킬로그램의 액화산소를 저장할 수 있어서 대략 2,000~2,200킬로칼로리의 열량을 제거할 수 있다. 작업복의 초기 무게는 20~22킬로그램이다. 만일 초기 무게가 30~35킬로그램으로 증가한다면, 산소의 양은 1.5배로 증가할 것이다. 이러한 작업복을 입고 있으면 빨갛게 달구어진 가마에 들어가는 것도 두렵지 않다.

이제, 아리즈의 새로운 버전에 대해서 알아보자.

□ ■ □ ■ □

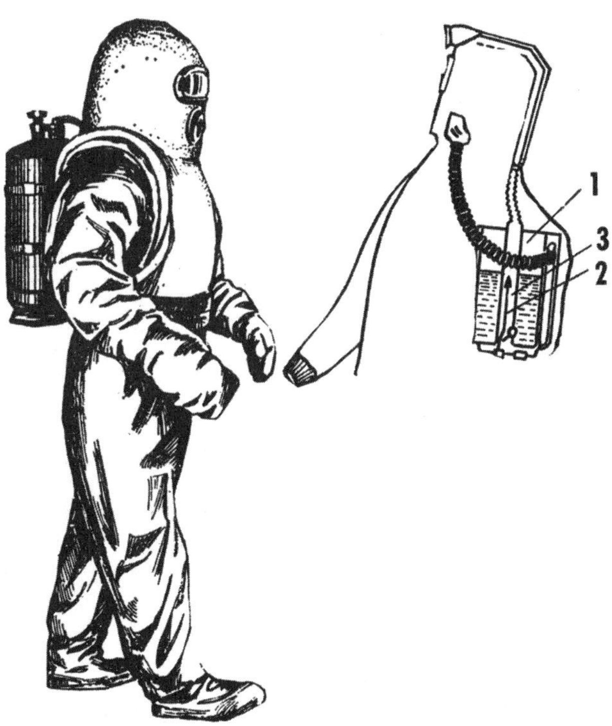

그림 6

소련에서 처음으로 개발된, 탄광에서 광부를 구조하기 위한 가스/열 안전복

PART 2

[아리즈-71]

■ 제1부 문제를 선택한다.

· **제1-1단계 :** 해결책의 최종 목표를 정한다.

a. **기술적** 목표는 무엇인가(객체의 어떤 특성을 바꾸어야 하는가)?

b. 문제해결 과정에서 객체의 어떤 **특성**을 확실하게 바꿀 수 없는가?

c. 해결책의 **경제적** 목표는 무엇인가? (문제가 해결된다면 어떤 비용이 줄어드는가?)

d. 대략적으로 받아들일 수 있는 비용은 얼마인가?

e. 개선해야 하는 주요 기술적/경제적 특성은 무엇인가?

· **제1-2단계 :** "우회적인 접근방법"을 조사한다. 원이상으로, 이 문제를 해결할 수 없다고 가정한다. 필요한 최종 결과를 달성하기 위해서 어떤 다른, 더 일반적인 문제를 해결할 수 있을까?

· **제1-3단계 :** 원래 문제와 우회 문제 중에서 어떤 것이 해결하는 데 가장 적합한지를 결정한다.

a. 원래 문제를 **기존** 산업의 경향(진화의 방향)과 비교한다.

b. 원래 문제를 **선도** 산업의 경향(진화의 방향)과 비교한다.

c. 우회 문제를 **기존** 산업의 경향(진화의 방향)과 비교한다.

d. 우회 문제를 **선도** 산업의 경향(진화의 방향)과 비교한다.

e. 원래 문제를 우회 문제와 비교한다.
수행할 하나를 선택한다.

· **제1-4단계 :** 필요한 정량적인 특성을 정한다.

· **제1-5단계 :** 정량적인 특성들에 시간보정을 도입한다.

· **제1-6단계 :** 발명이 작용할 특정 조건에 대한 요구사항을 정의한다.

a. 제품을 제조하기 위한 특정 조건을 검토한다 : 특히, 수용 가능한 복잡성 정도

b. 미래의 응용 범위를 검토한다.

■ 제2부 문제를 더 정확하게 정의한다.

· **제2-1단계 :** 특허 정보를 활용하여 문제를 더 정확하게 정의한다.

a. 기존 문제와 유사한 문제를 다른 특허에서는 어떻게 해결하는가?

b. 유사한 문제를 선도 산업에서는 어떻게 해결하는가?

c. 반대의 문제는 어떻게 해결되는가?

· **제2-2단계 :** STC(크기, 시간, 비용) 연산자를 이용한다.

a. 객체의 **크기**를 주어진 값에서 **0**으로(S→0) 바꾼다고 상상한다. 이제 이 문제를 해결할 수 있는가? 만일 그렇다면, 어떻게?

b. 객체의 **크기**를 주어진 값에서 **무한대**로(S→∞) 바꾼다고 상상한다. 이제 이 문제를 해결할 수 있는가? 만일 그렇다면, 어떻게?

c. **공정의 시간**(또는 객체의 속도)을 **0**으로(T→0) 바꾼다고 상상한다. 이제 이 문제를 해결할 수 있는가? 만일 그렇다면, 어떻게?

d. **공정의 시간**(또는 객체의 속도)을 **무한대**로(T→∞) 바꾼다고 상상한다. 이제 이 문제를 해결할 수 있는가? 만일 그렇다면, 어떻게?

e. 객체나 공정의 **비용**(수용 가능한 비용)을 주어진 값에서 **0**으로(C→0) 바꾼다고 상상한다. 이제 이 문제를 해결할 수 있는가? 만일 그렇다면, 어떻게?

f. 객체나 공정의 **비용**(수용 가능한 비용)을 주어진 값에서 **무한대**로(C→∞) 바꾼다고 상상한다. 이제 이 문제를 해결할 수 있는가? 만일 그렇다면, 어떻게?

· **제2-3단계 :** 다음 형식을 사용하여 문제의 조건을 두 구절로 진술한다(전문 용어의 사용을 피하고, 정확히 무엇을 생각해내고 발견하고 개발해야 하는지에 대해서는 진술하지 않는다) :

a. "시스템은 ~(**구성요소를 설명한다**)으로 구성되어 있다."

예 "밸브가 달린 파이프라인"이 있다.

b. "구성요소(구성요소를 진술한다)는 조건 하에서(조건을 진술한다) 바람직하지 않은 효과(효과를 진술한다)를 일으킨다."

예 "철광물 입자를 함유한 물이 파이프라인으로 운반된다. 광물 입자가 밸브를 마모시킨다."

· **제2-4단계 :** 제2-3a단계의 구성 요소들을 표에 기입한다.

구성 요소의 종류	구성 요소
a. 변경, 재설계, 또는 재조정이 가능한 요소 (이 문제의 조건 하에서)	위의 예: 파이프라인, 밸브
b. 바꾸기 어려운 요소 (이 문제의 조건 하에서)	위의 예: 물, 광물 입자

· **제2-5단계 :** 제2-4a단계로부터 변경, 재설계, 또는 조정이 가장 쉬운 구성요소를 선택한다.

주석 〉〉

1. 만일 **제2-4a단계**의 모든 구성 요소들이 변화 가능성이 같다면, 움직일 수 없는 구성 요소부터 시작한다(보통 그것들은 움직일 수 있는 구성 요소들보다 바꾸기 쉽다).
2. 만일 **제2-4a단계**에 바람직하지 않은 효과와 관련된 구성요소가 있다면(보통 이것은 **제2-3b단계**에 나타난다), 그 구성요소는 최후의 수단으로만 선택한다.
3. 만일 시스템이 **제2-4b단계**의 구성 요소만을 갖고 있다면 **외부 환경**을 구성 요소로 선택한다.

예 밸브가 바람직하지 않은 효과인 '마모 현상'과 관련되어 있으므로 '파이프라인'을 선택한다.

■ 제3부 분석단계

· **제3-1단계 :** 다음 형식을 사용하여 IFR(이상적인 최종 결과. Ideal Final Result)을 정립한다 :

a. **제2-5단계**로부터 구성 요소를 선택하다.
b. 그 구성요소의 작용을 진술한다.

c. **어떻게** 그 구성요소가 작용을 수행하는지를 진술한다(이 질문에 대답할 때는 항상 "스스로"라는 단어를 사용한다).

d. **언제** 그 구성요소가 작용을 수행하는지를 진술한다.

e. 어떤 **조건**(한계, 요구조건 등) 하에서 그 구성요소가 작용을 수행하는지를 진술한다.

예 (a) 파이프라인 … (b) 단면을 바꾼다 … (c) 스스로 … (d) 흐름을 조절할 필요가 있을 때 … (e) 마모 없이

"파이프라인이 흐름을 조절할 필요가 있을 때 마모 없이 스스로 단면을 바꾼다."

· **제3-2단계 :** 두 개의 그림을 그린다 –(1) "초기 상태" (IFR 이전의 상태)와 (2) "이상 상태" (IFR을 달성했을 때의 상태).

주석 〉〉 그림들이 "초기 상태"와 "이상 상태"라는 본질을 반영하는 한 임의로 그릴 수 있다. "이상 상태"의 그림은 정립된 IFR을 반영해야 한다.

***제3-2단계의 검사 : 제2-3a단계**에서 진술한 모든 구성 요소들은 반드시 그림에 들어있어야 한다. 만일 **제2-5단계**에서 외부 환경을 선택했다면, 그것을 "이상 상태" 그림에 반드시 나타내야 한다.

· **제3-3단계 :** "이상 상태"의 그림에서 제3-1단계에 나타난 요소를 찾고, 필요조건 하에서 필요한 기능을 수행할 수 없는 부분을 (다른 색을 칠하거나 다른 방법으로) 강조하여 표시한다.

예 우리의 문제에서 파이프라인의 내벽이 그러한 부분일 것이다.

· **제3-4단계 :** 왜 이 구성 요소가 (스스로) 필요한 작용을 수행할 수 **없는가**?

보충 질문 〉〉

1. 우리는 객체의 강조된 부분으로부터 무엇을 기대하는가?

예 파이프라인의 내벽은 흐름을 바꾸기 위해서 단면을 스스로 바꾸어야만 한다.

2. 무엇이 이 작용을 스스로 수행하지 못하게 하는가?

예 파이프라인은 움직일 수 없다; 따라서, 파이프라인은 스스로 파이프의 벽과 분리할 수 없다.

3. 위의 "1"과 "2"사이의 모순은 무엇인가?

예 파이프라인은 **움직이지 말아야 하고**(고정된 파이프의 구성 요소로서), 동시에 **움직여야만 한다**(수축 및 이완이 가능한 제어장치의 구성요소로서).

· **제3-5단계** : 어떤 조건 하에서 이 부분이 필요한 작용을 제공할 수 있는가? (이 부분은 어떤 파라미터를 가져야 하는가?)

주석 〉〉 이것을 지금 실현 가능한지 아닌지를 고려하지 말라. 단지 그 특성이 무엇인지만을 말하고, 그것을 어떻게 달성할 것인지에 대해서는 걱정하지 말라.

예 파이프의 내벽에 어떠한 물질 층이 생겨서, 내벽이 파이프의 중심축과 더 가까워진다. 필요할 때 이 층이 사라지고, 내벽은 파이프라인의 중심축과 멀어진다.

· **제3-6단계** : 이 구성요소(파이프의 내벽)가 제3-5단계에 설명된 특성을 얻으려면 무엇을 해야 하는가?

참고사항 〉〉

1. 당신의 그림에서, 요구 특성을 얻기 위해서 객체의 강조된 부분에 작용해야 하는 힘을 화살표로 나타내라.
2. 어떻게 이러한 힘을 만들어낼 수 있을까? (**제3-1e단계**의 조건과 모순되는 방법들은 고려하지 말라.)

예 파이프라인의 내벽에 철광석이나 물(얼음) 입자가 자라날 수 있다. 파이프라인의 안쪽에는 그 외에 다른 물질은 없다. 이것이 우리의 선택을 한정할 것이다.

· **제3-7단계** : 실질적으로 실현 가능한 개념을 정립한다. 만일 그런 개념이 여러 개 있다면, 가장 유망한 개념을 1번으로 하여 순서대로 번호를 매긴다. 그리고 그러한 개념들을 모두 적는다.

예 파이프의 일부를 비자성 물질로 설계한다. 그런 다음 전자기장을 이용하여 파이프라인의 내벽에 철광석 입자가 "자라게" 한다.

· **제3-8단계** : 첫 번째 개념을 실현하기 위한 개략도를 제시한다.

보조 질문 〉〉

1. 새로운 장치에서 작동 구성 요소의 "군집"(복합 부품들)상태는 어떠한가?
2. 이 장치는 한 사이클 동안 어떻게 바뀌는가?
3. 이 장치는 여러 사이클이 지난 다음 어떻게 바뀌는가?

이 개념을 도출한 후, **제3-7단계**로 되돌아가서 다른 개념들을 검토하는 것이 좋다.

PART 2

■ 제4부 도달한 개념에 대한 예비분석

· **제4-1단계** : 새로운 아이디어나 개념을 활용하는 동안 어떤 것이 좋아지고, 어떤 것이 나빠지는가? 달성한 것과 더 복잡해지거나 더 비싸지는 것을 기록한다.

· **제4-2단계** : 제안된 장치나 방법으로 바꿈으로써 더 나빠지는 것을 막을 수 있는가? 바뀐 장치나 방법을 그림으로 그린다.

· **제4-3단계** : 이제 무엇이 나빠지는가(더 복잡해지고, 비싸지는가)?

· **제4-4단계** : 얻은 것과 잃은 것을 비교한다.

a. 어느 쪽이 더 큰가?
b. 왜 그런가?

만일 소득이 손실보다 더 크다면(미래에서도), 아리즈의 **종합 단계**인 **제6부**로 가라. 만일 손실이 소득보다 크다면 **제3-1단계**로 되돌아가라. 최초의 분석내용을 기록한 동일한 종이에 2차 분석의 순서와 그 결과를 기록하라. **제4-5단계**로 가라.

· **제4-5단계** : 이제 소득이 어떤 손실보다도 크다면, 아리즈의 종합 단계인 제6부로 간다. 만일 2차 분석이 새로운 결과를 주지 못한다면, 제2-4단계로 되돌아가서 표를 검토한다. 제2-5단계로부터 시스템의 다른 구성 요소를 선택하고 새로운 분석을 실시한다. 2차 분석과 그 결과를 기록한다.

만일 **제4-5단계** 이후에 만족할 만한 해결책이 없다면, 아리즈의 다음 단계인 제5부로 가라.

■ 제5부 운영단계

· **제5-1단계 :** 모순행렬표(부록 참조)의 세로 열로부터 개선해야 하는 특성을 선택한다.

· **제5-2단계 :**

a. 어떻게 하면 기존에 알려진 방법을 활용하여 이 특성(제5-1단계)을 개선할 수 있겠는가(만약 손실을 고려하지 않는다면)?

b. 만일 알려진 방법이 사용된다면 어떤 특성을 받아들일 수 없는가?

· **제5-3단계 :** 모순행렬표(부록 참조)의 가로 행에서 제5-2b단계에 해당하는 특성을 선택한다.

· **제5-4단계 :** 모순행렬표에서 기술적 모순을 제거하는데 사용할 수 있는 발명원리를 찾는다. 이것은 제5-1단계의 세로축과 제5-3단계의 가로축이 교차되는 셀에 나타나 있다.

· **제5-5단계 :** 이 발명원리들을 어떻게 사용할 수 있는지 조사한다(우리는 다음 장에서 이 발명원리들을 논의할 것이다).

만일 문제가 해결된다면, 아리즈의 제4부로 되돌아가서, 새로운 아이디어를 평가하고, 그런 다음에 아리즈의 제6부로 가라. 만일 문제가 해결되지 않는다면, 제5부의 다음 단계들을 따라가라:

· **제5-6단계 :** 물리 현상 및 효과의 활용이 가능한가를 조사한다.

· **제5-7단계 :** 정확한 작용 시점과 작용 지속시간을 변경할 수 있는지 조사한다.

보조 질문 〉〉

1. 작용의 시간 틀을 "늘임" 으로써 모순의 제거가 가능한가?
2. 작용의 시간 틀을 "줄임" 으로써 모순의 제거가 가능한가?
3. 객체가 작동하기 전에 작용을 제공함으로써 모순의 제거가 가능한가?

4. 객체가 작동을 마친 후에 작용을 제공함으로써 모순의 제거가 가능한가?
5. 만약 공정이 연속적이라면, 주기적인 작용으로 전이가 가능한지를 조사한다.
6. 만약 공정이 주기적이라면, 연속적인 작용으로 전이가 가능한지를 조사한다.

· **제5-8단계** : 비슷한 문제가 자연계에서는 어떻게 해결되는가?

보조 질문 〉〉

1. 자연계의 무생물들은 이 문제를 어떻게 해결해왔는가?
2. 고대 식물이나 고대 동물들은 이 문제를 어떻게 해결했는가?
3. 동시대의 유기체들은 이 문제를 어떻게 해결하는가?
4. 특정한 신기술과 신소재들을 고려해서 어떤 수정을 해야 하는가?

· **제5-9단계** : 우리의 객체와 연계하여 작용하는 객체들을 바꿀 수 있는지 조사한다.

보조 질문 〉〉

1. 우리의 시스템은 어떤 상위 시스템에 속하는가?
2. 만일 우리가 상위 시스템을 바꾼다면 이 문제를 어떻게 해결할 수 있는가?

만일 문제가 여전히 해결되지 않는다면, **제1-3단계**로 되돌아가라. 만일 해결된다면 아리즈의 **제4부**로 되돌아가서 발견한 아이디어를 평가하고, 그런 다음에는 아리즈의 **제6부**로 가라.

■ 제6부 종합단계

· **제6-1단계** : 수정된 시스템이 속해있는 상위 시스템을 어떻게 바꾸어야 하는지를 결정한다.

· **제6-2단계** : 수정된 시스템을 어떻게 다르게 사용할 수 있는지를 알아본다.

· **제6-3단계** : 새롭게 발견한 기술적 아이디어(혹은 발견한 아이디어와 반대되는 아이디어)를 다른 기술 문제의 해결에 활용한다.

□ ■ □ ■ □

[아리즈-71은 아리즈-61과 어떻게 다른가?]

우선, 아리즈-71은 분석을 시작하기 전에 문제의 세부사항을 정리하여 제시하는(그리고 발명가와 문제의 관계를 정의하는) 두개의 단계를 추가적으로 더 갖고 있다는 점에서 다르다. 이것이 문제 분석을 좀더 쉽게 해주고, 분석 단계가 완료되기 전에 보다 좋은 결과를 얻게 해 준다. 이 새로운 알고리듬은 더욱 많은 세부사항, 즉 해결책의 신뢰성을 높이기 위한 하위 단계들로 분할된 난해한 단계들을 갖고 있다.

운영단계 또한 상당히 많이 변경되었다. 각각의 원리들 대신에 표준 발명원리 및 모순행렬표의 시스템을 제시한다. 모순행렬표은 발견된 모순을 제거하기 위한 가장 유망한 원리들을 보여준다.

이처럼, 아리즈의 발전은 다음의 두 방향으로 진행되어 왔다 :

1. 아리즈를 더욱 유연하게 만들어, 심리적 요인의 고려 사항을 넓혔다.
2. 아리즈를 더욱 세밀하게 만들어, 창의성 과정의 모든 단계에 걸쳐 해결책 탐색을 개선하였다.

8장 논리, 직관, 숙련으로 만든 합금

PART 2

아리즈를 적용하면서, 발명가는 해결책으로 꾸준히 다가간다. 이 과정에서 몇몇 단계는 거의 완전히 논리적이다. 때때로 논리가 올바른 경로를 벗어나곤 한다. 이 때 아리즈가 직관을 자극함으로써 발명가로 하여금 올바른 방향으로 이동하도록 도와준다. 해결책에 이르는 도중에 오직 광범위한 발명 경험에 의해서만 아리즈가 작동되는 단계들이 있다.

이 창의적 발명과정의 처음 두 단계는 문제를 선택하고 **그 문제의 조건을 재 정의**하는데 할애한다. 대부분의 경우에, 어떤 문제가 발명가에게 다가올 때, 문제에 대한 최초의 진술이 세밀하지 않다. 그리고 종종 잘못 진술되어있기까지 하다. 예를 들어, 어떤 고객이 발명가에게 이렇게 말한다 : "우리는 이러이러한 기능을 제공하는 방법을 찾아야 해요." 그러나 이 기능에 대한 필요성을 완전히 없애는 것이 더 나을 수도 있다. 대단히 많은 경우에, 직접적인 개념보다는 우회적 개념이 더 생산적이다. 이 창의성 과정의 첫 단계를 거치면서 발명가는 해결책 개념의 최종 목표를 결정하고, 우회적 해결책을 사용할 수 있는지 조사하면서, 과제(직접적인 것과 우회적인 것 둘 다)에 대한 조건들을 다시 정의한다. 다섯 번째 단계는 매우 중요하다 : 이 단계에서 발명가는 과제의 요구조건들을 신중하게 증가시킨다. 예를 들어, 문제 진술에 의하면 특정한 값을 ±0.5마이크론의 정확도로 제어할 수 있어야 한다. 그 다음에 그 정확도를 ±0.1마이크론으로 증가시키라고 권고 받는데,

이것은 개발과정과 발명품을 출시하는 동안에 요구조건이 증가될지도 모르기 때문이다.

발명가의 창의성 과정에 대한 조사와 직접 관찰 결과에 의하면, 대부분의 경우에 발명가들은 문제의 조건들에 대한 면밀한 분석 없이, 문제를 해결하려고 한다. 몇 번의 연속된 시도가 실패한 후에, 발명가는 문제로 되돌아와서 한 가지 세부사항을 명확히 하고, 곧바로 또 다른 시도를 한다. 이런 과정을 여러 번 반복한다. 그리고 그 발명가는 문제의 조건을 충분히 이해하지도 않고, 문제를 해결하려는 더 이상의 시도를 포기해버리고 만다.

아리즈는 이러한 만연된 실수의 현실을 감안하고 있다. 아리즈의 알고리듬을 따라가는 동안, 발명가는 먼저 문제를 철저히 분석하고, 그런 다음에 단계적으로 구체적이지 않은 겉껍질을 제거하여 문제의 본질을 밝혀낸다.

따라서 아리즈의 제1부는 일련의 논리적 행동을 제시한다. 여기서 창의성 과정 안에 있는 논리의 역할을 분명히 볼 수 있다.

최초의 문제 진술을 큰 석탄 더미에 비유할 수 있다 : 당신은 당신이 원하는 만큼 여러 번 석탄 더미의 이곳저곳에 불을 지피는 시도를 해볼 수 있다. 그러나 불은 붙지 않을 것이다. 논리가 석탄더미를 잘게 부순다. 작은 석탄조각은 불붙이기가 쉽다. 석탄더미를 작은 조각으로 나누는 작업의 어떤 단계에서 석탄더미가 스스로 발화할 수도 있다.

아리즈의 제2부는 일련의 논리적 활동과 닮았다. 발명가는 특정한 프로그램을 가지고 계속해서 일을 한다. 구체적인 답을 요구하는 구체적인 질문들이 던져진다. 이렇게 앞에서 개발된 구조와 제어된 사고 과정이 유지된다. 그러나 아리즈는 기계가 사용하는 프로그램이 아니다. 아리즈는 인간을 위해 개발되었다; 따라서 아리즈는 인간의 사고 과정과 인간의 심리 특성들을 모두 고려해야 한다.

인펠트(L. Infeld, 폴란드의 물리학자)는 그의 자서전에서 카피자(P. Kapiza, 소련의 물리학자)가 그와 란다우(L. Landau, 소련의 이론 물리학자)에게 던졌던 한 문제를 기술하였다 :

"금속 프라이팬이 개의 꼬리에 매달려있다. 개가 달릴 때는 팬이 바닥을 쳐서 소음을 낸다. 문제 : 개가 어느 속도로 달려야 팬으로부터 나는 소음을 듣지 않게 되는가? 란다우와 나는 오랫동안 답이 무엇인지 생각해봤다. 결국 카피자는 우리 둘을 측은히 여겨 답을 알려 주었다. 물론 답은 매우 우스꽝스러운 것이다."[50]

PART 2

그 답은 정말로 예상치 못했다. 개의 달리는 속도가 제로이어야 한다는 것이다. 이와 같은 단순한 문제를 해결하는 데 있어서 장애는 무엇이었는가? 개의 **속도**가 문제를 설명할 때 언급되었는데, 그 **속도**라는 단어가 우리의 상상 속에서 **움직임**과 밀접하게 연관지었다. 문제를 푸는 동안, 우리는 무의식적으로 **움직임**을 포함하는 변형만을 고려했다. 물론 속도가 제로가 될 수 있다는 것은 누구나 안다. 그러나 속도가 제로인 경우는 "전형적인 경우가 아니고", 그래서 속도라는 단어와 연관된 심리적 관성이 우리의 사고를 벗나가게 한다. 만약 문제가 속도라는 단어 없이 진술되었다면(즉, 개가 소음을 듣지 않으려면 어떻게 행동해야 하는가?), 답은 명백해질 것이다.

발명가가 상상하는 어떤 객체(기계, 과정, 또는 물질)는 대개 특수한 용어로 설명된다. 이러한 용어들은 습관적인 경계선을 갖고 있다. 동시에, 모든 발명은 이러한 경계선을 넓혀야 한다. 예를 들어, 우리가 낙하산을 이용해 화물을 투하하는 것을 상상할 때, 둥근 지붕은 위쪽에 있고, 화물은 둥근 지붕 아래쪽에 매달려있는 낙하산을 머리 속에 선명히 떠올린다. 그리고 갑자기 발명이 나타난다. 모든 것이 뒤집혀있다. 즉, 화물이 낙하산 위쪽에 위치하여, 아래쪽에 있는 둥근 지붕과 함께 낙하한다.[51] 전통적인 용어가 확장되었다 : 이제 우리는 낙하산이 "정상 상태"일 수도 "뒤집힌 상태"일 수도 있다는 것을 알게 되었다.

원래의 용어는 발명가의 상상력을 가로막는다. 발명 방법론에 관한 여러 세미나가 보여주는 바에 의하면, 문제해결 과정의 성공여부는 시스템을 원래의 심리적 이미지로부터 "느슨하게" 해주는 진술들에 의해 주로 좌우된다. 아리즈의 제2부는 바로 이 "느슨하게 하기" 프로그램을 정확하게 설명한다.

한 조사결과에 의하면, 경험이 풍부한 일부 발명가들은 문제를 해결하기 **전에는** 의식

---

50) L. Infeld, "Pages of a Physicist's Autobiography", *New World*, 1965, #9

51) 발명가 인증 #66,269. 발광장치가 낙하산의 위쪽에 위치한다. 낙하산의 둥근 지붕은 반사경 역할을 하여 광선을 위쪽으로 비춘다.

적으로 특허 정보를 조사하려 하지 않는다. 특허 조사가 "자유로운 사고 과정"을 방해한다고 발명가들은 주장한다. 우리는 이런 종류의 의견을 무시할 수 없다. 왜냐하면 개별적·개인적 특성이 창의성 과정에서 어떤 역할을 하기 때문이다. 어떤 경우에 아리즈는 특허정보가 상상력을 얼어붙게 하지 않고 오히려 자극하도록 도와준다(제2-1단계).

아리즈를 통해 일을 한다면, 발명가는 자신의 문제와 관계된 특허만으로 탐색을 한정하지 않는다. 그 발명가는 유사하지만 더 "정교한" 발명에 관한 특허들을 찾는다. 문제가 건설 장비의 소음을 줄이는 것이라고 하자. 이 경우, 항공산업에 있는 소음감소와 관련된 특허를 살펴보는 것은 의미가 있다. 또한 "정반대"의 발명(소음 **증가**)에 관한 특허를 찾아보는 것도 현명한 일이다.

원래 이미지를 "느슨하게" 하는 과정은 STC연산자(제 2-2단계)의 도움으로 이어진다. 심리적 관성은 객체를 설명하는 용어에서뿐만 아니라, 객체에 대한 관습적인 공간/시간적 이미지 형성(문제에서 직접적으로 진술된 것이든, 암시된 것이든 그 객체의 **크기**와 **작용**의 지속시간)에 의해서도 생겨난다. "자동차"라고 말하면 그걸로 충분하다. 그렇게 말하면 우리는 어떤 크기(1미터 이상, 20미터 이하)의 기계를 상상한다. "유전 시추"라고 말하면 그걸로 충분하다. 그렇게 말하면 우리는 어떤 기간(수개월, 수년)동안 지속되는 공정을 상상한다.

한 객체의 심리적 이미지에 대한 또 다른 척도가 있다. 바로 **비용**이다. "텔레비전"이라고 말하기만 하면 그걸로 충분하다. 그렇게 말하면 우리는 값이 200달러에서 수천달러 사이인 장치를 즉시 상상한다.

STC연산자는 한 객체에 대한 이러한 전통적인 이미지를 극복하는데 도움을 주는 일련의 정신적 실험이다. STC 연산자를 적용할 때, 문제 속에서의 잇따른 변화들을 고려한다. 이러한 변화들은 세 가지 파라미터 : 크기(S), 시간(T), 비용(C)에서 일어난다.

STC연산자가 한 간단한 문제("펄프를 이송하는 파이프라인의 단면 크기를 조절하는 방법을 찾아라.")에 어떻게 적용되는지를 살펴보기로 하자. 표 1을 참조하라.

STC연산자는 세밀하고 명확한 답을 주지는 않는다. STC 연산자의 목표는 "답의 방향"을 가리켜주는 몇 개의 아이디어를 산출하여 문제의 분석을 가로막는 심리적 장벽을 극복하도록 도와 주는 것이다. 사례를 하나 더 살펴보도록 하자. 우리의 과제가 냉장고에서 새는 연결부위를 검출하는 방법을 찾는 것이라고 가정하라. 표 2를 참조하라.

표 1 펄프를 이송하는 파이프

단계	절차	객체 또는 과정의 변화	변화된 문제를 해결하는 방법	해결책에 사용된 원리
2-2a	S → 0	D_{pipe}<1미터	파이프 벽을 압착해서 단면을 제어한다(벽은 얇고 유연하게 되어 있다).	파이프 벽의 변형
2-2b	S → ∞	D_{pipe}<1000미터	이 파이프라인은 강과 비슷하다. 우리는 댐을 세우거나, 얼고 녹는 것과 같은 자연의 제어를 기다려야 한다.	댐(밸브역할을 하는)이 마모될 것이다. 가장 바람직한 것은 전체적인 흐름 상태를 바꾸는 것이다.
2-2c	T → 0	0.001초 내에 흐름을 정지	신속한 작용(전자기장과 같은)이 요구된다.	기계적 작동 요소 대신 전자기적 작동 요소를 사용한다.
2-2d	T → ∞	100일 내에 흐름을 정지	기계적 문이 마모될 것이다(단면적이 감소하면, 유속이 증가한다). 마모부위를 원상복귀 해야 할 필요가 있다.	많은 입자로 된 문
2-2e	C → 0	흐름을 닫는 데 드는 비용이 0	흐름이 스스로 닫아야 한다.	자동 조정
2-2f	C → ∞	흐름을 닫는 데 드는 비용이 1,000,000달러 이상	뭔가 대단히 비싸지만 쉽게 제어되는 것을 흐름 내로 도입시킬 수 있다. 예: 물 대신 전자석으로 제어되는 용융금속	제어 가능한 첨가물

STC 연산자를 활용하여, 이러한 문제를 가지고 하는 정신적 가상 실험은 상상력, 지식, 숙련(달리 말하면, 각 사람의 개별적 능력)에 따라 다른 답들을 줄 수 있다. 이 실험에서 할 수 없는 일이 하나 있다 : 원래 문제를 다른 문제로 바꿀 수는 없다. 예를 들어, 두 번째 사례의 **제2-2f단계**에 대한 어떤 답도 다음을 진술해서는 안 된다 : "냉장고의 제조품질을 높인다." 비록 새는 연결부위가 생긴 다음에 이 문제를 해결하려고 하는 것보다 새는 연결부위가 생기는 것을 방지하는 것이 더 의미 있다 하더라도 말이다. 아리즈 제1부에서 선택한 문제를 풀어야 한다. 만약 선택한 문제가 새는 연결부위의 위치를 찾는 것이라면 이것만 해결하여야 한다.

표 2 냉장고에서 새는 연결부위 찾기

단계	절차	객체 또는 과정의 변화	변화된 문제를 해결하는 방법	해결책에 사용된 원리
2-2a	S → 0	코일의 길이가 1밀리미터 이하	새는 액체의 양이 적다. 이 액체를 더욱 탐지하기 쉽게 만들어야 한다. 액체에 무언가를 넣는다.	탐지를 쉽게 해주는 미세 첨가물
2-2b	S → ∞	코일의 길이가 100킬로미터 이상	거리탐지 : 위치 탐지기, 전파 탐지기, 열탐지기. 전통적인 관찰	전통적인 적외선을 이용한 위치탐지; 전파에 의한 위치탐지
2-2c	T → 0	탐지시간이 0.001초 이내	기계 및 화학적 탐지수단은 배제된다. 남은 것 : 전자기적 수단과 광학적 수단	기계적 작동 요소 대신 전자기적 작동 요소를 사용한다.
2-2d	T → ∞	탐지시간이 10년	연결부에서 스며나오는 액체가 코일재료와 반응할 것이다. 코일의 변화된 외관으로 새는 곳을 쉽게 탐지한다.	코일 재료가 스며나오는 액체의 표시기 역할을 한다.
2-2e	C → 0	탐지비용이 0	새는 액체가 신속한 탐지수단을 제공한다.	자가탐지, 자가표시기
2-2f	C → ∞	탐지비용이 1,000,000달러	비싸지만 쉽게 탐지할 수 있는 물질을 액체에 첨가한다.	표시기 첨가제

몇몇 문제에서는, 크기보다는 다른 정량적인 파라미터들을 검토해야 한다. 예를 들면, "특정 순서에 따라서 반응기 안에 24종류의 분말을 투입하는 방법을 찾으시오"라는 문제에서, 서로 다른 종류의 분말에 대한 정량적인 파라미터로 "번호"라는 단어를 사용할 수 있다. 여기서 **제2-2a단계**는 한 종류의 분말이 있고, **제2-2b단계**는 수천 혹은 수만 종류의 분말이 있을 수 있다.

다음 단계(**2-3**)는 심리적 관성을 극복하기 위해서 사용된다. 예를 들어, 동일한 모세관으로 구성된 입방체 모양의 유리 필터를 만드는 방법을 찾는 문제라 하자(입방체의 한 변의 길이는 1미터이다; 모세관의 개수는 1cm²당 수십 개이다). 이 문제의 조건은 우리가 모르는 사이에 어떤 심리적 이미지를 강요한다 : **유리 입방체가 있다 ; 그 안에 구멍을 뚫어야 한다.** 이 문제를 해결하는 과정에서, 입방체와 (습관적으로 예견되는) 동그란 구멍이 밑그림으로 나타난다. 대부분의 해결책에서 심리적 기본 이미지가 유지된다 - 많은 방법을 동원해 고체(또는 액체)유리의 토막에 구멍을 뚫으라고 제안받는다.

이제 문제 진술을 바꿔보자 : "길이 방향의 유리 격막(膈膜)이 있는 공기 입방체의 제조 방법을 찾으시오." 또는, "다수의 가는 유리 막대나 유리실로 만든 공기 입방체의 제조 방법을 찾으시오." 여러 개의 구멍이 있는 유리 입방체는 여러 개의 막대로 만든 공기 입방체와 같다. 왜냐하면 구멍을 또한 **공기 막대**라고 할 수 있기 때문이다.

심리적 관성 때문에, "여러 개의 유리 막대로 만든 공기 입방체"가 아니라, "여러 개의 구멍이 있는 유리 입방체"가 떠오른다. 이 둘은 결국 같은 정의인데도 말이다. 만약 문제를 두 번째처럼 진술한다면 문제를 더욱 쉽고 빠르게 해결할 수 있다(유리실로 만든 입방체).

본질적으로, "여러 개의 공기구멍이 있는 유리 입방체"에서 "여러 개의 유리 막대로 만든 공기 입방체"로 전환할 때(**일상적인** 것을 **별난** 것으로 변형함으로써), 시넥틱스의 개발자 고든(W. Gordon)이 언급한 과정이 달성된다는 것을 알 수 있다. 그러나 시넥틱스는 **일상적인** 것을 **별난** 것으로 변형시키기 위한 어떤 방법도 제공하지 않는다. 시넥틱스는 단지 변형을 실행하라는 요청을 할 뿐이다. 그 과정을 아리즈의 **제2-2단계**(STC연산자)와 **제2-3단계**는 포함하고 있다. **제2-3단계**의 질문에 대답하면서 우리는 한 구성 요소(유리)를 강조하지 않고 문제의 잘못된 진술을 올바른 진술로 전이한다. **이 체계적인 접근방법은 대부분의 경우에, 우리에게 비습관적인 모든 구성요소들을 살피도록 강요한다.**

제2-3단계의 올바른 실행은 문제 해결 과정을 크게 단순화한다. 이 단계를 실행하는 동안, 다음을 주의 깊게 살펴보기 바란다 :

1. 모든 특수용어를 문제의 진술에서 없앤다.
2. 시스템에 포함된 모든 구성요소를 올바르게 나열한다.

예를 들어, "유리 입방체와 모세관으로 구성된 시스템이 있다"라는 문제 진술 속에는 다음과 같은 두 가지 실수가 있다 :

1. '모세관' 이라는 단어는 '구멍'이라는 단어로 바꾸는 것이 더 좋다.
2. '유리 입방체' 이것은 여전히 고체이다. 그러나 입방체 안에 많은 구멍을 만든 다음에 입방체라는 유품이 우리에게 남는다. 올바른 문제 진술은 이것이다 : "구멍들과 그 구멍들 사이의 유리 격막으로 구성된 시스템이 있다."

시스템을 여러 구성요소로 분해하자. 문제를 해결하기 위해 바꿀 필요가 있는 구성요소를 선택하라(**제2-4단계**와 **제2-5단계**). 선택의 판단 기준은 구성요소의 가변성과 제어 용이성이다. 구성요소에 변화를 주는 것이(주어진 문제의 조건 하에서) 쉬우면 쉬울수록, 분석하기 위한 객체로 그 구성요소를 선택해야 하는 이유가 더욱 커진다. 만능은 아닐지라도 간단한 경험적인 규칙이 있다 :

1. **기술적** 객체는 일반적으로 **제2-4a단계**에 속한다.
2. **자연적** 객체는 일반적으로 **제2-4b단계**에 속한다.

많은 발명의 실수는 나중에 알게 되겠지만, **제2-4b단계**에 속하는 구성요소들을 바꾸려고 하기 때문에 생긴다.

복잡성이 평균 정도 되는 문제의 경우 아리즈의 제1, 2부를 마치는 데 두 시간도 걸리지 않는다(특허 자료를 분석하는데 필요한 시간은 빼고). 세미나에서 되풀이하여 검증 하지 않고는 한 단계도 아리즈 안에 넣지 않았다. 이런 관점에서, 아리즈에 포함된 단계들은 바로 문제해결 과정을 **매우** 쉽게 해주는 것들이었다. 때로는 매우 유용하게 쓰일 수 있는 여러 팁과 방법들이 있다 ; 하지만, 이것들은 강제적인 것은 아니다. 아리즈는 사람이 사용하기 위해 설계된 것이므로 간결해야 한다 : 너무 먼 거리를 달리면 뛰어오르기 위한 에너지가 거의 남지 않는다. 아리즈에서는 그와는 정반대의 방식이 적용된다. 각 단계가 문제의 처음 진술에 상당히 변화를 일으킬 때, 그 문제가 "해결되고 있다"는 것을 또렷이 보여주는데, 그 때 확신이 생긴다. 이것이 영감의 기초이다. 두 시간 동안의 체계화된 사고는 발명가로 하여금 수주 또는 수개월 동안의 체계적이지 못했던 심리적인 도약보다 문제의 핵심을 더욱 깊게 느낄 수 있게 해준다. 이제 발명가는 없애야 하는 기술적 모순을 밝히는 쪽으로 확신을 가지고 나아갈 수 있다.

□ ■ □ ■ □

창의성 심리학을 공부했던 미국의 수학자 뽀이아(D. Poia)는 다음과 같은 실험에 대해서 이야기하였다 :

"닭 한 마리를 스크린 앞에 두고, 스크린 뒤에 먹이를 두었다. 이 닭은 스크린을 돌아가기 전까지는 먹이에 도달할 수 없었다. 하지만 닭에게 이 문제는 다소 어려웠다. 부산스럽게 움직이는 닭은 그 담장 면으로 달려들었다 물러났다 하며, 많은 시간을 허비한 다음에야 먹이에 도달하게 될 것이다. 또는 영영 먹이에 도달하지 못할지도 모른다. 그런데, 오랫동안 쉬지 않고 뛰어다니다가, 닭은 아마 우연히 먹이에 도달할 것이다."

PART 2

뽀이아는 산발적으로 기술 문제를 해결하려고 하는 인간과 닭의 행동을 풍자적으로 비교하고 있다 :

"아니다. 우리는 닭이 재치가 없다고 비난할 수 없다. 목표로부터 떨어질 필요가 있을 때, 즉 목표로부터 한 걸음 물러나서 당신 앞에 있는 목표를 계속 쳐다보지도 않고 그 목표를 향해서 계속 돌진할 때가 정말로 어려운 시기이다. 닭이 경험한 문제와 우리들 자신의 문제 사이에는 유사점이 있다."[52]

예시로, 뽀이아는 간단한 문제를 하나 제시한다 : 강에서 정확히 6리터의 물을 4리터짜리와 9리터짜리 두개의 물통을 사용해서 어떻게 가져올 수 있겠는가?

한 물통에서 다른 물통으로 물을 "어림짐작으로" 붓는 것은 허용되지 않는다. 두 물통의 정확한 측정 용량을 사용해서 문제를 해결해야 한다.

나는 세미나에 참석한 학생들에게 해결책 탐색의 방법론을 공부하기 전에 이 문제를 냈다. 그 결과는 뽀이아의 결론과 결코 다르지 않았다. 체계적인 접근방법 없이 문제를 해결하려는 시도는 이것과 같다 : "만약 우리가 이렇게 한다면 어떻게 될까?" 올바른 해결책은 여러 번의 "만약 ~하면 어떻게 될까?"를 여러 번 거친 후에야 나왔다. 한편, 문제를 쉽게 해결할 수도 있다. 당신은 "어림짐작"을 요구하는 문제에 접근하기 위한 방법을 반드시 알아야 한다.

같은 일이 발명문제에도 일어난다. 발명가의 사고 과정은 특별한 특성이 있다 : 문제

52) D. Poia. *How to Solve a Problem*, pages 156~157.

를 해결할 때, 기계를 상상한 다음 마음속에서 그 기계에 변화를 준다. 발명가는 얼마간 일련의 심리적 모델을 세우고, 그걸 갖고 실험을 한다. 이 과정에서 이미 존재하는 기계나 그와 유사한 어떤 것을 기본모델로 정한다. 이 모델이 발전 가능성들을 제한하고, 발명가의 상상력을 얼어붙게 한다. 이와 같은 조건에서는 대체로 새로운 해결책에 도달하기가 어렵다.

만약 발명가가 **이상적인** 최종 결과(IFR)를 진술하면서 시작한다면, **이상적인** 개념이 기본 모델로 정해진다, 이제 이 모델을 곧바로 단순화하고 개선한다. 게다가 습관적인 심리적 형태의 부담이 심리적 실험들을 악화시키지 않을 것이다. 이러한 실험들은 즉시 문제해결 방향에 대한 최고의 전망을 준다 : 발명가는 가능한 한 최소의 수단으로 최고의 결과에 도달하려고 노력한다.

두 물통 문제를 다시 살펴보자. 실패("만약 ~하면 어떻게 될까?" 의 방식을 사용할 때)는 처음에서 끝 쪽으로 탐색함으로써 답을 찾으려는 시도와 관련이 있다. 그것을 반대방향으로 해보자.

두 물통 중 하나에 6리터를 **담아야** 한다. 틀림없이, 이 물통은 큰 물통만 가능할 것이다. 따라서 **이상적인** 최종 결과(IFR)는 큰 물통을 6리터로 채우는 것이다.

이를 위해서 큰 물통(9리터 용량의)을 가득 채운 다음, 3리터를 쏟아내야 한다. 만약 두 번째 물통이 3리터(4리터가 아니고) 용량이라면, 문제는 즉시 풀릴 것이다. 하지만, 두 번째 물통은 4리터 용량이다. 4리터 물통을 3리터 물통으로 만들기 위해서 4리터 물통에 미리 1리터를 채워야 한다. 그렇게 하면 큰 물통에서 3리터의 물을 쏟아낼 수 있다.

따라서 원래 문제는 훨씬 더 쉬운 다른 문제(두개의 기존 물통의 도움을 받아 1리터의 물을 측정하시오)로 줄어들었다. 이 문제는 어렵지 않다. 왜냐하면 $9-(4+4)=1$이기 때문이다.

우리는 큰 물동이를 채운 다음 4리터를 작은 물통으로 두 번 쏟아낼 수 있다. 그런 다음에 1리터의 물이 큰 물통에 남을 것이다. 우리는 이제 그 1리터를 비어있는 작은 물통에 옮겨 붓을 수 있다.

4리터 물통이 이제 3리터 물통(정확히 우리가 필요로 하는 것)이 "된다". 우리는 큰 물통을 다시 채우고, 3리터를 작은 물통에 쏟아 붓는다. 6리터의 물이 큰 물통에 남게 될 것이다. 문제가 해결되었다.

끝에서 시작해 처음으로 한 단계씩 옮겨감으로써, 우리는 불필요한 단계를 거치지 않고 문제를 해결했다.

이상적인 최종 결과(IFR)를 올바르게 진술한다는 것은 문제해결로 가는 올바른 길에 확신을 가지고 진입한다는 것을 의미한다.

일부 발명가들은 정확히 그렇게 한다. 놀랍게도, 이 방법의 중요성을 인정하는 발명가들조차 그들의 조사에서 문제에 속한 기술적 모순을 밝히는 것에 관해서 어떤것도 언급하지 않는다. 예를 들어, 모스크바 발명가 이멜리아노프(U. Imelianov)는 다음과 같이 쓰고 있다 : "문제 진술서가 작성된 다음에, 나는 이상적인 최종 목표를 상상하려고 한다. 그런 다음 내가 그 목표에 어떻게 도달할 수 있는 지에 대하여 생각한다. 그것을 성취할 어떤 특별한 방법들을 상기하지 않는다." 따라서, 이상적인 최종 결과(IFR)를 결정하기 '전'과 '후' 에, 일이 자연스럽게 이루어진다 — 단지 한 가지 방법만을 의식적으로 활용한다. 이것은 물론 우연이 아니다. 그 한 가지 방법을 적용할 때, 좋은 기술들은 "쓰이지 않고 있는" 다른 효과를 보충한다.

발명가들은 아리즈의 이 부분의 일부 절차들을 분리해서 사용한다. 종종, 발명가는 두세 가지의 잘 숙달된 절차를 이용한다. 방법론을 가장 잘 사용하는 발명가는 5~7가지 절차를 탐색한다. 발명의 방법론은 발명문제 해결을 위한 합리적인 전체 시스템을 만들어주는 **수십 가지**의 절차들을 담고 있으므로 한번 훑어보는 것만으로도 자신의 창의성 무기고를 늘려준다.

□ ■ □ ■ □

아리즈의 제3부는 이상적인 최종 결과를 정의하면서 시작한다. 다음 질문에 답하는 것은 어렵지 않은 듯하다 : "이상적인 경우에 무엇을 얻고자 하는가?" 그러나 창의성 교육훈련을 해보면 현실적인 여러 조건들에 의해 부과된 각종 한계와 제한으로부터 스스로 벗어나는 것과 실제 이상적인 결과를 상상하는 것이 지극히 어렵다는 것을 알게 된다. 예를 들어, 만약 우리가 파이프의 내벽을 페인트칠 하는 장치에 관해 이야기한다면, 대개 파이프의 내부를 움직이는 어떤 소형 자동브러시 형태로 이상적인 결과를 떠올리는 게 보통이다. 여기서, 우리는 외벽을 페인트칠하는 이미 알려진 장치에 대한 정신적 집착을 볼 수 있다. 이 경우에 이상적인 결과를 다르게 정립해야 한다 : "페인트가 **스스로** 튜브 안으로 들어가, **스스로** 튜브 내벽을 균일하게 덮는다." 나중에 우리가 "스스로" 하기를 원했던 모든 것을 페인트가 할 수는 없다는 것이 명백해질 것이다. 그리고 우리는 구조 또는 기술적 절차에 의해 이상적인 개념의 일부를 입증하면서, 이상성에서 가능한 한 적게 비켜가도록 노력할 것이다.

이상적인 최종 결과의 올바른 정의는 모든 창의성 과정을 위해 지극히 중요하다. 그러므로 방법론에 대한 세미나에서 연습 문제를 푸는 동안, 다음과 같은 형식으로 질문을 던진다 :

> "당신이 양손에 마술 지팡이를 가지고 있다고 상상하시오. 이 마술 지팡이를 사용할 수 있다면, 어떤 종류의 결과(이 문제의 해결책에 대해)가 일어나겠습니까?"

마술 지팡이한테 "페인트칠 하는 장치"를 만들어달라고 요청하는 것은 불가능하다. 마술지팡이가 그 "장치"이다. "페인트가 스스로 파이프 속으로 들어가게 하라"라고 하면 올바른 대답이다. 점차, 학생들에게 마술 지팡이에 대하여 상기시켜 줄 필요성이 사라지고, 아리즈로부터 이상적인 최종 결과의 정립이 남는다.

이상적인 최종 결과를 정확하게 정하기 위해서 도움이 되는 두 가지 규칙이 있다.

규칙 1 : 이상적인 최종 결과에 도달할 수 있는지 없는지를 미리 추측하는 것은 좋지 않다.

화물용 비행기를 위한 크레인 문제를 다시 생각해보자. 이 문제의 이상적인 결과는 다음과 같을 것이다 :

> 화물을 싣는 동안에 크레인이 나타나고, 비행기가 이륙하여 공중에 있을 때는 크레인이 사라진다. 다른 공항에서 화물을 내릴 때는 크레인이 다시 나타난다.

처음 볼 때, 이것은 달성하기가 거의 불가능하다. 하지만 각각의 발명은 앞에서 말했듯이 "불가능"을 거쳐서 가는 길이다. 이 문제에서 "불가능"은 단지 기존의 수단으로 "불가능"하다는 것을 의미한다. 발명가는 문제에 대한 새로운 개념을 찾아내야만 한다. 그렇게 된다면 불가능은 가능해진다.

비행기 안에 장착된 크레인은 물론 사라질 수 없다. 그러나 비행 중에는 크레인의 금속 구조물이 비행기 동체 구조물의 일부가 될 수 있다. 크레인이 비행 중에는 비행기 설계의 일부가 된다. 크레인은 유용한 하중으로서 기능을 하고, 그런 다음 사하중(死荷重)일 때 사라질 것이다. 크레인의 무게는 동체 무게의 감소로서 보상받는다.

규칙 2: 어떻게, 그리고 어떤 수단으로 이상적인 최종 결과를 달성할 것인지에 대해서는 생각하지 말라.

막수토프(D. D. Maksutov)가 메니스커스 망원경의 아이디어에 어떻게 도달할 수 있었는지 다시 생각해보자. 막수토프는 망원경의 반사경을 오염과 손상으로부터 보호하기 위해서 반사망원경의 트인 구멍을 어떻게든 가려야 했다. 막수토프는 이상적인 최종 결과를 정하고 시작하였다 : 그는 마음속에서 트인 구멍을 광학 유리로 닫았다. 이 시점에서 그는 이것을 구체적으로 어떻게 달성할 수 있을지에 대해서는 생각하지 않았다. 이것이 중요한 점이다. 교실용 망원경을 개발한다는 것은 저렴한 망원경을 개발한다는 것을 의미한다. 광학유리는 너무 비싸기 때문에 광학유리가 막수토프로 하여금 이쪽 방향으로 추진하는 것을 막았다.

발명가가 문제에서 벗어나기 위해서는 모험적인 사고를 하려는 노력이 필요하다. 게다가, 오직 이 길만이 설계비용 절감으로 가는 방향을 찾을 수 있다.

다양한 문제들을 풀려고 할 때, 이상적인 최종 결과를 결정하기 위한 최선의 방법은 문제 진술에 포함된 질문을 단순히 긍정적인 진술로 바꾸는 것이다. 자석식 베어링의 조립을 예로 들어보자. 문제에서 진술된 대로 질문을 쓰면 다음과 같다 : "어떻게 하면 롤러들을 축의 트랙에 달라붙어있게 할 수 있는가?" 이상적인 최종 결과를 다음과 같이 정립할 수 있다 : "롤러가 스스로 자기 자리에 달라붙어 있다." (또는, "외부 환경이 롤러를 제자리에 붙어있게 한다 …") 여기서, 롤러가 "스스로" 달라붙을지 아닐지(또는 어떻게 이것을 구현할 수 있을지)에 대한 생각 때문에 이상적인 최종 결과의 진술이 영향을 받지 않는다는 사실에 주목하라.

두 개의 영화 화면을 상상해보자. 첫 번째 화면은 문제를 일으키는 조건들을 보여주어야 한다. 이 경우에 떨어지고 있는 롤러들이 있는 축을 화면에 묘사해야 한다. 두 번째 화면에는 이상적인 최종 결과가 있다. 롤러가 축에 "스스로" 붙어 있다.

"두 개의 화면" 이미지에 익숙해지는 것은 쉬운 일이다. 또한 동시에 이것이 이상적인 최종 결과를 결정하는 동안 생겨날 수 있는 여러 가지 많은 실수로부터 우리를 해방시켜 준다.

영화는 화면상으로 모든 것이 가능하기 때문에 불가능을 극복하도록 우리를 훈련시켜 준다. 이것은 영화 제작 과정에서 명백하다. 따라서 아리즈의 분석단계에서 올바른 첫발을 내딛도록 하기 위해서 당신이 갖고 있는 모든 영화 제작 기술을 이용하는 것은 의미가 있다.

문제 1의 해결책

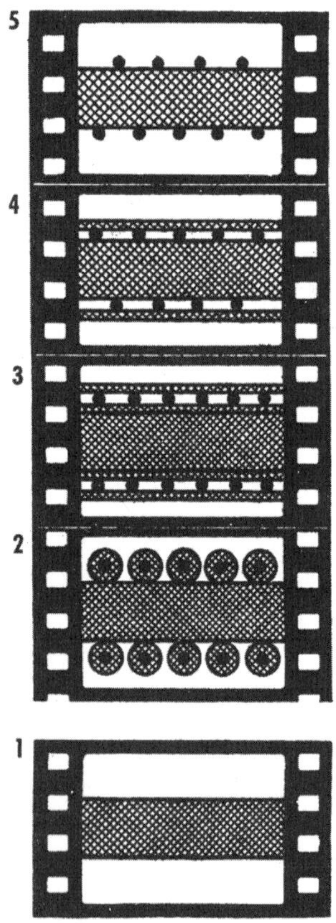

그림 7
당신은 모든 부품을 명확히 상상한 다음 그 모델을 단순화해야 한다.

첫 번째 화면에서 전선 없이 토로이드 고리를 보여주어야 한다. 두 번째 화면에서 동일한 고리에 전선이 감겨 있다.

지금 시점에서 전선을 어떻게 감을지는 중요하지 않다. 중요한 것은 완성된 제품이 어떤 모습을 하고 있느냐이다. 여기서 모든 세부적인 것들을 선명하게 상상해야 하고, 그 다음 이 개념적인 이미지를 단순화해야 한다.

두 번째 화면에서 일반적으로 전선을 감고 있는 고리를 볼 수 있다. 이것이 나쁘진 않다 ; 하지만 더 좋은 방법도 있다 ; 이 고리의 일부 단면을 확대 이미지로 보여준다(그림 7). 우리가 성취할 필요가 있는 목표가 보다 명확하게 보인다. 여기서 세 번째 화면을 그린다. 이미지를 단순화 하고, 절연층과 결합시켜 보자. 이제 네 번째 화면으로, 절연체의 **하부 공통층**을 없앤다(왜냐하면, 페라이트 자체가 절연체 성질을 갖고 있기 때문이다). 이제 다섯 번째 화면으로, 절연체의 **상부 공통층**을 없앤다. 왜냐하면, 이 층은 공통이고, 나중에 추가하기 쉽기 때문이다.

우리는 나선형의 금속층을 갖는 토로이드 고리를 얻었다. 이제 문제를 본질적으로 단순화하였다 : 나선형 금속층을 만드는 것이 절연 전선을 감는 것보다 훨씬 쉽다.

□ ■ □ ■ □

물론, 화면에서 화면으로 옮겨가는 것은 숙련을 요구한다. 그러나 그것조차도 꼭 필요한 것은 아니다 : **제3-2단계**는 "~이었다(was)"와 "~일 것이다(will be)" (IFR)의 두 화면만을 고려한다. 더 나아가(**제3-3단계**), "~일 것이다(will be)" 화면에서 필요한 기능을 수행하지 않고 있는 객체의 부분을 강조하여 나타낸다. 이것이 어느 정도 다른 화면을 대체한다.

제3-1단계와 **제3-2단계**를 거치면서 발명가는 대담하게 자신이 바라는 것을 만들어낸다. **제3-3단계**는 발명가들에게 이런 질문을 던진다 : "바람직한 것을 성취하기가 왜 불가능한가?"

알려진 방법들을 사용함으로써 "바람직한" 것을 달성하려고 시도할 때, 그 결과로 장애가 분명히 나타난다: 무게 증가, 제어의 복잡성, 기계 비용의 증가, 기계 용량의 감소, 또는 받아들일 수 없는 신뢰성 저하 등. 이것이 문제가 포함하는 기술적 모순이다.

특정한 원인들이 각 장애를 규정한다. **제3-4단계**에서 이러한 원인들을 정의한다.

장애에 대한 이유는 거의 언제나 우리의 두 눈 앞에 놓여 있다. 그러므로 그들을 찾기는 어렵지 않다. 이 원인들이 불분명한 경우는 거의 없다. 그러나 당장 그 원인들을 들여다볼 필요는 없다. 요점은 이것이다 : 문제해결을 위한 효과적인 과정을 제공하기 위해서 문제의 원인에 대한 물리적인 본질을 자세히 알 필요가 없다는 점이다. 불충분한 재료강도가 기술적 모순으로 규정되어 있다고 가정해보자. 이런 경우에 이 재료에 대한 연구가 장애를 없애주는 새로운 정보를 제공해줄 수 있다. 이것은 과학의 경로이지 발명의 경로는 아니다. 이런 방법으로 발견은 되겠지만, 발명은 되지 않을 것이다.

연구 작업은 특수한 장비와 충분한 시간을 요구한다. 발명의 경로를 선택하는 것이 보다 유익하다. 여기에는 여전히 자원들이 있다. 그래서 기술적 모순에 대한 즉각적인 원인을 정할 때, 우리는 일반적인 문제의 정립을 제공하도록 스스로 제한해야만 한다.

자석식 베어링의 조립 문제를 다시 생각해 보자. 이상적인 결과는 롤러가 "스스로" 제자리에 달라붙는 것이다. 장애는 롤러가 "스스로" 달라붙지 못하고 떨어진다는 것이다. 이렇게 되는 이유는 명확하다 : 롤러가 금속으로 만들어져 있고, 축도 금속으로 만들어져 있으며, 금속과 금속은 스스로 달라붙을 수 없기 때문이다. 장애에 대한 이유를 정하기 위해서 더 이상의 자세한 설명은 필요하지 않다. 이 이유가 밝혀지면 어떤 조건 하에서 장애가 사라지는지 결정하기 위해 다음 단계를 진행할 수 있다.

자석식 베어링의 조립 문제에서 "아무것도 없이" 금속이 금속에 달라붙을 때, 장애가 사라진다. 이와 같은 변형된 문제로 자기장을 생각하는 것은 어렵지 않다.

이제 또 다른 문제 '경주용 차'를 살펴보자.

문제 3의 해결책

아리즈 제2-3단계 : 다음 형식을 사용하여 문제의 조건을 두 구절로 진술한다(전문 용어의 사용을 피하고, 정확히 무엇을 생각해내고 발견하고 개발해야 하는지에 대해서는 진술하지 않는다) : a) 시스템은 "~(구성요소를 설명한다)으로 구성되어 있다" ; b) "구성요소(구성요소를 진술한다)는 조건하에서(조건을 진술한다) 바람직하지 않은 효과(효과를 진술한다)를 일으킨다."

아리즈 제2-4단계 : 제2-3a단계의 구성 요소를 표에 기입한다 : a) 바꾸거나 재설계하거나 재조정될 수 있는(이 문제의 조건 하에서) 구성요소, b) 바꾸기 어려운(이 문제의 조건 하에서) 구성요소.

아리즈 제2-5단계 : 제2-4a단계로부터 변경, 재설계, 또는 조정이 가장 쉬운 구성요소를 선택한다.

주석 : 1) 만일 제2-4a단계의 모든 구성 요소들의 변화 가능한 정도가 같다면, 움직일 수 없는 구성 요소부터 시작한다(보통 그것들은 움직일 수 있는 구성 요소

· **제2-3단계 :** 바퀴와 바퀴덮개로 구성된 시스템이 있다. 바퀴덮개가 바퀴를 가리고 있어서 바퀴의 위치를 바퀴덮개를 관찰할 수 없다.

· **제2-4단계 :**

a. 바퀴덮개

b. 바퀴. (바퀴는 많은 요구조건을 갖고 있고, 바퀴에 어떤 변화는 요구조건과 갈등을 일으킬지 모른다. 바퀴덮개의 요구조건은 하나뿐이다 - 바퀴덮개의 특정 형태를 유지하라. 이것은 문제의 조건 하에서 바퀴덮개에 변화를 주는 것이 쉽다는 것을 의미한다).

· **제2-5단계 :** 바퀴덮개

· **제3-1단계 :** 바퀴덮개는 그 공기역학적 특성을 악화시키지 않으면서 스스로 바퀴의 관찰을 가능하게 해준다.

이 문제는 간단해서, 제2수준을 넘지 않는다. 하지만, 지금 우리는 문제를 풀어가는 과정에 흥미가 있다. 따라서 간단한 과제를 사용하는 것이 훨씬 더 쉽다.

제2-3단계에서, 해결책은 **스스로** 요구하고, **제3-1단계**는 정확도가 높은 해결책으로 안내한다. 바퀴덮개는 스스로 빛의 통과를 가능하게 한다; 따라서, 거울, 광섬유 등을 활용하는 모든 변형들은 제거된다. '바퀴덮개의 공기역학적 특성을 악화시키지 않으면서' 라는 말은 바퀴덮개의 모양과 위치를 바꿀 수 없고 바퀴덮개에 구멍 또한 만들 수 없다는 것을 의미한다. 남은 것이 하나 있는데, 그것은 바로 바퀴덮개를 투명하게 만드는 것이다. 이것은 우리로 하여금 겹칠 수 없는 것을 겹치게 해 준다: 차의 공기역학적 특성을 개선하면서, 동시에 운전자는 예전의 경우처럼 앞쪽 바퀴를 관찰 할 수 있다.

해결책을 찾았을 때, 그 해결책은 당연해 보인다. 실제로, 이 해결책은 1940년대 초반에 나타날 수 있었을 것이다. 아마도 심리적 관성이 한 몫을 한 것 같다. 이 문제가 출현한 시기에는 투명한 바퀴덮개를 만들 수 있는 재료가 없었고, 기존 유리는 너무 잘 깨지기 쉬워서 적합하지 않았다. 그 당시에는 바퀴를 금속 덮개로만 덮을 수 있다고 믿는 것이 통상적이었다. 그리고 금속은, 우리 모두가 알듯이, 투명하지 않다. 시간이 흘렀고 조건이 바뀌었다. 새로운 투명 플라스틱이 개발되었다; 그러나, 심리적 관성이 좀처럼 사라지지 않았다 - 그리고 여전히 문제는 해결되지 않았다. 이 문제가 경주용 자동차에만 관련되어 있어서 기존 자동차 엔지니어들의 시야에 들어오지 않았던 것이 문제해결을 늦춘 한 가지 요인이었다. 기존 자동차에는 투명 바퀴덮개가 사용될 것 같지 않다(곧 더러워져 그 투명도를 잃게 되어서 그 해결책을 적용할 수 없었다). 일반적으로, 어떤 기계 혹은 그 일부를 만들기 위해서, 투명한 소재를 사용하는 것은 발명문제 해결을 위한 매우 강력한 원리 중의 하나이다.

> 들보다 바꾸기 쉽다), 2) 만일 제2-4a단계에 바람직하지 않은 효과와 관련된 구성요소가 있다면(보통 이것은 제2-3b단계에 나타난다), 그 구성요소는 최후의 수단으로만 선택한다. 3) 만일 시스템이 제2-4b단계의 구성 요소만을 갖고 있다면 **외부 환경**을 구성 요소로 선택한다.
>
> **아리즈 제3-1단계:** 다음 형식을 사용하여 IFR(이상적인 최종 결과. Ideal Final Result)을 정립한다 : a) 제2-5단계로부터 구성 요소를 선택하다, b) 그 구성요소의 작용을 진술한다, c) 어떻게 그 구성요소가 이 작용을 수행하는지를 진술한다(이 질문에 대답할 때는 **항상 "스스로"**라는 말을 사용한다), d) 언제 그 구성요소가 작용을 수행하는지를 진술한다, e) 그 구성요소가 작용을 어떤 조건(한계, 요구조건 등)하에서 수행하는지를 진술한다.

□■□■□

그림 8의 다이어그램은 아리즈가 어떻게 작동되는지를 보여준다. 이상적인 최종 결과

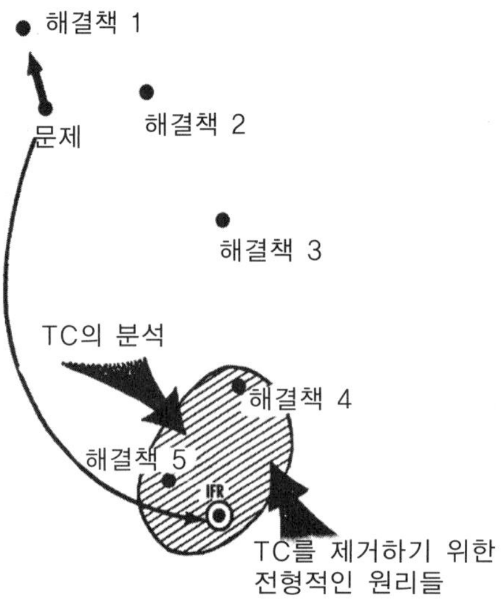

그림 8

아리즈에 따라서, 문제해결 과정은 이상적인 최종 결과를 진술하면서 시작된다. 이것이 매우 강력한 해결책 영역으로 곧바로 이르도록 도와준다. 게다가 기술적 모순(TC)을 정의하고, 이를 제거하기 위한 전형적인 원리를 활용함으로써 탐색이 더욱더 쉬워진다.

를 등대로 활용한다면, 발명가는 곧바로 가장 강력한 해결책들이 있는 영역에 도달한다. 그런 다음, 문제에 포함된 기술적 모순의 단계적 분석이 뒤를 따른다. 기술적 모순과 그 내부 역학의 명확한 이해만으로도, 어떤 경우에 이 단계에서 해결책에 대한 아이디어가 나타난다. 그러나 대체로 유아 단계의 아이디어는 정제되어있지 않다. 그런 아이디어를 정제하고, 수정하고, 강점으로 강화해야 한다. 그런 다음, 그 아이디어의 결점들을 가능한 한 많이 제거해야 한다. 이것은 아리즈의 제4부에서 이루어진다.

때로는, 아이디어의 결점이 너무 심각하고, 강점이 의심스럽고, 두 번째 분석이 새로운 결과를 낳지 못한다. 그러면 아리즈의 제5부로 넘어가라고 제안한다.

끝없이 많은 발명문제가 존재한다 ; 하지만, 그 문제에 포함되어 있는 기술적 모순들은 종종 반복된다. **전형적인 모순**이 존재하면, 그 모순들을 제거하기 위한 **전형적인 원리**도 반드시 존재해야 한다. 실제로 발명들에 대한 통계 조사로부터 기술적 모순을 해결하기 위한 40가지의 효과적인 발명원리가 밝혀졌다. 많은 발명은 이 원리들의 활용(따로 따로, 또는 조합해서)에 기초를 두고 있다. 물론, 이것이 창의성의 역할을 적게 하지는 않는다 ; 사실, 우주 전체도 단지 몇 백 개의 원소로 구성되어있다.

표를 만들어 보자. 세로 열에 우리가 바꾸고자(**개선, 증가, 감소** 등)하는 특성들을 배치한다 ; 가로 행에는 알려진 전통적인 방법으로 원하는 변화를 줄 때, 받아들일 수 없는 특성들을 배치한다.

이 모순행렬표가 부록 1에 있다. 모순행렬표은 4만 건의 발명을 분석한 결과로 나온 것이다. 아리즈의 제5부는 이 표를 활용하는 것으로 시작한다. 우리가 앞에서 언급한 경주용 자동차 문제를 해결하려 한다고 가정해보자. 우리는 바퀴의 불완전한 공기역학 때문에 발생하는 에너지 손실을 전통적인 방법으로 줄일 수 있을까? 그렇다, 우리는 할 수 있다 : 바퀴를 바퀴덮개 아래에 숨긴다. 그러나 그렇게 하면 운전자는 바퀴의 위치를 관찰할 수가 없다. 그러므로 우리는 이런 모순을 찾는다 : "에너지의 손실" **대** "관찰조건", 또는 "관찰조건" **대** "에너지의 손실."

모순행렬표을 살펴보자. "에너지의 손실"은 특성목록에서 22번째 행에 있다; 하지만 "관찰조건"이라는 특성은 없다. 따라서 33번째 열을 대신 선택하자 : "사용의 편의성." 행과 열의 교차지점에 세 개의 숫자 35, 32, 1이 있는 셀이 있다. 이 숫자들이 추천 발명원리이다. 그들 중 몇 개가 문제 해결을 위한 열쇠가 될 수 있다.

우리는 이들 발명원리들을 나중에 자세히 분석할 것이다. 지금 시점에서 나는 단지 표가 제안한 세 개의 원리 중에서 객체의 투명도를 바꾸라고 제안하는 원리(#32b)가 있다는 것만을 말해줄 수 있다. 우리가 만약 모순의 조합으로 "사용의 편의성" **대** "에너지의 손실" 또는 "에너지의 손실" **대** "정보의 손실"을 택하면, "객체를 투명하게 만들라"라는 제안이 모순행렬표에 제시된 원리들 중에 있음을 알 수 있다.[53]

53) 이 모순조합의 경우 모순행렬표가 제시하는 발명원리 중에 "객체를 투명하게 만들라"(#32b)는 없다. 다른 발명원리를 활용해 보자 - *역자주*

9장 발명가의 도구들

이제부터 모순행렬표과 그 안에 포함된 발명원리에 대해서 자세히 살펴보자.

모순행렬표과 같은 형태의 표를 개발하는 것은 매우 어려운 작업이다. 불행하게도 계속되는 발명들을 분석하고 반복되는 해결책을 선택하여, 이것을 표에 삽입하는 것만으로 모순행렬표를 개발할 수는 없다. 발명가 인증서와 특허증은 사소한 해결책에 대해서도 발행되는 경우가 많다. 따라서 수많은 분석 특허들이 "강력한" 해결책을 담고 있다고 하더라도 이러한 특허들을 기반으로 하여 만든 모순행렬표가 일반적으로 "약한" 해결책을 내놓을 수 있다. 어떤 원리는 원래 5년, 10년, 20년 전에는 강력했을지라도, 현재 새로운 문제를 해결하는 데에는 불충분할 수도 있다.

이 때문에 표를 만드는 과정에서, 표의 각 셀에 특정 유형의 모순을 해결한 선도산업에 속하는 가장 강력하고 유망한 발명원리들이 들어가야 한다. 예를 들면, "무게 **대** 작용시간", "무게 **대** 속도", "무게 **대** 힘", "무게 **대** 신뢰성" 등과 같은 모순의 해결을 위해서 가장 적절한 발명원리는 항공 산업의 발명에서 찾을 수 있다. 정확성을 높여야 한다는 요구와 관련된 모순은 실험 장치의 발명에 기본적으로 있는 발명원리에 의해 가장 효과적으로 제거될 수 있다.

선도 산업이 사용하는 신기술의 원리로 만든 표는 평범한 발명문제에 대한 강력한 해결책을 찾는 데 도움이 될 것이다. 선도 기술문제를 해결하는 데 유용한 표는 게다가 최근의 발명으로부터 막 출현한 최신의 원리들을 포함하고 있어야 한다. 이러한 원리는 발명가 인증서를 받은 "성공적인" 발명에서는 찾을 수 없다. 그보다는 출원은 했으나 "실현 가능성이 없다"거나 "실용적이지 않다"라는 이유로 거절당한 출원서들에서 찾아볼 수 있다.

아리즈-65에 포함된 표는 43가지의 특허 분류와 그와 관련된 5,000건의 발명을 분석하여 만든 것이다. 아리즈-71에 포함된 표는 훨씬 더 자세한 내용을 담고 있다. 40,000건 이상의 발명을 분석하여 완전히 새롭게 이 표를 만들었다. 이 표의 모든 셀을 다 채우지는 않았지만, 약 1,500가지의 전형적인 기술적 모순을 담고 있고, 각 모순마다 그것을 해결할 수 있는 유망한 원리들을 제시하고 있다.

표에서 제시하는 발명원리들은 모두 일반적인 용어로 표현되어 있다는 것을 강조할 필요가 있다. 이것은 마치 공장에서 만든 옷과도 같기 때문에, 각각의 문제 특성에 맞도록 고쳐야 한다. 예를 들어, 표가 발명원리 1(분할)을 추천하고 있다면, 해결책이 객체의 **분할**과 어느 정도 관련이 있다는 것을 의미할 뿐이다. 표가 있다고 해서 발명가가 **생각**할 필요가 없어지는 것은 결코 아니라, 단지 보다 유망한 쪽으로 사고의 방향을 잡아줄 뿐이다.

이러한 전형적인 원리들은 발명 과정의 창의적 특성과 양립할 수 있는가? 그렇다. 실제로 오늘날의 발명가들은 이러한 전형적인 원리들을 의심하지 않고 종종 사용한다.

발명원리 목록을 만들려는 시도는 20세기 초에도 있었다. 그러나 이러한 목록들을 우연한 관찰을 통해, 그리고 다양한 자료 출처로부터 만들었기 때문에 그것들은 불완전하였다. 적절한 목록을 만들고 이를 정기적으로 갱신하기 위해서는 특허 정보를 체계적으로 조사해야 하고, 다양한 분야의 수만 가지 발명을 분석해야 한다. 오늘날 이 작업은 정기적으로 이루어지고 있으며, 각 아리즈 버전은 추가 발명원리나 더욱 정확한 원리 목록을 제공한다.

발명가의 상상 속에 있는 "창의성 공장"에서 발명원리들은 공구 세트의 역할을 한다. 이들을 적절히 사용하는 방법을 배우기 위해서는 확실한 기술이 필요하다. 간단한 예를 들면, 발명가는 유사한 "실마리"를 찾아서 발명원리의 목록을 쭉 살펴본다. 이 방법은 매우 느리고 그다지 효과적이지 못하다. 아리즈를 이용하여 문제를 해결하면 상황이 달라진다. 즉, 모순행렬표는 주어진 문제에 대한 가장 효과적인 해결책을 보여준다. 발명가가 아리즈를 배우기 시작할 때, 그는 원리들을 순차적으로 분석하고, 나중에 모순행렬표를 이용한다. 그러나 모든 경우에 원리를 적용하는 방법과 함께 원리를 이해하는 것이 좋다.

전형적인 발명원리의 목록은 특별한 종류의 탁상용 매뉴얼이다. 발명가는 이 목록을 새로운 기술과 특허로 새롭게 해야 하는 출발점으로 생각해야 한다.

□ ■ □ ■ □

지금부터 기술적 모순을 해결하는 전형적인 발명원리 40가지를 사례와 함께 살펴보자.

PART 2

1. 분할

a. 물체[54]를 독립된 여러 부분으로 나눈다.

b. 물체를 구획화 한다(분해와 조립이 쉽도록).

c. 물체의 분할 정도를 높인다.

· **사례 1 : 미국특허 #2,859,791.** 12개의 독립된 부분으로 구성된 타이어[55]

타이어의 분할은 그것의 신뢰성을 높이기 위해 행해졌다. 그러나 이것이 이 강력한 원리를 활용하는 유일한 이유는 아니다. 분할은 현대 기술진화의 주요 경향이다.

· **사례 2 : 발명가 인증서 #168,195.** 반원형의 날이 달린 굴착기 버킷. 이 굴착기는 굴착날을 분리할 수 있기 때문에 쉽고 빠르게 정비할 수 있어 독창적이다.

· **사례 3 : 발명가 인증서 #184,219.** 폭발물을 이용하여 광산 바위를 연속적으로 파괴하는 방법. 이 방법은 위쪽 바위층의 연속 폭발을 위해 미세 폭발을 이용하고, 그것에 의해 연속적으로 더 작은 바위가 생기기 때문에 독창적이다.

54) Object는 문맥에 따라 객체, 대상(물), 물체 등으로 표현할 수 있는데, 이장의 발명원리 부분에서는 혼동을 피하기 위해 "40가지 원리(인터비전, 박성균 옮김)" 에서와 같이 물체로 표현하였다 - *역자 주*

55) 다른 사례들과 마찬가지로 여기서 저자는 설명을 최대한 구체화하기 위해 실례를 제시하였다. 독자들은 몇몇 원리들을 뒷받침하는 "미미하고", "우스운" 아이디어에 대해 당황하지 않았으면 한다. 가장 중요한 것은 그 핵심이다.

2. 추출(빼내기, 회수, 제거)

a. 물체에서 "방해가 되는" 부분이나 특성을 추출한다.
b. 물체에서 필요한 부분이나 특성만을 추출한다.

· **사례 1 : 발명가 인증서 #153,533.** X-선으로부터 보호하는 장치. 이 장치는 X-선의 통과를 막는 물질로 만들어진 보호판(사람의 척추와 유사한 세로형 막대)이 있기 때문에 독창적이다. 이것은 환자의 머리, 어깨, 척추, 척수, 생식기 등을 이온화된 방사능으로부터 보호한다.

이 발명의 이면에 있는 아이디어는 분명하다. 이것은 방사능의 가장 해로운 부분을 차단함으로써 분리해낸다. 이렇게 단순하면서도 매우 필요했던 발명을 훨씬 일찍 할 수 있었음에도 불구하고, 1962년이 되어서야 특허가 출원되었다.

사람들은 물체를 여러 가지 요소들의 집합으로 보는데 익숙하다. 예를 들면, 헬리콥터는 연료 탱크를 갖고 있다. 실제로 헬리콥터는 연료를 **'가지고 다녀야'** 한다. 그러나 헬리콥터가 짧은 거리를 움직일 때는 연료를 지상에 둘 수 있다. 전기 헬리콥터에는 가솔린 엔진 대신에 전기 모터를 갖고 있다.

그림 9
추출의 원리 : 구조대원은 냉각 장치가 들어있는 배낭을 메고 다녔다. 이제 이런 장치를 별도의 용기에 둔다.

· **사례 2 : 발명가 인증서 #257,301.** 그림 9에서 용기가 사람과 분리되어 있음을 볼 수 있다.

· **사례 3 :** 새와 비행기의 충돌은 비행기의 추락을 일으키고 결국 불의의 재난을 일으킬수 있다. 공항에서 새를 멀리 쫓기 위한 방법으로 허수아비, 화학약품 살포 등의 많은 미국특허가 있다. 이 중에서 가장 좋은 방법은 놀란 새 소리를 녹음한 테이프를 크게 틀어주는 것이다. 여기서 새 소리가 새로부터 분리되었다. 이 해결책은 매우 특이하지만, 추출의 원리를 정확히 입증한다.

3. 국소적 성질

a. 물체나 외부 환경(작용)의 구조를 동질적인 것에서 이질적인 것으로 바꾼다.

b. 물체의 여러 부분들이 서로 다른 기능을 수행하게 한다.

c. 물체의 각 부분을 작동상 가장 유리한 조건이 되도록 배치한다.

· **사례 1 : 발명가 인증서 #256,708.** 탄광의 먼지억제 방법. 이 방법은 미세한 물과 굵은 물 스프레이를 동시에 사용하여 먼지를 억제하기 때문에 독특하다. 미세한 안개를 뿌리는 원뿔형 부분을 굵은 물 스프레이 막으로 둘러싼다. 이 방법은 안개먼지를 먼지 형성 지역에서 통풍 기류를 따라 이동하게 함으로써 탄광 전체로 안개먼지의 확산을 막는다.

· **사례 2 : 발명가 인증서 #280,328.** 볍씨 건조방법. 이 방법은 벼의 낟알 크기에 따라 볍씨를 선별하고, 따로따로 건조함으로써 낟알에 흠이 생기는 것을 줄이기 때문에 독특하다.

국소적 성질의 원리는 많은 기계 진화의 사례에서 쉽게 볼 수 있다. 기계는 수많은 요소로 구성되어 있는데, 각 요소들은 작업을 수행하기 위해서 각각 가장 바람직한 상태로 존재한다.

원래의 증기기관은 증기 보일러와 응축기의 역할을 동시에 수행하는 실린더를 포함하고 있었다. 엔진 사이클은 다음과 같았다 : 실린더에 물을 붓고, 석탄불로 가열한다. 물이 끓으면 증기가 피스톤을 위로 올린다. 그런 다음 불을 제거하고 실린더의 외벽에 찬물을 끼얹어 실린더를 냉각하였다. 증기가 응축되면 대기 압력이 피스톤을 다시 아래로 밀었다.

이후에 발명가들은 증기 보일러를 실린더와 분리하여, 연료소비를 상당히 줄였다. 그러나 이전에는 실린더 바깥쪽에서 응축했던 증기를 안쪽에서 응축하기 때문에 큰 열손실이 생겼다. 여기서 다음 단계의 조치를 취해야 했다. 즉 응축기를 실린더에서 분리해야 했던 것이다. 제임스 와트(James Watt)가 이 아이디어를 개발, 실행하였다. 다음은 와트가 어떻게 이것을 했는지 설명한 것이다.

"나는 이 문제를 분석한 후에, 완벽한 증기기관을 만들기 위해서는 실린더도 그 속으로 들어오는 증기만큼 뜨거워야 한다는 결론을 내렸다. 그러나 진공을 얻기 위해서 30℃ 이하의 온도로 증기를 응축해야 했다.

나는 어느 날 오후 글래스고(Glasgow) 근처로 산책을 나갔다. 날씨가 무척 좋았다. 내 기계에 대해서 생각하면서 오래된 세탁소를 지나쳤다. 거드(Gerd)의 집에 거의 다 왔을 때 갑자기 한 가지 생각이 떠올랐다. 증기는 팽창하여 진공을 채우는 성질이 있다. 실린더를 진공상태의 통에 연결한다면 증기가 그 속으로 빠르게 빨려 들어갈 것이고, 따라서 실린더를 냉각시킬 필요가 없다. 거드의 집에 도착하기 전에 내 머리 속에서 모든 것이 완전히 정리가 되어 있었다."

4. 비대칭

a. 대칭형을 비대칭형으로 바꾼다.
b. 물체가 이미 비대칭이라면, 그 비대칭의 정도를 더욱 높인다.

기계들은 대칭으로 태어난다. 대칭은 기계의 전통적인 형태이다. 그러므로 대칭 형태의 물체와 관련해서 발생하는 많은 문제들은 이 대칭을 깨뜨리기만 하면 쉽게 해결될 수 있다.

· **사례 1 :** 잡는 부분이 비대칭형인 바이스는 긴 부품을 수직으로 잡을 수 있다.

· **사례 2 :** 자동차의 헤드라이트는 두 가지 다른 조건 하에서 작동되어야 한다. 한 조건은 원거리 불빛을 요구하고, 다른 조건은 반대편 운전자의 눈이 부시지 않도록 하는 단거리 불빛을 요구한다. 이것들의 요구조건은 다르지만, 오랫동안 이런 조명등은 똑같이 설치되었다. 비대칭 조명등을 설치하자는 아이디어가 나온 것은 최근이다. 현재는 서로 다르게 조절되는 두 세트의 광선, 즉 하향등과 상향등이 자동차에 설치되어 있다.

· **사례 3 :** **미국특허 #3,435,875.** 타이어의 바깥쪽 부분을 비대칭으로 더 강한 재료로

만들어 보도의 연석(緣石)에 부딪힐 때 충격에 견딜 수 있게 한다.

· **사례 4 : 발명가 인증서 #242,325.** 측면 투입창이 있는 주철 용해용 전기 아크로(爐). 이 노는 투입창 쪽을 넓힌 비대칭형 오목 내화 구멍을 갖고 있어서 독특하다. 이 개념은 연속 용해공정을 위한 것이다(그림 10).

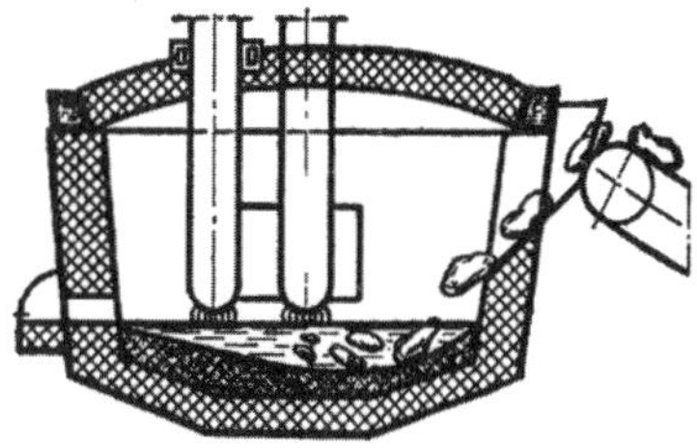

그림 10

비대칭의 원리 : 전기 아크로(爐)의 전극봉을 비대칭으로 설치하여 투입창 옆에 여유 공간을 만든다. 이 구조는 연속적인 광석의 투입을 가능하게 한다.

5. 통합

a. 동질적인 물체 또는 연속적으로 작동하도록 되어 있는 물체를 공간적으로 통합한다.

b. 동질적이거나 연속적 작동을 시간적으로 통합한다.

· **사례 1 : 발명가 인증서 #235, 547.** 로터(Rotor) 굴착기의 작동 요소는 로터와 크레인 팔로 구성되어 있다. 이 굴착기에는 언 땅을 녹이는 가열장치(예를 들어, 로터 모서리의 양끝에 붙어있는 노즐)가 있어서 독특하다. 이것이 굴착에 드는 힘을 줄여준다(그림 11).

그림 11

통합의 원리 : 언 땅을 녹이기 위해서 굴착기 작업을 중단해야 할 필요가 있었다. 현재는 가열 노즐이 로터에 설치되어 있다.

· **사례 2 : 발명가 인증서 #134,155.** 침몰한 배의 작은 공기 돔에 갇힌 사람을 헬멧의 도움으로 수면까지 데려오기 위한 수중 구조장치. 이 장치는 잠수복에 부착된 밸브에 연결하기 위한 호스와 연결부품(이것이 헬멧에 공급되는 공기를 제

그림 12

통합의 원리의 또 다른 예

어해줌)을 갖춘 두, 세개의 헬멧을 갖고 있기 때문에 특별하다. 이 발명품은 구조작업의 효율성을 높인다(그림 12).

6. 다용도

a. 하나의 물체로 여러 가지 다른 기능을 수행하게 한다. 그러면 나머지 다른 요소들을 제거할 수 있다.

· **사례 1 :** 일본에서 정제장치를 갖춘 유조선의 건조 가능성을 검토하였다. 이 프로젝트의 아이디어는 원유를 목적지까지 운송하는 동안 그것을 정제하는 것이었다.

· **사례 2 : 발명가 인증서 #160,100.** 담배잎과 같은 재료를 건조기계까지 수화수송(hydrotransportation)하는 방법. 이 방법은 담배잎의 세척과 동시에 색상의 보존을 고려해서 물을 약 80~85℃로 가열하기 때문에 특별하다.

· **사례 3 : 발명가 인증서 #264,466.** 컴퓨터 메모리 요소를 얇은 원통형 필름 상에서 만든 다음, 유전성 하층(dielectric sub-strata)에 올려놓는다. 이 발명품은 필름이 정보를 기록하고 검색하기 위해서 데이터 버스와 같이 기능하여, 메모리 요소가 단순화되었기 때문에 특별하다.

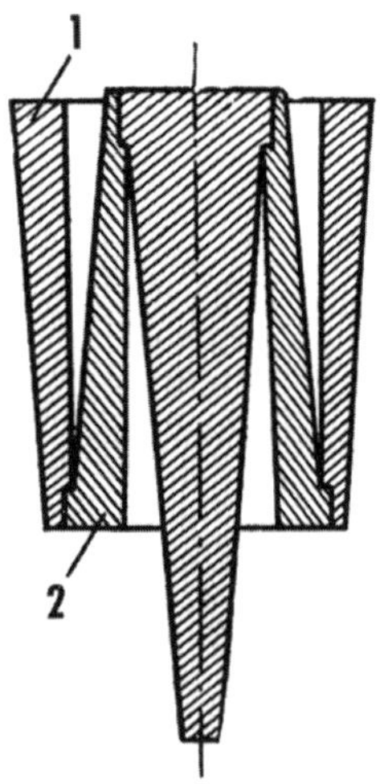

그림 13
"마트레쉬카"의 원리 : 소형 초음파 집신기(集信機). 1부분과 2부분은 모두 속이 빈 원뿔이다.

7. 포개기 (마트레쉬카)

a. 한 물체를 다른 물체 속에 넣는다. 그 물체를 또 다른 물체 속에 넣는다….

b. 한 물체가 다른 물체의 구멍을 통과한다.

· **사례 1 : 발명가 인증서 #186,781.** 초음파 집신기(集信機)는 서로 연결된 반(半)파장 부분으로 구성되어 있다. 이 발명은 "마트레쉬카[러시아의 전통 인형으로, 여러 개의 크기가 다른 인형이 포개져 있다]"처럼 하나 안에 다른 것이 포개져 있는 속이 빈 원뿔로 만든 반 파장 부분을 포함하기 때문에 특이

하다. 이것이 집신기(集信機)의 길이를 줄여줄 뿐만 아니라 안정성도 향상 시킨다(그림 13).

· **사례 2 : 발명가 인증서 #110,596.** 등급이 다른 석유를 한 배로 저장하고 수송하는 방법. 이 방법은 점도가 높은 석유를 점도가 낮은 석유의 안쪽 부분에 두기 때문에 특별하다. 이것은 고점도 석유의 열손실을 줄여준다.

· **사례 3 : 발명가 인증서 #272,705.** 밭에 비료를 주는 장치가 스크루 형 공급 컨베이어를 양쪽에 단 버킷(bucket)으로 구성되어 있다. 이 발명은 각 컨베이어가 안과 바깥 양쪽으로 돌아갈 수 있는 두 개의 스크루로 구성되어 있기 때문에 특별하다. 이 발명은 비료를 뿌리기 위한 작업 너비를 조절할 수 있게 한다(그림 14).

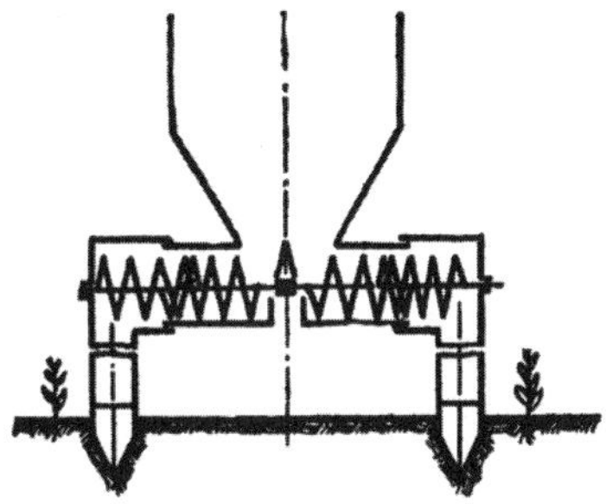

그림 14
또 다른 "마트레쉬카" 원리 : 한 부분을 다른 부분 속으로 돌려서 넣음으로써 공급 나사산의 너비를 조절할 수 있다.

PART 2

8. 평형추(counterweight)

a. 물체의 무게를 상쇄하기 위해, 양력을 제공하는 다른 물체와 물체를 결합시킨다.
b. 물체의 무게를 상쇄하기 위해, 외부 환경의 영향을 받는 공기역학적/유체역학적 힘을 이용한다.

· **사례 1 : 발명가 인증서 #187,700.** 발파장치를 관정 안 밖으로 내리고 회수하는 방법. 이 방법은 중력을 이용하여 이 장치를 아래로 내리고, 장치 내부에 설치한 로켓엔진을 이용하여 장치를 회수하기 때문에 독창적이다. 이 발명은 발파작업의 비용을 절감해주고 장치를 단순화시켜 준다.

초강력 터보발전기를 개발하는 과정에서 한 가지 심각한 문제가 발생하였다 : 베어링 위 회전자가 일으키는 압력을 어떻게 줄일 것인가. 발전기에 강력한 전자석을 설치함으로써 그 압력의 일부를 상쇄시키는 해결책을 찾았다.

때때로 우리는 '반대'의 문제, 즉 부족한 무게를 보정하는 문제를 해결해야 한다. 기술자들이 전기식 탄광열차를 설계할 때 기술적 모순이 나타났다. 엔진 추진력(기차의 견인력)을 높이기 위해 엔진의 무게를 증가시켜야만 한다. 이것이 기차의 자체중량을 증가시켜, 결과적으로 기차의 유효 용량이 줄어든다. 레닌그라드 광업 단과대학의 한 기술자 집단이 이러한 기술적 모순을 제거하는 간단한 장치를 개발하여 성공적으로 실행하였다. 기술자들이 전면 구동바퀴 안쪽에 강력한 전자석을 설치하자 탄광열차의 용량이 1.5배나 증가하였다. 전자석이 일으키는 강력한 자기장이 바퀴를 레일에 밀착시키고 마찰을 증가시킨다(유효 추진력이 증가함). 그래서 기차의 자체중량은 감소하지만, 기차의 적재용량은 증가한다.

9. 사전반대조치

a. 너무 크거나 바람직하지 않은 응력을 상쇄하기 위해 물체에 미리 반대 응력(應力)을 가한다.

· **사례 1 : 발명가 인증서 #84,355.** 터빈 디스크 용 붉게 달구어진 금속 덩어리가 회전 테이블 위에 놓여있다. 그 금속 덩어리는 식으면서 수축한다. 그러나 달구어진 금속 덩어리가 아직 탄성이 있는 동안 원심력이 금속 덩어리를 "눌러", 금속 덩어리에 압축 응력을 준다. 금속덩어리가 최종적으로 식었을 때, 그것이 압축응력을 갖는다.

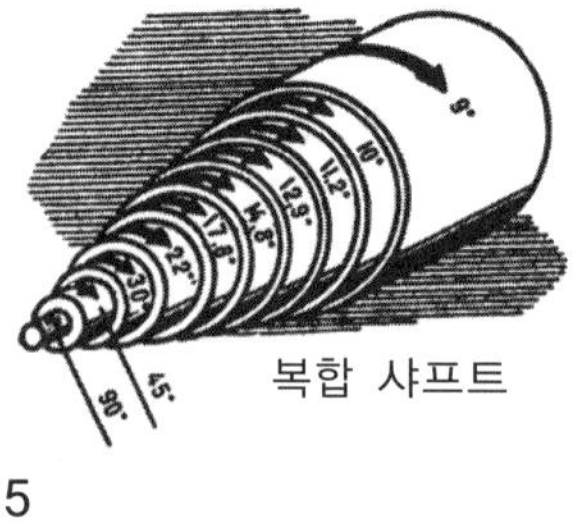

그림 15
사전반대조치의 원리 : 복합 샤프트의 파이프들을 그 회전 방향과 반대로 뒤틀어 놓는다.

모든 압축응력 콘크리트 생산기술은 같은 원리에 기초를 두고 있다. 콘크리트빔의 인장 특성을 개선하기 위한 보강재는 고화과정에서 늘어나, 빔에 압축력을 제공한다. 이것은 매우 드문 경우이다 - 건축 산업이 기계 제조업보다 더 진보된 기술을 사용한다. 현재 압축응력의 개념은 기계에 거의 사용되지 않는다. 그러나 이 방법의 활용이 엄청난 결과를 가져올 수 있다.

예를 들어 지름을 크게 하지 않고서 샤프트를 더 강

하게 만들 수 있는 방법이 없을까? 그림 15는 이 문제의 해결책을 보여주고 있다. 샤프트를 차례차례 겹친 여러 개의 튜브로 만드는데, 이 때 이 튜브들을 작업 중에 받을 변형과는 반대방향으로 계산된 각도만큼 미리 뒤틀어 놓는다. 처음에 회전 모멘트가 미리 가해진 변형을 제거한 다음에 샤프트는 "정상" 방향으로 변형을 시작할 것이다. 이 샤프트의 무게는 전통적인 일체형 샤프트의 절반 수준이다.

10. 선행 조치

a. 물체에 필요한 변화를 미리(완전하게 또는 부분적으로) 가한다.

b. 가장 편리한 위치에서 즉시 작동할 수 있도록 물체의 위치를 미리 잡아둔다.

· **사례 1 : 발명가 인증서 #61,056.** 많은 종류의 과일나무 줄기를 땅에 심을 때, 줄기 부분의 영양이 부족하기 때문에 꽃자루줄기가 뿌리를 내릴 수 없다. 이 발명의 발명가는 꽃자루줄기를 심기 전에 액체 영양분이 채워진 통에 줄기를 담그어 줄기에 영양분을 저장하는 방법을 제안하였다.

· **사례 2 : 발명가 인증서 #162,919.** 실톱을 사용하여 깁스의 회반죽 틀을 제거하는 방법. 이 방법은 회반죽 틀을 만들 때 틀 안쪽에 플라스틱 튜브를 넣고 그 속에 칼날을 넣어 두기 때문에 독특하다. 이 칼날 덕분에 틀이 안에서 밖으로 절단됨으로, 환자의 피부를 손상시키지 않는다. 이 방법은 외상을 예방하고 회반죽 틀을 쉽게 제거할 수 있게 해준다.

이러한 원리를 활용한 유사한 개념이 목재에 색을 입히는 데에도 사용되었다. 나무를 자르기 전에 미리 염료가 섞인 물을 나무에 공급하면, 이 염료가 서서히 목질세포에 침투되어 나무 전체에 퍼진다.

11. 사전 예방

a. 물체의 신뢰성이 그다지 높지 않은 경우, 미리 준비된 비상수단을 써서 보완한다.

· **사례 1 : 발명가 인증서 #264,626.** 첨가제를 사용하여 화학약품의 독성 작용을 줄이

는 방법. 이 방법은 약품을 생산하는 동안에 첨가제를 기본 독성 물질과 함께 혼합하기 때문에 독창적이다. 이 방법은 인체 내에서 그것의 생성물질뿐 아니라 화학물질의 유독한 영향을 줄여준다.

· **사례 2 : 발명가 인증서 #297,361.** 식물로 장벽띠를 심어서 산불의 확산을 막는 방법. 이 방법은 식물로 만든 장벽이 연소를 늦추는 화학물질 또는 생물학적으로 흡수된 비료를 토양에 전달한다는 점에서 독특하다. 이것은 식물이 불에 대한 저항력을 얻도록 도와준다.

· **사례 3 : 미국특허 #2,879,821.** 단단한 금속 디스크를 타이어 내부에 설치하여, 이것이 타이어가 공기압력을 잃은 후에도 계속해서 운전할 수 있게 해준다.

사전 예방의 원리는 시스템의 신뢰성을 높이는 용도로만 사용되는 것은 아니다. 특별한 예를 들어보자. 미국 도서관에서 종종 책이 없어진다. 발명가 엠마뉴엘 트리킬리스(Emanuel Trikilis)는 책 표지 안에 작은 금속판을 숨겨둘 것을 제안하였다. 책을 등록하고 대출하기 전에, 사서(司書)는 책을 자성 제거장치에 댄다. 만일 등록하지 않고 책을 가지고 가려는 사람이 있을 경우, 책 표지에 숨겨진 금속판이 경보기를 작동한다.

스위스 알프스 긴급 구조대도 눈사태로 인해 눈 속에 파묻힌 사람을 신속하게 찾기 위해 유사한 방법을 사용한다. 현재는 스키를 타는 사람들 모두가 작은 자석을 가지고 다닌다. 만일 스키를 타던 사람이 눈 속에 묻힐 경우(10피트의 눈 속에 묻혀있을 경우라도) 구조팀은 그 사람을 쉽게 찾을 수 있다.

12. 높이 맞추기

a. 물체를 들어 올리거나 내릴 필요가 없도록 작업조건을 바꾼다.

· **사례 1 : 발명가 인증서 #264,679.** 주형(鑄型)을 운반하는 곳에 롤러 컨베이어를 설치한다. 컨베이어의 높이는 주형 프레스의 높이와 같다.

· **사례 2 : 발명가 인증서 #110,661.** 컨테이너를 트럭에 직접 싣는 대신에 유압 실린더로 약간 들어 올려서 받침대 위에 올려놓는다. 이렇게 하면 크레인을 사용하지 않고도 매우 큰 컨테이너를 트럭에 실을 수 있다.

13. 반대로 하기

a. 문제가 요구하는 직접적인 작용 대신, 반대 작용(예를 들어, 가열대신 냉각)을 실행한다.

b. 물체 또는 외부 환경에서 움직이는 부분을 고정시키고, 고정된 부분을 움직이게 한다.

c. 물체의 위와 아래를 뒤집는다.

· **사례 1 : 발명가 인증서 #184,649.** 연마 환경 속에 있는 금속 부품을 청소하는 방법. 이 방법은 용기 대신 부품에 진동을 주기 때문에 독특하다.

· **사례 2 : 발명가 인증서 #109,942.** 이 발명품은 크고 얇은 벽 모양의 부품을 주조하는 문제를 해결한다. 문제 : 금속을 주조틀에 붓는 작업(the "rain" method)은 주조틀 위 15센티미터를 넘지 않는 높이에서 해야 한다－그렇지 않으면 금속이 연소하여 가스가 차게 된다. 만일 주조틀이 2~3미터 높이라면, 먼저 부은 금속 부분이 응고하여, 용융 금속이 주조틀의 꼭대기까지 올라갈 시간이 없을 것이다.

발명가는 여기서 이 문제에 대한 간단하면서도 절묘한 해결책을 제시했다. 그의 공정에서는 주조틀 밑바닥 가까이에 닿는 두 개의 튜브를 통해 용융 금속을 붓는다. 주조틀은 채워지면서 아래로 움직인다. 따라서 용융된 금속은 응고되어야 할 지점에서 응고된다(그림 16).

전통적인 주조공정에서 용융 금속은 주조틀 안쪽에서 움직인다. 이 새로운 방법에서는 주조틀이 움직이고 용융된 금속은 고정되어 있다. 여기서 모든 것은 뒤집혀 있다. 이것은 "겹칠 수 없는 것을 겹치게" 해준다－"Rain" 방법에서처럼 주조틀을 매끈하게 채우고, 금속이 밑부분에서부터 굳는다.

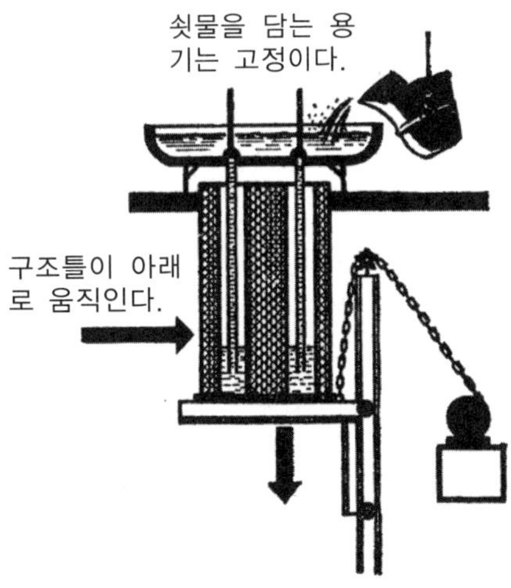

그림 16
반대로 하기 원리 : 전통적인 주조 방법과는 반대로, 틀을 움직여서 부어넣은 용융 금속의 높이를 일정하게 유지한다.

14. 구형화

a. 직선을 곡선으로, 평면을 곡면으로, 입방체를 구체로 바꾼다.
b. 롤러, 볼, 나선형을 이용한다.
c. 직선운동을 회전운동으로 바꾼다. 원심력을 활용한다.

· **사례 1 : 독일특허 #1,085,073.** 공 모양의 전극을 이용하여 파이프를 쇠격자에 용접하는 장치

· **사례 2 : 발명가 인증서 #262,045.** 채광기계는 작동요소로서 바위를 부수는 전극막대를 갖고 있다. 이 전극은 절연 샤프트에 장착된 자유롭게 회전하는 원뿔 모양의 롤러이다. 단단한 바위를 분쇄할 때 이 롤러가 효율을 높여 준다.

· **사례 3 : 발명가 인증서 #260,874.** 낡은 타이어의 고무에서 금속선을 분리하는 방법. 타이어를 탄화수소에 담그고, 고압의 물분사로 처리한 다음, 절단함으로써 기계적으로 금속선을 분리한다. 이 방법은 타이어 고무입자 사이의 결합력을 약화시키는 회전속도로 각 타이어를 처리한다는 점에서 색다르다. 이것이 생산성을 올려 준다.

15. 역동성

a. 물체나 외부환경의 특성을 변화시켜 작동단계마다 최고의 성능을 내게 한다.
b. 물체가 움직일 수 없으면 움직일 수 있게 한다. 물체를 교환 가능하게 만든다.
c. 물체의 위치를 서로 바꿀 수 있도록 물체를 부분으로 나눈다.

· **사례 1 : 발명가 인증서 #317,390.** 고무로 된 물갈퀴. 이 물갈퀴는 압축되지 않은 불활성 액체로 채워진 길이방향 공동(空洞)을 갖고 있어서 해변이나 수중에서 필요에 따라 이 액체의 정압력을 조정할 수 있기 때문에 특별하다. 이것이 여러 종류의 수영(거리나 속력 어느 것이든)을 위해 물갈퀴의 뻣뻣한 정도를 조절할 수 있게 해준다.

· **사례 2 : 발명가 인증서 #161,247.** 원통형 선체를 가진 배. 이 배의 선체는 경첩연결

자로 열 수 있는 두 개의 반쪽으로 되어있기 때문에 독특하다. 이것이 배의 전부하(全負荷) 침수 깊이를 줄여준다.

· **사례 3 : 발명가 인증서 #174,748.** 경첩으로 연결된 두 부분의 프레임을 갖는 차량. 프레임 부분들은 유압실린더를 이용하여 그것들의 상대적 위치를 바꿀 수 있다. 이 설계는 바위투성이 지형을 가로질러가는 차량의 능력을 향상시켜준다.

· **사례 4 : 발명가 인증서 #162,580.** 철선으로 감긴 튜브로 되어 있는, 통로를 갖고 있는 속이 빈 케이블을 제조하기 위한 방법. 케이블을 제조한 후 나중에 제거할 수 있는 물질로 튜브를 미리 채운다. 이 방법은 튜브를 채우는 물질로 왁스를 사용하기 때문에 독특하다. 케이블을 제조한 후에 왁스를 녹여 튜브 밖으로 왁스를 빼낸다. 이 방법은 케이블 생산 기술을 단순화할 수 있게 해준다.

16. 과부족 조치

a. 원하는 효과를 100 % 달성할 수 없다면, 그보다 많거나 적게 달성한다.

· **사례 1 : 발명가 인증서 #181,897.** 어떤 시약(즉, 요오드화 은)을 이용하여 비구름으로부터 우박을 결정화함으로써 우박을 제어하는 방법. 이 방법은 굵은 물방울을 가진 구름에서만 우박 결정이 형성되기 때문에 독창적이다. 이 방법은 시약 소비량은 현저하게 줄여줄 뿐 아니라, 시약의 포격 수단을 단순하게 해준다.

· **사례 2 : 발명가 인증서 #262,333.** 이 금속분말 공급 시스템은 사일로와 공급장치로 구성되어 있다. 이 시스템은 내부 깔때기와 사일로에 있는 과량의 분말을 공급하는 전자석 펌프를 갖춘 통로가 있

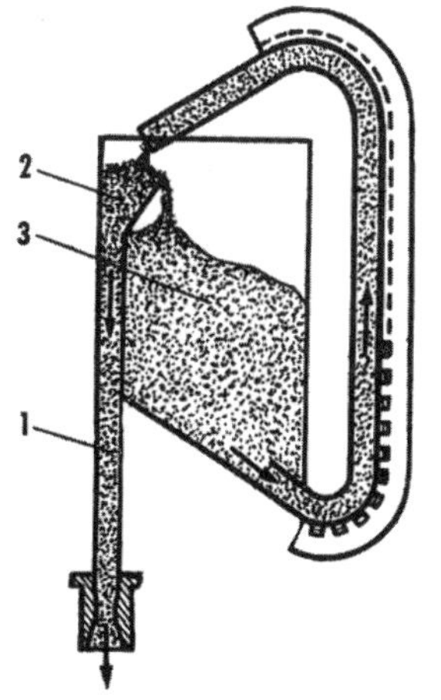

그림 17
과부족 조치의 원리 : 파이프 1에 분말을 균일하게 공급하기 위해, 분말(필요한 것보다 많은 양 포함)을 깔때기 2에 붓는다. 여분의 분말이 사일로 3으로 넘쳐, 이것이 깔때기 안의 일정한 분말 높이를 보장해 준다.

PART 2

기 때문에 독특하다(그림 17). 이 방법은 공급 장치에 분말이 균일하게 흐르도록 해준다.

17. 차원 바꾸기

a. 물체의 일차원의 이동이나 배치를 이차원으로 바꾼다. 이차원을 삼차원으로 바꾼다.
b. 물체의 다층구조를 활용한다.
c. 물체를 기울이거나 옆으로 눕힌다.
d. 주어진 표면의 반대쪽을 활용한다.
e. 광선을 물체의 주변 영역이나 반대쪽으로 투사한다.

· **사례 1 : 발명가 인증서 #150,938.** 반도체 다이오드는 미리 정해진 전자-정공 전이와 저항기 접촉을 이용한다. 이 접촉은 반도체 판 둘레 길이를 증가시킬 수는 없다. 평면 접촉에서 삼차원 접촉으로의 전이는 다이오드의 크기를 바꾸지 않고 반도체 판의 면적을 증가시킬 수 있게 해준다. 따라서 전자-정공에 흐르는 일률 출력이 증가한다.

유명한 소련 발명가 키셀레프(D. Kiselev)는 자신의 책 **설계자의 탐구**(*The Designer's Quest*)에서 그가 유정(油井)을 뚫는 끌을 어떻게 개선하였는지 설명하고 있다 :

"굴착 끌에 있는 볼 베어링은 일정한 적재 용량을 가지고 있다. 볼의 수를 늘이면 작업 조건을 개선하고 마모를 방지할 수 있다. 내가 생각한 정확한 방향은 볼을 다른 형태로 배치하는 것이었다. 그러나 필요한 만큼의 볼과 롤러 사이에 그 위치를 잡기 위해서는 작은 끌의 치수가 장애였다. 나는 우연히 해결책을 보았다 : 나는 필요한 만큼의 볼을 줄로 가깝게 모아서 배치할 수 있었는데, 이것은 사람들이 기차여행을 할 때 2층 침대에서 자는 것과 똑같은 방법이었다. 이제 지난 몇 달 동안 찾아 헤매던 문제의 해결책이 얼마나 간단하였는지를 생각하면 웃음이 난다."

· **사례 2 : 발명가 인증서 #180,555.** 광산 화차를 교환하기 위한 기계화 방법. 이 발명은 적재된 화차를 빈 화차와 교환하기 때문에 독특하다. 이것은 비어 있는 광차를 90도 회전시켜 짐이 실린 광차 위로 들어 올림으로써 이루어진다. 이 방법으로 인해 측선철로(side-track) 시스템이 필요하지 않게 되었다.

· **사례 3 : 발명가 인증서 #259,449.** 자화 흑연 결점 탐지기. 이 장치는 뫼비우스 띠 형태로 되어있는 양면 자성 테이프를 갖고 있기 때문에 독특하다. 이 발명은 테이프의 기대수명을 두 배로 증가시켜 준다.

· **사례 4 : 발명가 인증서 #244,783.** 일년 내내 야채를 재배하기 위한 온실. 이 발명은 회전 오목거울을 온실의 북쪽에 설치하기 때문에 독특하다. 이 발명은 식물의 일조 조건을 개선시켜 준다.

18. 진동

a. 진동을 이용한다.

b. 진동이 있다면 그 진동수를 초음파 수준으로 증가시킨다.

c. 공명 주파수를 이용한다.

d. 기계적 진동을 압전 진동으로 바꾼다.

e. 초음파 진동을 전자기장과 연계하여 이용한다.

· **사례 1 : 발명가 인증서 #220,380.** 저주파수로 진동하는 전극을 이용하여 용제 내부의 부품을 아크 용접하는 방법. 이 발명의 새로운 특징은 저주파 전극 진동에 가해지는 높은 초음파 주파수(예를 들어, 20 KHz)에 있다. 이로 인해 금속 피복의 품질이 높아진다.

· **사례 2 : 발명가 인증서 #307,896.** 기하학적 차원을 바꾼 절단도구로 톱밥 없이 통나무를 자르는 방법. 이 방법은 절단 도구를 나무의 내부 주파수와 가까운 주파수로 진동시키기 때문에 독특하다. 이 방법은 절단 도구가 나무 안으로 파고들어가는 데 필요한 힘을 줄여 준다.

· **사례 3 : 미국특허 #3,239,283.** 마찰 저항이 정밀 측정 장치의 감도를 현저하게 저하시키고, 베어링 위에 있는 바늘, 추 및 다른 움직이는 부분들의 자유로운

움직임을 방해한다. 이것을 피하기 위해 베어링을 강제로 진동시킨다. 그 결과로서 이 장치의 일부 부품들은 서로 연관되어 진동한다. 전기 모터를 진동 원으로 사용하는데, 이것은 장치를 복잡하게 하고, 장치의 무게도 증가시킨다. 미국 발명가 존 브로스(John Bross)와 윌리엄 라벤도펜(William Laubendorfen)은 압전형 내부 고리가 있는 베어링을 개발하였는데, 그들은 베어링의 모든 측면을 전도성 호일로 덮었다. 전도성 호일에 교류 전류가 흐르면, 호일이 진동을 일으킨다.

· **사례 4 : 발명가 인증서 #244,272.** 자기장을 걸어서 먼지를 갈아 앉히는 방법. 이 방법은 음향과 자기장으로 동시에 공기를 처리하기 때문에 독특하다.

19. 주기적 작동

a. 연속적인 작동을 주기적 순간 작동(임펄스, impulse)로 바꾼다.
b. 작동이 이미 주기적이라면 그 주파수를 바꾼다.
c. 추가적인 작동을 제공하기 위해 임펄스 사이에 쉬는 시간을 이용한다.

· **사례 1 : 발명가 인증서 #267,772.** 추가 광원을 활용하여 불꽃 용접 과정을 관찰하는 널리 알려진 방법이 있다. 그러나 용접 불꽃 속에 있는 고체 및 액체 물질의 관찰을 개선하면, 불꽃의 플라즈마 가스 부분은 관찰하기가 어려워진다(명백한 기술적 모순). 이 특허가 제시한 개념은 추가 광원의 밝기 때문에 특별하다. 추가 광원의 밝기가 영에서부터 용접 불꽃의 밝기 이상의 값까지 주기적으로 변한다. 이것이 불꽃 자체뿐만 아니라 전극과 용접봉 금속의 녹는 과정을 함께 관찰할 수 있게 해준다.

· **사례 2 : 발명가 인증서 #302,622.** 열전쌍(熱電雙) 검사법은 열전쌍을 가열한 다음, 발생한 전동력(Electromotive Force, EMF)을 검사하는 것으로 구성되어 있다. 이 새로운 방법은 열전쌍을 주기적인 임펄스 전류로 가열하는 한편, 그 임펄스 간격 사이에 발생한 전동력을 검사하기 때문에 독특하다. 이 발명은 검사 시간을 줄일 수 있게 해준다.

20. 유익한 작용의 지속

a. 중단 없이 작동하게 한다. 물체의 모든 부분들을 최대 성능으로 계속해서 작동하게 한다.

b. 헛된 동작 또는 중간 동작은 제거한다.

c. 전후 왕복 운동을 회전 운동으로 바꾼다.

· **사례 1 : 발명가 인증서 #126,440.** 두 세트의 파이프를 사용하여 여러 개의 우물을 파는 방법. 두 세 개의 관정을 동시에 굴착할 때 다원통 회전자(multi-barrel rotor)를 사용한다. 이러한 원통들은 서로 독립적으로 작동한다. 게다가, 마모된 끌을 교환할 수 있도록 두 세트의 드릴 파이프를 교대로 우물 속으로 내려 보내거나 꺼내 올린다. 끌 교환 과정은 교대로 하는 우물을 파는 작업과 자동적으로 연결되어 있다.

· **사례 2 : 발명가 인증서 #268,926.** 원당을 유조선으로 운송하는 방법. 이 개념은 기름 유조선을 활용하기 때문에 독특한데, 기름 유조선이 일단 기름 또는 다른 액체 화물을 내리고 나면 특수한 세척 방법으로 깨끗이 한 후에 원당을 싣는다. 이 발명은 헛된 운전시간을 없애고, 운송비용을 줄여준다.

21. 고속처리

a. 해롭고 위험한 작동을 고속으로 처리한다.

· **사례 1 : 발명가 인증서 #241,484.** 가스 기류 속에서 금속 더미를 고속으로 가열하는 방법. 이 방법은 초당 200미터 이상으로 흐르는 가스를 주입하기 때문에 독특하다. 이 방법은 금속 더미와 접촉하는 전체 길이에 일정한 기류를 제공한다. 이 방법은 생산성을 올려주는 한편 탈탄소화를 줄여준다.

· **사례 2 : 발명가 인증서 #112,889.** 원목 운반선은 원목을 하역할 때, 운반선을 특수 선박으로 기울인다. 모든 화물을 물에 내리기 위해서 운반선을 매우 크고 불안한 각도로 기울여야 한다. 이 새로운 방법은 급격한 움직임을 사용함으로써 기울어지는 각도를 작게 해준다. 작은 각도에서 원목을 내릴 수 있도

록 임펄스를 이용한다.

· **사례 3 : 독일 특허 #1,134,821.** 두께가 얇고 지름이 큰 플라스틱 파이프를 잘게 자르는 장치. 특별하게 이 장치는 파이프를 절단하는 칼을 갖고 있는데, 매우 빠르게 절단하기 때문에 파이프가 변형될 시간이 없다.

22. 전화위복/해로움을 이로움으로

a. 바람직한 효과를 얻기 위해, 해로운 인자(특히, 환경 인자)를 활용한다.
b. 해로운 인자를 다른 해로운 인자와 결합시켜서 해로운 인자를 제거한다.
c. 해로운 인자가 사라질 때까지 해로운 작용의 정도를 증가시킨다.

· **사례 1 :** 소련 학자 볼로그딘(P. Vologdin)은 자신의 기고문 '과학자의 길(*The Road of the Scientist*)' (Leningrad Almanac, 1953, #5)에서 그는 1920년대 초에 고주파 전류를 활용하여 금속을 가열하는 것을 목표로 정했다고 적었다. 실험은 금속 표면만 가열된다는 사실을 보여주었다. 고주파 전류를 금속 내부까지 침투시키는 것은 어려운 문제였다. 실험은 취소되었다. 후에 볼로그딘은 이 부정적인 효과를 한 번도 사용하지 않은 것을 후회했다. 산업계가 이 방법을 실제로 도입하기 훨씬 이전에 고주파 금속 처리법을 얻을 수 있었을 것이다.

· **사례 2 :** 또 하나의 위대한 발명에 대한 무척 다른 운명적인 사건이 있었다. 금속 부품 제조를 위한 전기 스파크 공정이 바로 그것이다. 라자렌코(B. P. Lazarenko and I. N. Lazarenko)는 금속의 전기 부식 문제에 대해서 연구하고 있었다. 전류가 계전기 접점이 서로 닿는 부분에 있는 금속을 부식시켰다. 이 문제에 대해서 아무것도 할 수 없었다. 경합금 또는 초경합금을 실험하였지만 긍정적인 결과를 얻어내지 못했다. 연구자들은 접점을 다양한 용액 안에 두었지만, 부식은 한층 더 심했다. 어느 날 발명가들은 이 부정적인 효과를 이점으로 사용할 수 있다는 사실을 깨달았고, 이들의 연구를 다른 방향으로 돌렸다. 1943년 4월 3일 그들은 금속 부품 제조를 위한 전기 스파크법으로 발명가 인증서를 받았다.

· **사례 3 : 발명가 인증서 #142,511.** 그림 18, A는 광석분쇄기의 두 부분 사이의 움직일 수 있는 접합부분이다. 이 부분이 움직일 수 있는 것은 구 모양의 주철 헤드가 있기 때문이다. 이 헤드의 목 부분이 가장 약한 설계점이다. 보통 이 부분이 부러진다. 물론 부러질 가능성을 줄이기 위해서 어느 정도 개선할 수 있다. 미리 목부분을 부러뜨리면 어떨까? 그렇게 하면 잘 부러지지 않는 실린더형 베어링통이 된다(그림 18, B).

· **사례 4 : 발명가 인증서 #152,492.** 지면 결빙에 의한 지하 케이블선의 손상을 막기 위해서, 케이블 양쪽에 좁은 확장 도랑을 파서 만들자는 제안이 있다(그림 19).

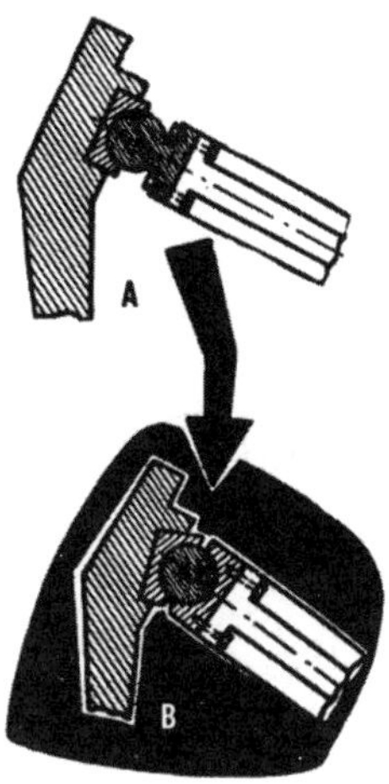

그림 18
"전화위복"의 원리

그림 19
인공 "갈라진 틈" – 결빙으로 인한 케이블선의 균열을 막아주는 도랑

이것은 단순한 원리이다 : 받아들일 수 없는 것처럼 보이는 것을 받아들이자 – 그리고 그것이 발생하도록 놔두어라. 그러나 여기서 발명가의 사고 과정이 종종 심리적 장벽과 부딪히게 된다.

23. 피드백

a. 피드백을 도입한다.
b. 피드백이 이미 존재한다면 그것을 변화시킨다.

· **사례 1 : 발명가 인증서 #283,997.** 물 냉각탑 안에서 공기의 순환 영역이 생긴다. 이 영역이 물의 냉각 작용을 떨어뜨린다. 냉각탑의 다른 영역에서 냉각 효과를 올리기 위해, 온도 센서를 설치하는데, 이 온도센서가 자동적으로 신호를 주어, 냉각탑에 흐르는 물의 양을 제어한다.

· **사례 2 : 발명가 인증서 #167,229.** 자동적으로 컨베이어를 작동시키는 방법. 이 방법은 컨베이어가 작동하는 동안 컨베이어의 주 전기 모터가 소비하는 전력을

측정한다는 점에서 독특한데, 여기서 소비 전력은 컨베이어가 실어 옮기는 무게에 해당한다. 무게는 컨베이어가 정지되어 있을 때 기록된다. 그런 다음 컨베이어 위에 있는 자재의 중량에 반비례하는 신호를 시동모터로 보내고, 이 때 컨베이어가 재 작동한다.

24. 매개체

a. 매개체를 사용하여 작용을 전달하거나 수행한다.
b. 쉽게 제거할 수 있는 물체를 원래 물체에 임시로 연결한다.

· **사례 1 : 발명가 인증서 #177,436.** 전류를 액체 금속에 공급하는 방법. 이 방법은 매개 액체금속 안에 있는 냉각 전극을 통해 전류를 금속에 공급하기 때문에 독특하다. 여기서 매개 액체금속은 주 금속보다 녹는 점은 낮지만, 비등점에서의 밀도는 더 높다. 이 방법은 전기 손실을 줄일 수 있게 해준다.

· **사례 2 : 발명가 인증서 #178,005.** 대기부식의 휘발성 억제제로 보호 표면을 덮는 방법. 이 방법은 내부 형태가 복잡한 부품에 이 반응 억제제로 포화된 뜨거운 공기를 불어넣기 때문에 독특하다. 이 방법은 그러한 부품들의 내부 표면을 억제제로 균일하게 덮게 해준다.

25. 셀프서비스

a. 물체가 스스로 서비스 하거나 보충 및 수리 작업을 수행한다.
b. 버리는 재료와 에너지를 이용한다.

· **사례 1 : 발명가 인증서 #261,207.** 내마모 재료로 만든 타일로 몸체의 내부가 덮인 탄알(펠릿) 발사 장치. 이 장치는 장치 표면에 금속탄알의 보호 코팅층을 붙들어 둘 수 있는 자석 타일이 있다는 점이 독특하다. 따라서 지속적으로 보충되는 금속탄알 보호층이 발사장치의 내벽에 생긴다.

· **사례 2 : 발명가 인증서 #307,584.** 조립식 부품으로 관개(灌漑) 시스템을 건설하는 방법. 이 방법은 처음 건설된 운하부분의 양쪽 끝부분을 임시 칸막이로 막

는다는 점이 독특하다. 이 운하부분을 물로 채워서, 다음 운하부분의 운송을 가능하게 한다. 각 침수된 부분은 계속 이어지는 조립식 운하부분의 운송을 수월하게 하여, 전체 관개 운하 시스템의 건설을 단순화시킨다.

· **사례 3 : 발명가 인증서 #108,625.** 반도체 다이오드를 냉각하는 방법. 이 방법은 작동전류가 다이오드를 통해 직접 흘러가는 반도체 열전소자(熱電素子)로 되어 있다는 점이 독특하다. 이 방법은 열 교환 조건을 개선할 수 있게 해준다.

26. 복제

a. 깨지기 쉬운 원본이나 다루기 불편한 물체 대신에 간단하고 값싼 복제품을 사용해야 한다.

b. 가시광선 복제품을 사용하고 있으면 적외선이나 자외선 복제품으로 바꾼다.

c. 물체(또는 물체의 시스템)를 그 물체의 광학이미지로 바꾼다. 그러면 그 이미지를 줄이거나 늘릴 수 있다.

· **사례 1 : 발명가 인증서 #86,560.** 지질학 조사를 위한 시각적 학습 보조도구는 평평한 판에 투영된 지질학적 지역을 나타내는 그림으로 되어 있다. 이 발명은 소형 측량막대가 놓여있는 그림 위 특정한 두 점 사이의 거리를 측정하기 위해 이 이미지와 회전속도계를 사용한다는 점이 독특하다. 이 방법은 지도로 그려진 이미지로부터 직접 지질학 조사를 할 수 있도록 해준다.

때로는 물리적으로 겹칠 수 없는 두 물체를 겹치기 위해 측정 또는 제어가 필요하다. 이런 경우 영상 복제품을 사용하는 것이 합리적이다. 예를 들어, 다음은 엑스레이 필름으로 촬영된 3차원 측정 문제를 어떻게 해결했는가를 보여준다. 기존의 엑스레이 필름으로는 신체 표면으로부터 발병 위치까지의 거리를 측정할 수 없다. 입체사진은 이미지를 삼차원으로 만들어 준다. 그러나 이 경우에도 측정은 눈으로 해야만 했다. 몸속으로 들어가는 측정자가 없기 때문이다. 따라서 이 문제는 “겹칠 수 없는 것을 겹치게 하는 것”을 요구하였다. 엑스레이 방사선 밑에 있는 사람의 신체와 눈금자는 겹칠 수 없다.

노보시비르스크(Novosibirsk) 출신의 발명가 아크세노프(A. I. Aksenov)는 광학 이중

인화(혼합) 방법을 활용하여 이 문제를 해결하였다. 아크세노프의 방법은 엑스레이 영상을 스크린 입방체의 입체 영상과 겹치는 것이다. 이 입체의 겹친 영상을 보면서, 의사는 환자의 신체 내부를 관찰할 수 있고, 이 때 입방체는 3차원 눈금자 역할을 한다.

많은 경우에 일반적으로 실제 물체보다는 시각적인 대체품을 다루는 것이 더 좋다. 예를 들어 캐나다의 크루터(Kruter)라는 펄프회사는 열차에 실려 이송되는 원목을 측정하기 위해 특별한 카메라를 사용하였다. 회사의 보고에 따르면 원목 끝부분의 사진 촬영은 수작업보다 50~60배정도 빠르다. 편차는 2 %를 넘지 않는다.

흥미로운 사례를 하나 더 들어보자 :

· **사례 2 : 발명가 인증서 #180,829.** 구형 부품의 내부 표면을 측정하기 위한 새로운 방법. 반사가 적은 액체를 부품에 붓는다. 그리고 그 수위를 조금씩 바꾸면서 칼라 사진을 찍고, 한 장의 필름 틀에 사진들을 겹친다. 현상, 확대를 한 다음, 필름 이미지 위에 있는 동심원들을 설계도면에 있는 동심원들과 비교한다. 사진에 있는 선을 도면에 있는 선과 비교함으로써 그 차이를 매우 정확하게 측정할 수 있다.

27. 일회용품

a. 값비싼 물체를 값싼 물체로 바꾸고, 다른 특성들(예를 들어, 수명)과 타협한다.

· **사례 1 :** 위생 규정상 주사기와 바늘을 45분 이상 소독해야 한다. 한편 많은 경우 가능한 한 빨리 주사를 놓아야 한다. 의료장비 연구협회는 새로운 일회용 주사기를 개발하였다. 이 주사기는 끝부분을 뚜껑으로 보호한 바늘을 갖춘 얇은 플라스틱 튜브로 되어있다. 공장에서 튜브를 약품으로 채우고 밀폐한다. 우리는 이 주사기를 단지 수초 내에 준비할 수 있다. 그저 뚜껑만 제거하면 된다. 튜브에 있는 약품을 주사하고, 주사기는 버린다.

이런 종류의 특허가 많이 있다 : 일회용 온도계, 일회용 쓰레기봉투, 일회용 칫솔 등

28. 기계시스템의 대체

a. 기계시스템을 광학, 음향, 열, 후각 시스템으로 바꾼다.

b. 물체와 상호작용을 하는 전기, 자기 또는 전자기장을 이용한다.

c. 장을 다음과 같이 바꾼다 :

1. 움직이지 않는 장을 움직이는 장으로
2. 고정된 장을 시간에 따라 변화하는 장으로
3. 불규칙한 장을 구조화된 장으로

d. 장을 강자성 입자와 함께 사용한다.

PART 2

· **사례 1 : 발명가 인증서 #163,559.** 암반 굴착 공구의 마모를 알아내는 방법. 이 방법은 강한 냄새가 나는 화학 물질(에틸 메르캅탄과 같은)이 들어있는 앰플을 끌(chisel) 안쪽에 삽입해 놓아 마모 표시기로 사용한다는 점에서 독특하다.

· **사례 2 : 발명가 인증서 #154,459.** 비마모 스크루 연결(그림 20). 이 스크루 연결부분은 스크루(1)와 나사산 속에 들어간 코일(2), 그리고 코일(4)이 있는 너트(3)로 구성되어 있다. 스크루와 너트 사이에는 약간의 간격이 있다. 너트(3)는 기계 또는 장치의 움직이는 부분과 단단히 연결되어 있다. 전류가 코일(2)와 (4)에 흐르면 자기장이 각각의 코일 주위에 형성된다. 이 자기장들의 전류 쇼트가 너트와 스크루에 의해 일어난다. 자기장은 너트의 코일과 스크루

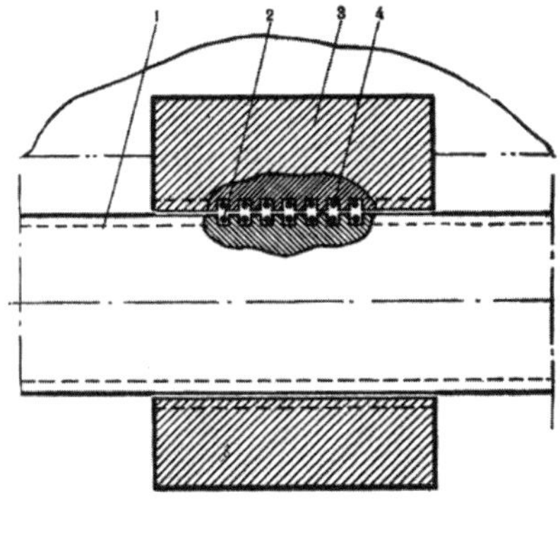

그림 20

이 스크루의 연결부분에서 너트는 전자기장의 상호작용 덕분에 마찰 없이 움직인다.

의 코일이 겹칠 때 최고 수준에 이른다. 스크루가 회전할 때 자기장은 스크루 코일과 너트 사이에 호광을 형성한다. 그 결과, 코일들 사이에서 원래의 상대적 위치로 회복하려는 힘이 발생한다. 이 힘에 의해 기계의 움직이는 부분에 부착되어 있는 너트가 전진 이동한다.

너트와 스크루 사이의 간격이 효과적으로 마모를 방지해 줌으로써 연결 부분의 수명이 길어진다.

· **사례 3 :** 어떤 공장이 직경 0.5밀리미터 구멍의 내벽에 광택을 내는 정밀 모형 작업을 하고 있었다. 이 작업을 수행하기 위해서 직경이 0.2밀리미터밖에 안 되는 소형 광택공구를 만들었다. 이 공구의 표면을 다이아몬드 가루로 덮고, 공기 터빈이 이 공구를 1000 rpm으로 회전시켰다. 또한 이 다이아몬드 공구는 분당 150번의 속도로 그 구멍 안쪽 둘레를 움직였다. 작업자는 광택을 내는 곳의 안쪽을 육안으로 볼 방법이 없었고, 그래서 공구가 부품에 접촉하는 순간을 감지할 수 없었다. 광택을 내는 공정은 길어지거나 너무 일찍 끝나버렸다. 그럴 경우에는 그 부품을 불합격 처리해야 했다.

"특별한 자동 기계를 설계하기로 하였다- 하지만 대신 한 발명 프로세스가 간단한 해결책으로 안내하였다: 부품을 기계로부터 떼어내, 배터리의 양극 단자를 그 부품에 연결하고 음극 단자를 기계에 연결하였다. 앰프와 스피커를 이 회로에 연결하였다. 이제, 공구가 부품에 접촉하자마자 스피커가 '소리를 낸다'. 이 기계는 광택 공정이 언제 일어나는지, 그리고 이 공정이 얼마나 잘 수행되는지를 음의 고저를 통해 알려주는 소리를 낸다."[56]

· **사례 4 : 발명가 인증서 #261,372.** 움직이는 촉매제를 이용하여 시스템 내의 촉매공정을 수행하는 방법. 이 방법은 강자성 특성을 갖고 있는 촉매제와 함께, 움직이는 자기장을 활용하기 때문에 독특하다. 이 방법은 촉매 공정을 수행하

---

56) *Technology-Youth* Magazine, 1965, #6, page 6.

는 적용 면적을 넓혀준다.

· **사례 5 : 발명가 인증서 #144,500.** 표면 열 교환기의 관모양 성분 내부에서 열 교환을 강화해주는 방법. 이 방법은 강자성체 입자를 열 운반물질의 흐름 속에 집어넣는다는 점에서 독특하다. 회전 자기장이 관 내벽에 있는 입자를 흐름과 혼합하는데, 이것이 흐름의 경계층을 파괴하여, 난류를 일으켜 준다. 이 방법은 열 교환 효율을 높여준다.

· **사례 6 : 프랑스 특허 #1,499,276.** 회전통이나 진동드럼 속에서 물체를 세정 처리한 다음, 그 물체들을 연마재 알갱이와 분리해야 한다. 만약 물체가 크다면, 이 일은 그리 어렵지 않다. 만약 그 물체가 강자성체라면, 자기 분리기를 이용하여 연마재 알갱이들을 제거할 수 있다. 그러나 만약 그 부품이 자성을 띠지 않는다면, 그리고 그 부품이 연마재 알갱이와 같은 크기라면 무엇을 할 수 있겠는가? 이 발명에 따르면 연마재 물질에 자기 특성을 부여함으로써 문제를 해결한다. 연마재 알갱이와 자성 입자 혼합물을 압착하거나 함께 구워 굳힘으로써 이것을 달성할 수 있다. 또한 자성 입자를 연마재 알갱이의 구멍 속으로 스며들게 해도 이것을 달성할 수 있다.

29. 공기식 또는 유압식 구조물

a. 물체의 고체 부분을 기체나 액체로 바꾼다. 이러한 부분들은 이제 공기나 물을 사용하여 팽창될 수 있고, 공기쿠션 또는 수압쿠션을 사용할 수 있다.

· **사례 1 : 발명가 인증서 #243,809.** 이 발명의 목적은 배기가 스의 통풍구와 소산(消散) 높이를 늘리는 것이다(그림 21). 이 목적은 노즐(2)이 달려있는 속이 빈 원뿔형의 나선(1)으로 구성된 굴뚝

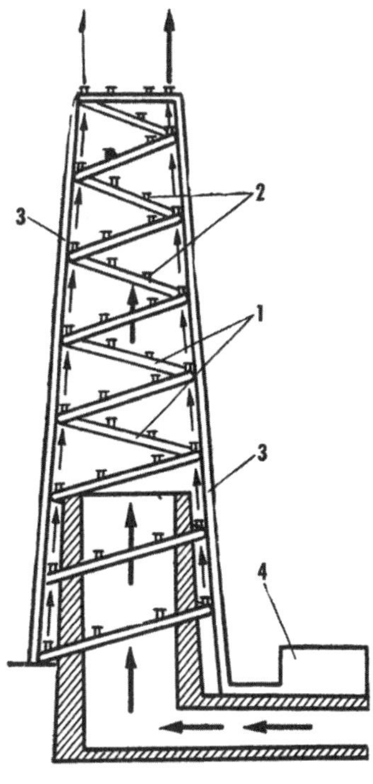

그림 21
커다란 굴뚝 대신에 우아한 구조물이 있다. 속이 빈 나선구조에 노즐들이 달려 있고, 거기서 나오는 압축 공기가 벽을 만들어 준다.

PART 2

몸체를 만들어 달성된다. 나선을 속이 빈 지지대(3)에 연결하고, 이 지지대의 아래쪽 끝을 압축기(4)에 연결한다. 압축기를 작동하면 공기가 지지대 속으로 들어가, 나선형의 노즐을 통해 배출되면서, "공기 벽"을 만든다.

· **사례 2 : 발명가 인증서 #312,630.** 스프레이 안개를 이용하여 큰 물체에 페인트칠을 한 다음, 환기 시스템을 통하여 용제와 페인트 연기를 제거하는 방법. 이 방법은 물체 주위에 그 물체보다 훨씬 큰 상승하는 공기 커튼을 만든다는 점에서 독특하다. 공기 커튼의 위쪽 부분은 환기 진공 시스템에 의해 소용돌이치며 올라간다. 이 방법은 페인트칠되는 물체 주위의 작업 공간을 줄여준다.

이 발명은 사례 1과 동일한 기술적 모순을 제거한다. 따라서 해결책이 본질적으로 같다 : 고체 금속 벽이 아닌 공기 벽

· **사례 3 : 발명가 인증서 #264,675.** 구상(球狀) 탱크의 지지 구조물과 받침. 이 지지 구조물은 액체를 채워, 용기 모양으로 만든 받침을 가지고 있다는 점에서 독특하다. 이 용기의 받침은 오목한 탄성 덮개를 갖는데, 이러한 모양은 탱크의 구상 몸체가 일으키는 압력 때문에 생긴다.

· **사례 4 : 발명가 인증서 #243,177.** 앞의 발명과 비슷한 것으로서, 말뚝 박는 기계의 밑바닥에서 기반까지 압력을 전달하기 위한 장치가 있다. 이 발명은 액체로 채워진 평평하고 밀폐된 용기로 구성된 기반을 갖고 있다는 점에서 독특하다. 이것은 균일한 압력 분배를 가능하게 해준다.

얼마나 더 많은 발명가 인증서가 이것과 똑같은 원리를 활용하여 나오게 될지를 살펴보는 것은 흥미로울 것이다. 만약 "A"가 "B"에 균일하게 압력을 가해야 한다면, "A"와 "B" 사이에 액체 베개를 두어라.

30. 유연한 막 또는 얇은 필름

a. 통상적인 구조물을 유연한 막이나 얇은 필름으로 바꾼다.

b. 유연한 막이나 얇은 필름을 이용하여 물체를 외부 환경과 격리한다.

· **사례 1 :** 나뭇잎을 통해 손실되는 수분의 양을 줄이기 위해 미국 연구자들은 나뭇잎에 폴리에틸렌 "비"를 분사했다. 매우 얇은 플라스틱 막이 나뭇잎에 형성된다. 플라스틱 망토로 덮여있는 식물은 정상적으로 자란다. 왜냐하면 폴리에틸렌은 산소와 이신화탄소를 수증기보다 잘 통과시키기 때문이다.

· **사례 2 : 발명가 인증서 #312,826.** 이 발명은 액체－액체 시스템으로 된 추출 방법으로, 한 액체층이 다른 액체층 표면에 있는 기체막을 통해서 지나간다. 이 개념은 질량 전달을 강화시켜준다.

PART 2

31. 다공성 재료

a. 물체를 다공성으로 만들거나 보충적인 다공성 요소(삽입물, 덮개 등)를 사용한다.
b. 만일 물체가 이미 다공성이라면, 그 구멍을 미리 어떤 물질로 채운다.

기계를 언제나 고체, 불투과성 재질로 만들어 왔다. 심리적인 관성 때문에 사람들은 불투과성 구조물을 유지하는 특별한 장치와 시스템을 도입함으로써 쉽게 풀리는 문제(다공성 재료를 사용할 때)를 보통 풀려고 한다. 반면, 투과성은 고도로 구조화된 기계가 갖는 특성이다. 단세포 동물에서부터 인간에 이르기까지 모든 살아있는 유기체와 같이 말이다.

물질의 내부 움직임은 많은 기계들의 중요한 기능이다. "정교하지 않은" 기계는 파이프, 펌프 등의 도움으로 이런 기능을 제공한다. "정교한" 기계는 투과성 막과 분자간의 힘을 활용하여 이 기능을 제공한다.

· **사례 1 : 발명가 인증서 #262,092.** 딱딱하고 점성이 있는 제품 입자들이 용기 내부에 부착되는 것으로부터 용기의 내부 표면을 보호하기 위한 방법. 이 방법은 다공성 재질로 만들어진 용기벽을 통해 용기 안쪽으로 압축공기를 보내, 부착물이 생기지 않도록 하였기 때문에 독특하다. 이 액체의 압력은 용기 내부의 압력보다 높다. 이 방법은 에너지 소비량을 줄여줌과 동시에 용기 내부 표면에 보호 효율성을 높여준다.

· **사례 2 : 발명가 인증서 #283,264.** 액체 금속에 첨가제를 넣기 위해 내화성(耐火性) 재료를 활용하는 방법. 이 방법은 다공성이면서 내화성인 재료를 사용할 것을

Altshuller 사진알트슐러의 사진은 시몬 리트빈, 알렉산드르 셀리우트스키가 제공하였고, 아제르바이젠 중앙영상영화제작소가 1974년에 만든 "흥미로는 문제 클럽(The Interesting Problem Club)"라는 비디오에서 발췌하였다.

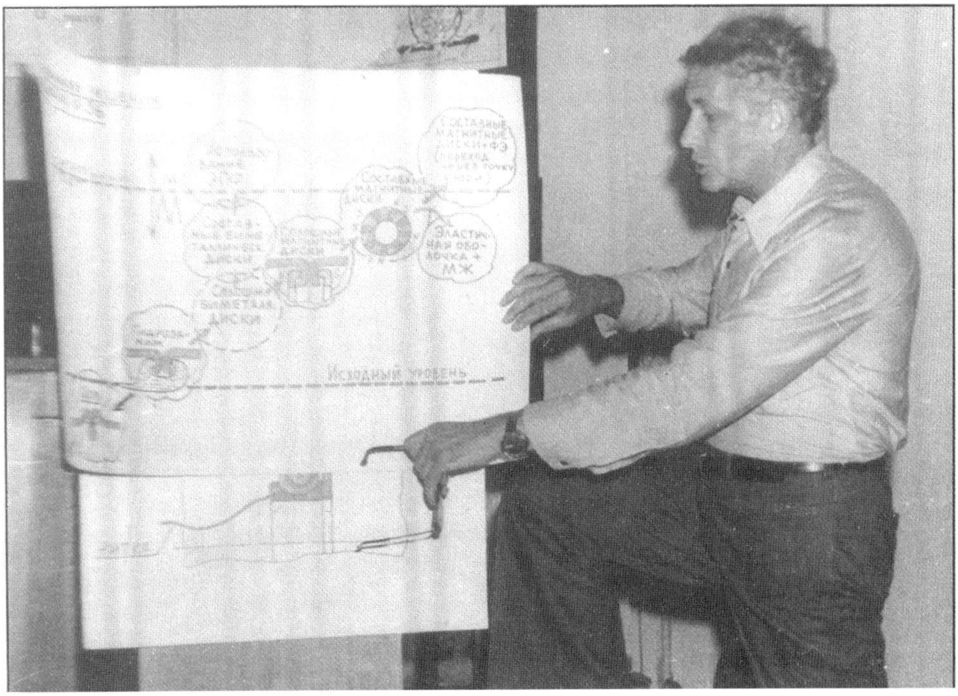
Исходный уровень

ЗОНА
ЛЕПЕСТКИ САМИ
ПРИ ОЧЕНЬ СИЛЬНОМ ВЕТРЕ)

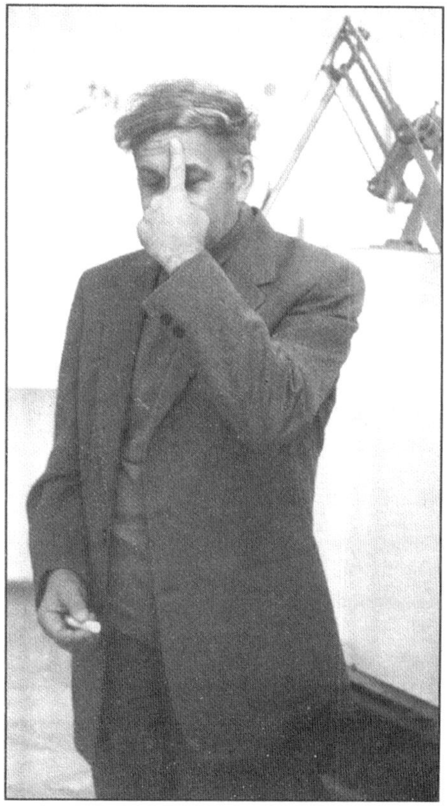

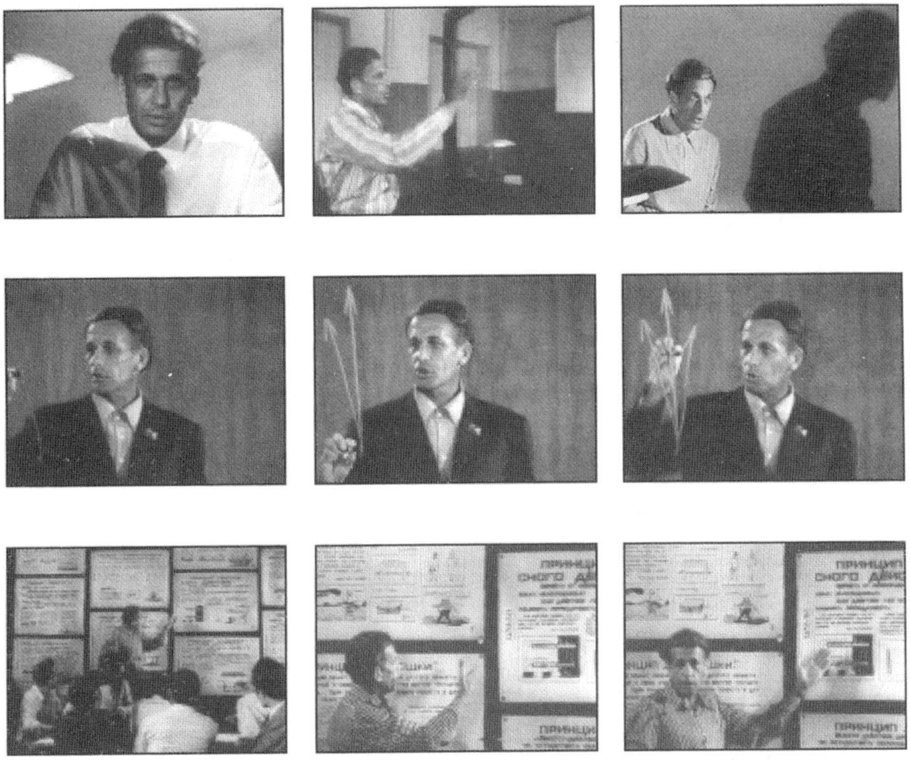

PART 2

제안하고 있는데, 이 다공성 내화 재료를 액체 금속에 넣기 전에 첨가제로 포화시킨다는 점에서 독특하다. 이 방법은 첨가제 공급 공정을 개선시켜 준다.

· **사례 3 : 발명가 인증서 #187,135.** 전기 모터를 위한 증발 냉각 시스템. 이 시스템은 동력 부품과 다른 요소들이 다공성 금속을 사용한다는 점에서 독특하다. 예를 들어, 냉각제(기계가 작동할 때 증발함)로 포화된 다공성 강철가루는 짧은 기간, 강력하고, 균일한 냉각작용을 제공한다. 이 방법은 기계에 있던 냉각제 공급 라인의 필요성을 없애준다.

32. 색깔 변경

a. 물체나 외부환경의 색깔을 바꾼다.
b. 물체나 외부환경의 투명도를 바꾼다.
c. 관찰하기 어려운 물체나 공정을 관찰하기 위해 유색 첨가제를 사용한다.
d. 만약 그러한 첨가제를 이미 사용하고 있다면 발광추적자 또는 추적원자를 이용한다.

· **사례 1 :** 물 커튼은 단조 및 주조 공장, 야금 공장, 또는 작업자를 열로부터 보호할 필요가 있는 곳은 어디에서나 사용된다. 물 커튼은 보이지 않는 열선(적외선)으로부터 작업자를 훌륭하게 보호해준다. 그러나 용융 강철에서 나오는 강렬한 빛은 이 얇은 액체막을 쉽게 통과한다. 이 빛으로부터 작업자들을 보호하기 위해서, 폴란드 노동 보호 협회의 한 직원은 색이 들어간 물 커튼의 사용을 제안했다. 이것은 투명하지만 여전히 열선을 완벽하게 막아주고, 필요한 수준까지 가시광선의 복사강도를 약화시킨다.[57]

· **사례 2 : 발명가 인증서 #165,645.** 사진 정착액에 염료를 첨가한다. 염료는 가역적이지만, 사진 층에 흡수된 염료는 기초 용지나 셀룰로이드 필름을 착색하지 않는다. 이 염료를 별도로 더 헹구어서 셀룰로이드 층에서 제거해야 한다. 염료를 헹구어서 제거하는 속도는 티오황산나트륨을 헹구어내는 속도와

57) *Inventor and Innovator*, 1970, #5, Page 16.

같거나 약간 더 느리다. 사진 층의 탈색은 사진층에 사진 물질을 정착시켜 주는 염화나트륨이 완전히 세척되었다는 것을 의미한다.

33. 동질성

a. 본체와 상호작용하는 물체를 본체와 동일한 재료(또는 비슷한 특성을 가진 재료)로 만든다.

· **사례 1 : 독일 특허 #957,599.** 용융금속 내부에 설치한 음파 발생기의 도움을 받아, 음파 또는 초음파로 용융금속을 처리하기 위한 주조 통. 이 처리 공정은 용융금속과 접촉하는 음파 발생기 부분이 용융금속과 같은 금속 또는 그 금속의 합금으로 되어있다는 점에서 독창적이다. 접촉 부분은 용융금속에 의해 부분적으로 녹는 한편, 음파 발생기의 다른 부분은 냉각되어 고체 상태를 유지한다.

· **사례 2 : 발명가 인증서 #234,800.** 냉각된 청동 베어링의 윤활 방법. 이 방법은 윤활제를 슬리브 베어링과 같은 금속으로 만들었다는 점에서 독특하다. 이 방법은 고온에서 윤활 작용을 개선시켜 준다.

· **사례 3 : 발명가 인증서 #180,340.** 용융 입자가 갖고 있는 먼지를 제거함으로써 가스를 깨끗하게 하는 방법. 이 방법은 이런 입자의 용융물로 만든 매체에 가스를 넣어 거품을 일게 한다는 점에서 독특하다. 이 방법은 여과 공정의 효율성을 높여 준다.

· **사례 4 : 발명가 인증서 #259,298.** 용접 모서리 사이의 틈에 약품을 채운 다음, 예열하여 금속을 용접하는 방법. 약품의 휘발성 조성물이 용접 금속과 같은 재료를 포함하고 있다. 이 방법은 용접 공정을 개선시켜 준다.

34. 폐기 및 재생

a. 물체의 요소가 그 기능을 마쳤거나 필요 없게 되면, 그 요소를 폐기하거나(버리기, 녹이기, 증발시키기 등), 작업 도중에 변형한다.

b. 물체 중에서 이미 사용된 부분은 작동 중에 원 위치한다.

· **사례 1 : 미국특허 #3,174,550.** 비상착륙 도중에 비행기 연료가 거품으로 바뀐다. 이 거품은 연료를 불연소성으로 만들어 주는 특별한 화학물질을 갖고 있다.

· **사례 2 : 미국특허 #3,160,950.** 로켓의 초기 점화 과정에서 민감한 장치에 대한 손상을 방지하기 위해 장치들은 거품으로 감싼다. 이 거품은 충격흡수 임무를 마친 다음에 공중에서 증발한다.

이 개념은 진화에 있어서 역동화의 원리(그 변화가 비록 훨씬 격렬하지만, 물체가 그 작동 도중에 변화한다.)의 다음 단계라는 것을 어렵지 않게 알 수 있다. 비행 중에 날개의 구조를 바꾸는 비행기는 역동화의 원리의 한 예이다. 다단 로켓이 사용한 부분을 버리는 것은 폐기의 원리 한 예이다. 이 두 원리는 이노베이션 "쌍둥이" 이다.

· **사례 3 : 발명가 인증서 #222,322.** 미세 스프링을 제조하는 방법. 이 방법은 신축성 재료로 만든 축에 철사를 감은 다음, 이 신축성 재료를 용해하는 용매에 신축성 재료와 스프링을 함께 담금으로써 그 재료를 제거한다. 이 방법은 생산 능력을 향상시켜 준다.

· **사례 4 : 발명가 인증서 #235,979.** 거대한 고무공을 제조하는 방법. 이 방법은 백분과 물의 건조 혼합물로 중심부를 만든다는 점에서 독특하다. 공 외부에 고무를 입힌 후, 볼 안에 액체를 주입하여 단단한 중심부를 녹여 없앤다. 이렇게 해서 필요한 크기의 속이 비어있는 공을 만들 수 있다.

· **사례 5 : 발명가 인증서 #159,783.** 속이 빈 압출 성형 제품을 제조하는 방법. 이 방법은 충진제의 주위에 마그네사이트 가루와 같은 내화 소재로 채운 용접 강철 샌드위치를 말아서 만든다는 점에서 독특하다. 여기서 충진제는 나중에 제거한다. 이 방법은 서로 다른 크기와 모양의 압출 성형 제품을 제조할 수 있게 해준다.

비슷한 사례를 수백 개는 더 보여줄 수 있다. 발명가가 아이디어를 찾으면서—매번 맨 땅 즉 "무(無)"에서 시작하면서—얼마나 많은 시간을 잃어버렸는지 상상하기도 어렵다. 그러나 이 사례는 하나의 전형적인 원리를 포함하고 있다 : 이 원리는 용해, 증발, 용융, 화학 반응에 의해 제거할 수 있는 심(心) B 위에다 물체 A를 만든다.

폐기의 원리는 재생의 원리의 반대이다.

- **사례 6 : 발명가 인증서 #182,492.** 전도성 재료를 제조하기 위한 전기부식 공정 중에 전극-공구의 마모 보상 방법. 이 방법은 생산 공정 중에 전극의 작업 표면에 있는 금속층을 지속적으로 찌른다는 점에서 독특하다. 이 방법은 전극의 수명을 늘려준다.
- **사례 7 : 발명가 인증서 #212,672.** 연마성 물질이 섞여있는 산성 물질을 유체 수송할 때, 파이프 라인의 내벽이 빠르게 마모된다. 보호 라이닝의 설치는 대단히 복잡하고 번거로운 일이며, 파이프의 직경이 커진다. 이것은 파이프의 내부 표면에 보호층을 만들어 준다는 점에서 새로운 개념이다. 이것을 달성하기 위해 석회 몰타르를 정기적으로 유체 혼합물 속에 주입한다. 따라서 파이프의 내부 표면을 항상 보호할 수 있고, 연마성 산성 혼합물이 이 라이닝을 계속해서 마모하기 때문에 파이프 단면은 거의 일정하다.

35. 속성 변환

a. 시스템의 물리적 상태를 바꾼다.
b. 농도나 밀도를 바꾼다.
c. 유연성의 정도를 바꾼다.
d. 온도나 부피를 바꾼다.

- **사례 1 : 발명가 인증서 #265,068.** 질량 교환 공정으로 시스템 안에 가스와 점성 액체를 넣는 방법. 이 방법은 점성 액체를 장치 속에 넣기 전에 기화시킨다는 점에서 독특하다. 이 방식은 질량이송 공정을 강화시켜 준다.
- **사례 2 : 발명가 인증서 #222,781.** 자유 유동 물질(무기 비료, 유독성 화학물질과 같

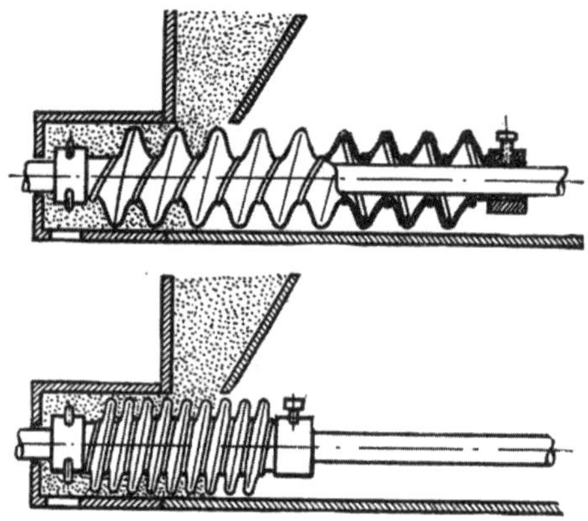

그림 22
자유 유동 유체의 공급 장치에서, 스크루를 탄성 재료인 나선형 스프링으로 만들면 스크루 피치의 조정이 가능하다.

은)의 측정 장치는 배출창이 있는 덮개로 에워싼 스크루로 구성되어 있다. 이 장치는 스크루 표면을 스크루 내측과 외측에 설치된 나선형 스프링과 함께 탄성재질로 만들었기 때문에 독특하다(그림 22).

36. 상전이

a. 상전이 현상(즉, 부피의 변화, 열의 발산/ 흡수 등)을 이용한다.

· **사례 1 : 발명가 인증서 #190,855.** 굴곡이 있는 파이프를 팽창시키는 방법. 파이프의 양쪽 끝을 덮개로 막고, 물을 고압으로 채운다. 이 방법은 파이프 안에 있는 물을 얼린다는 점에서 독특하다. 이 방법은 제조 공정의 속도를 높이면서 비용을 절감시켜 준다.

발명원리 36이 **35a(속성 변환)**나 **15(역동성)**와 어떻게 다른지 의문이 생길 수 있다. **발명원리 35a**는 물리적 상태 A 보다는 물리적 상태 B인 물체의 사용을 제안한다. 상태 B의 특별한 특성을 정확히 사용함으로써 바로 필요한 결과를 얻는다. 그러나 **발명원리 15**의 핵심은 상태 A나 상태 B에 속하는 특성을 활용하는 데에 있다.

발명원리 36을 이용하여 문제를 해결할 때, 우리는 A에서 B로, 또는 그 반대의 변화 과정과 관련된 현상을 활용한다. 예를 들어, 만약 파이프를 물 대신 얼음으로 채운다면 파이프에 아무런 일도 일어나지 않을 것이다. 물이 얼면서 생기는 부피 팽창에 의해 필요한 효과를 얻는다.

· **사례 2 : 발명가 인증서 #225,851.** 폐쇄 루프를 통해 순환하는 액체 냉각제로 다양한 물체를 냉각시키는 방법. 이 방법은 냉각제 일부를 고체 상태로 변형하여, 고체 및 액체 냉각제 혼합물로 물체를 냉각시킨다는 점에서 독특하다. 이 방법은 냉각제와 에너지의 소비를 모두 줄여 준다.

"상전이"는 "시스템의 물리적 상태를 변화시키는 것"보다 넓은 의미를 갖는다. 물질의 결정 구조를 바꾸는 것도 상전이이다. 예를 들어 주석(Sn)은 백색 주석(밀도 7.31)과 회색 주석(밀도 5.75)의 형태로 존재할 수 있다. 18℃에서 상전이로 부피가 크게 증가하는데, 그 정도가 물이 냉각할 때보다 훨씬 더 크므로 그 힘도 훨씬 더 크다.

동질이상(同質異像, 여러 가지 모양의 결정화가 가능한 것)은 많은 물질들이 갖는 특성이다. 결정화 이후에 일어나는 현상은 다양한 발명 문제를 해결하는 데 활용할 수 있다. 예를 들어 **미국 특허 #3,156,974**에서 발명가는 비스무트(창연, Bi)와 세륨(Ce)의 동질이상 변형을 활용하고 있다.[58]

PART 2

37. 열팽창

a. 온도변화에 의한 물질의 팽창 또는 수축을 이용한다.

b. 열팽창 계수가 다른 여러 가지 재료를 이용한다.

· **사례 1 : 발명가 인증서 #309,758.** 움직이는 축 위에 있는 파이프를 낮은 온도에서 늘이는 방법. 이 방법은 파이프를 늘이기 전에 예열된 축(즉, 50~100℃)을 냉각된 파이프 안으로 삽입한다는 점에서 독특하다. 파이프의 변형이 일어난 다음에 축을 제거하는데, 이때 파이프와 축의 온도가 같아진다. 이것은 늘린 후 파이프와 축 사이에 간격이 생겨, 파이프를 돌릴 필요 없이 파이프로부터 축을 뺄 수 있게 해준다.

· **사례 2 : 발명가 인증서 #312,642.** 동심(同心)의 베어링통들로 구성된 다층 구성요소의 열 압축을 위해 사용되는 구조물은 서로 다른 재질로 만들어져 있다. 이 개념은 각 베어링통을 이전 것보다 높은 선형 열팽창 계수 재질로 만든다는 점에서 독창적이다. 이 방법은 압축 응력 층을 갖는 다층 부품을 생산할 수 있도록 해준다.

이 원리는 거시수준의 "미세하지 않은" 움직임에서 미시수준의 "미세한" 움직임으로 전이를 보여준다. 큰 힘과 압력을 열팽창의 도움으로 얻을 수 있다. 이러한 열팽창은 물체

58) *Inventor and Innovator*, 1966, #4, p 25.

의 움직임을 정밀하게 제어할 수 있도록 해준다.

· **사례 3 : 발명가 인증서 #242,127.** 물체(결정체의 씨를 만들어주기 위한 장치 받침대와 같은)의 미세 움직임을 제공하기 위한 장치. 이 장치는 미리 설정된 프로그램을 사용하여 필요한 방향으로 물체의 움직임을 바꾸어주는 두 개의 막대를 가진다는 점에서 독특하다. 두 막대 중 하나는 전기적으로 가열되고, 다른 하나는 전기적으로 냉각된다.

38. 산화 가속

a. 한 수준의 산화로부터 더 높은 수준의 산화로 바뀌간다 :

1. 일반 공기를 산화 공기로
2. 산화 공기를 산소로
3. 산소를 이온화 산소로
4. 이온화 산소를 오존화 산소로
5. 오존화 산소를 오존으로
6. 오존을 활성 산소로

이 원리의 주요 목표는 공정을 강화하는 것이다. 여기서 몇 가지 사례를 언급할 수 있다.

1. 농축 산소를 물질에 불어 넣음으로써 공정을 강화하여 분산 물질을 굳게 하고 굽는 방법
2. 절단용 가스로써 순수산소로 만든 플라즈마로 스테인리스 강철을 절단하는 방법
3. 광석을 하전 층에 투입하기 전에 산화제와 연료 가스를 이온화 함으로써 광석의 응집을 강화하는 공정

39. 불활성 환경

a. 정상적인 환경을 불활성 환경으로 바꾼다.

b. 물체에 중성 물질이나 중성 첨가제를 넣는다.

c. 작업을 진공에서 수행한다.

이 원리는 앞 원리의 반대이다.

40. 복합 재료

a. 동질성 재료를 복합 재료로 바꾼다.

· **사례 1 : 미국특허 #3,553,820.** 탄탈(Ta)로 코팅한 탄소섬유가 높은 융점을 갖는 가볍고 강한 부품들과 알루미늄 베이스를 강화시켜 준다. 이런 부품들은 높은 탄성계수를 갖고, 비행기나 배의 건조에 사용된다.

· **사례 2 : 발명가 인증서 #147,225.** 미세한 자석 입자를 잉크에 첨가한 글쓰기 방법. 이 새로운 잉크는 자기장에 의해 제어가 가능하기 때문에 독특하다.

복합 재료는 각각의 구성 성분이 갖고 있지 못한 특성을 준다. 예를 들어 **원리 31**에서 언급한 것처럼 다공성 재료는 딱딱한 물질과 공기의 복합 재료이다. 딱딱한 물질이나 공기 중 어떤 것도 각각은 다공성, 복합 재료의 특성을 갖지 않는다.

자연은 복합 재료를 "발명하여," 자연 속에서 널리 쓰고 있다. 목재는 셀룰로오스와 리그닌의 결합물이다. 셀룰로오스 섬유는 높은 파단강도를 갖고 있지만 쉽게 구부러진다. 리그닌이 셀룰로오스 섬유를 결합시켜, 목재에 강성을 준다.

녹기 쉬운 재료(목재 집합체와 같은)를 높은 융점의 섬유(강철과 같은)와 결합시키면 쉽게 녹지만 고체일 때는 높은 강도를 갖는 대단히 흥미로운 복합 재료를 얻을 수 있다. 서서히, 결합물과 섬유 입자들의 상호 확산이 일어난다. 결과적으로 고융점 /.;합금을 얻는다.

또 다른 복합 재료(기름 속에 있는 실리콘 입자의 부유물)는 전기장 안에 두면 딱딱해질 수 있다.

□ ■ □ ■ □

59) *Young Communist*, 1972, #1, pages 52~58.

PART 2

돌로타(E. Dolota)와 클리암킨(I. Kliamkin)의 기고문 '평범한 에디슨들(Ordinary Edisons)'[59]에는 모스크바 풍자 극장(Moscow Theater of Satire)의 배우 레프코(Lepko)의 인용문이 들어있다. 그는 이렇게 말했다 : "모아둔 문구는 창의성에 대한 장애물이 아니다. 반대로 예술가의 도구이다." 여기서 핵심은 모아둔 문구의 양이다. 실력이 부족한 배우는 세, 네 구절의 문구만 갖고 있어서 모든 사람들이 "그는 매 연극마다 똑같은 것을 반복한다"라고 말한다. 실력 있고 재능 있는 배우는 50 구절, 심지어는 100 구절까지 모아둔 문구를 갖고 있다.

전형적인 표준 발명원리의 지식(발명하기 위해 "모아둔 문구")은 그 사람의 창의적인 능률을 극적으로 증가시킨다.

특정 문제를 예로 들어보자. 산탄총을 발사할 때 발사된 총알들이 넓게 퍼지지 않고 좁은 원뿔모양을 형성해야 한다. 총알의 정밀도를 올리기 위한 전통적인 방법은 총신의 길이를 늘이는 것이다. 여기서 기술적 모순이 생긴다 : 확산 원뿔의 모양을 개선(더 작게 만듦)하면 총신의 길이가 악화(길어진다)된다. 무엇을 할 수 있겠는가?

곧바로 추측하기가 어렵다면 먼저 "총신"이라는 말과 "총알"이라는 말을 제거해 보아라 : 어떤 입자들이 파이프 안에서 움직인다. 파이프 벽이 총알이 움직이는 방향을 잡아주는 한 아무런 문제가 없다. 그러나 매우 긴 파이프를 만드는 것은 불가능하다. 이 경우에 어떻게 총알의 방향을 제어할 수 있겠는가?

이 문제의 기술적 모순은 높은 굴뚝을 건설하는 문제에서와 같다. 따라서 **발명가 인증서 #243,809**에서 사용한 같은 원리(**#29**)를 이용할 수 있다 : 단단한 구조물 대신에 공기 구조물. 입자들을 "가스 벽" 내부로 움직이게 해보라. 이것은 **일본 특허 #44-20,959**에서 이 문제를 해결한 것과 정확히 동일한 방법이다. 가스 분출 구멍들을 짧은 총신 내부에 만들었다. 울타리를 총신 둘레에 두고, 그들의 양 끝을 일치시킨다. 총알이 발사될 때 분출된 가스가 총신과 이 울타리 사이에 형성된 간격을 통해 지나간다. 그리고 그 가스는 총알 군집을 둘러싸는 고리 형태로 배출된다.

문제가 하나 더 있다 : 어떻게 (잡아 늘이는 방법으로) 두께 0.01밀리미터, 공차 0.003 밀리미터의 벽으로 된 니크롬 관을 제조할 수 있겠는가? 발명원리들에 대한 지식이 없는 발명가에게 이것은 3수준의 문제이다. 만약 발명가가 발명원리들을 배운다면 이 문제는 수준 1보다 쉬운 문제이다. **발명원리 34** : 축 B 위에서 물체 A를 만든다. 여기서 축 B는 나중에 용해, 증발, 용융, 또는 화학 반응에 의해 제거될 것이다. 여기에 **발명가 인증서**

#182,661가 있다 : "얇은 벽의 니크롬 관을 제조하는 방법. 이 방법은 알루미늄 막대를 사용함으로써 관을 잡아 늘이고, 이 막대는 나중에 알칼리로 부식시켜 제거한다는 점에서 특이하다."

현대의 발명가는 기술적 모순을 제거하기 위한 표준 발명원리를 완전히 알아야 한다. 그렇지 않고서는 창의성 과정의 과학적 체계화는 불가능하다.

PART 2

10장 알고리듬은 어떻게 작동되는가

이 장에서 아리즈-71의 연구를 계속하면서, 구체적인 문제를 통해 실제로 알고리듬을 검토하여 보자.

문제 5

쇄빙선(icebreaker)은 일반 쐐기의 원리를 활용하여 얼음을 깨서 배가 나아갈 수 있는 뱃길을 열어준다. 그러므로 쇄빙선의 운항속도와 깰 수 있는 얼음의 두께는 쇄빙선의 효과적인 능력에 좌우된다. 따라서 쇄빙선의 진화 방향은 엔진 동력을 높이는 쪽이다. 오늘날의 정기 운항선은 톤당 0.5마력의 배수량을 갖는다. 쇄빙선은 이보다 6배 더 높은 배수량을 갖는다. 엔진과 연료통, 기타 부대설비들이 쇄빙선 선체의 70 %를 차지하고 있다. 쇄빙선은 말 그대로 "엔진시스템" 으로 가득 차 있고, 그것을 냉각시키는 것은 매우 복잡한 일이다.

> 두꺼운 얼음을 깨는 동안에 냉각장치의 고장은 항상 있을 수 있고, 이 문제의 효과적인 해결책을 아직까지 찾지 못했다. 예를 들어, 미국 쇄빙선의 경우, 얼음의 두께 문제가 아니라 외부 냉각수의 공급문제가 배의 진행을 제한한다는 사실이 알려져 있다.[60]

엔진부가 비대해져서, 배는 많은 양의 화물을 실을 여유 공간이 없다. 그래서 대개 서너 척의 수송선이 쇄빙선의 뒤를 따른다.

> 북극이나 결빙항에서 항해가 가능한 날짜와 기간은 결빙상태에 의해 결정된다. 실제로 쇄빙선의 구동원리는 100년 전과 같이 증기기관이 설치되어 있든, 아주 훌륭한 원자로가 있든 간에 거의 바뀌지 않았다. 쇄빙선은 그것의 진행을 막는 얼음 위로 기어올라, 연속적인 점프를 하여, 자신의 무게로 얼음을 부순다. 그러고 나서 또 연속적인 점프를 하고, 몇 미터 앞으로 돌진한다. 엔진이 시끄러운 소음을 낼 뿐만 아니라 얼음이 배의 몸체와 마찰하여 삐걱거리는 소리를 내기도 한다. 수송선 대열은 멀리 떨어져 쇄빙선이 길을 만들어 주기를 기다린다. 그러나 얼음의 두께가 1미터, 2미터, 2.5미터로 점점 두꺼워진다. 이제 쇄빙선이 얼음 사이게 끼인다. 그러면 쇄빙선이 좌우로 움직인다. 쇄빙선의 뱃머리를 흔들어, 얼음으로부터 벗어나려고 애를 쓴다. 펌프는 배 머리 탱크에서 배 뒤의 탱크로, 왼쪽에서 오른쪽으로 수백 톤의 물을 보낸다. 쇄빙선이 전후좌우로 흔들면서 얼음 덩어리를 부순다. 쇄빙선이 만든 길은 수송선이 지나가기에는 너무나도 험난하다. 수송선은 선체를 파손시킬 수도 있는 떠다니는 얼음 덩어리를 어렵게 겨우 비켜나간다. 배가 정박한 항구 앞쪽, 때로는 전체 항구가 깨진 얼음으로 완전히 너저분해진다. 쇄빙선은 매일 항구에 얼음조각을 늘려, 누적된 얼음 덩어리들이 다시 얼어붙어 원래의 두께보다 2~3배나 더 두꺼운 얼음을 만든다. 현재의 쇄빙선은 이러한 장벽을 극복할 능력을 갖고 있지 않다.

---

62) *Scientific-Technology Society of the USSR*, 1968, #11, pp. 24~25.

이런 현상은 아항겔스크(Arhangelsk)나 레닌그라드와 같은 항구에서도 종종 발생한다. 어떠한 두께의 얼음도 관통해서 지나갈 수 있는 쇄빙선을 갖는 것이 선장의 꿈이며, 더욱 중요하게는 쇄빙선 뒤에 지저분한 얼음 덩어리가 남지 않는 깨끗한 수로를 얻는 것이다.[61]

얼음을 쉽게 통과하게 해주는 몇 가지 방법이 있다. 오래 동안 폭발 물질을 사용하여 얼음을 깼는데, 이 방법은 많은 폭발물의 사용, 낮은 생산성, 높은 위험성 등의 단점이 있다. 다른 방법은 작은 하천용 쇄빙선에 장착된 진동 장치를 사용하는 것이다.

> 수 톤짜리 디스크가 배의 앞 갑판에 설치된 특별한 기계의 축에 고정되어 있다. 이 기계가 작동하자마자 쇄빙선은 심하게 진동하고 흔들린다(특히 뱃머리에서). 배에 타고 있는 것 자체도 어려울 뿐 아니라, 그 배를 보는 것도 두려울 정도이다. 이 진동 장치가 뱃머리를 날려버릴 것 같다. 배가 크게 흥분한 것처럼 요동친다. 마침내 얼음은 이러한 진동에 견디지 못하고, 손을 들 것이다.[62]

폭발물이나 진동을 이용하는 방법은 별로 긍정적인 결과를 낳지 못한다. 문제는 3미터 두께의 얼음을 관통하며 앞으로 나아갈 수 있는 새로운 방법을 찾는 것이다. 그러나 여러분들은 곧바로 이 문제를 해결하지는 못할 것이다. 이 문제의 제약 조건들을 살펴보자.

1. 이 문제의 조건에서 수로를 통한 화물의 운반을 다른 방법으로 바꿀 수는 없다. 즉 비행기나 철도 운반은 허용되지 않는다.
2. 배를 잠수함으로 바꾸는 것도 허용할 수 없다. 잠수함은 수면 위치에서 깊은 침수 깊이를 갖는다. 영국에서는 18미터가 물에 잠기는 잠수탱크가 건조되었다. 이 잠수함은 공해(公海)에서 짐을 싣고 내려야 한다. 이 문제를 5천~2만 톤급의 배와 관련해서 해결해야 한다. 그리고 이 배는 공해에서 18~20노트의 속도를 낼 수 있어야 한다.

61) E. Muslin, "Cannons and Ice", *Knowledge = Power*, 1968, #5.
62) Z. Kanevski, "Ice plowing", *Knowledge = Power*, 1969, #8.

문제 5의 해결책

■ 아리즈 제1부 : 문제의 선택

· **제1-1단계** : 해결책의 최종 목표를 정한다.

a. 기술적 목표는 무엇인가? 즉, 객체의 어떤 특징을 바꾸어야 하는가?

≫ 얼어붙은 수로를 통과하는 수송선 대열과 쇄빙선의 속도를 높여야만 한다.

b. 문제해결과정에서 객체의 어떤 특징을 확실하게 바꿀 수 없는가?

≫ 엔진 동력을 증가시키는 것은 불가능하다—그러한 어떤 가능성도 남아있지 않다.

c. 받아들일 수 있는 비용은 얼마인가?

≫ 가장 좋은 쇄빙선을 사용할 때 보다 비용이 싸야 한다.

d. 개선해야 하는 중요한 기술적/경제적 특성은 무엇인가?

≫ 목표는 1톤의 화물을 1킬로미터 수송하는데 드는 비용을 줄이는 것이다.

· **제1-2단계** : "우회적인 접근방법"을 조사한다. 원칙상, 이 문제를 해결할 수 없다고 가정한다. 필요한 최종 결과를 달성하기 위해서 어떤 다른, 더 일반적인 문제를 해결할 수 있을까?

≫ 우회적인 방향은 "쇄빙선을 없애는" 것이다. 쇄빙선은 얼음을 통과하는 수로를 만드는 기계이다. 만약 수송선이 수로 없이 얼음을 통과할 수 있다면 쇄빙선은 필요하지 않을 것이다.

· **제1-3단계** : 원래 문제와 우회 문제 중 어떤 것이 해결하는 데 가장 적합한지를 결정한다.

≫ 이것을 쇄빙선으로 해결해야 하는가, 아니면 쇄빙선과는 별도로 해결해야 하는가?

a. 원래 문제를 기존 산업의 발전 경향, 즉 진화의 방향과 비교한다.

b. 원래 문제를 선도 산업의 발전 경향과 비교한다.

≫ 수상 수송산업에는 '독립적으로 하라' 라는 분명한 경향(예를 들어, 예인 바지선에서 자체 추진 바지선으로)이 있다.

c. 우회 문제를 기존 산업의 발전 경향(진화의 방향)과 비교한다.

d. 우회 문제를 선도 산업의 발전 경향(진화의 방향)과 비교한다.

≫ '스스로 하라' 라는 경향은 농업용 기계를 만드는 데에서도 찾아볼 수 있다. 예를 들어, 트레일러 대신에 분리된, 자체 추진 기계를 사용한다. 똑같은 일이 항공산업에서도 일어났는데, 이것이 견인차가 끌어주는 여객용 글라이더 비행기가 많이 만들어지지 않은 이유이다.

e. 우회 문제와 원래 문제를 비교하고, 어느 것을 수행할지 선택한다.

≫ 우회 문제가 더 복잡해 보인다. 감각적으로 더 비현실적이고 거칠어 보인다. 우리는 쇄빙선보다 더 빨리 얼음을 관통해서 움직이는 수송선을 원한다. 그렇지만 분석은 우회적인 해결책에 대한 선호도를 보여준다. 이것을 선택하기로 하자.

· **제1-4단계** : 필요한 정량적 특징을 정한다.

≫ 얼음을 관통하는 배의 속도가 6노트라 하고(기존 쇄빙선에 비해서 3배 빠름), 얼음의 두께가 3미터라 하자.

· **제1-5단계** : 정량적인 특성에 시간보정을 도입한다.

≫ 시간보정 : 속도는 8노트, 얼음 두께는 3.5미터(실제로 이것이 최대한계이다).

· **제1-6단계** : 발명이 작용할 특정 조건에 대한 요구사항을 정의한다.

≫ 발명하려는 것은 극지방의 조건에서 신뢰할 수 있어야 한다. 그러므로 가능한 움직이는 부품과 튀어 나온 부분이 적어야 한다. 왜냐하면 그것들이 얼어붙거나 얼음에 의해서 깨질 수 있기 때문이다.

■ 제2부 : 문제를 더 정확하게 정의한다.

· **제2-1단계** : 특허 정보를 활용하여 문제를 더 정확하게 정의한다.

a. 기존 문제와 유사한 문제를 다른 특허에서는 어떻게 해결하는가?

≫ 특허 정보의 해석은 즉시 매우 흥미로운 사실을 보여준다 : 우회적인 방법과 관련된 발명이 없다. 수백 년 동안 쇄빙선의 진화는 그들의 초기 설계 체제를 따랐다. 가장 최근의 발명조차도 이 시스템 이상으로 확장하지 않았다.

상트페테르부르크 극지방 과학연구센터의 발명가들은 디스크형태의 칼날이나 임펄스 물총으로 얼음을 깨는 것을 제안하였다.[63]

미국특허 #3,130,701은 뱃머리를 얼음 아래에 두고, 뱃머리를 들어 올려서 얼음을 깨는 것을 제안하였다. 특별한 탱크에 물을 펌프로 넣음으로써 뱃머리를 낮춘 다음, 그 물을 밖으로 퍼냄과 동시에 쇄빙선의 아래 부분에 있는 팽창 주머니에 공기를 불어 넣음으로써 다시 뱃머리를 올린다.

독일특허 #1,175,103은 배의 앞쪽에 "얼음 아래에서 앞을 향해 구부러진, 끌 같은 판형 강철로 된 뿔" 을 많이 설치할 것을 제안했다.

최근의 특허들은 "배의 양쪽 측면을 따라 높이를 조절한 절단기로 구성된 작업요소 ; 깨진 얼음을 제거하기 위해서 선체 후미에 연속된 판을 갖는 붐(돛 아래의 활대)을 설치할 것" 을 제안하고 있다. 이것은 배가 아니다 ; 이것은 얼음을 통과하는 수로를 만들기 위한 특수 기계이다.

많은 발명가 인증서와 특허들은 쇄빙선 아래로부터 깨진 얼음을 제거하기 위한, 그래서 수로를 확보하는 다양한 장치들을 제안하고 있다. 깨진 얼음을 얼음판 밑으로 밀어 넣은 장치를 갖춘 특수한 얼음 청소 배가 한때 제안되기도 했었다. 이 "쇄빙선/운반선" 시스템은 이상 기계에서 상당히 멀어져 있다. 쇄빙선은 "스스로 움직인다." 그러나 수로를 청소하기 위해서 다른 배를 추가한다. 이것은 확실하게 기본 시스템을 이상 기계에서 상당히 멀어지게 한다.

그러므로 이 직선 길이 과도한 전문화라는 막다른 골목으로 안내하고 있다는 것을 특허 분석이 증명하였다. 우리가 우회적인 방법을 선택한 것은 옳은 결정이었다.

b. 유사한 문제를 선도 산업에서는 어떻게 해결하는가?

우리는 고형 매체의 관통이라는 관련 문제를 풀어볼 수 있다. 이 경우 광산업이 우리

---

63) *Scientific-Technology Society of the USSR*, 1968, #11, pp. 24~25.

의 상황에 가장 가까운 선택이다(석탄과 광석 등을 계속해서 제거하며 채광한다). 고체인 얼음은 광산에서 바위와 같다. 고형, 바위투성이 매체를 관통하면서 다른 기계들은 어떻게 움직이는지 살펴보자.

광산의 엔지니어들은 때때로 수력모터와 물총을 사용한다. 석탄, 광석 및 바위를 깨기 위해서 다른 전기—기계적인 방법을 이용하는 실험들이 있었다. 고주파 전류, 전기수력 효과 등에 의한 가열방법이 실행되었다. 불행하게도 우리의 문제에 이 방법들 중 어느 것도 적용이 불가능하다. 배가 필요한 속도를 내기 위해서 단위 시간 당 깨야 할 얼음의 양이 너무 많기 때문이다.

c. 반대의 문제는 어떻게 해결되는가?

반대의 문제는 얼음을 깨는 대신에 얼음을 강화하는 것이다. 이것에 대한 해결책은 얼음에 "갑옷"을 입히는 것이다. 우리는 이 해결책을 분명히 받아들일 수 없다. 그렇지만 "반대 방향으로" 이 해결책을 이용하는 것은 얼음의 강도를 줄이는 무언가를 얼음에 첨가한다는 것을 의미한다. 이 방법도 역시 받아들일 수 없다—이 방법은 너무 많은 물질의 분해를 요구한다.

· **제2-2단계** : STC(크기, 시간, 비용) 연산자를 이용한다.

STC 연산자를 적용하기 위해서 주요 변수로 배의 폭을 고려해 보자. 왜냐하면 길이의 변화는 별 차이를 만들어내지 못하기 때문이다.

a. 객체의 크기를 주어진 값에서 0으로(S→0) 바꾼다고 상상한다. 이제 문제를 해결할 수 있는가? 만일 그렇다면, 어떻게?

≫ 배의 폭이 0에 가깝다. 그것을 1밀리미터라고 상상하자. 배가 칼날이 될 수 있을까?

b. 객체의 크기를 주어진 값에서 무한대로(S→∞) 바꾼다고 상상한다. 이제 문제를 해결할 수 있는가? 만일 그렇다면, 어떻게?

≫ 배의 폭을 증가시켜 보자 : 10미터, 100미터, 1,000미터, 10,000미터…. 얼음을 통과해서 이 거대한 배를 움직이는 것은 훨씬 더 어렵다. 그것을 옆으로 돌릴 수 있을까?

c. 공정 시간(또는 객체의 속도)을 주어진 값에서 0으로(T→0) 바꾼다고 상상한다. 이제 문제를 해결할 수 있는가? 만일 그렇다면, 어떻게?

≫ 배의 속도를 0으로 줄인다. 이렇게 하면 얼음을 서서히 녹일 수 있다. 그리고 연료 소비 역시 0으로 줄어들 것이다.

d. 공정 시간을 주어진 값에서 무한대로(T→∞) 바꾼다고 상상한다. 이제 문제를 해결할 수 있는가? 만일 그렇다면, 어떻게?

≫ 배의 속도를 50, 100노트…로 높여보자. 배는 수중익선처럼 빨리 움직여야 한다. 얼음을 깨는 어떠한 방법도 적용할 수 없다 : 이것은 매우 높은 출력을 필요로 할 것이다. 이것은 에너지를 소모하지 않고 얼음을 관통해서 갈 수 있는 무언가를 생각하게 해준다. 어떻게?

e. 객체나 공정의 비용(수용 가능한 비용)을 주어진 값에서 0으로(C→0) 바꾼다고 상상한다. 이제 문제를 해결할 수 있는가? 만일 그렇다면, 어떻게?

≫ 비용을 0으로 낮춘다고 가정하자. 역시 우리는 같은 결론에 도달한다 : 우리는 얼음을 파괴할 수 없을 것이다(얼음을 깨기 위해 항상 비용을 지불해야 한다).

f. 객체나 공정의 비용(수용 가능한 비용)을 주어진 값에서 무한대로(C→∞) 바꾼다고 상상한다. 이제 문제를 해결할 수 있는가? 만일 그렇다면, 어떻게?

≫ 비용을 제한하지 않는다면 문제는 쉽게 풀린다 : 얼음을 관통하는 길을 내기 위해서 레이저를 사용한다.

· **제2-3단계 :** 다음의 형식을 이용하여 문제의 조건을 두 구절로 진술한다(전문 용어의 사용을 피하고, 정확히 무엇을 생각해내고, 발견하고, 개발해야 한다고는 진술하지 않는다) :

a. 시스템은 "~(구성요소를 설명한다)로 구성되어 있다"

b. "구성요소(구성요소를 진술한다)가 조건 하에서(조건을 진술한다) 바람직하지 않은 효과(효과를 진술한다)를 일으킨다."

≫ 문제를 두 문장으로 진술하자 ― 쇄빙선, 얼음커터, 얼음분쇄기와 같은 용어를 제거한다(이런 용어들은 우리로 하여금 파괴의 기술에 연역적(演繹的)으로 얽매이게 한다).

≫ 주어진 시스템은 배와 얼음으로 구성되어 있다.

≫ 배는 고속으로 얼음을 관통해서 지나갈 수 없다. (그런데 '배'는 우리의 상상력을 제한하지 않을 정도로 일반적인 용어이지만, 이 용어도 없앨 수 있다.)

· **제2-4단계 :** 제2-3a단계의 구성요소들을 표에 기입한다.

구성요소의 유형	구성요소
a. 변경, 재설계, 또는 재조정이 가능한 요소 (이 문제의 조건 하에서)	배
b. 바꾸기 어려운 요소 (이 문제의 조건 하에서)	얼음

≫ 배는 기술적인 객체이고, 우리가 원하는 대로 바꿀 수 있다. 얼음은 자연적인 객체이므로 바꾸기 어렵다. 그러므로 배는 'a'에 속하고, 얼음은 'b'에 속한다.

· **제2-5단계 :** 제2-4a단계로부터 변경, 재설계, 또는 조정이 가장 쉬운 구성요소를 선택한다.

≫ 앞으로의 분석 객체는 배이다.

≫ 이 결론은 예상치 못한 것이다 : 이 문제를 해결하기 위한 전통적 시도들은 얼음을 깨는 것과 관련되어 있다 — 얼음을 깨고, 자르고, 폭파하는 등. 배를 손대지 않고 그대로 두어야 한다고 생각했다. 우리는 어떤 형태로 배를 보는 데 익숙하다. 반면 얼음은 바꾸기 쉽다고 생각했다. 이제 모든 것이 뒤바뀌었다. 1평방미터의 얼음을 녹이기 위해서는(그것을 어떻게 녹이느냐는 관계없다 : 현대의 슈퍼 레이저 또는 간단한 불이든) 어떤 손실을 고려하지 않는다면 항상 80,000킬로칼로리의 열량이 필요하다. 어떤 방법을 쓰든 1입방미터의 얼음을 깨려면 상당한 에너지가 필요하다. 배를 깨는 것이 훨씬 더 쉽다. 결국 쉽게 깰 수 있는 배를 만들 수 있다. 그것은 전적으로 우리에게 달려있다.

≫ 우리는 대략적인 결론에 도달했다. 아마 전에도 누군가가 이 아이디어에 근접했으나, 심리적인 장벽 때문에 그만두었을지도 모른다.

■ 제3부 : 분석단계

· **제3-1단계 :** 다음 형식을 사용하여 IFR(이상적인 최종 결과)을 정립한다 :

a. 제2-5단계로부터 구성요소를 선택한다.
b. 그 구성요소의 작용을 진술한다.
c. 어떻게 그 구성요소가 작용을 수행하는지를 진술한다(이 질문에 대답할 때에는 항상 "스스로"라는 단어를 사용한다).
d. 언제 그 구성요소가 작용을 수행하는지를 진술한다.
e. 어떤 조건 하(제한, 요구조건 등)에서 이 작용을 수행하는지를 진술한다.

≫ IFR을 정립해보자. 마치 배가 일반 바다에 떠있는 것처럼 스스로 보통의 에너지를 쓰면서 고속으로 얼음을 관통하여 이동한다.

· **제3-2단계 :** 두 개의 그림을 그린다 - (1) "초기 상태" (IFR 이전의 상태)와 (2) "이상 상태" (IFR을 달성했을 때의 상태).

· **제3-3단계 :** "이상 상태"의 그림에서 제3-1단계에 나타난 요소를 찾고, 필요조건 하에서 필요한 기능을 수행할 수 없는 부분을 (다른 색을 칠하거나 다른 방법으로)강조하여 표시한다.

≫ 배의 앞쪽 AB부분이 필요한 작용을 수행할 수 없다. 왜냐하면 이 부분은 얼음과 접해있기 때문이다. 이것을 조금 다르게 진술할 수 있다. AB와 CD 사이의 선체부분이 필요한 작용을 수행할 수 없다.

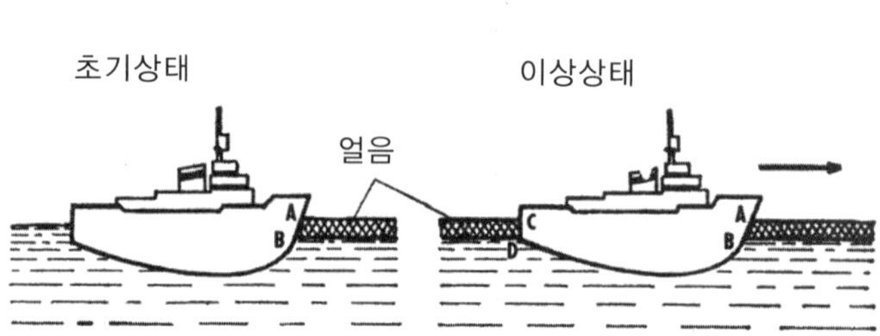

그림 23
문제 5의 제3-2단계에서 "초기 상태"는 배가 얼음에 도달하여 멈추어 있고, "이상 상태"는 같은 배가 어떻게든 얼음을 관통하여 이동한다.

· **제3-4단계 :** 왜 이 구성요소가 (스스로) 필요한 작용을 수행할 수 없는가?

a. 객체의 강조된 부분으로부터 우리는 무엇을 기대하는가?

≫ 배의 이 부분이 얼음을 압박하지 않기를 바란다.

b. 무엇이 이 작용을 스스로 수행하는 것을 막는가?

≫ 배는 유연하지 않은 단단한 고체이다. 이것이 배가 얼음을 압박하고 있는 이유이다.

c. 위의 "a"와 "b"사이의 모순은 무엇인가?

≫ 이 부분은 배 선체의 원래 형태를 유지하기 위해서 있어야 하지만, 얼음을 압박하지 않으려면 없어야 한다.

· **제3-5단계 :** 어떤 조건 하에서 이 부분은 필요한 작용을 수행할 수 있는가? (이 부분은 어떤 파라미터를 가져야 하는가?)

≫ 배의 이 부분은 꼭 필요하기 때문에 있어야 한다. 그러나 이것이 얼음과 충돌하기 때문에 최소한도로 줄여야 한다.

· **제3-6단계 :** 이 구성요소가 제3-5단계에 설명된 특성을 얻으려면 무엇을 해야 하는가?

≫ 얼음의 두께와 배의 폭이 이 부분의 크기를 결정한다. 얼음의 두께를 줄일 수는 없다. 그렇지만 배의 폭은 줄일 수 있다. 배를 완전히 평면으로 만들 수는 없다(그림 24 a). 또한 얼음과 접하는 배 부분을 고려해야 한다. 이 부분을 평면으로 만들어 보자(그림 24 b).

· **제3-7단계 :** 실질적으로 실현 가능한 개념을 정립한다. 만일 그런 개념이 여러 개 있다면, 가장 유망한 개념을 1번으로 하여 순서대로 번호를 매긴다. 그리고 그러한 개념들을 모두 적는다.

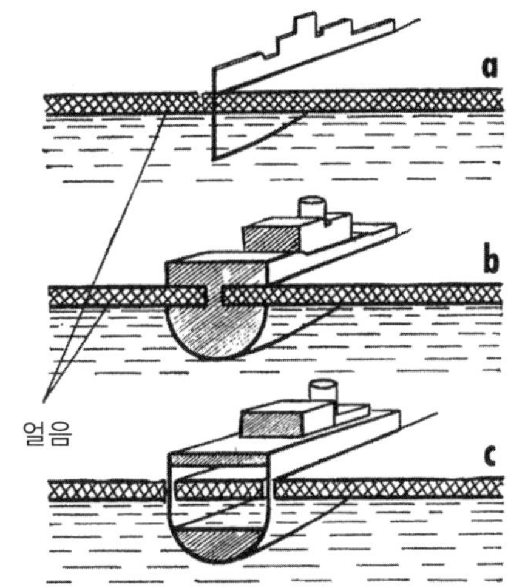

그림 24
깨진 얼음 조각이 작을수록 에너지 소모도 적다.

≫ 이것은 불안정한 모양이다. 배를 평면으로 안정하게 만들려면 선체의 위 부분과 아래 부분을 연결하는 두 면이 필요하다.

· **제3-8단계 :** 첫 번째 개념을 실현하기 위한 개략도를 제시한다.

≫ 그림 24c를 보아라.

■ 제4부 : 선택한 개념의 예비분석

· **제4-1단계 :** 새로운 아이디어나 개념을 활용하는 동안 어떤 것이 좋아지고, 어떤 것이 나빠지는가? 달성된 것과 더 복잡해지거나 비싸지는 것을 기록한다.

≫ 칼날처럼 얇은 벽의 전체 폭은 보통 배의 폭보다 20~25배 더 작다. 그러므로 얼음을 관통해서 배가 움직이는 동안에 에너지 소모를 엄청나게 줄일 수 있다. 엔진에 필요한 동력이 크게 감소하여서 배의 설계는 이제 전반적으로 단순해졌다. 이차적인 문제를 해결하는 것이 더 어렵다. 예를 들어, 얼음을 관통하는 동안에 배의 윗부분과 아랫부분 사이의 이동이 바로 그런 문제이다.

· **제4-2단계 :** 제안된 장치나 방법으로 바뀜으로써 더 나빠지는 것들을 막을 수 있는가? 바뀐 장치나 방법을 그림으로 그린다.

≫ 배의 아랫부분을 화물 공간으로만 사용한다면, 이러한 유형의 문제를 제거할 수 있다.

· **제4-3단계 :** 이제 무엇이 나빠지는가?(더 복잡해지고, 더 비싸지는가)

≫ 이 배가 보통의 바다를 쉽게 항해하는 한, 우리의 아이디어에는 단점이 없다, 최근 몇 년 동안에 종래의 조선업에서 엔진 부분을 해면 아래로 낮추면서 배를 해면 위로 올리는 경향이 발견되고 있다는 것은 흥미롭다.

· **제4-4단계 :** 얻은 것과 잃은 것을 비교한다.

a. 어느 쪽이 더 큰가?

b. 왜 그런가?

≫ 오늘날의 쇄빙선은 발전의 자원을 완전히 소진해 버렸다 : 이미 사용 중인 엔진 대신에 더 강력한 엔진을 설치하는 것은 불가능하다. 이 새로운 개념은 가

능한 한 얼음을 적게 깨는 것을 제안하고 있는데, 장점만을 가지고 있다. 동시에 우리는 이러한 개념전환을 할 때 포함된 정신적인 이슈들을 무시할 수 없다 : 심리적 관성, 그리고 "선체, 원반형 절삭기, 물 분사기 등으로 가능한한 더 많은 얼음을 깬다"는 종래의 개념에 대한 "전문가들"의 집착.

■ 제5부 : 운영단계

PART 2

해결책의 개념은 찾아냈지만 표준 수단으로서 모순행렬표에 시선을 돌리자.

· **제5-1단계 :** 모순행렬표(부록 참조)의 세로 열에서 개선해야 하는 특성을 선택한다.

≫ 만약 화물을 운반하는 기계로 배를 생각한다면, 배의 속도(행렬의 9번째 라인) 또는 **용량/생산성**(행렬의 39번째 라인)의 증가가 필요하다

· **제5-2단계 :**

a. 어떻게 하면 기존의 알려진 방법을 활용하여 이 특성(제5-1단계)을 개선할 수 있겠는가(만일 손실을 고려하지 않는다면)?

b. 만일 알려진 방법이 사용되면 어떤 특징을 받아들일 수 없는가?

≫ 얼어붙은 바다를 통과하는 배의 속도를 올리는 알려진 방법은 엔진의 **동력**을 증가시키는 것이다.

· **제5-3단계 :** 모순행렬표(부록 참조)의 가로 행에서 제5-2b단계에 해당하는 특성을 선택한다. 21열을 선택하자.

· **제5-4단계 :** 모순행렬표에서 기술적 모순을 제거하는데 사용할 수 있는 발명원리를 찾는다. 이것은 제5-1단계의 행과 제5-3단계의 열이 교차되는 칸에 나타나 있다.

≫ 첫 번째 모순은 **9-21**(발명원리 19, 35, 38, 2)이고, 두 번째 모순은 **39-21**(발명원리 35, 20, 10)이다.

· **제5-5단계 :** 이 발명원리들을 어떻게 사용할 수 있는지 조사한다.

≫ 발명원리 35.a－새롭게 찾은 개념과 관련해서 시스템의 물리적인 상태를 바꾼다.

≫ 분석 없이 바로 모순행렬표로 갈 수 있다. 그렇지만 이 경우에 그 답이 기대하지 않은 것일 수 있다 : "배를 액체나 기체 상태로 만든다". 비록 우리가 해결책에 관한 개념을 갖고 있지 않더라도, 제3-3단계 이후에 우리는 객체의 어느 부분에 제안된 발명원리를 적용해야 하는지를 안다 : 배를 액체나 기체 상태로 만들 수는 없다. 얼음과 같은 평면상에 있는 배 '일부' 의 물리적 상태를 바꾸는 것으로 충분하다.

■ 제6부 : 종합단계

· **제6－1단계** : 수정된 시스템이 속해있는 상위시스템을 어떻게 바꾸어야 하는지를 결정한다.

≫ 원래 배는 "쇄빙선과 그것을 따르는 수송선들"이라는 시스템의 부분이었다. 만약 이것이 그 경우라면 우리의 수송선은 스스로 얼어붙은 바다를 항해할 수 있고, 쇄빙선도 필요 없다. 이것을 다르게 진술할 수 있다: 추가 동력을 제공하는 엔진이 필요 없어진, 쇄빙선은 스스로 화물을 운반할 수 있다.

· **제6－2단계** : 수정된 시스템을 어떻게 다르게 사용할 수 있는지를 알아본다.

≫ 얇은 칼날이 얼음을 깨기 때문에 과거에 비경제적이었던 얼음 깨는 다른 방법들(예를 들면, 전자-기계적인 방법)을 활용할 수 있게 되었다.

· **제6－3단계** : 새롭게 발견한 기술 아이디어(또는 발견한 아이디어에 반대되는 아이디어)를 다른 기술 문제 해결에 활용한다.

≫ 이것이 우리가 새롭게 찾은 아이디어의 핵심이다 : 얼음을 깨기 위해서 뱃머리를 이용하는 대신에 얇은 칼날 위에 얹혀 있는 배를 추진시킨다. 우리는 아마도 이 아이디어를 땅을 굴착하는 작업에 역시 적용할 수 있을 것이다.

11장 몇 가지 연습문제

앞에서 우리는 쇄빙선 문제를 우회 개념을 적용해서 풀었다. 앞 문제에서는 문제 해결의 첫 단계에서 원래의 목표를 바꾸었다. 이번엔 스프링클러 관개(灌漑) 시스템 문제를 취해, 최초의 목표를 바꾸지 않고서 분석해보자.

우회 개념을 사용하는 유혹을 뿌리치기 위해, **제2-3단계**부터 시작하고, 그 이전 단계는 몇 가지 간단한 특허정보를 소개하는 것으로 대신하겠다.

문제 2의 해결책

자체 추진되는 관개 스프링클러 시스템이 진화하는 주요 경향은 날개 길이를 늘이는 것이었다.[64] 캔틸레버[65]부하를 줄이기 위해, 날개에 바퀴가 달린 지지대를 날개의 붙였다. 독일 특허 #1,068,940(**그림 25a**)은 그런 예를 보여준다. 영국 특허 #778,716에서는 분할의 원리를 적용하여 날개를 여러 개의 프레임으로 나누어 만든 다음, 구부릴 수 있는 연결 장치로 결합했다(**그림 25b**). 불행하게도 이런 지지대를 사용하더라도 날개는 강해야 하므로, 날개는 무거웠다. 그래서 ARE 특허 #2,698이 **자체 추진**되는 지지대를 고려한 것은 우연이 아니다. 그리하여 시스템의 가능성은 닫히고, 설계가 복잡해졌다.

이제 더 좋은 해결책을 찾아보자.

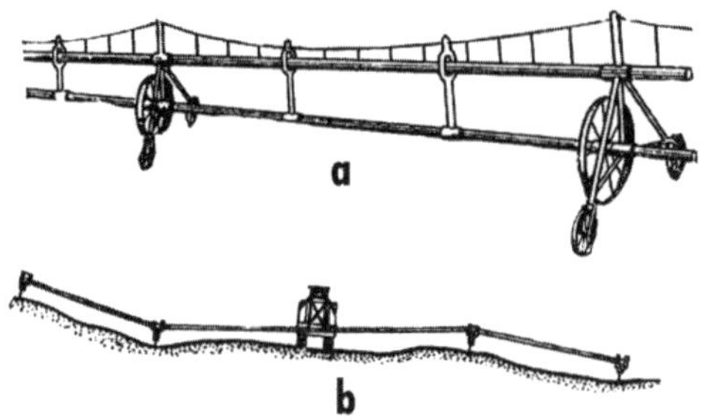

그림 25

자체 추진되는 농업용수 관개 시스템이 진화하는 주요 경향은 날개 길이를 늘이는 방향이었다. 그림 25(a): 독일 특허 #1,068,940에 따른 기계; 그림 25(b): 영국 특허 #778,716에서는 구부릴 수 있는 연결 장치로 날개를 만들었다.

· **제2-3단계** : 다음의 형식을 이용하여 문제의 조건을 두 구절로 진술한다(전문 용어의 사용을 피하고, 정확히 무엇을 생각해내고, 발견하고, 개발해야 한다고 진술하지 않는다).

≫ 시스템은 이송장치, 날개, 날개가 달린 급수 스프링클러로 구성되어 있다. 날개 길이를 증가시키면 시스템이 무거워진다.

· **제2-4단계** : 제2-3a단계의 요소들을 표에 기입한다.

≫ 원칙적으로 모든 요소를 바꿀 수 있다: 이송장치, 날개, 스프링클러. 그렇지만, 만일 (날개 길이를 증가 시킨다는) 핵심적인 문제를 풀려고 한다면, 이송장치와 스프링클러는 바꾸지 말아야 한다. 그러므로 다음과 같은 표를 얻을 수 있다.

구성요소의 유형	구성요소
a. 변경, 재설계, 또는 재조정이 가능한 요소 (이 문제의 조건 하에서)	날개
b. 바꾸기 어려운 요소 (이 문제의 조건 하에서)	이송장치와 스프링클러

64) 더 자세한 내용은 다음을 참조할 것. A Karmishin, *Sprinkler Irrigation Apparatus*, M. Publishing CCRIFI, 1965.
65) 캔틸러버(Cantilever)06 : 외팔보, 한 쪽만 고정되거나 부착된 보(예: 서까래) - *역자 주*

· **제2-5단계 :** 제2-4a단계로부터 변경, 재설계, 또는 재조정이 가장 쉬운 구성요소를 선택한다.

≫ 날개

· **제3-1단계 :** IFR(이상적인 최종결과)을 정립한다.

≫ 물을 분무하기 시작할 때, 날개가 스스로 들판에 펼쳐진다(날개길이는 200~300미터).

· **제3-2단계 :** 두 개의 그림을 그린다 - (1) "초기 상태"(IFR 이전의 상태)와 (2) "이상 상태"(IFR을 달성했을 때의 상태)

· **제3-3단계 :** "이상 상태"의 그림에서 제3-1단계에 나타난 요소를 찾고, 필요조건 하에서 필요한 기능을 수행할 수 없는 부분을 강조하여 표시한다.

≫ "특정" 날개 부분 AB와 CD가 필요한 작용을 수행할 수 없다.

· **제3-4단계 :** 왜 이 구성요소가 (스스로) 필요한 작용을 수행할 수 없는가?

a. 우리는 객체의 강조된 부분으로부터 무엇을 기대하는가?

≫ 우리는 AB와 CD 부분의 날개가 스스로 들판에 펼쳐지기를 기대한다.

b. 무엇이 이 작용이 스스로 수행되는 것을 막는가?

≫ 날개의 무게가 장애이다.

c. 위의 "a"와 "b"사이의 모순은 무엇인가?

≫ AB와 CD 부분은 (이것은 구조물의 한 부분이다) 어떤 것에 무게를 가해야 하며, 동시에 어떤 것에 무게를 가하지 않아야 한다.

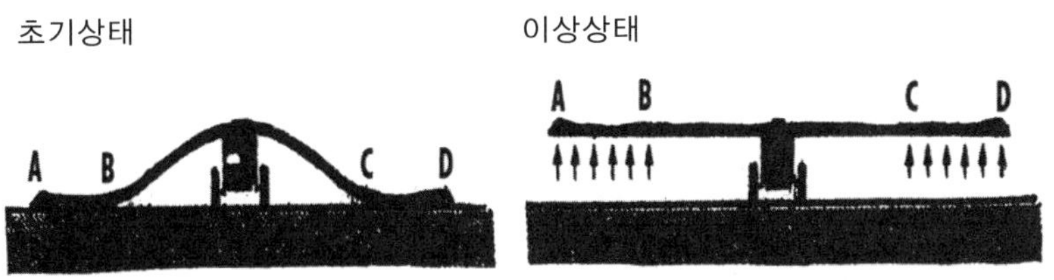

그림 26
날개는 노즐을 통해 분출되는 물의 제트 추진력으로 스스로를 지탱한다.

· **제3-5단계** : 어떤 조건 하에서 이 부분이 필요한 작용을 제공할 수 있는가? (이 부분은 어떤 파라미터를 가져야 하는가?)

≫ 만약 우리가 AB와 CD 부분의 무게를 최대로 줄이거나(쇄빙선의 문제에서 우리가 얼음과 상호작용하는 선체의 폭을 줄였던 것처럼) 날개에 어느 정도 역균형을 준다면, 날개의 이 부분을 공간상에 펼칠 수 있다.

· **제3-6단계** : 이 구성요소가 제3-5단계에 설명된 특성을 얻으려면 무엇을 해야 하는가?

≫ 팽창 가능한 날개 구조를 적용해서 날개의 무게를 줄일 수 있다. 이 아이디어는 문제의 조건을 진술함으로써 얻었다. 뭐가 남아 있는가? 날개의 균형을 유지하는 것이다. 무게는 같고, 반대 방향으로 작용하는 힘을 날개 AB와 CD 부분에 적용해야 한다. 이 힘은 공기역학적 힘(우리가 날개를 다루고 있으므로), 유체역학적 힘 등이 될 수 있다.

· **제3-7단계** : 실질적으로 실현 가능한 개념을 정립한다. 만일 그런 개념이 여러 개 있다면, 가장 유망한 개념을 1번으로 하여 순서대로 번호를 매긴다. 그리고 그러한 개념들을 모두 적는다.

≫ 이 문제의 경우에 공기역학적 힘은 상대적으로 작다. 그러므로 날개를 펼치기 위해서 스프링클러 노즐이 물을 뿜을 때 생기는 유체역학적 힘을 사용하는 것이 더욱 합리적이다. 날개의 끝에서 50파운드의 수압은 충분히 지지 역할을 할 수 있을 것이다. 계산해보면, 가벼운 수력 구조물이 스스로 지지하고, 추진할 수 있다는 것을 알 수 있다.그렇다고 하더라도 물을 분사하는 힘이 충분하지 않다면, 날개의 무게를 조금이라도 줄이는 것이 좋다. 시스템이 쉴 때 날개를 내려놓는 경우를 빼고는, 물이 분사될 때 유체역학적 힘이 날개의 끝을 들어 올릴 것이다.

□ ■ □ ■ □

아리즈가 생각의 필요성으로부터 발명가를 해방시켜 주지는 않는다. 같은 문제가 발명가들의 개성에 따라 다른 수준에서 풀릴 수 있다.

다음 사례를 살펴보자.

문제 6

과거 채광 작업 중에 보통 2분 동안 10번의 폭약 폭파를 했었다. 그래서 작업자가 전기 기폭장치의 접점을 손으로 닫을 충분한 시간을 갖고 있었다. 채광 작업에 새로운 방법이 도입되자, 0.6초 간격으로 40개의 접점을 연속해서 닫을 필요가 생겼다. 동시에 폭파 사이의 간격이 다르다. 예를 들어 첫 번째 폭파의 0.01초 뒤에 두 번째 폭파가 이어지고, 두 번째 폭파의 0.02초 뒤에 세 번째 폭파가 이어져야 한다. 그 다음 순서에서는 첫 번째 폭파의 0.03초 뒤에 두 번째 폭파가 일어나야 한다. 접점 닫기를 설명하는 순서 차트는 ±0.001초의 정확도로 실행되어야 한다.

이러한 접점들을 닫기 위한 단순하면서도, 신뢰할 수 있고, 정확한 방법을 개발할 필요가 있다.

문제 6의 해결책

· **제2-3단계 :** 다음 형식을 사용하여 문제의 조건을 두 구절로 진술한다(전문 용어의 사용을 피하고, 정확히 무엇을 생각해내고 발견하고 개발해야 하는지에 대해서는 진술하지 않는다).

a. "시스템은 ~(구성요소를 설명한다)으로 구성되어 있다."

≫ 시스템은 40쌍의 단자, 40개의 접점 또는 한 개의 미끄럼 접점으로 구성되어 있다.

b. "구성요소(구성요소를 진술한다)는 조건 하에서(조건을 진술한다) 바람직하지 않은 효과(효과를 진술한다)를 일으킨다."

≫ 순서 차트에 따라 정확하게 단자들을 닫기가 어렵다(전자식 폭파장치는 여기서 우리가 다루어야 할 시스템이 아니다. 우리는 단자를 닫아야 하고, 그 뒤 그 신호가 어디로 가는지에 대해서는 우리의 관심대상이 아니다).

· **제2-4단계 :** 제2-3a단계의 요소들을 표에 기입한다.

구성요소의 유형	구성요소
a. 변경, 재설계, 또는 재조정이 가능한 요소 (이 문제의 조건 하에서)	미끄럼 접점(Silder)
b. 바꾸기 어려운 요소 (이 문제의 조건 하에서)	단자(Terminal)

≫ 이 문제에서 단자는 회로를 닫아야 하는 전선의 양단이다. 우리는 전선을 바꿀 수 없다. 게다가 전류를 흐르게 할 무엇이 필요하다. 그러나 미끄럼 접점은 다르다. 우리가 원하는 만큼 이 접점을 바꿀 수 있다. 만일 두 가지 요소(단자와 미끄럼 접점)가 모두 "b"라면, 그때는 외부 환경도 하나의 객체이다. 제3-3단계에서 이 객체의 일부(즉 단자 사이의 공간)가 선택될 것이다. 그 이상의 해결책은 미끄럼 접점을 선택할 때의 경우와 일치한다.

· **제2-5단계 :** 제2-4a단계로부터 변경, 재설계, 또는 조정이 가장 쉬운 구성요소를 선택한다.

≫ 미끄럼 접점

· **제3-1단계 :** IFR(이상적인 최종결과)을 정립한다.

≫ 미끄럼 접점이 스스로 타이밍 차트에 맞추어 정확하게 단자를 닫는다.

· **제3-2단계 :** 두 개의 그림을 그린다 - (1) "초기 상태" (IFR 이전의 상태)와 (2) "이상 상태" (IFR을 달성했을 때의 상태).

≫ 그림27을 보자.

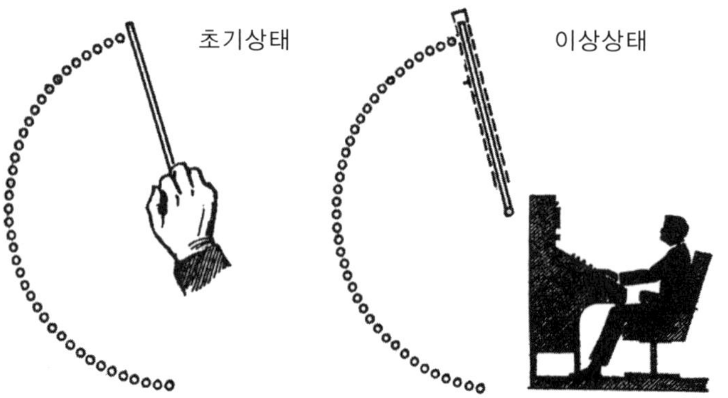

그림 27
접점은 사람의 도움 없이 스스로 움직여야만 한다.

· **제3-3단계 :** "이상 상태"의 그림에서 제3-1단계에 나타난 요소를 찾고, 필요조건 하에서 필요한 기능을 수행할 수 없는 부분을 강조하여 표시한다.

≫ 미끄럼 접점의 움직이는 부분이 필요한 작용을 수행할 수 없다.

· **제3-4단계 :** 이 구성요소는 왜 필요한 작용을 스스로 수행하지 못하는가?

a. 우리는 객체의 강조된 부분으로부터 무엇을 기대하는가?

≫ 우리는 미끄럼 접점이 그래프에 따라 스스로 움직이기를 바란다.

b. 무엇이 이 작용이 스스로 수행되는 것을 막는가?

≫ 힘이 없다면, 미끄럼 접점은 움직일 수 없다.

c. 위의 "a"와 "b" 사이의 모순은 무엇인가?[66]

· **제3-5단계 :** 어떤 조건 하에서 이 부분이 필요한 작용을 제공할 수 있는가? (이 부분은 어떤 파라미터를 가져야 하는가?)

≫ 필요한 힘을 가지면, 미끄럼 접점은 스스로 움직일 것이다.

· **제3-6단계 :** 이 구성요소가 제3-5단계에 설명된 특성을 얻으려면 무엇을 해야 하는가?

≫ 그런 힘이 스스로 나타나려면 자연적인 힘(중력과 같은)이 있어야 한다는 것을 의미이다.

· **제3-7단계 :** 실질적으로 실현 가능한 개념을 정립한다. 만일 그런 개념이 여러 개 있다면, 가장 유망한 개념을 1번으로 하여 순서대로 번호를 매긴다. 그리고 그러한 개념들을 모두 적는다.

≫ 자연적인 힘 중에서 가장 단순한 운동은 "낙하"다. 그러므로 미끄럼 접점은 중력으로 움직여야 한다. 이것이 순서 차트에 따르는 필요한 운동을 제공할 수 있다.

· **제3-8단계 :** 첫 번째 개념을 실현하기 위한 개략도를 제시한다.

≫ 튜브 안을 진공으로 한다. 추가 떨어지면서 단자를 닫는다. 튜브 안에 많은 단자들이 있다면, 어떤 그래프에 따르기가 쉬워진다.

---

66) 원서에서는 c 항의 언급이 없다. 모순을 독자 스스로 정립해 보아라 - *역자 주*

PART 2

이 해결책을 발명가 인증서 #189,597과 비교해 보자 : 필요한 시간 간격을 설정하기 위한 장치. 이 장치가 색다른 것은 추가 달린 막대가 있어 그것이 낙하하면서 전자식 기폭장치에 연결된 단자 접점을 닫는다는 점이다. 이것이 폭파간의 시간차를 설정할 때 정확성을 높여 준다.

발명가 인증서나 특허를 받은, 그리고 특정 산업분야에서 오늘날의 창의적 사고 수준을 반영하고 있는 연습문제들에 대한 답을 **표준해답**(Control Answer)이라 한다. 아리즈를 공부하는 목적은 표준해답을 어떻게 찾는지를 배우기 위해서가 아니다. 아리즈를 처음 배울 때, 발명에 관한 연습 문제를 먼저 풀어보는 이유는 표준 해답에서 **너무** 동떨어지지 않은 해답을 얻기 위해서 이다. 비슷하거나 더 좋은 해답은 공부를 다 마칠 즈음 얻을 수 있을 것이다.

문제 6번은 시지연 계전기(時遲延 繼電器, time delay relay)를 활용한 전자회로 시스템의 설계에 의해 간단히 해결될 수 있다. 그러나 그렇게 하면, 최적의 단순성을 필요한 정확성과 결합시키는 것이 불가능할 것이다. 이 표준 해답은 제2 수준의 혁신에 속한다. 수십 개의 변형들을 선별해냄으로써 아리즈 없이도 똑같은 해답에 도달할 수 있을 것이다.

이제 이 문제를 다소 복잡하게 해보자. 이것이 우리에게 아리즈를 최대로 활용해 볼 기회를 줄 것이다.

문제 7

모델로서 문제 6의 제3-8단계에서 얻은 해답을 이용해보자 : 진공상태의 유리 튜브가 있다. 금속 구슬이 튜브 속에서 낙하할 때, 단자를 닫는다. 이 모델의 단점은 자유낙하가 아니라는 점이다. 실제로, 구슬은 각 단자와 접촉하면서 약간 속도가 줄어든다.

그렇다면 어떻게 해야 하나?

만일 길이가 서로 다른 40개의 튜브를 사용한다면, 그 마찰을 제거할 수 있다(여기서 각 단자는 각 튜브의 하단부에 있다). 그러나, 이제 장치가 매우 복잡해졌다. 만일 단자를 극소형 코일로 바꾸고, 구슬 대신 자석을 쓰더라도, 자석과 자력선 사이의 마찰은 여전히 존재할 것이다 — 더구나, 증폭기를 도입함으로써 시스템은 더욱 복잡해진다. 광 접점을 사용해볼까? 이것 역시 시스템을 다시 복잡하게 하기 때문에 좋지 못하다.

장치는 단순성을 유지해야 하지만, 원형(原型)과 비교해서 그 정확성은 향상되어야 한다.

이것은 연습 문제이므로 바꾸면 안 된다 : 원래의 조건(단자와 낙하 접점)을 그대로 유지해야 한다.

문제 7의 해결책

· **제2-3단계 :** 다음 형식을 사용하여 문제의 조건을 두 구절로 진술한다(전문 용어의 사용을 피하고, 정확히 무엇을 생각해내고 발견하고 개발해야 하는지에 대해서는 진술하지 않는다).

a. "시스템은 ~(구성요소를 설명한다)으로 구성되어 있다."

≫ 시스템은 진공 튜브와 단자, 그리고 접점들로 구성되어 있다.

b. "구성요소(구성요소를 진술한다)는 조건 하에서(조건을 진술한다) 바람직하지 않은 효과(효과를 진술한다)를 일으킨다."

≫ 접점이 내려오면서, 모든 단자를 연결한다.

· **제2-4단계 :** 제2-3a단계의 요소들을 표에 기입한다.

구성요소의 유형	구성요소
a. 변경, 재설계, 또는 재조정이 가능한 요소 (이 문제의 조건 하에서)	접점과 단자
b. 바꾸기 어려운 요소 (이 문제의 조건 하에서)	튜브

≫ 여기서 접점과 단자 사이의 마찰을 고려할 때, 이 두 구성요소를 "a" 에 둘 수 있다. 튜브도 바꿀 수는 있지만, 한계가 있다. 튜브는 "진공을 유지한다"는 고유 기능을 갖고 있다.

· **제2-5단계 :** 제2-4a단계로부터 변경, 재설계, 또는 조정이 가장 쉬운 구성요소를 선택한다.

≫ 접점. (우리는 접점 또는 단자를 선택할 수 있다. 마찰 부분의 상호작용을 다루어야 하므로, 어느 쪽이나 상관없다).

· **제3-1단계 :** IFR(이상적인 최종결과)을 정립한다.

≫ 접점이 낙하하면서 아무런 마찰 없이 단자를 닫는다. 단자를 닫는 것은 접촉을 필요로 하고, 이것은 마찰을 의미한다. IFR은 다음과 같다 : 어떤 마찰도 없는 마찰을 얻자. 이것은 환상적인 생각이다. 그렇지 않은가?

강한 심리적 장벽이 여기에서 나타났다. 문제 해결 과정을 계속하느냐의 여부는 주로 발명가의 개성(특히, 용기와 체계적인 사고과정)에 달려 있다. 이것은 장벽 앞에서 멈추지 않는, 즉 물러서거나 또는 우회하지 않는 기술의 보유를 필요로 한다.

그러므로 구슬은 마찰 없이 단자를 지나가야 한다! 여기서 "액체 구슬"에 대한 아이디어가 떠오른다. 그러나 액체는 증발하면서 튜브의 진공을 깨, 자유낙하를 방해하기 때문에 좋은 해결책이 아니다.

· **제3-3단계 :** "이상 상태"의 그림에서 제3-1단계에 나타난 요소를 찾고, 필요조건 하에서 필요한 기능을 수행할 수 없는 부분을 강조하여 표시한다.

≫ 구슬의 가장 넓은 부분("허리"라고 하자)이 필요한 작용을 수행할 수 없다.

· **제3-4단계 :** 이 구성요소는 왜 필요한 작용을 스스로 수행하지 못하는가?

a. 우리는 객체의 강조된 부분으로부터 무엇을 기대하는가?

≫ 마찰이 없는 구슬의 움직임이 필요하다. 즉, 구슬은 단자와 접촉하지 않아야 한다.

b. 무엇이 이 작용이 스스로 수행되는 것을 막는가?

≫ 단자를 닫기 위해, 구슬의 "허리"가 단자를 눌러야 한다.

c. 위의 "a"와 "b" 사이의 모순은 무엇인가?

≫ "a"를 위해서, 구슬은 움직여야 한다; "b"를 위해서, 구슬은 움직이지 않아야 한다.

· **제3-5단계 :** 어떤 조건 하에서 이 부분이 필요한 작용을 제공할 수 있는가? (이 부분

은 어떤 파라미터를 가져야 하는가?)

≫ 구슬은 움직여야 하고, 동시에 움직이지 않아야 한다.

앞에서는 "마찰이 없는 마찰"이었고, 이제는 "움직임 없는 움직임"이 있다. 동트기 직전이 가장 어두운 것처럼, 새로운 생각이 발견되기 직전이 그러하다 : 우리의 생각이 문제를 더욱 어렵게 하고 있는 것처럼 보이는 장애에 마주쳤다. 이것은 여명 효과(predawn effect)라 한다. 당신은 막수토프가 자신의 새로운 망원경 설계를 더욱 복잡하게 했던 새로운 아이디어에 어떻게 도달했는지 기억하는가? 이전에 그는 그 점에서 걸려 넘어지곤 했다(더욱 어두워지자, 막수토프는 그 문제를 더 이상 생각하고 싶지 않았다.) 그러나 기차 안에서 막수토프는 공상을 시작했다 — 그의 설계를 복잡하게 할 가능성을 억제하면서 생각을 거듭한 그는 갑자기 "복잡하다는 것"이 조건적(conditional)이라는 사실을 깨닫게 되었다.

· **제3-6단계 :** 이 구성요소가 제3-5단계에 설명된 특성을 얻으려면 무엇을 해야 하는가?

≫ 구슬을 분할해야 한다. 구슬의 한 부분("허리")이 첫째 단자에 도달할 때 멈추게 하자. 그리고 구슬의 나머지 부분은 계속해서 자유낙하하게 하자.

· **제3-7단계 :** 실질적으로 실현 가능한 개념을 정립한다. 만일 그런 개념이 여러 개 있다면, 가장 유망한 개념을 1번으로 하여 순서대로 번호를 매긴다. 그리고 그러한 개념들을 모두 적는다.

· **제3-8단계 :** 첫 번째 개념을 실현하기 위한 개략도를 제시한다.

≫ 접점을 (그림28과 같이) 분할해 보자. 최상단 고리는 첫 번째 단자 쌍에 도달하여 첫 번째 회로를 닫고 멈춘다. 접점의 나머지 다른 부분은 자유낙하를 계속한다 : 자유낙하 도중에 상부 고리가 하부 고리와 연결되어 있지 않기 때문에, 첫 번째 고리의 정지가 나머지 고리들에 영향을 주지 않을 것이다. 미끄럼 운동을 일으킬 수 있는 힘이 없기 때문에 미끄럼 운동은 무시된다. 두 번째 단자 쌍은 첫 번째 단자 쌍보다 튜브의 축 중심에 더 가까이에 있다. 그리하여 두 번째 단자 쌍이 두 번째 고리를 붙잡아 두는 한편, 나머지 고리들은 자유낙하를

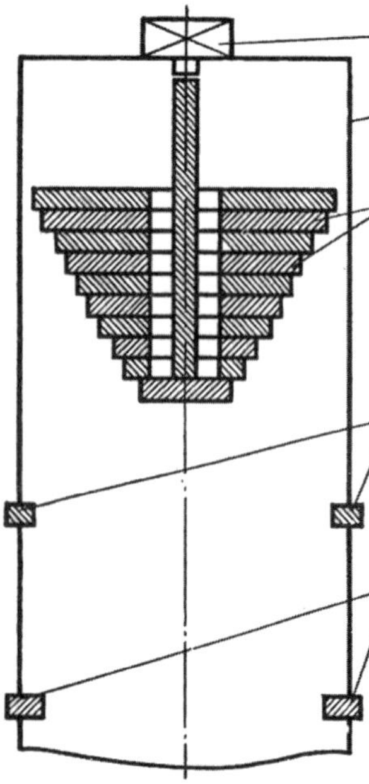

그림 28
각 접점 쌍은 "자신"의 고리만을 멈추게 할 것이다.

계속한다. 이제 그런 튜브의 구성을 상상해보자. 튜브의 길이가 3미터라고 가정하자(이것이 표준 모델과 유사하다). 접점의 통로로써 튜브의 위쪽 1미터 부분을 남겨둔다(여기에 단자를 설치하지 않는다). 접점은 0.2초 동안에 아래로 2미터를 내려 갈 것이다. 이 구간에서 단자 사이의 평균 거리는 200/40 = 5센티미터이다. 물론 단자의 개수를 늘일 수 있다.

≫ 회로를 다른 단자에 연결함으로써, 우리는 어떤 필요한 연속 동작을 얻을 수 있다. 접점의 평균 속도는 0.1초당 1미터이다. 이것은 0.001초가 튜브의 1센티미터, 즉 우리의 장치가 정밀하다는 것을 의미한다. 튜브의 지름이 80밀리미터라면, 튜브의 중심을 향하는 접점의 평균 간격은 2밀리미터이다. 이 장치를 단순히 뒤집기만 하면 원래의 상태로 되돌릴 수 있다. 고리들을 지지하고 있는 아래쪽 고리를 풀자마자 모든 고리들이 떨어지기 시작한다.

그리하여, 우리는 "마찰이 없는 마찰"을 만들었다. 새로 발견된 이 개념은 우리의 특정 문제에 대한 해결책보다 훨씬 더 광범위하게 이용될 수 있다. 본질적으로, 우리는 그 증거로써 마찰이 없이 움직임을 유지하는 방법을 찾았다. 아리즈 없이 시행착오 방법으로 이런 종류의 문제를 푸는 것은 그리 쉽지 않다. 당신 친구들에게 7번 문제를 내보면, 당신 스스로 이것을 증명할 수 있다. 다만, 문제를 바꿀 수 없으며, **원래**의 시스템(낙하하는 추와 단자)을 개선해야만 한다는 사실을 상기시켜라. 문제의 조건들을 말이 아니라, 글로 제시해야 한다. 그들은 먼저 문제 6번의 표준 해답을 읽은 다음 문제 7번의 조건들을 읽어야 한다.

여기에서 제시된 여러 문제들을 거쳐 오면서, 독자들은 비용을 가장 적게 들여서 필요한 효과를 얻으려는 경향이 아리즈의 전형적인 특징이다는 결론에 도달할 수 있다. 문제 5에서 우리는 가능한 한 얼음을 적게 깨려고 했다 : 깨진 얼음은 아무에게도 쓸모가 없고, 얼음을 깨는 수고는 거칠고 비효율적이며 완전치 못한 항해 방법 때문에 치른 **대가**일 뿐이다. 문제 2에서는 스프링클러 관개 시스템의 날개가 스스로 펼쳐졌다. 문제 7에서는 단지 접점을 분할하자마자 마찰이 사라졌다.

통상적인 엔지니어링 사고과정에서는 얻은 효과에 대해서 값을 치를 준비가 되어 있는 게 보통이다. "파이프를 구덩이 안에 내려놓아야 한다." 고 엔지니어는 생각한다. "좋아, 기중기를 사용하자. 기중기로 파이프를 내려놓는 거야." 그 기중기가 바로 문제가 요구하는 작용을 실현하기 위한 "지불금" 이다.

발명가는 다르게 생각한다 : "파이프를 내려놓아야 한다. 좋아, 파이프가 구덩이 속에 스스로 내려가도록 하는 무언가를 해야 해."

기술적인 문제를 해결하기 위해, 우리는 기계 금속이나 복잡한 전자공학, 그리고 많은 에너지를 그 대가로 지불하곤 한다. 그러나 아리즈는 그 대가를 '창의적 사고' 라는 다른 화폐로 지불하는 습관을 키워준다. 문제는 이렇게 말할지도 모른다. "나는 매우 단순해. 나를 푸는 것은 매우 쉬워. 그저 이미 있는 장치들을 이용해!" 그러나 발명가는 아무런 기계나, 장치 또는 기구를 필요로 하지 않는 해결책을 찾으려고 시도를 해야 한다. 물론, 궁극적으로는 '어떤 것' 이 이용되어야 하지만, 그 '어떤 것' 은 분명히 새롭고 보다 효과적이어야 한다.

그러면 이런 일이 다른 문제에서는 어떻게 일어나는지 살펴보자.

문제 8

한 실험실에서 어떤 여과 시스템을 시험하려고 한다. 이 시험은 내연기관에 쓸 여과 장치를 특별하게 설계하기 위한 것이다. 시험 중에 여과 시스템의 흡입구를 통해 공기, 모래, 먼지 뿐 아니라 진흙 입자와 그 밖의 유동성 물질도 함께 투입하여야 한다. 각각의 시험은 투입되는 성분에 대한 순서 차트를 갖고 있다. 때로는 단 한 가지 성분(예를 들어, 모래)만을 넣어야 한다. 다음번에는 동시에 24종류나 되는 성분을 넣어야 한다고 가정하자. 각 성분은 해당 순서 차트에 따라 투입되어야 하며 모든 성분들을 합하거나 균일하게 섞여서 투입해서는 안 된다. 혼합물 안에 각 성분들의 무게는 0.01~0.03킬로그램 범위이다. 각 시험의 투입 시간은 10초이다. 그 다음 여과 시스템을 분해하여 검사한다.

우리는 유동성 물질을 투입하는 방법을 제시해야 한다. 여기서 기본적인 요구사항은 단순성, 정확성, 조정과 재설정이 쉬운 시스템이다(이런 요구사항은 수백 종류의 혼합물을 시험할 경우, 필수적이다).

이 문제를 아제르바이젠 발명창의성 공립학교에 갓 들어간 학생들에게 내보았다. 문제를 풀 시간을 제한하지는 않았다. 대부분의 학생들이 30분 내지 2시간 정도 이 문제를 다루었다. 모든 학생들(90명)은 일반 설계 관점으로 이 문제를 공격하였다 : 여러가지 정량 공급장치를 응용한 분말 투입 방법을 제안하였다. 일부 제안에서는 컴퓨터를 사용한 정량 공급 공정의 자동화도 있었다.

한 가지 해결책이 여기 있다 : 24개의 파이프를 장치에 붙인다. 각 파이프의 앞쪽에 스크린 형태로 된 회전 장치가 있다. 스크린에 난 구멍 수는 주어진 분말에 대해서 차트에 있는 점의 수와 같다. 각 구멍의 직경을 특정 분말의 초당 유입량에 맞도록 만들었다. 매 초마다 파이프 앞에 새로운 구멍이 놓이도록 스크린의 회전 속도를 조절할 수 있다.

그래서 우리는 매초마다 바뀌는 칸막이를 갖춘, 24개의 공급 장치를 얻었다. 그러나 이 기계는 아주 번거롭고, 신뢰할 수 없으며(구멍과 파이프가 막힐 수 있다), 재설정하기도 어렵다.

6주 후에 같은 문제를 같은 학생들에게 다시 내보았다. 그러자, 문제를 푸는 시간이 반으로 줄고, 학생의 절반은 표준 해답과 같은 수준을 얻었다.

문제 8의 해결책

· **제2-2단계** : STC(크기, 시간, 비용) 연산자를 이용한다.

a. 객체의 크기를 주어진 값에서 0으로(S→0) 바꾼다고 상상한다. 이제 이 문제를 해결할 수 있는가? 만일 그렇다면, 어떻게?

≫ 만약 분말의 수가 단 하나로 줄게 되면, 통상의 공급 장치로도 가능하다.

b. 객체의 크기를 주어진 값에서 무한대로(S→∞) 바꾼다고 상상한다. 이제 이 문제를 해결할 수 있는가? 만일 그렇다면, 어떻게?

≫ 분말 첨가제의 수를 100종류로 증가시켜 보자. 그러면 24×100=2,400개의 공급 장치가 필요하다. 이 기계는 덩치가 너무 크다. 공급장치는 오직 하나이어야 하고 동시에 단순해야 한다. 그러나 이 간단한 장치를 써서 2,400종류의 첨

가물을 모두 독립적으로 시스템에 투입해야 한다.

c. 공정의 시간(또는 객체의 속도)을 0으로(T→0) 바꾼다고 상상한다. 이제 이 문제를 해결할 수 있는가? 만일 그렇다면, 어떻게?

≫ 공급시간이 짧을수록 장치의 작동은 더 나빠질 것이다. 만약 공급시간을 30초 대신에 0.03초로 하면, 분말을 준비할 시간이 없다. 그래서 결론은 공급(dosing)[67]을 미리 해두어야 한다는 것이다. 여기서 주요 이점은 서두를 것 없이, 그러므로 매우 정확하게 아무 계량 장치나 써서 분말의 무게를 잴 수 있다는 것이다. 만약 우리가 분말의 양을 미리 재두면, 예를 들어, 측정된 분말을 매번 1초 이내에 전달할 수 있으면 공급 장치가 필요 없다. 그러므로 공급과 투입이라는 두 가지 작업 중에서, 두 번째 작용만 시험 중에 수행하면 된다.

d. 공정의 시간(또는 객체의 속도)을 무한대로(T→∞) 바꾼다고 상상한다. 이제 이 문제를 해결할 수 있는가? 만일 그렇다면, 어떻게?

≫ 분말을 투입하는 데 쓸 수 있는 시간이 1년이라고 가정하자. 그러면 분말을 아주 천천히, 입자 하나씩 투입할 수 있다. 이 경우에도 분말을 미리 재는 것이 합리적이다 – 여기서는 일주일이 필요하다고 하자.

e. 객체나 공정의 비용(수용 가능한 비용)을 주어진 값에서 0으로(C→0) 바꾼다고 상상한다. 이제 이 문제를 해결할 수 있는가? 만일 그렇다면, 어떻게?

≫ 장치의 비용이 제로가 된다면, 이때는 장치가 없어지거나, 없는 거나 마찬가지가 된다. 실제로 공급 장치가 필요 없다 : 우리는 아주 간단한 방법으로 분말을 미리 잴 수 있다. 이것은 우리가 공급 장치도 역시 없앨 수 있다는 것을 뜻한다.

f. 객체나 공정의 비용(수용 가능한 비용)을 주어진 값에서 무한대로(C→∞) 바꾼다고 상상한다. 이제 이 문제를 해결할 수 있는가? 만일 그렇다면, 어떻게?

≫ 재정적 자원이 무한하다면, 시스템의 주요한 요소, 즉 분말을 바꿀 수도 있다. 분말의 각 입자를 강자성 입자와 결합시킨다. 그러면 분말 공급공정을 제어하기가 훨씬 쉽다. 그러나 나중에 강자성 입자와 분말 입자를 분리하는 방법이

67) 공급(dosing) : 분말을 투입하기 전에 섞어 공급하는 단계 - *역자 주*

분명하지 않다.

STC 연산자는 우리에게 무엇을 주었나? 아주 유용한 아이디어 한 가지는 분말의 투입량을 미리 재두는 것이고, 다른 하나는 금속 입자로 분말 입자를 나르고 조절할 수 있다는 것이다.

우리의 조사를 계속하여 보자.

· **제2-3단계 :** 다음 형식을 사용하여 문제의 조건을 두 구절로 진술한다(전문 용어의 사용을 피하고, 정확히 무엇을 생각해내고 발견하고 개발해야 하는지에 대해서는 진술하지 않는다) :

a. "시스템은 ~(구성요소를 설명한다)으로 구성되어 있다."

≫ 시스템은 여과장치와 24종류의 첨가제로 구성되어 있다.

b. "구성요소(구성요소를 진술한다)는 조건 하에서(조건을 진술한다) 바람직하지 않은 효과(효과를 진술한다)를 일으킨다."

≫ 정해진 순서대로 첨가제를 여과장치에 투입하기가 어렵다.

· **제2-4단계 :** 제2-3a단계의 구성 요소들을 표에 기입한다.

≫ 우리는 여과장치를 바꿀 수 없다. 우리는 여과장치를 조사할 뿐이다. 우리는 또한 분말도 바꿀 수 없다 — 실험의 조건을 위반하지 않아야 한다.

구성요소의 유형	구성요소
a. 변경, 재설계, 또는 재조정이 가능한 요소 (이 문제의 조건 하에서)	–
b. 바꾸기 어려운 요소 (이 문제의 조건 하에서)	여과장치, 분말

· **제2-5단계 :** 제2-4a단계로부터 변경, 재설계, 또는 조정이 가장 쉬운 구성요소를 선택한다.

≫ 외부 환경

· **제3-1단계** : IFR(이상적인 최종 결과, Ideal Final Result)을 정립한다.

≫ 외부 환경 스스로 순서차트에 따라서 정확하고 간단하게 분말을 투입한다. 이 진술은 본질적으로 두 가지 작용을 나타낸다 : 공급(순서차트에 따라)과 투입. 그러나 단계2-2에서 이미 공급물질을 미리 계량한다는 아이디어를 얻었다. 결과적으로 우리는 IFR를 진술할 수 있다 : 외부 환경이 스스로 미리 계량한 분말을 간단하고 정확하게 투입한다.

· **제3-2단계** : 두 개의 그림을 그린다-(1) "초기 상태" (IFR 이전의 상태)와 (2) "이상 상태" (IFR을 달성했을 때의 상태).

≫ 간단히 하기 위해서 우리는 오직 한 종류의 분말만을 다룰 것이다. 이 개념을 24 종류 모두에게 적용해야 한다는 것을 염두에 두면서 말이다. 그래서 우리는 분말을 미리 계량해 두었다(그림29). 이때 외부 환경이 계량한 분말을 시스템의 깔때기에 투입해주지 않는다. 그러나 우리는 외부환경이 분말을 투입해주기를 원한다.

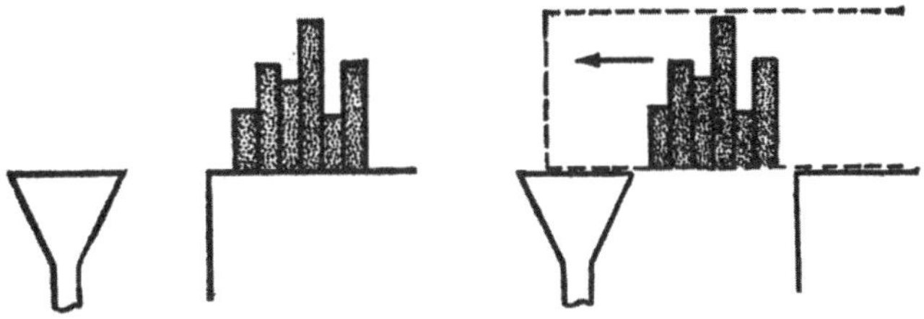

그림 29
분말을 미리 계량해 둔다.

· **제3-3단계** : "이상 상태"의 그림에서 제3-1단계에 나타난 요소를 찾고, 필요조건 하에서 필요한 기능을 수행할 수 없는 부분을 강조하여 표시한다.

≫ 외부 환경 부분(측정된 분말이 깔때기 위쪽에 위치한 곳에서)이 필요한 작용을 제공할 수 없다.

· **제3-4단계** : 이 구성요소는 왜 필요한 작용을 스스로 수행하지 못하는가?

a. 우리는 객체의 강조된 부분으로부터 무엇을 기대하는가?

≫ 외부 환경의 이 부분이 스스로 측정된 분말을 전달할 필요가 있다.

b. 무엇이 이 작용이 스스로 수행되는 것을 막는가?

≫ 외부 환경의 이 부분을 벨트 모양으로 만드는 것은 어렵지 않다. 우리는 미리 측정된 분말을 이 벨트 위에 놓을 수 있다. 그러나 벨트가 깔때기 위 어디에서 사라지는가?

c. 위의 "a"와 "b" 사이의 모순은 무엇인가?

≫ 비록 모순이 심각한 것은 아닐지라도 여기에 모순이 있다. 벨트는 존재해야 하고 동시에 존재하지 않아야 한다. 그러나 이러한 요구조건은 다른 시간대와 관련이 있다. 벨트는 분말을 깔때기까지 나르는 동안에는 존재해야 한다. 분말을 전달한 다음, 벨트는 사라져야 한다. 비슷한 상황이 제2-2f단계, 강자성 입자에 대해서 발생하였다.

· **제3-5단계 :** 어떤 조건 하에서 이 부분이 필요한 작용을 제공할 수 있는가? (이 부분은 어떤 파라미터를 가져야 하는가?)

≫ 벨트는 깔때기 위쪽에서 사라져야 한다.

· **제3-6단계 :** 이 구성요소가 제3-5단계에 설명된 특성을 얻으려면 무엇을 해야 하는가?

≫ 벨트가 사라지든지, 그 방향을 바꾸는 것이다.

· **제3-7단계 :** 실질적으로 실현 가능한 개념을 정립한다. 만일 그런 개념이 여러 개 있다면, 가장 유망한 개념을 1번으로 하여 순서대로 번호를 매긴다. 그리고 그러한 개념들을 모두 적는다.

≫ 재래식 컨베이어 벨트와 똑같은 벨트를 만들어 보자. 그러면 24개의 컨베이어가 필요하다. 컨베이어가 240개면 어떤가? 이것은 좋지 않다. 어떤 물질을 오랫동안 수송할 때는 재래식 연속 순환 컨베이어가 좋다. 우리의 경우에는 모든 분말을 미리 계량했기 때문에 컨베이어를 되돌릴 필요가 없다. 첫 번째 개념이 우리에게 그대로 있다 - 깔때기 위에서 컨베이어 벨트를 파괴한다. 이것은 "이상 기계"에 가장 가깝다 : 기능 수행을 마친 기계의 부분들은 사라져야 한다.

· **제3-8단계 :** 첫 번째 개념을 실현하기 위한 개략도를 제시한다.

≫ 어디서, 어떻게 벨트가 사라질 것인가? 벨트를 버릴 수도 있다. 그러나 그렇게 하려면 특별한 장치가 필요할지도 모른다. 이상적인 개념은 녹거나 증발하여 벨트 스스로 사라지는 것이다.

· **제4-1단계 :** 새로운 아이디어나 개념을 활용하는 동안 어떤 것이 좋아지고, 어떤 것이 나빠지는가? 달성된 것과 더 복잡해지거나 비싸지는 것을 기록한다.

≫ 우리는 정확성(투입량을 미리 정밀 계량한다)과 단순성(벨트가 모두 사라진다)을 얻었다. 그러나 단지 벨트 위에 분말을 얹어 놓는 공정이 원래의 개념에 추가되었다.

· **제4-2단계 :** 제안된 장치나 방법으로 바뀜으로써 더 나빠지는 것들을 막을 수 있는가? 바뀐 장치나 방법을 그림으로 그린다.

≫ 벨트 위에 분말을 놓는 것은 어렵지 않다. 벨트 위에 접착제를 바르고, 그 위에 분말 층을 뿌린다. 그러나 순서차트에 따라 분말을 나르기 위해 벨트가 있어야 한다. 이 차트에 따라서 분말이 있어야 하는 위치에만 접착제를 펼쳐 바를 수 있다. 차트에 따라서 벨트를 자르는 것은 간단하다. 벨트를 구성하는 물질은 자르기 쉽고, 접착제가 잘 퍼지며, 쉽게 사라져야만 한다. 이런 물질은 보통 종이 또는 벤젠으로 만든 종이일 수 있다.

· **제4-3단계 :** 이제 무엇이 나빠지는가? (더 복잡해지고, 더 비싸지는가)

≫ 이 개념에서 결점을 발견하기 어렵다. 이제 분말을 도포한 공급 용지를 준비하는 것은 무척 쉽다. 순서차트에 따라 이런 종이들을 자르는 것은 훨씬 쉽다. 한 장 또는 샌드위치처럼 여러 장 포갠 종이를 매우 간단한 장치로 투입할 수 있다. 깔때기 위에서 벤젠 종이를 태우는 것 역시 문제가 없다.

· **제4-4단계 :** 얻은 것과 잃은 것을 비교한다.

≫ 실행하고 시험하기가 쉬운 간단한 개념을 발견했다. 그 이점이 명확해 보인다.

표준 해답 : 내연 기관의 내구성 시험을 위해 연속적으로 (단위부피 당 무게로) 계량된 유동성 물질(예, 연마성 분말)을 투입하는 방법. 이 방법은 불에 잘 타는 물질로 만든 유연한 벨트의 표면 위에 연마성 분말을 균일한 두께로 미리 발라 놓은 것이 색다르다. 이 벨트는 정해진 속도로 고온 구간으로 이동하여, 시험 구간에 분말을 전달하고 거기서 연소되어 사라진다.

이것으로 정량 공급 공정의 정확성이 향상되었다.(발명가 인증서 #305,363)

물론, 실제 기록은 훨씬 더 짧다. 예를 들어 아제르바이젠 석유화학 연구소의 상급 학생인 미트로파노프(V. Mitrofanov)가 쓴 해결책은 다음과 같다 :

- **제2-3단계** 시스템이 있다 : 엔진과 첨가제
- **제2-4단계**
  a. —
  b. 엔진, 첨가제
- **제2-5단계** 외부 환경
- **제3-1단계** 외부환경이 우리가 원하는 시간과 방법으로 첨가제를 투입한다.
- **제3-2단계** "초기 상태" 그림에는 첨가제의 혼돈스러운 흐름을 보여준다 : "이상 상태" 그림에는 질서 정연한 흐름이 있다.
- **제3-3단계** 첨가제가 퍼져있는 영역을 강조하여 표시한다.
- **제3-4단계** 외부 환경이 어떤 무게를 잴 수 없거나, 시간을 알 수 없다는 등.
- **제3-5단계** 만약 그 환경을 알 수 없다면, …. 우리는 아마도 미리 어떤 것인가를 할 수 있지 않을까?

이렇게 진술하자마자, 미트로파노프(Mitorfanov)는 즉시 표준 해답에 해당하는 해답을 얻었다. 이 해결책까지 도달하는 데 그는 20분밖에 걸리지 않았다.

엔지니어 술타노프(R. Sultanov)는 다른 길을 따라가서 이 답에 도달했다 :

- **제3-4단계** 외부 환경이 필요한 양만큼의 분말을 취할 수 없고, 정확한 시간 간격으로 분말을 투입할 수 없다.
- **제3-5단계** 어쩌면 환경이 수송 능력을 가질 수 있다(예를 들어, 필요한 양의 분말을 담은 용기를 매초마다 투입하는 능력). **'용기(container)'** 란 임의의 이름이다. 얇은 껍질, 벨트 등을 생각해 보자. 전달한 뒤에 벨트는 사라진다.

아리즈의 질문에 대한 답들의 형태는 개성을 띤다. 그러나 강력한 모든 해결책들에 대한(표준 해결책 또는 그 이상의 수준에 대한) 일반적인 사고 과정의 스타일은 독특하다.

· **방향 사고** : 혼돈스런 비약, 터무니없는 동요 또는 전환이 없음

· **IFR을 향한 꾸준한 지향** : 최소의 장치를 사용하여 결과를 얻으려는 욕구

· **심리적 장벽을 쉽게 극복하는 능력** : '용기'이라는 용어는 우리에게 '봉지'와 같은 개념 방향으로 우리를 움직이게 한다. 그러나 술타노프가 강조한 것은 바로 '용기'가 조건적 용어라는 점이다—필름이나 벨트 또한 '용기'이다.

· **기술적 모순을 제거하기 위해 발명원리를 사용할 때 뛰어난 능력** : 아주 희미한 분석 힌트가 하나의 원리나 또 다른 원리를 이용할 것을 제안할 때(여기서는 선행조치(#10), 폐기 및 재생(#34) 및 역동성(#15)의 원리가 사용되었다).

□ ■ □ ■ □

여기에 몇 개의 연습 문제가 있다. 이들 연습 문제는 문제 해결에 필요한 모든 정보를 담고 있다. 이들 문제는 어떤 특별한 지식을 요구하지 않는다. 이것들은 연습문제이기 때문에, 매우 일반적인 용어로 충분히 개념적 해결책을 찾을 수 있다.

변형을 선별하면서 해결책을 찾으려 하지 말라. 습관적으로 해결책을 추측하는 것은 시간을 낭비하는 일이다. "만일 내가 그렇고 그런 것을 하면 무슨 일이 일어날까?" 운이 좋아 해결책을 찾는다면, 당신은 당신의 창의성을 개선할 수 있는 기회를 잃을 것이다. 가장 간단한 문제조차도 아리즈 시스템을 사용하여 문제를 풀어야 한다. 그래야 발명의 습관을 기르는 데 도움이 된다.

문제를 풀 때, 올바른 답에 대해서가 아니라 답을 얻는 과정에서 점수를 얻는다고 생각하면서 문제를 풀어라. 모든 질문에 대해서 대답의 사다리를 세우는 것이 매우 중요하다고 생각하라. 이 사다리는 두 가지 특별한 성질을 지녀야 한다. 첫째는 논리적 비약이 없어야 한다는 것이고, 둘째는 어느 정도 돌출적인 뒤틀림이 있어야 한다는 것이다. 문제 7에 대한 해결책을 상기하라. IFR을 처음 진술할 때, 우리는 마찰이 없는 마찰이라는 결론에 도달했다. 상식은 이런 아이디어를 우리에게서 멀어지게 한다. 하지만 우리는 마찰이

없는 마찰, 움직임이 없는 움직임에 대해서 탐색을 계속해야 한다.

문제 9

물고기 탱크에 공급되는 공기는 상대적으로 작은 공간에 많은 물고기를 기를 수 있도록 해준다. 호수나 연못에서 상업적 어류 양식을 강화하기 위해서 이 원리의 사용에 대한 개념이 오래 동안 널리 퍼져 있었다. 문제는 이것이 매우 비경제적 공정이라는 것이다 : 아주 적은 양의 공기만 물에 녹고, 대부분의 공기는 대기로 되돌아간다. 가정용 어항이라면 이것은 중요하지 않다 — 작은 전기 펌프가 적절한 양의 공기를 제공할 수 있다. 그러나 다양한 크기의 펌프가 호수와 연못에 사용된다. 강력한 공기 펌프와 복잡한 파이프라인 시스템을 설치해야 한다.

이 문제는 다른 방법, 즉 간단하면서도 경제적이고, 물론 물고기에게도 안전한 방법을 요구한다. 그러므로 산소를 발생하는 화학 물질을 사용하는 것은 무엇보다 추천할 수 없다.

이 문제는 간단하다. 이것을 모순행렬표로 분석하지 말고 해결책을 찾아보아라.

문제 10

나무, 천(최근에는 플라스틱과 수지)은 모두 광학 유리를 연마하는 데 쓰인다. 연마 분말의 수성 에멀션을 연마 도구와 유리사이 접촉 부위에 넣는다.

그러나 이러한 전통적인 방법은 완벽한 것과는 꽤 거리가 멀다. 연마공정 속도가 상대적으로 느리다. 왜냐하면 수지, 천, 나무 및 플라스틱은 공구의 높은 회전 속도에 의해 발생하는 높은 온도때문에 그것들의 연마 특성을 잃기 때문이다.

연마 속도를 어떻게 올릴 수 있을까?

아마, 당신은 즉각적으로 냉매의 도입을 생각했을지 모른다. 평범한 수성 에멀션 대신에 연마 분말과 냉매로 구성된 에멀션이 있다고 하자. 이 방법은 이미 있었지만, 최선의 결과를 제공하지 못한다. **유리에 단단히 압착해서** 고속으로 회전하는 작은 "베개" 모양의 연마 도구를 상상해 보자. 냉매와 연마 에멀션을 어떻게 공급할 수 있는가? 옆에서? 그러나 연마 도구가 압착하는 부분인 "베개" 아래쪽에서 열이 발생한다. 베개에 구멍을 뚫을까? 여기에 모순이 있다 : 구멍이 많으면 많을수록, 냉각 에멀션의 분포는 좋아진다. 동시에 연마 도구의 성능은 나빠진다(베개가 주로 구멍으로 구성되기 때문에). 다른 말로 해서 구멍이 있는 연마 도구는 최선의 아이디어가 아니다.

이것 역시 간단한 문제이다. 이번에는 모순행렬표의 도움을 받아 문제를 풀어보아라.

문제 11

고온 또는 화학적으로 부식성 환경에서 재료의 강도를 시험하기 위하여, 튼튼한 밀폐 용기와 무거운 금고를 사용한다. 각 시험 시료에 추를 달고, 용기를 부식성 물질로 채운다. 그런 다음 용기를 밀폐시키고 용기의 벽에 설치된 가열 장치를 켠다. 추의 무게는 0.02~2 킬로그램이다.

이러한 실험을 할 때 기본적으로 어려운 점은 시료가 끊어지는 순간을 알아내는 것이다. 실험이 정밀한 정확성을 요구하지 않을지 몰라도, 시험이 며칠 동안 계속될 수 있기 때문에 끊어지는 순간을 수초 이내에 알아내는 것이 바람직하다. 또 다른 복잡한 일은 부식성 매질로 채운 용기 내에 설치된 장치의 감지 신뢰성을 보증하기가 어렵다는 것이다. 용기 밖으로 신호를 보낼 필요가 있다. 떨어지는 추의 소리를 감지하는 장치 또한 역시 받아들일 수 없다 — 그것은 너무 복잡하고 신뢰할 수 없다.

예를 들어 용기는 0.4×0.3×0.3입방미터의 부피를 갖고, 벽의 두께가 10밀리미터라고 하자. 우리는 시료가 끊어지는 순간을 기록하기 위해서 간단하면서도 신뢰할 수 있는 방법을 찾아야 한다. 용기의 벽에 구멍을 뚫는 것은 허용되지 않는다.

아리즈 **제2-3단계**에서부터 분석을 시작하라.

문제 12

한 공기식 컨베이어가 있다. 그것은 경사진 파이프의 형태이다. 작은 제품들이 파이프 아래 쪽 공기압에 의해, 파이프의 낮은 쪽에서 높은 쪽으로 이동한다. 우리의 경우, 토마토를 이 파이프로 이송한다. 파이프는 건물의 바닥에 깔려 있으며, 여러 장소로 방향을 틀고 있다. 이 시스템의 단점은 토마토가 서로 문지르고 부딪혀서 마침내 손상을 입는다는 것이다.

공기식 수송 시스템은 토마토(또는 다른 제품)를 미리 설정된 프로그램 조건에 의해 운반해야 한다. 제품이 특정 속도보다 느리게 이송함으로써 제품 사이의 안전거리를 반드시 보장해야 한다. 이 공기식 수송 시스템을 제거하는 것은 바람직하지 않은데, 왜냐하면 그것은 우리가 갖지 못한 새로운 설비를 요구할 수도 있기 때문이다.

아리즈 **제2-3단계**에서부터 이 문제를 풀어 보자.

문제 13

고주파 전자 회로에 지연선(delay lines)을 사용한다. 출력 신호를 시간적으로 이동하기 위해 이것을 사용한다. 지연선은 샌드위치 모양의 장치이다 : 낮은 저항재료와 높은 저항재료 층으로 구성되어 있다(예를 들면, 유리와 금속, 목재 성형물과 구리합금의 샌드위치 등). 샌드위치 층의 두께는 0.1밀리미터~0.01밀리미터 사이이어야 하고, 높은 제조 정밀도를 요구한다.

이미 알려진 생산 방법(압착, 롤링 등)은 비용이 많이 들고, 생산성이 낮으며, 많은 불합격품을 만든다. 이 샌드위치 재료는 어떤 재료의 조합으로는 만들 수도 없다. 샌드위치 재료는 보통 융점이 크게 다르다(유리 = 800℃, 금속 = 1500℃, 우드 합금[68] = 70℃, 구리 = 1,083℃). 우드 합금 위에 뜨거운 구리판을 놓으면 우드 합금은 쉽게 녹을 것이다.

지연선을 제조하기 위한 완전히 새로운 개념이 필요하다. 이 문제는 이전의 문제들보다 훨씬 더 복잡하다 : 해결책으로 가는 진로에 놓인 장벽이 꽤나 높다. 아리즈 **제2-2단계**에서부터 해결 과정을 시작하라.

---

68) 우드 합금(wood's alloy) : 비스무트 40~50 %, 납 25~30 %, 주석 12.5~15.5 %, 카드뮴 12.5 %를 섞어서 만든다. 녹는점이 60℃ 정도로 매우 낮아서, 뜨거운 물에서도 녹는다. 이런 특성 때문에 화재경보기에서 쓰이고 있다 - *역자 주*

문제 14

원유 수송 라인은 언제나 한 종류의 기름만을 이송하지 않는다. 그러므로 하나의 수송 라인을 통해 여러 종류의 원유를 차례로 보내는, 이른바 "인접시스템(abutting system)" 이라 하는 "순차적" 교체 수송 시스템을 설계할 필요성이 제기되었다. 이 방법의 중요한 장점은 여러 개의 수송 라인 대신에, 단 하나만 세워도 된다는 것이다. 그러나 그 시기에 교체식 수송 시스템은 널리 이용되지 않고 있었다.

그 이유는 원유를 순서대로 수송할 때, 서로 닿는 부분에서 제품의 혼합이 일어나기 때문이다. 그러므로 복잡한 기술 문제가 생겼다. 예를 들어, 순수한 가솔린이 어디서 끝나고, 디젤 가솔린은 어디서 시작하는지 어떻게 정확하게 결정할 수 있는가? 그리고 디젤 제품은 어디서 끝나고, 순수한 가솔린은 다시 어디서 시작하는가? 우리는 어떻게 순수 제품으로부터 혼합물을 분리하고, 어떤 적절한 방법으로 이전에 저장탱크를 채우고 있는 연료의 오염을 피할 수 있을까?

1960년까지 거의 모든 주요 수송 라인에서 수동으로 운전 제어를 하였다. 밤이건 낮이건, 어떤 날씨 조건에서든, 각 펌핑 주기마다, 통제실의 연구원들은 원유 샘플을 분석하면서 어두운 맨홀에 앉아 있었다. 원시적으로 작업을 하였다 : 파이프라인에서 플라스크로 샘플을 직접 채취했고, 제품의 밀도를 플라스크에 뜬 부표의 높이로 측정하였다. 그러나 가벼운 연료의 경우에는 밀도 차이가 미미하였기 때문에, 기름의 혼합 경계면을 정하는 것은 거의 불가능했다. 그 결과, 500미터의 수송 라인을 따라 한 사이클의 기름을 펌핑하는 동안, 800 내지 1,200톤의 순수한 기름을 못쓰게 만들었다.

몇 가지 개념이 제안되었다. 한 가지 예로서, 기름 밀도 측정기가 제안되었다. 이 장치를 수송 라인의 목 부분에 설치하고, 부표 개념을 기초로 한 밀도 측정에 의해 기름의 종류를 결정할 수 있었다. 감마선 밀도 측정기가 제안되기도 했다. 이 장치는 방사능 동위원소의 감마 방사선을 기초로 하여, 방사능 밀도에 따라 제품의 종류를 결정한다. 또한 유체에서 음파의 이동속도를 측정하는 초음파 장치도 제안되었다.

그림 30을 보아라. 두 가지 다른 인접 제품, A와 B가 수송 라인에 흐른다. 혼합물 A+B는 그 접촉 영역에서 생긴다. 만일 I과 II 사이의 경계를 정확히 정할 수 있다면, 손실은 이 혼합물의 부피를 초과하지 않을 것이다. 그러나 경계 부분의 기름 분리를 제어할 때 정확

PART 2

성이 낮기 때문에, 혼합물 분리는 이론적으로 가능한 것보다 더 일찍 시작되어야 하며(경계선III), 더 늦게 끝나야 한다(경계선IV). 혼합물의 제어 방법을 개선함으로써, 경계선III은 경계선I에, 경계선IV는 경계선II에 더 가까워 질 것이다. 이제 손실은 줄어든다 : 그러나 혼합물 A+B는 여전히 존재한다. 따라서 우회적 방법을 사용하는 것이 더 좋다 : 즉 A와 B 사이에 어떤 종류의 분리기를 사용함으로써 혼합물 A+B의 생성을 완전히 피한다.

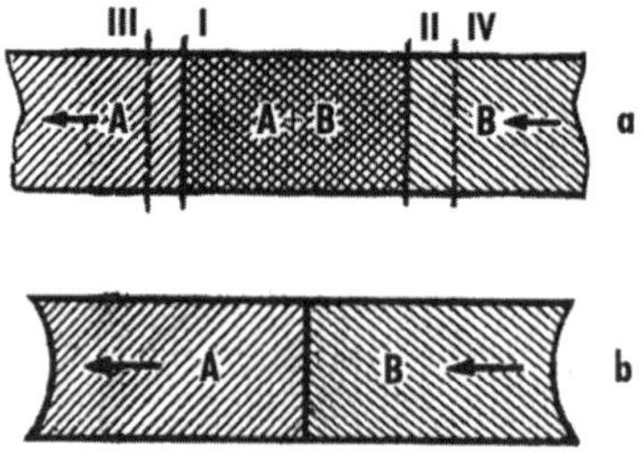

그림 30
우리는 어떻게 같은 파이프라인으로 이송되는 기름의 손실을 줄일 수 있을까?

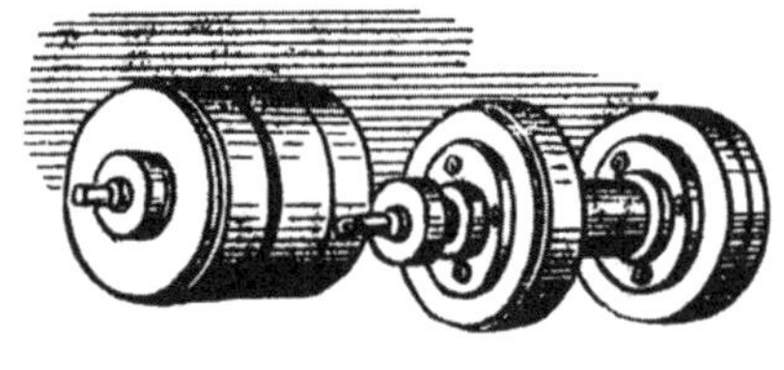

그림 31
이음고리와 디스크 씰(seal)로 구성된 분리기

이음고리, 디스크, 브러시 씰(seal)로 구성된, 이미 알려진 분리기(그림 31)가 있다. 그러나 이런 "들쭉날쭉한 장치"는 중요한 결점을 갖고 있다 : 그들은 기름 혼합물의 생성을 막지 못한다-기름은 여전히 씰을 통해 스며 나온다. 이 장치가 파이프라인 안에서 고장 나기도 하고, 다른 곳에서는 통과할 수도 없다. 몇 개의 중간 펌핑 장소를 파이프라인을 따라 설치하였다. 유연하지 못한 고체 분리장치는 분명히 이러한 장소를 통과할 수 없다.

파이프라인을 따라 길이 방향으로 유연한 칸막이를 설치하는 것은 비용이 많이 들고, 복잡하며, 신뢰할 수 없는 개념이다.

물과 리그로인(나프타의 용제)과 같은 액체 분리기가 제안되었다. 처음 볼 때는, 이것이 좋은 해결책인 것처럼 보인다. 혼합을 막기 위해, 적은 양(수송 라인 체적의 1.5 %)의 액체 분리기만으로도 충분하다. 여기서 문제는 물, 리그로인 및 다른 액체 분리기가 수송 중에 기름 제품들과 섞인다는 것이다. 물론, 분리기로서 역할을 마친 뒤 물을 버리는 것은 아무런 손실을 주지 않지만, 어떻게 기름에서 물을 분리할 수 있을까?

결론적으로 말하면, 고체분리기와 액체분리기는 둘 다 심각한 결점을 가지고 있다. 기체 분리기는 더 좋지 않다. 기체는 파이프라인의 상부로 올라가, 그 분리 작용의 수행을 멈춘다.

이 문제에 대한 분석을 아리즈 **제2-3단계**에서부터 시작하라.

12장 고생대의 "특허"

전 세계의 발명 특허는 1,300만 건에 이른다. 한 건의 특허 설명을 읽을 때 5분이 걸린다고 가정하면, 전 세계의 특허를 파악하는 데 125년이나 걸리는 셈이다.

그런데 또 하나의 "특허 바다"가 있다. 이 "특허 바다"는 인류가 전체 모든 존재를 알 수 없을 만큼 많은 특허를 갖고 있다. 그것은 바로 "자연"이라는 "특허 바다"이다.

인류는 오랫동안 자연의 특허 아이디어를 사용해 왔다. 자연을 직접 모방하여 얻는 발명은 수만 건에 이르지만, 그것들은 쉽게 눈에 띄었던 평범한 것들로써 자연이 지닌 발명품의 극히 일부에 지나지 않는다.

상당히 최근까지 다음과 같은 지배적인 의견이 있었다 : 자연과 기술영역에서 동일한 문제들이 각기 다른 방식으로 해결된다. 사실, 기술 분야의 해결책이 자연의 해결책과 다른 경우도 있지만 똑같은 경우가 더 많았다. 자연에서는 조용하게, 그다지 힘들이지 않고 얻을 수 있는 것도 기술에서는 굉장한 온도와 압력 또는 엄청난 에너지를 사용한다. 다시 말하면, 자연은 "거대한 잠재력"을 지녔다. 이러한 "거대한 잠재력"은 거의 눈에 띄지 않는 몇몇 곤충들의 적응구조와 같이 매우 인상적으로 나타난다.

자연을 모방하는 것은 기술 개발의 주류에서 벗어나 있는 진부한 일이라고 사람들은 오랫 동안 생각해왔다. 새로운 기술 문제를 해결할 때, 발명가들이 보통 자연계에 이미 존재하는 해결책을 사용하려는 시도조차 하지 않았던 것은 바로 이런 이유 때문이다.

전통적인 기술 또는 모든 "살아있는 기계들"이 진화했던 길, 이 중에서 어느 것이 더 우수할까?

일례로 비행기의 날개와 새의 날개를 비교해 보자. 현대의 비행기 날개는 인류의 위대한 기술적 성과라 할 수 있다. 그러나 어떤 비행기도 단위 동력 당 양력에 있어서 새와 견줄 수 없다. 만약 비행기의 날개가 (새의 날개처럼) 펄럭이는 방식이라면, 비행기는 엔진이 일으킨 1마력 당 120~130킬로그램을 들어 올릴 수 있다. 지금까지 가장 완벽한 비행기 날개는 겨우 이 무게의 1/10정도 들어 올릴 수 있다.

자연의 놀라운 독창성과 우수성은 "조절과 측정 장치"의 설계에서 나타난다. 베짱이의 청각 장치는 수소 원자 지름의 절반 크기의 진동조차 잡아낸다! 자연의 원리를 체계적으로 연구하여 구체화한 최초의 사람들은, 의심할 바 없이, 정밀 기기를 설계하는 엔지니어들이었다. 이것이 바로 자연에서 빌려온 방법을 사용하여 기술문제를 해결하기 위한 과학, 바이오닉스(Bionics)[69]가 탄생한 배경이다.

바이오닉스는 처음에는 감각 기관을 모델화하는 일에만 관심을 기울였지만, 이제는 그것을 이용해 해결된 문제가 매우 다양해졌다. 바이오닉스는 여러 기술 분야에 관련된 문제들을 공통적인 한 가지 방법으로 해결한다. 그것은 바로 자연의 원형(Prototype)[70]을 이용하는 것이다.

실제로, 아리즈의 제8단계(운영단계)를 다음과 같이 설명할 수 있다. **바이오닉스의 입장에서 발명문제를 해결하려는 접근이 필요하다.** 이론적으로 모든 것이 간단해 보인다 : 발명가가 그저 이미 존재하는 해결책을 빌려온다. 실제로 우리는 그것을 빌려오기에 앞서 자연에서 적합한 원형을 찾을 필요가 있다. 비록 이 방법이 확실한 것일지라도, 이 방법을 실제로 항상 사용할 수는 없다.

발명 방법론에 관한 세미나에서, 수백 건이나 되는 연습 문제와 실생활의 산업적 문제들을 해결했지만, 자연이 제공하는 원형을 사용한 적은 한 번도 없었다. 문제를 해결한 뒤에, 새 아이디어와 비슷한 것이 자연계에 존재하는지 확인하는 것조차 불가능한 경우가 있다. 그렇게 해서, 기존의 해결책이 옳았다는 확신을 강화할 수는 있지만, 그것 이상 아무 것도 없다.

---

69) 바이오닉스(Bionics) : 생체공학, Biology + Electronics - *역자 주*

70) 원형(Prototype) : 原型, 어떤 모델 이전의 형태, 최초의 형태 - *역자 주*

이것은 왜 그런가?

바이오닉스의 출현으로 각 기술 분야에서 놀랄 만한 발명들이 곧장 쏟아져 나올 것처럼 보였다. 그러나 지금까지 사이버네틱스[71]만이 바이오닉스를 사용함으로써 괄목할만한 성과를 얻었다. 여기서, 바이오닉스는 연구가들에게 믿을 수 있는 나침반이다. 다른 기술 분야에서는 "바이오닉스" 대신 "자연 모델 흉내내기"라는 표현을 사용하면서 생물 원형을 더 이상 사용하지 않고 있다.

우리가 해야 할 일이란 바이오닉스에 관한 책과 논문을 읽고 적절한 사례 목록을 만들어 가는 것이다. 예를 들어, 박쥐가 사용하는 것과 같은 초음파 탐지, 파리의 윙윙거리는 자이로스코프, 고래 모양의 선박, 물의 저항을 줄이기 위한 돌고래 피부 설계, 폭풍의 접근을 예고하는 인공 해파리 귀 등.

의미심장하게도 대부분의 경우, 발명을 한 다음에 자연계에서 그에 대한 원형을 발견한다. 예를 들어, 1938년에 크레머(Kramer)가 표면 저항을 줄이는 방법에 대한 원리를 제안하였는데, 1955년에 그는 돌고래도 역시 "그의 아이디어를 사용하고 있다"는 것을 발견하였다.

어떤 특허 도서관에 수억 건의 특허문서가 우리가 알지 못하는 순서로 배열되어 있다고 상상해 보자. 정말로 꼭 이와 같은 "특허 도서관"이 자연에 존재하고, 새로운 기술 문제를 해결하려는 어떤 발명가는 이것을 "상상"할 수 있다.

아직은 생물 원형을 골라내기 위한 신뢰할 만한 방법이 없다. 그러므로 대부분의 경우, 발명가 스스로 해결책을 찾은 다음, 적절한 "자연 특허"를 찾는 것이 훨씬 쉬울 수 있다.

그리고 이미 아리즈의 운영단계는 바이오닉스 단계를 포함하고 있다. 자연이라는 거대한 특허 바다에서 방향을 잡는 데 도움이 되는 두 가지 접근방법이 있다.

1. **'고대'** 동물 중에서 원형을 찾아라. 오래된 "자연 특허"가 더 단순하고 효과적이다.
2. "자연 특허"의 발전에 있어서 **일반적 경향**들을 조사하라. 손쉬운 기존의 해결책을 찾기란 매우 어렵지만, 자연 진화의 경향은 기술 진화와 대부분 비슷한 모습을 보여줄 수 있다.

---

71) 사이버네틱스(Cybernetics) : 인공두뇌학, 생물의 제어기구와 기계의 제어기구의 공통원리를 규명하는 학문 - *역자 주*

이것을 자세히 논의해 보자.

고대 그리스는 그 시대에 이미 위대한 발명들을 이루어냈다 : 요새의 성문을 포위공격해서 부수기 위한 공성(攻城) 망치는 살아있는 숫양의 앞머리를 본뜬 것이었다. 역사는 이와 같은 공성 망치가 그들의 충격무게를 완벽하게 견디어 냈다는 것을 밝혀 주고 있다.

이름 모를 고대 그리스의 "바이오닉스 엔지니어"가 이와 같은 공성 망치의 머리를 만들었을 때, 아마도 다음과 같이 생각했을 것이다 : "공성 망치는 충돌할 때 쪼개지거나 납작해져서는 안 된다. 이것과 비슷한 것을 어디에서 찾을 수 있을까? 초원에서 숫양들은 서로 머리를 부딪치지만, 아무 일도 일어나지 않는다. 이것이 생각해 낼 수 있는 최선의 원형일 거야…."

이것이 지금까지 생물 원형을 선택할 때 사용한 방법이었다 : 가능한 최상의 "원형"을 찾아내려고 한다. 한 생물학자가 엔지니어에게 아주 완벽한 생물 원형을 제시했다고 가정하자. 그것을 사용할 수 있을까? 그런 원형은 일반적으로 복잡하기 때문에 사용할 수 없다. 그것들의 설계를 자세하게 조사하는 것은 매우 어렵고, 때로는 복제물을 만드는 것도 불가능하다.

돌고래의 피부를 본뜨려는 시도에서 바로 이와 같은 일이 일어난다. 이 "자연 특허"에는 아직까지도 많은 수수께끼가 남아있다. 점차 돌고래가 정교하고 복잡한 피부 완충 시스템을 가지고 있다는 것이 밝혀졌다. 피부를 관통하는 신경 말단이 압력의 변화를 감지하여, 중추 신경계에 대응 신호를 보내고, 이때 이것이 피부의 완충 과정을 조절한다. 실질적으로 그러한 복잡한 원형을 모방하는 것은 비경제적일 뿐만 아니라 불가능하다.

가장 완벽한 자연 원형을 고를 때, 우리는 자연 특허 도서관의 가장 최근 자료를 사용한다. 자연의 기술 진화를 제대로 이해할 수 없는 것은 놀라운 일이 아니다 – 우리는 반대 방향으로 자료를 읽고 있다!

한편, 대부분의 문제를 풀려고 할 때, 완벽한, 즉 너무 복잡한 원형을 사용할 필요는 없다. 고생물학에서 연구하는 고대 동물처럼, 비교적 덜 완벽하더라도 단순한 "특허"인 자연 상사(相似)물을 원형으로 사용하는 것이 더 바람직하다.

이 고대 바이오닉스 방법은 무엇보다도 "자연의 특허 재원"을 엄청나게 넓혀 준다. 예를 들어, 현존하는 동물 중에는 브론토사우르스나 인드리코테리움처럼 큰 동물은 없다. 그러나 고대 바이오닉스의 주요 이점은 그것이 발명가들에게 훨씬 더 단순한, 그리하여 더 쉽게 만들 수 있는 원형을 제공한다는 것이다.

한 가지 예를 다루어 보자. 이냐티예프(A. M. Ignatiev)라는 발명가가 휴양지에 머무르면서 새끼 고양이와 놀고 있었다. 고양이가 그를 할퀴었다. 그러자 발명가는 이런 생각에 잠겼다 : "고양이의 발톱, 딱따구리의 부리, 그리고 다람쥐와 산토끼의 이빨은 왜 항상 날카롭지?" 이냐티예프는 그것들이 여러 겹의 치아 구조 덕분에 스스로 날카로워진다는 결론을 얻었다. 딱딱한 중심 층이 부드러운 층으로 둘러싸여 있다. 사용하는 동안, 딱딱한 층은 높은 응력을 받고, 부드러운 층은 낮은 응력을 받으며, 날카로운 최초의 각도가 달라지지 않는다. 이냐티예프는 스스로 날카로워지는 절단기로 이 원리를 구현하였다.

이 발명가는 **가장 완벽한** 원형을 찾고 있었다(이것은 가장 일반적이다). 그래서 그가 사용한 자연의 "특허"는 복잡했고, 스스로 날카로워지는 절단기는 아주 제한된 범위에서만 응용되었다.

사실상, 이냐티예프가 사용한 설치류 원형은 일부 공룡과 비교하면 그다지 효율적이지 못하다. 큰 공룡들은 수십 톤의 체중으로 150년 내지 200년 동안 살았다. 일생 동안 그들이 이빨로 갈아 먹었을 음식의 양을 상상하는 것은 어렵지 않다.

특히 흥미로운 것은 발굽이 있는 공룡의 일종인 도마뱀공룡의 이빨이다. 도마뱀공룡의 이빨은 세 겹으로 줄지어 있는데, 한 줄 위에 또 다른 한 줄이 있는 형식이다. 아직 삼중 크라운(crown) 드릴은 없지만, 이중 크라운 드릴(튀어나오는 날 크라운 드릴이라 함)은 이미 쓰이고 있다. 그런 드릴을 사용하면 속도가 거의 두 배가 된다.

도마뱀공룡이 지닌 "특허"의 색다른 특징은 치아의 절단 기관이 계속 자라나며 스스로 교체된다는 것이다. 이 원리는 무척 흥미롭다. 지금까지 드릴 장치를 개선하려는 발명가가 추구해온 것은 다음과 같은 방법이었다 : "드릴의 날이 무디어지면 즉시 빼내어 교체한다."

"드릴을 빠르게 빼내는" 방법에 관한 발명은 수백 개나 된다. 바이오닉스의 관점에서, 더 오래 쓸 수 있고 스스로 날카로워지는 날을 만드는 다른 접근방법이어야 한다. 도마뱀공룡이 제시하는 해결책은 아주 재미있다. 드릴 날을 여러 줄로 배열하여 부드러운 베이스 위에 얹는다. 첫째 줄에 있는 날이 닳게 되면, 드릴이 몇 번 회전하여 부드러운 베이스를 파괴한다. 그러면 드릴이 내려앉고, 둘째 줄의 치아가 바닥과 접촉한다(즉, 새로운 이빨이 자라나는 것이다).

최근, 부쉬테드(J. Bushtedt), 아티아에킨(A. Atiaekin), 라치안(L. Lachian), 리트비노프(N. Litvinov)와 같은 소련의 발명가들이 이중 크라운 드릴로 발명가 인증서 #161,008을 받았다. 이 발명의 방식은 정확하게 고생대 도마뱀 "특허"를 재현하고 있다 : "몸체와 두 줄의 커터로 구성되어 있는 이중 크라운 드릴. 이 발명의 특색은 임시 지지를 위해 아래 줄 커터의 하부에 부드러운 물질로 만든 충격 흡수대를 갖고 있다는 점이다. 이것이 하중 작업 중에 윗줄에 있는 커터가 망가지는 것을 막아준다."

현대의 동물들의 몸집은 공룡보다 훨씬 작다. 그들은 그다지 많이 먹지도 않으므로, 한 벌의 이빨로도 평생을 견딜 수 있다. 거대한 코끼리들만이 그 옛날 옛적 도마뱀공룡들이 "특허"를 낸 교환 가능한 치아를 지니고 있다.

칼꼬리 도마뱀은 현재 아시아와 북아메리카 동부 해안에서만 발견된다. 이 동물은 한때 공룡들과 동시대를 살았다. 삼엽충도 공룡의 가장 가까운 "이웃사촌"이었으나, 그들은 고생대에 멸종했다. 삶의 조건이 끊임없이 변했는데도 이 도마뱀은 지금까지 살아남았다. 아무런 실제적인 변화 없이 2억 년이나 살아 온 것이다.

이 도마뱀의 눈은 특별히 흥미롭다. 크고 복잡한 두 눈이 갑옷 같은 외피의 각 측면에 달려있고, 작은 두 눈은 앞 쪽에 달려있다. 각각의 눈은 다중 분리 렌즈를 갖고 있다. 이 도마뱀의 눈은 매우 민감하다. 일생의 대부분을 모래 속에 묻혀 지내기 때문에 이 도마뱀은 오랫동안 과학자들을 혼란스럽게 했다.

이 도마뱀의 눈을 계속 연구하던 미국 과학자 하트레인(Hartlaine)은 흥미로운 사실을 발견했다. 이 도마뱀의 시신경 세포들은 서로 교차 연결되어 있었다. 하나의 세포가 자극을 받으면, 다른 세포는 억제되는 것으로 나타났다. 그래서 망막에 명확한 명암 대조 영상이 맺혔다. 이 발견으로 텔레비전 시스템에서 명암 대조가 강한 이미지를 만들어 낼 수 있었다. 이 기술은 다른 행성에서 지구로 사진을 전송할 때, 매우 중요하게 쓰이고 있다.

게다가 이 동물의 눈은 인간에게는 보이지 않는 자외선과 적외선을 잡아낸다는 연구 결과를 밝혀주었다. 그 밖에도, 미국 과학자 워터맨(Waterman)은 칼꼬리 도마뱀이 편광에 대한 감각이 있어서, 햇빛이나 별빛이 없이도 길을 찾아간다는 사실을 발견하였다. 언젠가 이 도마뱀의 눈이 다른 복잡한 전자 장치의 원형으로 쓰일 가능성을 배제하지 않으면서 연구는 계속되고 있다.

일반적으로 고대의 동물들은 그들의 뇌나 신경계의 발전에 있어서 지금의 동물들을 능가하지 못한다. 하지만 그 밖의 다른 면에서, 그들은 정말 완벽하여 기술에 대한 원형으로 쓰일 수 있다. 더구나, 많은 사례를 보더라도, 멸종된 동물들은 모든 점에서 그들의 후손을 능가한다. 그런 동물들이 멸종된 것은, 그들이 다른 동물들에 비해 열악한 "구조"를 가졌기 때문이 아니라 기후와 지형적인 변화 때문이다. 때로는 인간에 의해 멸종된 것들도 있다.

"완전"과 "불완전"에 대한 개념은 매우 조건적이라고 해야 할 것이다. 자연의 관점에서 불완전한 것이 종종 기술적 관점에서 완전한 것으로 나타난다. 도마뱀—익룡(Lizard-pterosaur)의 날개가 불완전하다는 것은, 새의 날개와 비교해 볼 때, 단지 피부 세포막에 생긴 아주 가벼운 상처만으로도 비행이 방해받기 때문이다.

그러나 현대 기술은 다양한 종류의 재료를 갖고 있다. 하지만 이러한 재료를 사용하면서 아직도 자세한 구조가 밝혀지지 않은 새의 날개를 **모방**하지 않은 편이 훨씬 현명하다. 대신에 멸종된 램포레늑스(ramphorenx)나 현존하는 고대 혈통의 잠자리처럼 완벽한 "비행체"의 유연한 날개를 모방하는 것이 더욱 합리적인 일이다.

많은 멸종 동물들에 대한 연구가 잘 진행되어 있다. 예를 들어 대부분의 자연사 박물관은 공룡의 이빨을 보관하고 있다. 연마와 절단과 같이 물질 가공과 관련된 문제를 해결하려는 발명가들은 자연이 수 천만 년 전에 "특허"를 받은 갖가지 흥미로운 아이디어들을 이 곳에서 찾을 수 있다.

여기에 발명가 인증서 #189,353이 있다.

> 굴삭기의 버킷은 앞쪽으로 움직이는 중앙 이빨 쌍과 더불어, 그 중앙 부분에 서로 가까이 위치한 반원형의 날카로운 이빨을 갖고 있어서 독특하다. 이것은 버킷이 땅 속을 파고들어 가는 것을 수월하게 해준다.

이제, 앞쪽으로 자라나는 한 쌍의 이빨(즉, 앞니, 송곳니 및 어금니)과 같은 아주 오래된 자연 "특허"를 조합함으로써, 튀어나오는 날(leading-blade)이라는 친숙한 아이디어를 주위에서 발견하는 것은 어려운 일이 아니다.

□■□■□

고대 바이오닉스 방법이 현존하는 동물을 원형으로 사용하는 것을 금지하지는 않는다. 다만 고대 원형을 최우선으로 선택하라고 제안할 뿐이다.

바이오닉스는 고대 동물을 원형으로 사용할 때에만 공교롭게도 실질적인 성과를 낳았다. 실용적인 성과를 낸 원형 중에서 해파리의 "속귀"를 재현한 장치가 있다. 해파리는 고대 동물이다 — 그들은 캄브리아기의 바다에서 헤엄쳤다.

배 설계사들이 고래를 모방하자 좋은 결과를 얻었고, 그들은 본질적으로 고대 바이오닉스의 무의식적인 응용에 감사하고 있다 : 고래가 출현하기 훨씬 전부터, 이츠티오사우르스 (Ichthyosaurs)는 고래와 같은 신체 모양을 가지고 있었다. 움직이는 물체만을 "감지"할 수 있는 장치인 레티노트론(Retinotron)은 개구리의 눈을 본뜬 것이다. 그러나 이 발명의 전례는 티라노사우르스 렉스(Tyrannosaurus Rex)이다.

고대 동물이 어떻게 복잡한 문제를 해결하기 위해서 간단한 수단을 사용 했는지 알 수 있는 한 사례가 있다 : 펄럭임을 막아주는 잠자리 날개의 적응 구조. 이 적응 구조는 매우 간단하다. 앞날개의 끝에 키틴으로 된 두꺼운 날개 기공(氣孔)이 있어서, 이것이 날개의 해로운 진동을 완충한다. 엔지니어들은 스스로 같은 아이디어를 생각해 냈다. 비행기 날개가 위험스럽게 펄럭이는 것을 방지하기 위해서는(잠자리 날개의 기공에 해당하는 위치에) 날개에 납으로 만든 추를 부착하는 것으로 충분했다.

흥미롭게도 최고 가장 빠른 잠자리 "모델"은 기공을 갖고 있지 않다. 만일 우리가 가장 완벽한 원형을 선택했었다면 "날개 기공의 특허"는 아직도 알려지지 않은 채로 남아있을 것이다. 왜냐하면 맥시류의 곤충과 잠자리와 같은 "구식 모델"만이 날개에 기공을 가지고 있기 때문이다.

일반적으로 진화 과정을 겪어온 생물 원형을 조사하는 동안, 우리는 어떤 자연 "특허"가 종종 다른 것으로 바뀐다는 것을 발견한다.

고대의 물 위에 뜨는 수생 곤충들은 물방울 모양과 유선형 몸체를 하고 있었다. 그러나 그들의 후손들은 기술적면에서 이와 같은 종래의 체형을 포기했다. 현대 수생 곤충의 몸은 앞쪽이 좁고 뒤쪽은 넓다. 어쩌면 이것이 매우 효과적인 체형이다.

수생 곤충 몸체의 넓은 뒷부분에 있는 작은 수평돌기 두 개를 제거하면, 이동할 때의 저항이 122 %로 증가한다는 연구 보고가 있다. 이것은 역설이다 : "동체" 의 단면적이 감소하는데도 그 저항이 증가하다니!

고대 바이오닉스 접근법은 거의 연구되지 않은 현상과 관련된 발명문제를 해결해야 할 상황에서 특히 유용하다. 여기서 자연의 원형이 중요한 참고자료가 될 수 있다. 이것은 수중 건축을 보호하기 위한 캐비테이션[72] 방지층의 발명 역사에 의해서 증명되었다.

콘크리트 댐의 캐비테이션 붕괴에 대해서 아직 충분한 연구가 되어있지 않다. 여러 분야의 발명가들이 수많은 보호 방법을 제안했지만, 경제성이 없거나 신뢰할 수 없는 것으로 밝혀졌다. 그런데 사카로프(V. I. Sacharov)가 이 문제에 대한 성공적인 해결책을 찾아냈다. 이 발명에 관한 논문에서 해결책을 어떻게 설명하였는지 알아보자.

> "한번은 흑해 해변을 걷던 사카로프는 해초와 이끼로 덮인 돌과 자갈들은 파도의 충격에도 아무런 손상을 입지 않았다는 것을 알게 되었다. 옆에 놓여있는 민둥민둥한 돌은 골과 구멍이 패여 있었다. 옆에 있는 부드러운 이끼가 돌의 파괴를 막아주었다. 자연에서 이미 성취된 아이디어를 기술적으로 구현하는 것은 거기서 한 단계만 나아가면 되는 것이었다."[73]

사카로프의 발명가 인증서 #279,443은 바로 고대의 자연 "특허"를 재현한 것이다.

> "수중 구조물의 표면(즉, 수중 구조물의 콘크리트와 철근 콘크리트) 피복물 안에서 캐비테이션 저항은 외팔보 탄성 막대, 섬유, 판재로 만든 보호 층을 둘러싼다. 이것이 구조물 위쪽에 움직이지 않는 물 층을 만들어 줌으로써 캐비테이션 소용돌이와 직접 접촉을 막아준다."

자연의 조언으로부터 아이디어의 기술적인 구현까지는 단지 한 단계이다. 그런데, 왜 그 한 단계가 그렇게 늦게 이루어진 것일까? 이것을 "알기" 위해서 정말이지 기존의 자연 해결책과 직접 마주쳐야만 했었나? 콘크리트는 사람이 만든 돌이다. 그러므로 올바른 답을 찾으려면 그저 다음과 같이 묻는 것만으로 충분하다. "자연에서 돌들은 어떻게 캐비테이션으로부터 보호받는가?" 이끼로 덮인 오래된 돌들은 확실히 오랫동안 "사는데", 이것은 이끼가 돌이 노화되는 것을 막아주기 때문이다. 흑해에서 멀리 떨어져 있어도 우리는 이러한 결론을 얻을 수 있다.

아리즈의 운영 단계인 제8단계는 발명가가 고대 원형을 찾아 그 자연 설계의 진화를 정의하라고 권하고 있다. **어떻게** 그리고 **왜** 자연이 이것저것의 원형을 바꾸어 가는지 밝힐

---

72) 캐비테이션(cavitation), 프로펠러 등의 뒤쪽에 생기는 진공현상 - *역자 주*

73) *Knowledge & Power*, 1971, #2, page 7.

필요가 있다. 고생물학자 포노마렌코(Ponomarenko)는 내게 보낸 편지에서 그러한 분석의 흥미로운 예를 보여주었다.(그림 32a)

> "곤충들의 겉날개(날개 외피)를 만들 때, 자연은 가볍고, 안정적이고, 휘지 않는 외피의 개발이라는 문제에 직면했습니다. 다음과 같은 몇 가지 개발 단계가 있습니다 :
>
> 1. 얇은 판이 길이 방향으로 불규칙하게 뻗은 튜브들로 보강됨.
> 2. 겉날개를 따라 튜브들이 반듯하게 배열됨.
> 3. 튜브의 수가 줄어들고, 딱딱한 갈빗대로 바뀜.
> 4. 갈빗대 끝 부위가 더 넓어짐.
> 5. 마침내, 갈빗대의 위 부분이 합쳐져 속이 빈 수직기둥이 있는 뼈대 구조가 됨.
>
> 이 구조는 가볍고 매우 단단하지요."

그림 32b는 층 뼈대의 발전을 설명하고 있다. 두 구조의 발전(자연과 공학)에 많은 공통점이 있다는 것을 쉽게 알 수 있다. 이것은 우연의 일치가 아니다. 가볍고, 튼튼한 구조라는 목적이 같았으므로 해결책도 비슷했다.

아리즈-71은 바이오닉스 방법에 상대적으로 간소한 역할을 요구한다. 그러나 바이오닉스는 빠르게 발전한다. 출판된 책도 많아지고, 자연의 "특허"가 점점 더 많이 해독되고 있다. 그리고 자연에서 근본적으로 사용되는 일반 원리가 발명문제를 해결하는데 있어서 인정을 받아가고 있다.

가까운 미래에 아리즈의 이 부분은 상당한 개선과 발전 가능성을 보여줄 것이다. 그래서 자연의 "특허"에 따라 이런저런 모순의 제거 방법을 설명하는 아주 효과적인 표와 함께 아리즈는 더욱 넉넉해질 것이다.

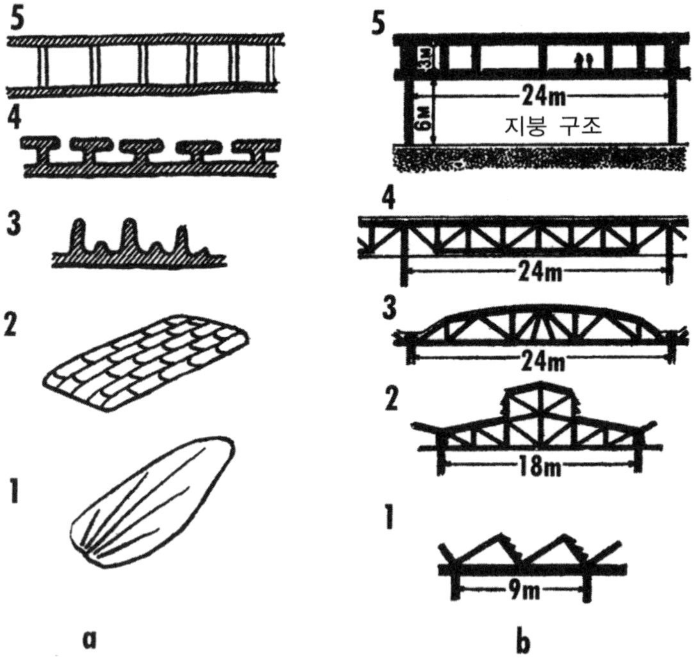

그림 32

자연과 기술에 있어서 구조물의 진화 : a. 곤충 날개의 진화 과정, b. 구조물의 진화 과정

13장 낡은 틀 부수기

발명은 그 자체로 끝이 아니라, 그것으로부터 실제적인 문제들을 해결할 필요가 있다. 일반적으로 말해서 동일한 기술적 효과를 주는 두 개의 발명이 있다면, 기존 시스템을 개선하는 발명, 그래서 검증된 기술이 뒷받침하는 발명이 더 좋다. 이런 발명은 실행에 옮기기 쉽고, 매우 긍정적인 경제적 효과를 낳는다.

그러면, 어떻게 완전히 새롭고 독창적인 시스템으로 옮아갈 수 있을까?

그런 시스템의 발전은 때로 새로운 과학적 발견을 기반으로 한다. 그러나 그러한 시스템은 고치에서 나비가 나오듯이 종종 과거의 발견들로부터 나온다.

최초의 시스템을 A1이라 하자. 이것은 다양한 하위 조립품으로 구성된 조립품이다. 예를 들면, 자동차는 엔진, 변속장치, 제어장치 등으로 구성되어 있다. 이들 각각의 하위 조립품들은 다시 하위 조립품들로 구성되어 있다. 예를 들어, 변속장치는 클러치, 기어, 구동축 등으로 구성되어 있다. 그리고 계속해서 이들 역시 여러 개의 요소들로 구성되어 있다.

발명은 단일 요소, 하위 조립품 또는 보다 복잡한 구조와 관련해서 나타날 수 있다. 전체 시스템에 대한 여러 가지 부분적인 혁신들이 모아짐에 따라, 시스템은 점차 개선된다. 상징적으로 우리는 이것을 시리즈로 표현할 수 있다 : A_1, A_2 ……, A_n. 마침내 A_{n+1}이라는 발명이 나타난다(앞 단계에서처럼 이것 또한 시스템의 단일 품목, 블록 또는 부분에 해당한다). 그러나 이 발명이 모든 다른 부품들을 근본적으로 바꾸는 필요성이나 가능성을 낳는다. 그래서 A_{n+1}은 B_1이 되고, 새로운 시리즈를 시작한다 : B_1, B_2, …… B_n.

보통 새로운 기술 아이디어는 기본 시스템의 일부에만 관련될 것이다. 하지만 시스템에서 이 부분적인 변화가 종종 다른 부품들(변화된 새로운 부품과 함께 움직이는 어떤 물체)을 변화시킬 수 있다. 그리고 때로는 이 부분적인 변화가 그런 필요성을 자극한다. 더욱이 원래의 물체가 지닌 용도 자체를 바꾸게 되는 경우도 종종 발생한다. 처음의 부분적인 변화가 더 많은 변화를 촉발하는 연쇄 반응을 일으킨다. 결과적으로 처음의 약한 아이디어가 점점 더 강력해진다.

발명가가 어떤 문제를 해결하는 기술 아이디어를 찾은 다음, 그는 자신의 창의적 작업의 종합 단계를 시작한다. 많은 경우, 처음에는 그 아이디어가 불완전하게 보인다 - 모델 A_4는 모델 A_5로 전이한다. 그러나 A_5로 전이는 한 단계 이상의 분명한 단계를 밟는 가능성을 열어 준다. 즉, 하나의 부품을 바꾸거나 (예를 들면, 더 밝게 한다든가, 더 작게 한다), 그 위치를 다르게 한다. A_4로부터 A_5로 전이할 때 더 많은 시간을 쓸수록, 그것이 A_5로부터 A_6이나 A_7로 쉽게 전이하기 위한 "권리"를 확보해 준다. 어떤 경우에는 A_5에서 B_1으로 즉각적인 도약도 일어날 수 있다.

불행하게도 새롭게 발견된 아이디어를 충분히 이용하지 않는 경우가 많다. 발명가가 A_n에서 A_{n+1}로 바꿔 놓기만 하고 중단한다. 그러나 새로운 시스템 A_{n+1}은 실질적인 변화를 위해 무르익어 있다. 즉, 고치가 나비가 될 지도 모르는데, 발명자의 생각이 지닌 관성 때문에 고치로 남게 된다.

그림 33은 1920년에 개발된 최초의 스쿠터를 보여준다. 모터가 달린 전통적인 어린이용 스쿠터라는 것을 쉽게 알 수 있다. 모터스쿠터들이 단번에 나타나지 않았다. 기호를 사용한다면, A_1, A_2, A_3……, A_n의 모델들이 있었다. 어린이용 스쿠터에 엔진을 붙였을 때, 모델 A_n은 모델 A_{n+1}이 되었다. 그러나 어린이용 스쿠터는 여전히 스쿠터였다 : 다른 부품들뿐만 아니라 스쿠터 전체 모습에 있어서 아무런 변화도 일어나지 않았다.

물론, 모터 달린 어린이용 스쿠터는 종래의 스쿠터보다 좋다. 그

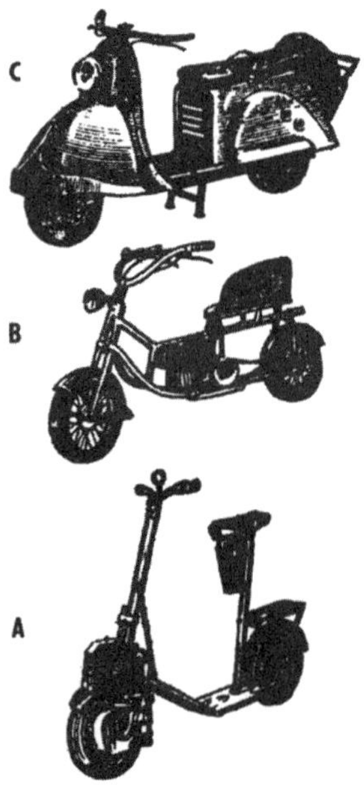

그림 33
스쿠터의 개선과정
a. 1920년 모델, b. 중간모델
c. 현대 스쿠터

렇지만, 아이디어가 부분적으로 실현되었을 뿐, 그 밖의 많은 가능성이 거의 실현되지 않았다. 예를 들어, 좌석의 높은 위치를 보자. 원래 좌석 위치는 엔진 기능을 수행하는 사람의 자세를 염두에 두었다. 그 다음 스쿠터에 내연기관을 붙임으로써, 모델 A_n으로부터 모델 A_{n+1}로 전이가 일어났다. 좌석이 높을 필요가 있는가? 이제 운전자는 서지 않고 그냥 앉아 있을 수 있다. 의자를 낮추면 무게중심이 낮아져 기계가 안정되고 제어하기도 쉽다. 계속해서 이것이 더욱 강력한 엔진을 사용할 수 있도록 하였고, 이제 앞쪽으로 이동한 다리의 여유 공간 때문에 좌석 밑 공간을 이용할 수 있다. 또한 서있는 운전자를 바람막이로 보호하는 것은 어렵고 성가신 일이다. 이것이 앉은 운전자가 이용할 수 있는 다른 요소이다 : 이제 공기 저항을 실질적으로 줄여주는 바람막이를 설치할 수 있다.

그래서 시스템의 한 부품(예 엔진)을 바꾼 발명이 다른 부품들의 연쇄적인 변화를 이끌어낸다. 결국엔 시스템 전체에 영향을 미친다. **"이끌어 낸다"**고 하기 보다는 **"이끌어 낼 수 있었다"**라는 표현이 더 정확하다. 실제로, 어린이용 스쿠터의 운명은 아주 달랐다.

엔진의 대체와 같은 부분적인 발명은 오랫동안 부분적으로 머문다. 다시 말해 A_n이 A_{n+1}이 되고, 그것이 전부이다. 후속 모델의 스쿠터에서 좌석은 점차 낮아지고, 엔진은 그것을 위해 "특별하게" 배려해 놓은 좌석 밑 여유 공간 쪽으로 점차 이동한다. 모터스쿠터의 중간 모델 중의 하나가 그림 33b이다. 엔진이 앞바퀴로부터 떨어져 나왔지만 아직도 뒷바퀴에는 이르지 않았다. 운전자는 거의 엔진 위에 앉지만, 좌석 밑에는 아직도 여유 공간이 있다.

거의 30년 동안 모터스쿠터는 흔치 않은 장난감이었다. 사실, 엔진 위에 앉을 필요가 있다면, 우리가 모터사이클을 탈 수 있을 때 왜 모터스쿠터가 필요한가? 결국, 엔진은 그 방황의 여정을 끝내고, 모터스쿠터 좌석 밑에 안착하였다. 이 기계는 모터사이클이 갖지 못한 새로운 품질을 지녔을 뿐만 아니라, 현대적인 형태를 갖추게 되었다(**그림 33c**). 엔진을 완전히 감싸서, 운전자의 다리를 편하게 해주는 공간을 만들 수 있다. 이제 이 공간을 덮개로 씌울 수 있다. 스쿠터는 더욱 안정되고 편안해져 흰 옷을 입은 채로 탈 수 있게 되었다. 모터스쿠터는 이제 특히 도시에서 모터사이클과 성공적으로 경쟁하기 시작하고 있다.

모터스쿠터의 이야기는 예외적인 사례가 아니다. 대부분의 경우, 발명가들은 문제를 해결하고 부분적인 변화를 가한 후에, 다른 변화가 아무리 명백하고 논리적으로 보여도 그런 변화에 저항한다. 그래서 최초의 자동차를 보통의 마차 형태로 만들었다 : 말을 "마구에 채우는" 대신에, 모터를 "마구에 채웠다". 어떤 자동차 설계를 보면, 자동차 앞부분에 말 상반신 조상을 붙여 놓았다.

최초의 모터사이클은 발로 차면서 앞으로 나아가는 옛날 이륜차(초기의 자전거)였다. 유일한 차이점은 사람이 아니라 내연기관 엔진이 페달을 돌리는 것이었다.

그림 34는 최신 발명품 중의 하나인, 플라스틱 필름의 이음매 봉합을 위한 기계를 보여준다.

그림 34
새롭고 현대적인 아이디어를 구식 디자인으로 꾸민다.

이 초현대식, 진보적 아이디어는 플라스틱 부품을 용접하기 위하여 고주파 전류를 이용하지만, 그것은 구식 디자인으로 둘러싸여 있다. 플라스틱 부품들을 실로 꿰맬 때, 일반 재봉틀을 사용하였다. 그러나 이제 그 기계의 중요한 작동요소가 근본적으로 바뀌었다. 즉, 바늘과 실 대신 고주파 전류가 흐르는 바퀴가 나타났다. 여기서 기호를 사용한다면, 이것은 A_n에서 A_{n+1}로의 전이가 아니라, 수준 A에서 수준 B, 또는 심지어 수준 C로 도약했다고 해야 할 것이다. 그러나 도약은 없었다. 그 대신 소위 "말 자동차"가 개발되었다.

재봉틀은 처음에 사람이 엔진기능을 맡도록 설계되었다. 오른손으로 회전축을 돌리고, 왼손으로는 옷을 바늘 쪽으로 밀어 넣었다. 이 발 구동 기계에서 초기 설계는 적절하였다. 그러나 **그림 34**가 보여주는 기계에서는 고주파 전류를 사용하여 이음매를 만든다. 이 경우에 왜 사람이 엔진 역할을 하던 때처럼 그들이 앉아 있어야 하나?

모든 전기 제어 시스템을 기계 밑으로 숨김으로써, 전체 시스템을 더욱 작게 해서, 하나의 덮개로 그것을 덮을 수 있다. 그래서 앉는 자리를 기계의 작동부의 바로 왼쪽 옆에 좀 더 편안하게 마련할 수 있다. 이곳이 바로 봉합기계에 플라스틱 시트를 밀어 넣는 사람이 앉아야 하는 곳이다.

□ ■ □ ■ □

종합단계는 독특하다. 다른 단계들과 대조해 볼 때, 이 단계는 일반적으로 불필요하다. 발명문제를 해결하는 새로운 기술 아이디어는 종합단계보다 앞서 나타난다. 일단 아이디어가 나오면, 그에 대한 설계를 실행에 옮길 수 있다. 이것이 바로 대부분의 경우에

하는 방법이다. 결과적으로, 한 발명이 다른 발명의 긴 사슬과 최초의 고리를 만들 수 있음에도 불구하고, 발명은 그저 부분적인 상태로 남는다.

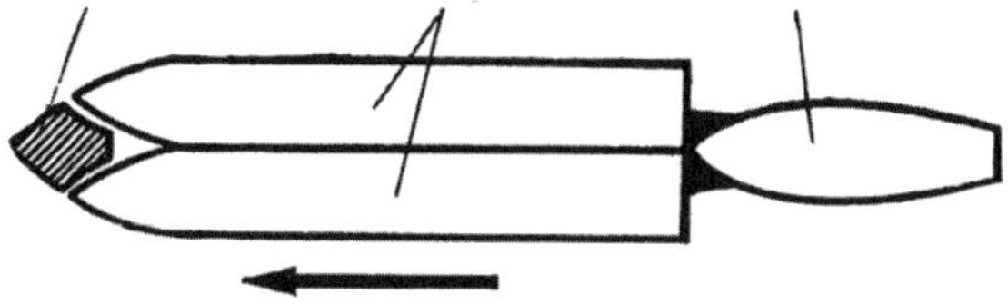

그림 35
유선형 연결 장치

예를 들면, 두 척의 바지선을 나란히 밀고 가는 방법이 제안되었다. 그러나 바지선 뱃머리 사이에 배의 이동을 방해하는 넓은 틈이 생겼다. 다음 단계로 두 척의 바지선을 유선형으로 만들어 주는 연결 장치로 이 틈새를 메우는 것은 당연해 보였다(**그림 35**). 그러나 이 아이디어는 최근에야 나왔다(발명가 인증서 #288,575).

종합 단계의 각 단계가 간단하고 서로 독립적이지만, 종합단계는 고유 특성을 더해 준다. 이 단계를 거치는 것을 잊지 않는 것이 핵심 아이디어이다. 새로운 기술 아이디어가 어떤 기계를 A_3에서 A_4 단계로 가져간다고 가정하자. 종합 단계의 결과로서, 거의 모든 발명가는 이제 A_4에서 A_5로 전이할 수 있다. 그 이상의 진보는 완전히 발명가의 이론적, 실제적 지식에 좌우될 것이다.

□ ■ □ ■ □

문제를 해결할 때 발명가는 과제를 두 가지로 다르게 설정할 수 있다. 마약 원래의 주제가 A_n이라 가정하면, 이 과제를 다음과 같이 정형화할 수 있다 : "A_n에서 A_{n+1}로 전이하거나, A_{n+2}까지 더욱 발전시킨다." 또한 다른 과제로 설정할 수 있다 : "A_{n+1}에서 A_{n+m}까지의 모든 단계를 우회하여, 곧바로 수준 B_1으로 전이한다."

때로는 사람들이 이렇게 묻는다 : "기존 기계나 방법을 개선하는 것과 완전히 새로운 것을 찾는 것 중에서 어느 쪽이 좋은가?" 이것은 "총을 5미터에서 쏘는 것과 500킬로미터에서 쏘는 것 중에서 어느 쪽이 좋은가?"라고 묻는 것과 같다.

모든 것은 특별한 조건에 달려 있고, 대개는 문제를 해결하려는 발명가나 조직이 설정한 목표에 달려 있다. 만약 문제를 가능한 빨리 해결해야 한다면, 원래의 원형을 개선하는 것이 좋다. 이 경우에 IFR을 다음과 같이 정형화해야 한다 : "무엇이든 현재의 어떤 단점을 줄이는 것", 또는 "무엇이든 현재에 일부 개선점을 더해 주는 것". 이러한 형태로 과제를 진술하면, 문제가 비교적 빨리 해결되며(종종 수준 3으로), 그 발명의 실행이 어떤 문제를 일으키지 않을 것이다. 만약 정량적으로 새로운 효과를 얻을 필요가 있다면, 문제의 조건들과 연결되어 있는 원래의 원형을 포기하는 것이 바람직하다. **이상 기계(방법)를 원형(原型)으로 고려해야 한다.** 이러한 경우에, IFR에서는 "외부 환경"을 흔히 대상(물체)으로 고려할 수 있다 : "외부 환경이 스스로 이러이러한 작용을 제공한다." "외부 환경"이란 문구는 낡고 쓸모없는 원형을 제거하는 데 도움을 주고, 새로운 기계나 방법은 무엇을 해야 하며, 그것을 어떻게 실행해야 하는지 이해하는 데 도움을 준다.

이렇게 함으로써, 혁신의 제4, 제5 수준에 이를 수 있다. 그러나 이 경우에 발명의 실행은 훨씬 더 많은 시간을 필요로 할 것이다. 그 설계는 아무 것도 없는 상태에서 시작해야만 하고, 수많은 시험과 재작업을 거쳐야 한다. 그러면서 이것이 낡은 원형에 대한 개선의 틀 속에 안주해온 사람들의 의심과 회의를 극복한다.

두 가지 방향은 다 좋으며, 그것은 특정한 상황에 달려 있다. 그러나 A_n 다음에 A_{n+1}이 아니라 B_1이 뒤를 잇는다면, 원형을 개선하려는 시도(즉, B_1으로 넘어가지 않고, A라는 틀 안에서 발명하는 것)는 결코 긍정적인 결과를 낳지 못할 것이다.

역사학자들과 변리사들은 시스템의 원형은 초기 단계일 때, 빠르고 쉽게 변화한다는 사실을 발견했다 : 사실, 많은 발명 개선들은 단기간에 나타난다. 소위 "특허의 정점"도 관찰된다. 이런 사실을 기초로, 일부 과학자들은 기술시스템의 발전을 예측하려고 노력하였다 : 발명 및 특허의 곡선이 가파르게 상승할수록 기술시스템의 미래는 더욱 커진다. 불행하게도 수준 A_1, A_2, …가 수준 B_1에 도달할 때 역시 "특허의 정점"이 나타난다. 발명가들은 열심히 일하고, 발명의 수도 빠르게 증가하지만, 결과는 미미하다.

오늘날, 이러한 종류의 "특허 정점"에 대한 사례를 시멘트 산업에서 볼 수 있다. 현대식 시멘트 가마는 거대한 회전 파이프처럼 제작된다(길이 250미터, 직경 7미터). 이 파이프의 축을 따라 원료가 천천히 이동하며, 그 위쪽으로 뜨거운 가스가 쇄도한다. 가스가 오직 원료의 위쪽 층과 접촉하기 때문에 원료에 열을 전달하는 것이 얼마나 어려운가는 비전문가도 쉽게 알 수 있다. 가마의 생산성을 좌우하는 열에너지의 전달 효율을 높이기 위해, 가마 내부에 벽 모양의 사슬을 달아매는 방안이 오래 전에 제안되었다. 금속 사슬은 가스로부터 원료로 열에너지의 전달을 돕는다. 그 이후, 수십 년 동안 계속된 혁신의 휴지기가 있었다. 열전달 효율을 더욱 높이려고 할 때, 사람들은 단순히 금속 사슬의 수를 증가시켰다. 현대 가마에서, 사슬의 전체 무게는 100톤을 넘는다. 여기에서 "특허의 정점"

이 생겼다 : 발명의 흐름은 모두 다음과 같은 방법으로 사슬을 매다는 것이었다.

사슬 위에 사슬이 겹겹이 쌓였는데, 마치 증기 기관이 발명되기 전에 돛 위에 돛이 겹겹이 쌓였던 것과 같았다.

"사슬 울타리를 주 사슬에 연결한 추가 사슬로 만든 다음, 사슬 울타리를 자유롭게 매달아둔다."(발명가 인증서 #226,453)

"사슬 끝을 사슬로 만든 유연한 부품에 매단다."(발명가 인증서 #260,484)

"사슬의 다른 끝을 가마의 몸체에 매단다."(발명가 인증서 #310,095)

가마 안에 사슬이 많을수록 가스 열을 더 많이 이용할 수 있다. 그러나 사슬이 많아질수록 가스 흐름에 대한 저항이 증가한다. 가스 흐름에 대한 보다 좋은 조건을 제공하기 위해서 사슬은 전혀 없어야 한다. 가스에서 원료로 열전달을 높이려면, 가마의 전 공간을 사슬로 채워야 한다. 여기에 명백한 기술적 모순이 있다. 그러므로 만약 계속적인 유사한 발명들이 모순을 극복할 수 없다면, 이것은 그 기술 시스템(**사슬 울타리**)의 발전 자원이 고갈되었다는 것을 의미한다.

발명가들(즉, 발명 수준에 있는 문제를 해결하는 집단)이 기술 진화의 병참술(兵站術)을 아는 것은 지극히 중요하다. 새로운 기술적 과제를 예측하고, 해결책에 이르는 직접 또는 우회적인 길을 선택하며, 문제를 올바르게 분석하고, 발견된 아이디어를 성공적으로 수행할 필요가 있다.

많은 기술 시스템이 존재하고, 그들은 모두 다르다. 그러나 그들은 모두 공통으로 어떤 것을 갖고 있다 : 그들 모두는 **시스템**이다. 시스템 접근을 통해, 진화의 법칙을 따르는 완전한 유기체를 기술적 객체라 할 수 있다. 전등, 엔진, 디젤 기관차, 화학공장, 이들 모두가 기술 시스템의 예이다. 외견상, 그들은 서로 닮지 않았다. 그들을 묶는 한 가지는 그들이 시스템이라는 것이다. 시스템은 그 구성요소들의 산술적 합보다 크다. 유추를 통해 설명해 보자. 물 분자는 시스템이지만, 두 개의 수소 원자와 한 개의 산소 원자의 산술적인 합이 아니다. 인간은 시스템이지만, 뼈와 근육, 심장 등의 단순한 합이 아니다. 마찬가지로, 기계는 그저 부품들의 합이 아니라 "완전한 유기체" 이며 하나의 시스템이다.

재봉틀이든, 탄광이든, 철도망이든 기술 시스템은 특정한 순서에 따라 진화한다. 기술

시스템 진화의 일반적인 경향은 부록 2에 있다. 이것을 분석해 보자.

어느 기술 시스템의 역사든 아무것도 없는 상태에서 시작하는데, 그것은 시스템 이전의 최초 수준이다. 발명가들은 조금씩 시스템의 일부 요소들을 개선한다 : 이런 요소들을 시스템으로 묶음으로써, 새로운 효과를 얻을 수 있다. 여기에 대표적인 예가 있다 : 가축의 겨울용 사료를 보존하기 위해서는 일정한 온도를 유지해야 한다. 사료가 많은 열을 발생하므로, 사일로를 냉각하고 환기해야 한다. 여러 나라에서 발명가들은 수년 동안 이 방향으로 연구했다. 이런 요구사항에 맞춘 복잡하고 신뢰할 수 없는 시스템에 관한 특허들이 있다. 한편, 다른 발명가들은 소와 돼지용 축사를 보온하고 데워주는 시스템을 만들었다. 마침내, 새로운 통합 시스템을 낳은 아이디어가 발명가 인증서 #251,801로 출현했다.

"농장은 가축을 가두는 축사와 사료를 저장하는 사일로로 구성되어 있다." 이 시스템의 특색은 축사의 건물 벽 안쪽에 여러 줄의 사일로 형태로 사료 저장소를 두어 축사와 사일로를 통합하였다는 점이다. 이 발명은 축사의 미세 기후를 개선하기 위해, 사료에서 나오는 생물학적 발열을 활용하였다."

"사일로/축사"라는 시스템은 이제 새로운 특징을 갖는다. 사료를 냉각할 필요도 없고, 축사에 열을 가할 필요도 없다.

시스템을 개발했을 때, 처음은 당연한 것처럼 보이지만, 각각의 구성 요소들로부터 미래의 시스템이 어떻게 진화할 것인지 아는 것은 그리 간단하지 않다. 아리즈의 관점에서 문제를 바라보기 위해서는 특별한 기술이 필요하다. 나는 이것을 **아리즈 마인드**라 부른다. 발명가 샤라포프(M. Sharapov)가 쓴 비슷한 사례 하나가 1969년 4월 26일자 한 신문(Magitigorsk Metal)에 실렸다.

샤라포프는 한 공장이 재와 용재(鎔滓)를 제거하기 위해 물 이송을 활용하고 있었다고 쓰고 있다. 설계 단계에서, 엔지니어들은 마찰 때문에 파이프라인이 마모될 것이라고 예상했다. 파이프 수명을 늘이기 위해 파이프라인을 주기적으로 회전시키고, 이송되는 용재를 특수 분쇄기로 미리 빻는 방법이 제안되었다. 파이프는 닳지 않았지만, 반대로 파이프 내부에 딱딱한 껍질이 생겼다. 내부에 생긴 딱딱한 껍질을 어떻게 제거해야 하나? 또 다른 문제가 생긴 것이다. 망치로 쳐서 떼어내는 것은 아주 힘든 일이었다. 이 껍질을 벗겨내기 위해 큰 용재 입자가 든 물을 파이프를 통해 흘려보냈다. 이것은 힘든 작업은 아니었지만, 생산 공정을 방해했다.

발명문제 해결의 방법론을 알고 있던 샤라포프는 이 문제에 다르게 접근했다. IFR은 명백했다 : 파이프가 스스로 깨끗해져야 한다. 다른 한 가지도 명백했다 : 만약 해로운 인자를 제거하려는 싸움이 성공적이지 못하다면, "끌로 끌을" 제거하는 것이 적절한 방법이다. 바꾸어 말하면, 하나의 해로운 인자를 다른 해로운 인자와 결합시켜서 제거한다. 여기서는 다른 해로운 인자가 없다. 그러므로 이 파이프라인을 어떤 것과 연결해야 한다. "**마이너스** 더하기 **마이너스**가 **플러스**로 되는" 시스템을 만들어야 한다. 가장 간단한 방법은 껍질이 생기지 않고 오히려 마모되는 파이프라인을 찾는 것이다. "**마모** 플러스 **커가는 껍질**"이 바로 우리가 필요로 하는 자체 청소 시스템을 만들어 줄 것이다. 마모되는 파이프는 석탄 폐기물을 물로 이송하는 파이프라인에서 쉽게 찾을 수 있었다. 파이프가 너무 심하게 닳자 물 이송 시스템을 전부 없애고 트럭으로 폐기물을 실어 나르는 대체 방법이 나온 적도 있었다.

두 개의 파이프라인이 나란히 놓여 있었다. 그러나 한 전문가 팀은 재와 용재를 이송하는 파이프라인 속에 생기는 껍질과 싸웠으며, 오직 그것에만 관심을 쏟았다. 다른 팀은 석탄 폐기물을 이송하는 파이프라인 속에서 발생하는 마모와 싸웠으며, 그들 역시 자신들의 파이프만을 관찰하였다.

샤라포프는 두 가지의 물 혼합물을 교대로 흘려보내자고 제안했다(발명가 인증서 #239,752). 먼저, 재와 용재를 이송하는 염기성 물이 있었다. 이것은 파이프라인 내부에 껍질상태의 침전물을 만들어 보호 내층을 형성한다. 그러면, 이 내층은 파이프와 같은 금속이 아니므로 석탄 폐기물을 이송하는 산성 물에 의해 벗겨진다. 그런 다음 염기성 물에 의해 다시 내층이 생긴다. 이제 한 가지 재료를 이송하고, 염기성 물을 산성의 물로 바꿔서, 내층의 형성과 제거가 교대로 일어나게 할 수 있다. 이제 이 발명은 공장에서 성공적으로 사용하고 있다.

기억하라:

객체를 개선하기 위해 아무리 많은 시도를 하더라도, 개선되지 않고 모순이 다른 모순으로 바뀌어 나타날 뿐이라면, 이 객체를 다른 객체와 결합시켜 새로운 기술 시스템을 만들 필요가 있다.

이러한 유형의 전이는 언제나 즉시 가능한 것은 아니다. 흔히, 먼저 개개의 구성 요소로부터 불안정한 과도적인 시스템이 나타난다. 부록 2에서는, 과도적인 시스템은 소괄호 속에, 안정된 시스템은 대괄호 속에 나타냈다.

수준 1에서 수준 2로 전이하는 시스템의 한 가지 예로 19세기에 건조된 증기기관 잠수함이 있다. 발명자들은 당연히 가장 진보한 엔진의 사용을 생각했고, 증기 기관이 정확하게 그것이었다. 시스템에 넣을 구성요소의 선택은 시스템의 효율성이 아니라 주 시스템 특성의 완전성에 기초해야 한다. 잠수함에 있어서, 이런 유형의 특성이란 매번 해저 운항에 필요한 에너지 비축이었다. 아무도 보일러로 많은 증기 비축분을 만들어, 많은 에너지를 성공적으로 공급할 수 없었다. 겨우 무거운 배터리를 갖춘 불완전한 전기 모터가 가장 유력한 선택이었다. "잠수함과 증기기관" 시스템은 불안정하였고, "잠수함과 배터리 전기 모터"라는 또 다른 시스템이 출현하기까지는 오랜 시간이 걸렸다.

때로는, 시스템에서 빠져 있는 구성요소를 인간으로 대체할 수 있다. 최초의 자체추진 차량이 증기기관을 달았을 때, 그들은 무겁고, 부피가 컸으며, 성능이 좋지 않았다. 땅을 발로 차면서 나아가는 옛날 2륜차(자전거의 조상)는 제2수준의 안정된 시스템이었는데 엔진의 무게가 제로이다.

기술의 역사를 보면, 제2수준에서 제3수준으로의 전환기에 불완전한 시스템이 아주 많이 등장했다. **우스꽝스러운** 증기 보트, **걸어 다니는** 기관차, 펄럭이는 지렛대가 달린 **광** 전신기 등이 바로 그것들이다. 인간을 기계로 대체하려는 여러 시도(제3수준으로 전이하는 것)에서, 발명가들은 여전히 변두리에 멈추어 서있고, 기계는 그저 인간의 행동을 **모방**할 뿐이다. 이것은 시스템이 진화할 능력을 갖지 못해서가 아니라, 오직 발명자의 심리적 관성 때문이다. 때로는 그러한 발명들이 우아하지만, 그들의 공통적인 단점은 발전을 위한 예비품의 수가 제한되어 있다는 것이다. 만약 이런 유형의 시스템이 원형으로 나타난다면, 단순히 기존 것을 개선하지 말고, 새로운 작동개념을 찾는 것이 항상 합리적이다.

제3수준과 제4수준은 동시대에 가장 대표적인 기술이다. 특히 제3수준의 젊은 시스템들이 동시대 기술 중 가장 대표적이다 : 시스템이 성숙할수록 전문화되며, 오래된 시스템들의 전문화는 지나칠 정도다. 좁은 영역에서의 전문화는 더 높은 다음 수준으로의 전환이 필요하다는 명백한 신호이다. 즉 이것은 전체 시스템의 전반적인 재구성이 필요하다는 신호이다.

우리는 유리산업에 있는 한 가지 사례로 이것을 설명할 수 있다. 판유리를 생산하는 공정에서, 빨갛게 달구어진 유리 띠는 롤러 컨베이어를 따라 이동하면서 필요한 형태로 서서히 냉각된다. 유리의 품질은 분명히 롤러 사이의 간격에 좌우된다. 간격이 너무 멀면 유리 리본은 휘고 물결모양이 생긴다. 매끄러운 표면을 얻으려면 더 작은 직경의 롤러들을 더 가까이 놓아야 한다. 그러나 컨베이어는 복잡해지고, 그 작동이 변덕스러워질 것이다. 우리는 다시 분명한 기술적 모순에 직면한다. 오래 전부터 발명가들은 여러 형태의 유리(이러한 종류의 유리는 이상적인 표면을 요구하지 않는다)를 위한 특별한 컨베이어 라인을 만들어서 이러한 모순을 극복하려고 애썼고, 한편으로 제조공장은 유리가 식은 후에 그것을 연마하는 기계를 준비하였다. 그 후에 정말로 혁명적인 해결책이 발견되었다.

줄어든 롤러의 직경을 상상하자. 센티미터, 밀리미터, 1/100밀리미터 등. 컨베이어가 직경이 1/100밀리미터인 롤러로 되어 있다면 얼마나 복잡해져야 하는가? 여기에 심리적인 관성이 존재한다 : 1/100밀리미터는 생각하기도 끔찍하다. 더욱이 1마이크론이나 그것의 1/10은 상상할 수도 없다. 만약 롤러의 직경이 심지어 더 작아진다면 어떻게 될까? 분자나 원자로 된다면? 롤러의 직경이 1마이크론인 컨베이어를 만든다는 것은 실제로 불가능하다. 그러나 롤러의 직경이 원자의 크기와 같다면 원자는 제조할 필요가 없으므로 모든 것이 간단해진다. 볼 위에 있는 것처럼 원자 위에서 유리를 움직이게 하자. 컨베이어 대신에 용융 주석이 담긴 통을 사용하라. 유리 띠가 평평한 원자 층 위를 이동한다. 컨베이어를 만들거나 롤러를 조정하고 수선할 필요가 없다. 액체금속은 이상적인 컨베이어일 뿐만 아니라 다루기 쉬운 기구이다. 금속 표면(그리고 유리표면)은 전자석의 도움으로 어떤 형태를 취할 수 있다. 우수한 발명이다! 그것은 즉각 "특허의 정점"을 이루었다. 여러 가지 유리 제조에 대해서 수백 건의 특허가 출원되었다.

제4수준에서 기술시스템은 빠르게 성장하기 시작하여, 마침내 그들의 성장이 외부환경과 처음으로 갈등을 일으키는 순간에 도달한다.

선사시대부터 기술 발전은 자연 자원들에 근거를 두어 왔다. 우리 지구는 충분한 물과 공기를 가지고 있으므로 우리의 기술은 "물"과 "공기"로 되어있고, 물과 공기는 여전히 우리의 주요 기술적 도구로 남아 있다. 지구는 많은 산소를 갖고 있으므로 우리의 기술은 "산소로 처리" 되어 있다. 산화과정은 에너지의 기초였으며, 지금도 마찬가지다. 지구는 많은 공간을 갖고 있으며, 기술은 개방된 시스템들을 이용해 왔고, 지금도 여전히 이용하고 있다. 외부환경은 우리의 기술시스템을 위해 물질과 에너지를 제공한 다음, 그 물질과 에너지의 폐기물을 환경으로 돌린다. 환경은 이때 우리의 폐기물을 처리하고 없애준다.

자연은 어떤 새로운 기술시스템과도 자동으로 연결되어 있는 **우주정화장치**(Universal

PART 2

Cleansing Mechanism)[74]이다. 이 우주정화장치는 외견상 거대하고 무한한 잉여 힘을 갖고 있다. 그리고 지금은 점점 더 많은 기술시스템이 제4수준의 정점에 도달하면서, 우주정화장치는 그 시스템의 한계에 도달하고 있으며, 그 자원을 다 써버렸다.

기술과 자연 사이의 갈등이 우리의 기술 문명의 가장 깊은 근본을 건드리고 있다. 이 갈등을 극복하기 위하여 물과 공기를 쓰는 기술로부터 물과 공기를 쓰지 않는 기술로, 산화로부터 비산화로, 개방된 기술 시스템으로부터 폐쇄된 기술 시스템으로 전환할 필요가 있다. 이 전환은 인류가 우주로 걸음을 내 디딘 순간부터 불가피해졌다. 지구를 기초로 한 기술이 자연과 함께 살아갈 수 있을 지라도, 우주의 조건들은 어떻게 해서든 우주에서 작동할 수 있는 기술시스템을 요구할 것이다. **미래 기술을 위한 기초는 폐쇄 시스템을 제공하는 것에 있을 것이다.** 이 "폐쇄성"은 기존 시스템을 그저 여과함으로써가 아니라, 그 시스템의 기술적 기반에 혁신적인 변화를 가함으로써 달성될 것이다.

여기에 발명문제가 손대지 못한 부분이 있다.

여기에 숨겨진 문제들이 있고, 그 해결책은 위대한 발명을 필요로 할 것이다.

---

74) 자연과 기술 세계에 대한 알트슐러의 논문 참조 : www.sigmatriz.com 마지막 승리 후에는 어떤 일이 일어날까?(알트슐러, 박성균 번역) - *역자 주*

the Innovation Algorithm

제3부

인간과 알고리듬

Man and Algorithm

우리는 당신의 정신적 여과장치를 흔들어서 느슨하게 하였고, 그 결과 해답이 나타났다.

이 방법은 효과가 있고, 항상 효과적일 것이다. 필요한 것은 편견이라는 과중한 짐을 버리고 당신의 머리속에 굳어있는 쓰레기를 없애는 것이다. 당신이 행동하고 싶은 방식과 관련해서 당신의 정신적 여과장치를 조율하라. 그러면 당신이 찾고자 하는 어떤 문제에 대한 필요한 해답을 얻을 수 있을 것이다.

\- 존스(R. Johns)

14장 심리적 장벽

트리즈 세미나에 참석한 사람들에게 나는 다음과 같은 문제를 낸 적이 있다.

> "300개의 전자를 몇 개의 그룹으로 나누어 어떤 에너지 준위에서 다른 에너지 준위로 이동시켜야 한다고 가정합시다. 그러나 두 그룹에서 양자전이가 미리 일어나 그룹 수가 처음에 계산했던 것보다 적어졌습니다. 결국 각 그룹은 이제 전자를 다섯 개씩 더 갖고 있습니다. 전자 그룹은 전부 몇 개였습니까? 이 복잡한 문제는 아직 해결되지 않았습니다."

세미나 참석자들(그들 모두는 매우 수준 높은 기술자였다)은 이 문제를 해결할 수 없다고 주장하며 다음과 같이 말을 하였다. "이것은 양자 역학에 관련된 문제입니다. 하지만 우리는 방금 기계공장에서 왔습니다. 다른 사람들이 이 문제를 해결할 수 없었기 때문에 우리가 해결하는 것 역시 불가능합니다."

그 때 나는 다음과 같은 대수학 문제를 세미나 참석자들에게 읽어주었다.

> "300명의 스카우트 대원을 여름 캠프장으로 보내기 위해 몇 대의 버스를 예약하였습니다. 그러나 두 대의 버스가 약속한 시간까지 나타나지 않았습니다. 그래서 제때에 도착한 각 버스에 계획했던 것보다 다섯 명의 대원을 더 태웠습니다. 그렇다면 캠프장으로 간 버스는 몇 대일까요?"[74)]

문제는 즉시 해결되었다. 발명문제는 언제나 위압감을 준다. 수학문제는 항상 명확한 의미를 갖는다 : "나를 해결할 수 있어요. 왜냐하면 유사한 문제들이 전에 한번 이상 해결된 적이 있거든요." 만약 어떤 수학 문제를 "해결할 수 없다"면 결국 모든 사람들은 그것을 해결하지 못할 것이라고 믿는다. 그러나 발명문제가 내포하고 있는 의미는 완전히 다르다: "많은 사람들이 저를 해결해 보려고 많은 노력을 했었지만 저에게는 어떠한 변화도 일어나지 않았어요. 영리한 사람들이 여기서 아무것도 할 수 없다고 믿는 것은 당연합니다."

발명가와 혁신가(Inventor and Innovator) 잡지에 냉동화물을 하역하는 문제에 관한 논문이 발표되었다. 저자는 이 문제를 다음과 같이 설명하였다 :

> "이것은 냉동화물의 하역에 관한 문제이다. 이 문제는 광부, 제철소 노동자, 철도 노동자, 코크스 화학자들을 여러 해 동안 괴롭혀 왔던 해결되지 않는 문제 중의 하나이다. 때로는 많은 기업의 생사가 이 공정에 달려 있기도 하다."

더욱이 어떤 유용한 응용을 찾지 못한 채 다양한 제안이 설명되었다("나를 해결하려는 많은 시도들이 있었지만 결국 저에게는 아무것도 일어나지 않았어요"). 논문은 다음과 같이 끝을 맺고 있었다 :

75) 버스 한대 당 원래 계획된 인원수를 x, 버스 대수를 y라 하면, 원래 계획대로 하면 x y = 300이 되어야 하는데, 버스 (y - 2)대에 (x + 5)명씩 300명을 각 버스에 탑승 시켰으므로 (x + 5) × (y - 2) = 300가 성립한다. 두개의 연립방정식은 중학교 수준의 문제로써 캠프장에 간 버스는 10대이다. - *역자 주*

> "시간은 빠르게 흘러가고 있다. 원자핵의 비밀이 발견되었으며, 전파 망원경의 예민한 귀는 멀리 떨어진 은하계의 속삭임을 듣고 있다. 그러나 오늘날 우리는 여전히 광물을 옛날 방법으로 하역하고 있으며, 세계 어디에서나 쇠 지렛대와 커다란 망치를 사용해 여전히 광석을 깨고 있다."

발명가는 시작부터 "영원히 해결되지 않는 문제" 중 하나를 접하고 있다는 경고를 받는다. 문제를 자세히 설명하지 않았고, 특별한 언급도 없었다 ; 그러나 발명가는 이미 모든 면에서 겁을 먹는다. "원자핵의 비밀이 발견되고, 전파 망원경의 예민한 귀가 먼 은하의 시냇물 소리를 들을 수 있는" 시대조차 아무나 "영원한 문제", 즉 해결되지 않은 문제를 정복하는 데 필요한 용기를 드러낼 수는 없다.

냉동화물의 하역 문제는 실제로 "영원한" 문제이다. 그러나 "영원하다"는 것이 반드시 "어렵다"는 것을 의미하지 않는다. 물론 수많은 시도에도 불구하고, 오랫동안 해결할 수 없었던 문제도 있다. 그러나 이러한 예는 상당히 드물다. 왜냐하면 산업계는 이미 해결조건이 정비된 문제만을 제기하기 때문이다. 마르크스는 다음과 같이 쓰고 있다 : "사회는 항상 해결할 수 있는 문제만을 제기한다. 왜냐하면 좀 더 깊이 검토해 보면, 문제는 그 해결에 대한 물질 조건이 존재하거나 적어도 발전 과정에 있을 때 항상 나타나기 때문이다!"[76)]

문제가 해결되지 않은 상태로 오랜 기간 남아 있었다면, 이것은 해결책을 탐색해가는 방향의 선택에 오류가 있었다는 것을 의미한다. 이 경우에는 간단한 문제라도 완전히 "영원한" 문제처럼 보일 수도 있다. 예를 들면 메니스커스 망원경이 그러한 경우이다. 막수토프가 강조한 바와 같이, 메니스커스 망원경을 데카르트와 뉴턴 시대에 발명할 수 있었다 ; 하지만 이 발명은 "전파 망원경의 예민한 귀가 먼 은하의 시냇물 소리를 들을 수 있는" 시대가 되어서야 비로소 이루어졌다.

우리가 관찰한 바에 의하면 문제가 "영원한" 것일수록 해결이 쉬워진다. 사실 문제가 나타날 때 이미 그 문제를 해결할 수 있는 조건들이 존재한다. 문제를 해결하려다 실패한 시도들은 탐색 영역과 불확실성의 정도를 줄여준다.

시간이 지나면서 문제해결의 어려움은 점점 줄어든다. 한편, 기술의 무기고는 끊임없이 늘어난다. 이것은 이러한 힘들 사이의 관계가 변화했다는 것을 의미한다 ; 문제 자체는

76) K. Marx, "Critique of Political Economy," *Gospolitisdat*, 1952, page 8.

PART 3

쉬워졌고, 문제를 해결하기 위한 수단은 많아졌으며, 보다 강력해지고 있다. 산업 현장에서 해결이 불가능한 문제는 (심지어 미래에도) 거의 존재하지 않는다고 말할 수 있다. 자연의 근본 법칙, 즉 보존의 법칙과 변증의 법칙은 깨질 수 없다 ; 다른 종류의 문제들에 대해서 불가능성은 단지 일시적일 뿐이다.

□ ■ □ ■ □

"인간이 상상하는 것은 무엇이든지 누군가가 그것을 실현할 수 있다." 이것은 베르느(Jules Verne)의 말이다. 실제 공상과학소설의 역사는 '불가능한' 것을 '가능한' 것으로 바꾸는 명확한 예들을 우리에게 보여주고 있다.

구체적으로 다음과 같은 자료를 제시할 수 있다 :

공상과학 소설작가	공상 아이디어의 총 수	공상 아이디어의 운명					
		실현되었거나, 가까운 미래에 실현될 것이다.		일반 개념의 현실화 가능성이 확인되었다.		잘못되었거나 실현 불가능한 것으로 밝혀졌다.	
		수	%	수	%	수	%
베르느	108	64	59	34	32	10	9
웰스	86	57	66	20	23	9	11
벨리에프	50	21	42	26	52	3	6

100 년간의 공상과학소설 역사는 다음을 증명하고 있다 :

대담한 아이디어가 보수적인 아이디어보다 실현 가능성이 높다.

대포로 우주 비행사를 태운 캡슐을 발사한다는 베르느(Jules Verne)의 아이디어는 "불가능한 것"에 대한 고전적인 사례로 여겨졌다. 그런데 몬트리올 대학의 젊은 학자 고울(Gerald Gowll)은 우주 탐사를 위해서 대포의 사용 가능성을 발표하였다.

수천 톤의 인공위성을 궤도에 올리고, 우주 공간을 걸어 다니며, 달에 착륙하는 등의 우주기술 업적과 비교하면, 베르느의 대포에 의한 우주선 발사는 그렇게 인상적으로 보이지 않는다. 그러나 '대포로 우주선을 발사하는 기술'의 미래는 결코 어둡지만 않다. 왜냐하면 한 대의 유인 우주선의 비용으로서 수십 대의 무인 우주선을 제작할 수 있기 때문이다. 다시 말해서 베르느 방법으로 발사하는 것이 훨씬 더 간단하고 효과적이다.

미국과 캐나다의 전문가들이 하프(Harp) 프로젝트를 시작했다는 신문기사가 발표되었다. 이 프로젝트의 목표는 포신의 직경이 127밀리미터, 178밀리미터 및 406밀리미터에 이르는 대포를 대기 관측에 활용한다는 것이었다.

이 프로젝트에 의해 완성된 대포의 포신 길이는 150미터이다. 또한 대포의 무게는 300톤에 달했으며, 포신의 직경은 814밀리미터이다. 이 프로젝트에 참여한 기술자들의 계산에 의하면, 이 대포를 이용해서 무게가 7.5톤에 달하는 기계를 적재한 컨테이너를 수백 킬로미터의 상공까지 쏘아 올릴 수 있으며, 또한 0.5톤의 인공위성을 지구궤도에 올려놓을 수 있다. 이러한 인공위성을 발사하기 위해 소요되는 비용은 위성 본체를 포함하여 단지 5만 달러이다.

다시 말해서 베르느의 아이디어가 실현 가능하다고 생각되었다면 놀랍게도 이미 1920년대에 중량이 수십 킬로그램에 달하는 인공위성을 궤도에 올려놓는 것이 가능하였을 것이다.

여기서 로켓 우주선이 좀 더 빠른 시기에 출현할 수 있었다는 것을 기억해 두었으면 좋겠다. 소련의 유명한 연구자 콘다르티우크(Yuri Vasilievich Kondartiuk)는 1928년에 다음과 같이 썼다 :

> "최근 과학기술의 경이적인 성과를 마음속에 그려 보았을 때, 왜 행성간 운송의 문제가 아직 해결되지 않는 것일까........ 하는 의문을 떠올리지 않을 수 없다. 결국 나는 연구자의 대담성과 독창성의 부족이 그 원인이라는 결론을 내렸다."[77]

연구자의 대담성과 독창성의 부족이 양자 생성기(레이저)의 출현도 늦추었다. 웰스(Herbert George Wells)는 1898년에 방향성을 갖는 열선 아이디어를 처음 설명하였다. 21년 후 아인슈타인은 양자 생성기 개발에 대한 물리적 방법을 이론적으로 입증하였다. 타

77) Kibalchik, Tciolkovski, Tcander, Kondratiuk, *Selected Works*, M., Science, 1964, page 539.

운(C. Town)의 견해에 따르면, 레이저는 어쩌면 1920년대 말에 나타날 수도 있었다. 1951년에 소련의 과학자 파브리간트(V. Fabricant)는 양자 생성기에 대한 특허를 출원하였지만 거절당했다. 왜냐하면 특허 심사관이 양자 생성기의 실현이 불가능하다고 생각했기 때문이었다. 그러나 그 후 특허 심사관은 자신의 의견을 철회하였고, 그 결과 파브리간트는 발명가 인증서를 받았다.

공상과학소설 작가인 벨리에프가 쓴 '양서류 인간'은 "불가능한" 아이디어였지만, 이제 그 실현이 가까워졌다. 그의 아이디어에 대한 평가가 어떻게 바뀌었는지 한 단계씩 따라가 보는 것도 재미있을 것이다. 다음 세 개의 발췌문은 발명가이자 기술자인 같은 사람이 다른 시기에 발표한 것이다.

- **1958년 :** "… 양서류 인간이 아니라 수중다이빙과 수영을 위한 도구를 장착한 인간이 미지의 심해를 정복할 것이다."
- **1965년 :** "양서류 인간은 아직 존재하지 않는다. 그렇지만 아마도 그들은 결코 앞으로도 나타나지 않을 것이다 …"
- **1967년 :** "지금 인간은 다이빙 도구를 장착하지 않고 가능한 한 깊게 잠수하여 수중에서 고래처럼 호흡하는 것을 시도하고 있다. 언젠가 틀림없이 화학, 공학, 의학의 도움을 얻어 "Echtianders"(벨리에프의 공상과학소설에 나오는 양서류 인간)가 창조될 것이다. 물과 공기를 같은 생활환경으로 삼는 사람들이 바다를 정복할 것이다."

위에서 볼 수 있듯이 10년도 안되어 "불가능한" 아이디어에 대한 평가가 근본적으로 바뀌었다. 이제 그 평가가 현실 가까이에 있다.

해결할 수 없는 문제는 없다 : 그러나 발명의 역사는 종종 "불가능해!"라고 선언하는 누군가와 함께 시작한다.

사람들에게 "불가능해"라고 선언하도록 강요하는 이유와 불가능의 증명은 다르다. 경우에 따라서는 단순한 무지에 의한 것도 있다. 예를 들면, 이미 몇 대의 증기기관차가 제작되었던 1820년대에 영국의 유력지 Quarterly Review는 다음과 같이 단호하게 주장하였다 :

"우편마차의 두 배의 속도로 달리는 증기기관차를 만들어 주겠다는 약속만큼 우습고 바보 같은 짓은 없다. 영국인이 이러한 기계에 자신의 생명을 맡기는 일은 거의 없을 것이다. 왜냐하면 이러한 행동은 소위 로켓을 타고 자폭하는 것과 같은 것이기 때문이다."

그러나 얼마 되지 않아 스티븐슨의 증기기관차 "로켓"이 시속 40킬로미터로 객차를 끌었다.

발명가 알렉산더 그레이엄 벨이 그의 장치를 판매하기 시작했을 때, 미국의 어느 신문은 "선량한 시민을 속이는 사기꾼"을 경찰이 막아 줄 것을 요청하였다. 신문은 다음과 같이 쓰고 있다 :

"보통의 금속선을 통하여 인간의 목소리를 한 장소에서 다른 장소로 전송할 수 있다는 말은 매우 웃기는 이야기다 …"

이와는 달리, 무지가 "불가능"하다고 말하는 사람들 이면에 있는 주된 이유는 아니다. 종종, 실제로 무지하다고 할 수 없는 사람들이 "불가능"이라는 말을 자주 한다. 성층권까지 올라가는 기구와 잠수구를 발명한 피카드(O. Picard)의 메모장에서 다음과 같은 글귀를 볼 수 있다.

"당시 전문가들은 나의 개념을 불가능하다고 여겼다. 오늘날 우리에게 초보적인 것이 이전에는 유토피아로 보였다. 나에게 제시했던 단 한 가지 반대 이유는 나의 개념이 아직 존재하지 않았다는 것이었다. 내가 이런 반대 이유를 얼마나 많이 들어왔던가!"

□ ■ □ ■ □

지식도 풍부하고 보수적이지 않은 사람이 새로운 발전을 믿으려고 하지 않는 것은 무엇 때문일까?

여기에 전형적인 예가 있다. 아래의 글은 수년 전 유명한 어느 자동차 전문가가 자신의 책에 쓴 내용이다.

"미래의 자동차를 위한 바퀴의 직경을 결정할 필요가 있다고 가정하자. 과거 50년간 여러 자동차 바퀴의 직경을 고려해 볼 때, 바퀴의 직경이 해마다 감소하고 있다는 것은 알려진 사실이다. 그러나 이 감소 추세가 점점 둔화되더니, 그 추세가 완전히 멈춘 순간이 왔다. 한편 바퀴의 직경이 급격이 줄어들었던 짧은 기간이 있었다. 만약 이 기간만으로 한정하여 분석해 보면, 결국 자동차 바퀴의 직경은 20년 후에 제로가 된다는 잘못된 결론에 도달할 가능성이 있다."[78]

이 사고 과정을 주의 깊게 살펴보자. 기본적인 아이디어는 전적으로 옳다. 즉 자동차 바퀴의 직경은 매년 작아지는 추세를 유지하고 있다. 이러한 경향을 알고 있다면 미래를 예측할 수 있다. 그러면 논리적 결론은 다음과 같다 : 자동차가 자신의 바퀴에서 자유로워지는 시기가 올 것이다. 그러나 여기서 "불가능"이 나타난다. 첫째, 바퀴가 없는 자동차가 "아직 존재하지 않는다"고 말할 수 있을지언정, 어떻게 그러한 자동차가 있을 수 있겠는가! 둘째, 실제 바퀴의 직경 감소는 수년에 걸쳐 둔화되었다. 이것은 바퀴의 직경이 제로가 된다는 것 역시 "불가능하다"는 것을 의미한다.

이제 이러한 결론들을 정리해 보자.

실제로 바퀴 없는 자동차는 과거에 존재하지 않았다. 우리는 이 사실에 익숙해져 있으므로, 어떠한 자동차가 자신을 받쳐주는 어떤 것도 없이 도로에 둥둥 떠 있을 수 있다는 것을 상상하기란 쉽지 않다. 그러나 이것이 직언적인 단어인 "불가능"의 근거는 아니다. 우리는 자동차에서 바퀴를 없애는 방법을 단지 모르고 있다. 그러나 바퀴를 제거하는 것은 호기심을 크게 자극한다. 바퀴들은 서비스 역할만을 한다. 따라서 바퀴 직경의 감소 추세는 결코 우연이 아니며, 우리는 이 경향이 사라지리라고 기대하지 않아야 한다. 실제로 자동차 바퀴의 직경이 어느 한계 크기에 도달한 다음, 사실 더 이상 줄어들 수는 없다. 자동차 바퀴 설계 때문에 생긴 이러한 개념은 자동차의 진화 경향과 갈등하기 시작한다.

---

78) Y. Dolmatovski, *Novel About an Automobile*, 1968, page 214.

기술의 역사에는 그 발전의 지속을 "원하지 않았던" 수많은 설계 사례가 있다. 결과는 항상 같았다. 즉 그 설계는 폐기되었다. 더욱이 자동차 바퀴가 기술의 발전추세와 모순이라면, 비로소 이것은 바퀴 없는 자동차에 대해서 생각할 시기가 왔음을 의미한다.

이 결론은 현실로써 완전하게 입증되었다. 자동차 바퀴는 "불가능"하게 보였던 제로에 도달하였다 : 공기 부양으로 움직이는 새로운 자동차(호버크래프트)가 등장하였다.

기술의 진화에는 두 가지 방향이 있다—**진화**(한 수준 내에서)와 **혁신**(하나의 수준에서 다른 수준으로 전이). 이러한 발달의 양상을 도시해 보면, 굴곡이 많은 복잡한 형태의 곡선으로 표현할 수 있다. 좁은 분야의 전문가들은 매우 명확하게 그 선의 한 부분 내에서 두 가지 방향을 바라본다. 미래를 생각하면서, 그들은 마음속으로 마치 곡선의 마지막 부분의 계속인 것처럼, 미래는 현재로부터 발전하리라고 예측한다. 기존 기술의 한계를 알고 나면, 전문가들은 분명하게 해결 불가능한 문제, 즉 그들이 마음속으로 그렸던 연장선이 멈추는 벽을 보게 될 것이다. 그러나 "해결 불가능한" 문제를 우회적인 방법의 도움으로—근본적으로 새로운 기술수단으로 해결하는 것이 바로 기술 진화의 변증법이다. 이것이 바로 해결할 수 없었던 문제들은 산업 내에 알려진 어떤 방법으로 해결될 수 없다고 일부 전문가들이 생각하는 이유이다.

"불가능"은 **그것이 어떻게 일어날 수 있는지** 사람들이 알지 못하기 때문에 나타날 뿐이다. 따라서 사람들은 그것이 일반적으로 있을 수 없다고 미리 말한다. 하지만 우리는 그것이 있을 수 있다고 가정해야 한다—우리는 단지 아직 정확하게 방법을 알지 못할 뿐이다.

발명가는 "불가능"이라는 단어를 뛰어 넘어야 하며, 일시적으로 그것을 잊어야만 한다. 때때로 이것만으로도 발명가는 거의 저절로 새로운 기술적 아이디어에 도달할 수 있다. 물론 해결책에 이르는 길은 멀고 험난할 것이다. 하지만 아무리 긴 여행도 항상 첫걸음부터 시작한다.

□■□■□

제발 "불가능"이라는 단어를 두려워하지 마라. 이 표현은 이론적으로는 극히 간단하다. 실제로 해결할 수 없을 것으로 보였던 문제를 해결하는 과정을 거치면서 용기가 서서히 생긴다.

예를 들어, 페라이트 고리에 전선을 감는 문제를 생각해 보자. 이 문제는 소련의 과학

아카데미 시베리아분원 수학연구소에서 열린 세미나에서 해결되었다. 분석 결과, 이 문제는 "생산성과 정확성"라는 모순이 있다는 결론을 얻었다. 실제로 전선을 감는 작업은 손으로 한다. 만약 우리가 전선을 감는 속도를 올리고 싶다면, 전선을 감는 공정의 품질 또는 정확성을 희생해야 한다 : 전선이 적절한 자리에 있지 못할 것이다. 모순행렬표[79]는 "생산성 대 제조의 정확성"의 모순 형태를 갖고 있고, 여기서 발명원리 #18, #10, #32, #1을 찾을 수 있다. 고리를 절단해서는 안된다는 문제의 조건에 따라 발명원리 #1(분할)을 제외한다. 발명원리 #10(선행 조치)도 제외한다. 왜냐하면 페라이트 고리를 제작하기 전에(또는 고리의 제작 과정 중에) 전선을 감을 수 없기 때문이다. 발명원리 #13(반대로 하기) : 전선을 감지도 않았는데 그것을 푼다? 이것 역시 좋지 않다. 발명원리 #31(자석과 전자석의 활용) 역시 적용할 수 없다.

다음은 그 당시 강사(I)와 이 문제의 해결을 시도하는 학생(S) 사이에 나누었던 대화 내용이다.

S : 아무래도 저는 모순을 잘못 진술한 것 같은데요?

I : 그러면 다르게 진술해 보세요.

S : 고리의 직경이 작으면 작을수록 생산성이 저하됩니다. 그러면 모순은 '길이 대 생산성' 입니다. 모순행렬표는 발명원리 #13과 #28을 제시합니다. 또한 '길이 대 속도' 라는 다른 모순으로 시도할 수도 있읍니다. #13, #14, #34 말입니다.

I : 그래서요?

S : (해결할 수 없다는 듯이) 모순행렬표가 발명원리 #13을 제시하는데, 이것은 '반대로 하기' 입니다. 그러나 이것은 불가능합니다.

I : 왜죠?

S : 전선을 감아야만 합니다. 하지만 '반대로 하기' 는 이 경우에 전선을 풀으라는 의미입니다. 전선을 풀려면 별도의 루프가 필요합니다. 그러한 루프는 어디에서 나오지요?

---

79) 본 책의 이 부분을 번역할 때, 모순행렬표에 인쇄된 원리와 제시된 원리를 비교하면서 불일치를 발견하였다. 두개의 원리가 표에 없었다—#13과 #31. 알트슐러에게 연락했을 때 그는 이것이 역사적으로 중요한 예제라고 알려주었다. 이것이 초기 아리즈-68의 모순행렬표를 이용해서 해결한 첫번째 문제였다. 그 이후 알트슐러는 행렬표를 유연하게 수정할 수 있고, 수정해야 한다는 것을 아리즈-68을 통해 보여주었다. 알트슐러의 표현에 의하면 베르느의 "해저 이만리"에서 움직이면서 움직일 수 없는 노틸러스 호(미국이 세계 최초로 건조한 원자력 잠수함 이름)와 같다. 이 예제에서 중요한 것은 사고과정의 논리이다. 우리는 처음 원판에 표현된 것과 동일하게 이 부분을 번역하여 출판하였다(Lev Shulyak의 주).

I : 별도의 루프를 어떻게 얻을지 생각해 보세요.

S : 먼저 전선을 감지 않고는 불가능해요.

I : 하지만, 좀 더 생각해 보세요. 아마도 이것은 이제 막 여명효과인 것 같군요. 당신은 전선이 감긴 페라이트 고리가 필요합니다. 이것을 어떻게 할 수 있을까요?

S : 전선을 감는 작업을 없앤다면…. 음… 잘 모르겠는데요.

I : 생각해 보세요.[80] 별도의 루프가 있는 토로이드(toroid, 솔레노이드를 도너츠 형태로 만들어 놓은 것)를 상상해 보세요.

S : 그것은 간단합니다.

I : 그것이 어떤 모습을 하고 있지요?

S : 전선이 감겨있는 페라이트 고리이지요. 별도로 감긴 전선이 있다고 말할 수 있을 것 같습니다.

I : 별도로 감긴 전선을 갖고 있다는 것은 어떤 의미입니까? 이것을 시각적으로 상상해 주세요.

S : 별도로 감긴 전선을 갖는 것은 많은 루프를 갖는다는 의미입니다. 틈새가 없도록 루프 옆에 루프를 두고 있습니다. 아마 페라이트 고리 전부를 얇은 금속 층으로 덮는 것과 비슷할 것입니다. 이것은 매우 많은 루프와 같습니다.

I : 자, 그것 좋군요. 매우 많은 루프를 전선을 감는 작업 없이 만들 수 있을 것 같군요. 이제 남은 것은 별도의 루프들을 제거하는 것입니다.

S : 나선형의 실....

I : (반대의 자세를 취하지 않고) 그런 일이 가능합니까?

S : 물론입니다. 기계적인 방법과는 다른 여러 다양한 방법이 있습니다. 우리는 금속의 각 층 위에서 "속인 빈" 전선 감는 작업을 하면서, 금속을 제거합니다. 이것은 전선을 감는 것보다 훨씬 쉽습니다. 얇은 감광필름 층으로 고리를 미리 덮은 다음, 루프의 광학적 이미지를 고리의 위아래로 투영하는 방법이 가능합니다.

I : 그것은 발명원리 #28(기계적 시스템을 광학 시스템으로 대체)뿐만 아니라 발명원리 #10(선행 조치)을 적용할 수 있다는 뜻입니다.

S : 가능합니다. 그러나 발명원리 '반대로 하기'가 더 맞습니다. 이것이 '반대로 하기'의 전형적인 예이군요.

PART 3

80) 아리즈의 학습초기에 비슷한 상황을 종종 발견할 수 있다. 사람들은 스스로 문제를 해결한다. 그러나 다음과 같이 반복할 필요가 있다 : "좀 더 생각해 보세요. 제발, 도중에 그만두지 마세요."

당신이 문제를 풀기 시작한다. 아직 첫 단계가 끝나지 않았지만, 당신은 나중에 모든 것이 함께 다가올 것이라고 생각한다. 어떤 방향으로도 나아갈 수 있다고 생각할 것이다. 하지만 이것은 하나의 환상이다. 심지어는 분명한 경향으로부터 문제의 조건들을 "벗겨내는" 경우조차도, 심리적 관성이 당신을 **불분명한**(하지만 존재하고 있는) 경향 쪽으로 데려간다.

문제를 처음에는 잘 알려진 용어로 기술한다. 더욱이 이들 용어가 결코 중립 상태로 머무르지 않고, 그들이 속해있는 분야의 내용을 유지한다. 익숙한 용어 혹은 그것들의 조합에 새로운 내용을 부여할 때만 실제 발명이 이루어진다.

우리는 기술용어에 속해있는 이 관성을 사고과정의 관성을 통해서 먼저 설명할 수 있다. 발명가는 '단어'로 생각한다. 그리고 이러한 단어들은 (발명가에게는 보이지 않는) 어떤 방향으로 그를 밀어 붙인다. 종종 그 방향은 용어가 만드는, 이전에 알려진 기술적 아이디어가 속해 있는 방향이다. 따라서 엥겔스가 "과학에 있어서 매번 새로운 관점은 그 기술용어에 혁명을 가져온다"[81]고 말한 것도 우연은 아니다.

전선 감는 문제를 생각해 보자. 처음부터 문제의 진술이 발명가에게 특정한 탐색방향을 선택하도록 강요한다. 문제의 조건이 진술된 바와 같이 전선을 **감아야** 한다. 그렇지만, 왜 전선을 감는가? 단지 용어에 있는 경향 때문이다 : 원래, 알려진 모든 방법들은 정확하게 전선을 감는 공정에 기초를 두고 있었다. 새로운 문제를 과거의 용어로 정형화하였다. 그러나 전선을 감는 작업 자체는 필요하지 않고, 단지 나선을 가진 고리가 필요한 것이다. 왜 전선을 감는 작업으로만 나선을 갖는 고리를 만든다는 추가적인 요구조건을 도입해서 문제를 복잡하게 하는 것일까?

물론 이러한 질문을 처음부터 했다면, 우리는 다음과 같이 말했을 것이다. "전선 감기는 필연적인 것이 아니고, 단지 나선을 가진 고리만이 필요해". 그러나 유감스럽게도 용어가 갖는 위험한 관성은 문제를 해결한 다음에야 비로소 명확해진다. 처음에는 모든 것이 자연스러운 것처럼 보인다 : 전선을 감아야 한다. 이 방법 외에는?"

어느 세미나에서, 협곡으로 기름 파이프라인을 가져가는 문제를 분석하였다. 기둥과 현가장치의 사용을 제외한다고 문제의 조건을 기술하였다. 보통 이 경우에 파이프라인이 일반적으로 아치 형태로 구부러진다(위쪽으로 굽어지든지, 또는 기둥 사이가 긴 경우 아

---

81) M. Marks and F. Engels, *Collected Works*, Book 23, page 31.

래로 굽어진다). 그러나 문제의 또 다른 조건은 파이프가 구부러지지 않고 협곡을 지나야 한다고 기술되어 있었다.

해결책은 평범했다 : "파이프의 단면적을 키워야 한다"

그 후에 이 문제를 다르게 정형화하였다 : "오일 라인을 '아무것도 이용하지 않고', '구부러지지 않게' 가설해야만 한다. 여기서 한 단어만 바꾸었다. 즉 "파이프라인" 대신에 "오일 라인"이라는 단어를 사용하였다.

해결책들 중에 다음이 있었다.

> '강도는 오일 라인 단면의 면적과 모양에 의해서 좌우된다. 단면적은 진술된 문제의 조건(무게의 증가는 불가능)때문에 늘릴 수 없다. 그러나 우리는 오일 라인의 단면 모양을 바꿀 수 있다. 그렇다면 단면의 모양을 속이 빈 I자형 빔으로 해보자. 이 경우 단위 길이 당 금속 소비량은 같더라도 오일 수송량은 증가한다. 그러나 이러한 모양은 제작하기가 어렵다. 그렇지만 두개의 파이프(본관보다도 직경이 작은)를 겹쳐서 수직 버팀목으로 연결하면 오일 라인으로 I자형빔 형태를 만들 수 있다.'

단지 전문용어를 일반용어로 바꾸는 것만으로도 이러한 결과를 얻는다! 처음의 경우 문제의 조건에 '파이프'라는 단어가 있었다. 오일 파이프라인이 파이프와 같은 모양을 할 필요가 없는데도, 전망이 없는 해결책 방향을 선택했음에도 불구하고 사고라는 공학 열차가 "탈선(脫線)"하기 어렵다. '파이프'라는 단어가 문제의 조건에서 없어지자마자, 사고과정의 관성은 힘을 잃었다. 발명가의 시각으로 볼 때, 이제 간단하면서도 이 경우에 새로운 사고를 찾는 것은 쉽다 — **오일 라인은 반드시 파이프와 같은 모양을 할 필요가 없다.**

발명가는 전통적인 채널을 통하여 사고의 방향을 조절하기 위해서 전문용어의 경향들을 고려해야만 한다. 아리즈의 모든 단계에 걸쳐서 다음과 같이 조절해야 한다 : 문제해결과정을 거치면서 특별한 용어의 "침투"를 막는다. 각 단계의 정형화는 간단해야 하고, 기술 용어로부터 자유로와야 한다.

세미나에서 발명 문제를 해결한 경험은 전문 용어 대신에 보통의 단어를 사용할 때 가장 좋은 결과를 얻는다는 것을 보여주었다. 그리고 새로운 아이디어를 찾은 다음, 정확한 용어로 되돌아갈 수 있고, 그렇게 해야 한다.

□■□■□

오래전에 알려진 바에 의하면, 많은 발명은 3단계로 만들어진다. 처음에 발명가는 집중적으로 해결책을 탐색하지만 성공하지 못한다. 그 다음에 발명가가 문제를 해결하지 못하면, 그것에 대해서 생각을 접어둔다. 일정한 시간이 지나면, 갑자기 시한장치가 풀린 것처럼 '마치 스스로', 필요한 해결책이 나타난다. 헬름골츠(Helmgoltz)는 이것에 대해서 다음과 같이 서술하고 있다 :

> "매번 나는 처음에 모든 면으로 문제를 뒤집어 보고, 그 모든 면과 뒤얽힌 것을 내 기억 속에 강하게 저장하여, 노트의 도움이 없이도 마음속으로 기억해 낼 수 있을 만큼 그것을 검토한다, 이 상태에 도달하는 것은 오랜 준비 작업 없이는 보통 불가능하다. 그 다음 피로감이 사라졌을 때, 완전한 신체적 원기회복과 온화한 행복의 감각을 위해 한 시간 정도가 필요하다. 이때에 비로소 좋은 아이디어가 떠오른다. 가우스가 지적한 바와 같이 종종 좋은 아이디어는 잠에서 깨어난 후 아침에 떠오른다(가우스는 아침에 일어나기 전에 유도의 법칙을 세웠다)."

전형적인 예를 하나 더 들어 보자. 러시아의 유명한 세균학자 비노그라드스키(S. N. Vinogradski)는 당시 아직 연구되지 않은 유황세균의 생리현상을 오랫동안 밝히려고 하였다. 비노그라드스키는 "나는 유황세균에게 유화수소를 먹이는 방법과 유황세균 체내에 유황이 얼마나 빨리 차는지, 그 다음 유화수소가 없을 때, 이 유황이 얼마나 빠르게 사라지는지에 대해 연구하고 있다"고 쓰고 있다. 그러나 유황세균의 작용기능은 오래 동안 밝혀지지 않았다. "아무런 진전이 없었다. 나는 그것에 대해 피로를 느꼈다. 그 다음 긴장을 풀고서 나는 분석 실습을 했던 화학연구실에서 많은 시간을 보냈다. 어느 날 저녁을 먹으러 집으로 걸어가는데, 제방에 이르렀을 때 책상 위 비이커에 남아 있던 유화수소 물을 떠올렸다. 그 물은 침전된 유황 때문에 탁해졌고, 그 다음 같은 유황에 의한 산화 때문에 깨끗해졌다. 바로 그 순간 이 사소한 사실이 힌트를 주었지만, 나의 머리속에서 갑자기, 생생하고 밝게 다음과 같은 생각이 번뜩였다 : 박테리아가 유황을 황산으로 태운다. 그러자,

세균의 전체적인 생리현상이 나의 마음속에 펼쳐졌다. 다시금 모든 것이 이제 순조롭게 진행되었고, 수일 안에 연구를 완료하였다.

발명가의 창의성 3단계(탐색, 대기 기간, 계발(Illumination))는 상당히 명료하게 드러난다. 이것이 외부에서 관찰할 수 있는 창의성의 유일한 특징이다. 모든 창의성 과정을 하나로 줄이면서, 모든 창의성 설명에 대한 기본으로서 이 3단계 과정을 다루는 것은 우연이 아니다. 보통은 마지막 단계만을 강조한다 : **"갑자기 아이디어가 나타난다"**. 반대로 다른 사람들은 처음 단계만을 살핀다 : "당신은 탐색하고, 시도하고, 시험해야 한다 …" 마지막으로 두 번째 단계를 강조하는 "설명"이 하나 더 있다 : "당신은 관찰하고, 주위를 살펴보고, 마음속에 계속해서 문제를 간직해야 한다. 그러면 무엇인가가 해결책을 자극할 것이다…"

이제 사고과정의 관성에 관해서 알았다면, 우리는 창조과정의 기술을 객관적으로 조사할 수 있다.

문제가 관성이 있는 용어로 정립되어, 새로운 아이디어가 존재하는 정반대 방향으로 사고를 은밀하게 몰아간다. 이것이 바로 일반적으로 사고과정의 첫 번째 단계(만일 체계적으로 하지 않으면)를 해결책으로 안내하지 못하는 이유이다.

문제의 조건이 다음과 같다고 하자 :

$$A \rightleftarrows B \rightleftarrows C \rightleftarrows D$$

각각의 문자는, 예를 들어, 시스템의 부분을 의미하는 한편, 그들 사이의 화살표는 존재하는 상호작용을 나타내다. 사고과정의 첫 번째 단계의 결과로써, 기본구조를 아직 깨지는 않지만, 시스템 부분들 사이의 상호작용이 약간 줄어들거나 느슨해진다. 새로운 조건을 다음과 같이 쓸 수 있다 :

$$A \leftrightarrow B \leftrightarrow C \leftrightarrow D$$

두 번째 단계가 시작된다. 발명가는 문제에 대해서 거의 생각조차 하지 않는다. 여기서 심리적 관성의 긍정적인 역할이 나타난다. 약해진 부분들 사의의 상호작용이 계속해서 약해져, 결국에 완전하게 깨진다 :

$$A \quad B \quad C \quad D$$

이제 발명가는 부분들을 쉽게 재배치 할 수 있고, 부분들 사이의 상호작용의 성질을 바꿀 수 있다. 결과적으로 어려움 없이, 새로운 시스템 형태가 나타난다 :

$$C \rightleftarrows A \rightleftarrows D \rightleftarrows B$$

발명가가 불규칙하게 일을 할 때, 상습적인 "결합"을 깨기 위해서 많은 시간이 필요하다. 아리즈는 의도적으로, 그리고 체계적으로 이 깨는 과정을 제공한다.

15장 공상의 힘

공상이 기술과학에서뿐 아니라 어떤 창의성 활동에 중요한 역할을 한다는 것은 교과서의 공리가 되었다. 그러나 여기에는 놀라운 역설이 있다. 즉, 공상의 중요성을 인식했음에도 불구하고, 그것의 개발에 초점을 맞춘 체계적인 노력이 뒤따르지 못했다.

지금까지 공상을 개발하기 위해서 널리 알려져 있는, 실제적으로 효과적인 유일한 방법은 공상과학소설(SF)을 읽는 것이었다. 우연히 여기서 다음과 같은 분명한 상관관계를 볼 수 있다 : 과학자와 공학자들은 다른 독자들보다 SF에 더 잘 매료된다. 몇 년 전에 아제르바이젠 작가연합의 기술과학문헌 위원회가 다음과 같은 조사결과를 내놓았다 : 모든 공학자와 물리학자 중에 20 %는 다른 문학 장르보다 SF를 더 선호하며[82], 박사들은 그 절반 수준인 9 %가 SF를 더 선호한다.

조사에 응한 공학자와 물리학자들의 52 %는 그들의 새로운 기술 과학적 아이디어를 얻기 위해서 무엇보다도 SF를 중요시한다고 언급했다. 실제로 이러한 관점에서 SF는 생각하는 공학자들에게 꽤 많은 것(개발 가능한 프로젝트, 또는 공학 언어로 바꿀 수 있는 준비된 해결책조차)을 줄 수 있다.

최근에 독일에서 다음과 같이 정형화한 특허 #1,229,969가 등록되었다 : "우주자원으로부터 무기물 자원을 채굴하는 방법. 이 발명은 작은 질량을 갖는 소행성을 채굴장소로 선정하고, 소행성을 지구까지 경제적으로 운반하기 위한 어떤 궤도를 제안했다는 점에서 색다르다." SF에 친숙한 사람이라면 베르느("황금유성")와 벨리에프("KEZ 별")가 이 특허의 공동발명가라는 것을 즉시 알아차렸을 것이다.

이것을 뒷받침하는 비슷한 사례들이 많이 있다. 예를 들어, **해저 2만리(20,000 Leagues Under the Sea)**에서 베르느는 처음으로 잠수함을 위한 이중덮개의 아이디어를 묘사하고, 구체화했다. 30년 후에 프랑스 공학자인 라보엑스(Laboeux)가 이중덮개에 관한 특허를 출원하였다. 이 특허의 아이디어에 대한 라보엑스의 설명은 베르느의 소설보다는 상세하지 않았다. 비슷한 결과가 동일한 소설에 묘사된 다른 아이디어로 나타났다 : 바다 표면의 물과 깊은 바닷물 사이의 온도차에 의한 전력공급. 물론 열전기는 베르느 이전에도 알려져 있었다. 그러나 베르느가 바다의 온도차를 이용하는 아이디어를 제안한 첫 번째 사람이었다. 얼마 후에 이 원리를 이용한 발전소의 개통식에서 설계자는 자신의 연구에 대한 기초로서 베르느의 소설을 직접적으로 언급하였다.

공상과학소설과 기술 사이의 밀접한 상호영향에 대해 잘 알려진 사례들이 있다. 쉬베로프(M. Shiverov)의 공상과학소설에는 수면 학습을 위한 도구가 등장하였다. 쉬베로프의 요구에 따라 공학자 브라운(E. Brown)은 "잠자는 전화"를 설계하여 개발했다. 이것은 시계로 동작하는 축음기와 오디오 헤드셋을 조합한 것으로, 엘리어트(R. Eliot)는 잠자는 동안에 학생들을 가르치기 위해서 이 장치를 사용했다.

종종 새로운 분야의 과학과 기술의 개발 초기 단계에서 공상과학소설 작가들의 아이디어가 사용된다. 얼마간의 기간 동안(비록 매우 짧을지라도) 공상과학소설은 새롭게 생겨나는 지식 영역을 위한 주요 자원 중에 하나이다. 파리나(V. V. Parina)와 베브스코고(R. M. Baevskogo)에 따르면 비슷한 일이 천체물리학에서도 생겼다 : "우리 공상과학소설 작가들은 천체물리학에서 사용할 수 있고, 사용해야 하는 많은 '인공두뇌학(Cybernetic)' 아이디어들을 기술하였다. 예를 들어, 동화작용(anabolism)을 조절하는 문제는 행성간의 여행을 가능하게 하기 위해서만이 아니라 금세기 중에도 가능한 같은 태양계 내에서의 긴 기간 우주여행을 위해서도 중요한 역할을 한다. 불행하게도 이 문제에 대한 대부분의 상세한 조사들은 과학문헌에서 수행된 게 아니라, 이프레모프(Ivan Yfremov)의 소설 '안드로메다 성운(Nebula of Andromeda)'에서 이루어졌다."[83)]

---

82) G. Altov, *"Fantasy and its Readers," in Problems of Sociology* #2, Novosibirsk, Science, 1970, page 79.

물론 공상과학소설이 항상 정확하고 성숙된 아이디어들을 담고 있는 것은 아니다. 종종 그것들은 과학기술적 관점에서 볼 때 의문스러울 수도 있다. 또는 그것들이 독자들에게 완전히 상징적인 아이디어만을 제공한다. 더욱이, 소설의 아이디어들은 완전하게 틀릴 수도 있다. 그럼에도 불구하고, 그것들의 독창성과 기발함 때문에 그런 아이디어들은 과학자나 공학자들의 관심을 끌고, 때로는 중요한 발견이나 발명에 이르는 심도 있는 연구를 이끌어낸다.

레닌상을 받은 데니시우크(Yri Denisiuk)가 한번은 다음과 같이 말한 적이 있다 : "나는 거의 불가능해 보이는 엄청난 문제에 착수함으로써 스스로 흥미로운 프로젝트를 만들기로 결심했다. 나는 거의 잊혀진 이프레모프의 이야기를 회상했다 …" 여기에서 그는 소설 **'과거의 그림자(Shadow of Past)'**에 관해서 이야기하고 있다. 동굴에서 희귀한 환경 조합의 결과로써 사진효과가 나타났다. 즉, 동굴의 좁은 입구는 렌즈의 역할을 했고, 송진으로 뒤덮인 입구의 반대쪽 벽은 긴 과거의 순간들을 기억하는 거대한 사진 필름이 되었다.

데니시우크는 이 현상을 다르게 바라보았다 : 렌즈 없이 이미지를 얻을 수 있을까? 이 연구는 홀로그래픽 응용법의 발견을 이끌어 냈다. 그러나 첫번째 자극은 소설에 의해서 일어났다. "나는 버리지 않고, 반대로 나의 연구 속에서 기쁨으로 이프레모프의 색다른 참여를 확인하고 있다."

공상과학소설은 "이상한" 아이디어의 도상에 있는 심리적 장벽을 극복하는데 도움을 준다. 이것 없이는 과학이 계속해서 발전할 수 없다. 이것이 경탄할 만한, 그리고 지금까지 거의 알려지지 않은 공상과학소설의 기능이며, 이 기능은 과학자의 전문적인 훈련 요소가 되었다.

보통 공상의 영향력은 실제로 "작용하는" 사고와 그 반응에 있다. 창의성 과정에 대한 학술원 회원 케드로프(B. M. Kedrov)의 도식을 사용하면, 이 반응의 본질을 쉽게 이해할 수 있다.[84)]

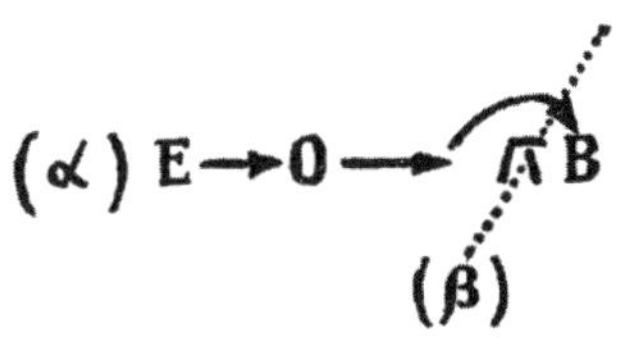

그림 36
학술원 회원 케드로프의 도식

문제에 대한 해결책을 찾는 동안, 인간의 사고는 하나의 사실들(E)로부터 출발하여 이 사실들이 포함하고 있는

83) News of Science Academy of USSR, Biology series #1, 1963, page 13.
84) B. M. Kedrov, The Theory of Scientific Discovery, Series of *Science Creativity*, M. "Science," 1969, pages 78~82.

특별한 무엇인가(O)를 드러내면서 어떤 방향(α)을 나아간다. 다음 단계는 일반 해답(B)이 있어야 한다. 다른 말로 하면 법칙이나 이론 등을 정립해야 한다. (E)에서 (O)로의 전이는 어떠한 어려움을 일으키지 않을 것이다 ; 그러나 (O)에서 (B)로 한 단계 더 나아가는 것은 심리적 장벽을 느낀다. 여기서 심리적 장벽을 극복할 수 있도록 우리를 도와주는 도약대(λ)가 필요하다. 종종 우연히 나타나는 연상 작용이 이 도약대가 될 수 있다. 이 연상 작용은 직선 (α)와 사고의 다른 직선 (β)의 교차점에서 나타난다.

공상과학문헌은 직선(β)으로서 아주 잘 작용한다.

문제 7이 세미나에서 제시되었을 때, 참석자 중의 한명은 다음과 같은 IFR을 정립했다 :

"접점이 최소의 마찰로 스스로 단자들을 닫아야 합니다."

나는 물었다. "최소의 마찰 대신에 마찰이 없으면 왜 안되나요?"

그들은 다음과 같이 대답했다. "문제의 조건은 접점이 단자들을 건드려야 한다고 쓰여 있습니다. 만일 물리적인 접점이 존재한다면, 마찰 또한 존재할 것입니다. 우리는 마찰을 완전히 제거할 수 없습니다. 왜 우리가 비현실적인 IFR을 진술해야 합니까?"

"왜 우리는 가능한 한 단단하면서도 어떠한 마찰 없는, 그리고 상온에서 초유동성(superfluidity)[85]이 있는 접촉을 상상할 수 없습니까?" 라고 나는 강조했다.

다른 일부 세미나 참석자들이 반박하기 시작했다. "이것은 접점 물질이 단자를 통과하는 것과 같습니다. 어떻게 이것을 상상할 수 있겠습니까?"

강한 심리적 장벽이 생겼고, 해결책을 향해 더 이상 나아가지 못했다. 그때 나는 보이

85) 초유동성(superfluidity) : 액체 헬륨의 성질은 절대온도 2.17도(2.17 K) 이하에서 급변해 완전히 점성(粘性)이 없는 상태로 된다. 이 상태에서 액체 헬륨은 기체도 통과할 수 없을 정도로 작은 구멍을 통과한다. 이 액체 헬륨을 그릇에 넣어두면 그릇의 표면에 대단히 얇은 막을 만들어 그 막을 타고 아래로 흘러내린다. 액체 헬륨의 이 같은 유동성을 초유동성이라고 한다 - *역자 주*

스쿵코크(E. Voiskunckogo)와 루코디안노바(I. Lukodianova)의 공상과학소설 **'메콩강의 선원(Mekong Crew)'**의 이야기를 해주었다. 이 소설은 생명체나 어떤 사물에 투과특성을 주는 장치를 묘사하고 있다. 소설의 주인공이 사색하면서 도로를 건너고 있을 때 주인공이 이동하는 버스와 충돌했다. 놀랍게도 그 주인공은 아무런 일도 일어나지 않은 것처럼 버스를 통과하여 지나갔다(이 소설의 주인공은 사물을 투과할 수 있었다).

누군가가 다른 공상과학소설을 떠올렸다 – 또 다른 "투과할 수 있는 사람". 벽을 통과할 수 있는 사람에 관한 영화를 떠올렸다. 3분 동안 모든 사람들은 확실하게 "투과"를 상상하였고, 우리의 문제로 되돌아올 수 있었다. "자, 이제 여러분은 접점이 돌출된 단자를 (이상상태에서) 통과해야 한다는 것을 알 수 있습니다. **제3-2단계**, 그림을 그려봅시다."

공상과학소설은 문제의 아이디어를 모델링하는 실험분야에서 역할을 한다. 이러한 아이디어의 일부는 머지않아 과학적인 가설로 발전한다(기술에 대해서 말하자면, 이러한 아이디어들은 개선, 프로젝트, 발명 등으로 발전한다) ; 다른 말로 하면, 그것들은 과학과 기술 분야로 완전하게 위치를 바꾼다. 종종 공상과학소설은 심리적 관성을 서서히 줄여주고, 새로운 것에 대한 민감도를 증가시켜, 측면으로부터 창조과정에 영향을 준다. 케드로프의 도식 상에서 볼 때, 새로운 것에 대한 이 증가된 개방성은 심리적 인지장벽의 높이를 낮춤으로써, 그리고 자기 도약대를 만드는 능력 개발로써 나타날 수 있다 ; 다른 말로 하면 β선의 직접적인 외부영향 없이 심리적 장벽을 극복하는 것이 나타날 수 있다.

공상과학소설이 과학과 기술을 대한 대체 불가능한 창의성 도구라고 말하는 것은 틀린 말이다. 하지만 공상과학소설은 확실하게 중요한 도구 중의 하나이다. 공상과학소설의 아이디어들을 기록하고 주의 깊게 분석하는 것은 오래된 현안이다.

1964년에 나는 공상과학소설 속에 등장한 아이디어들을 목록화(Registry of Contemporary Science Fiction Ideas)하기 시작했다. 오늘날 흥미로운 대부분의 아이디어들을 이 목록에 등록하였다. 이 목록은 12개의 클래스와 75개의 하위클래스, 406개의 그룹과 2,360개의 하위그룹으로 구성되어 있다. 이 분석은 다음과 같은 질문에 답하고 있다 : "공상과학 소설의 아이디어들이 언제 성공했고, 성공하지 못했는가?" 게다가, 공상과학소설의 아이디어들의 발생에 있어서 일부 유형이 좀 더 분명해졌다.[86]

□ ■ □ ■ □

86) *G. Altov, Paints for Fantasy*, Fantastic-71, M. Molodaia Guardia, 1971.

PART 3

공상과학소설을 읽는 것이 확실하게 상상력을 개발하는데 도움을 주지만, 이것이 체계적인 훈련을 대신할 수는 없다. 상상력은 특별한 훈련을 통하여 체계적으로 개발해야 한다.

스탠포드 대학교 아놀드(John Arnold) 교수가 이 방향으로 한 가지 시도를 하였다. 아놀드의 방법은 악튜 4호(Arktur IV)라는 가상행성의 환경에서 발명문제 해결을 제안하고 있다. 이 상상의 행성은 다음과 같이 매우 이상한 조건을 갖고 있기 때문에 독특하다 : 표면 온도는 지구보다 100도가 더 낮고, 대기는 메탄으로 구성되어 있으며, 바다는 암모니아로 구성되어 있고, 중력은 지구보다 10배나 강하다. 또한 지능이 있는 생명체는 오로지 새들뿐이다. 악튜에 적당한 자동차나 집을 상상하기 위해서는 많은 심리적 장벽을 극복해야 한다. 따라서 아놀드 교수의 수강생들은 체계적으로 문제를 해결하면서 점차 그들의 심리적 장벽을 제거하는 지식을 개발하였다.

불행하게도 아놀드의 방법은 매우 폭이 좁다. 본질적으로 이것은 변화가 있는 훈련일 뿐이다.

효과적인 공상적인 상상력 개발을 위해서는 "공상 방법의 교육"과 같은 특별한 훈련 시스템이 필요하다. "어떤 것에 대한 당신의 상상력 사고를 확장하라"고 하는 것으로는 충분하지 못하며, 이것을 성취하기 위한 방법들을 설명해야 한다. 여기서 **방법**이란 것은 그림을 그릴 때의 **페인트**와 동일한 역할을 한다. 우리는 페인트가 공상의 자유를 방해한다고 말할 수 없다. 이와 같은 맥락의 실험이 발명가와 혁신가 연합 중앙위원회의 공립 발명방법 연구실에서 이루어졌다. 여기에서 '**창의성 상상력 개발(Development of the Creative Imagination)**'이라는 과정을 개발하여, 기능적으로 검증하였다. 학생들은 공상 아이디어를 도출하는 방법과 심리적 관성을 극복하는 방법을 배웠고, 그것들을 특별한 연습문제나 문제해결 과정에 적용하였다.

과정을 준비하는 동안, 공상과학소설 작가들이 먼저 모든 연습문제들을 검증하였다. 이것이 비교를 위한 표준을 만들어, "공상의 등급"개발에 참작하였다. 대체로 교육을 실시하기 이전에 공상의 정도는 상대적으로 낮았다. 공상의 불꽃은 어려움에 직면하면 곧 사라진다. 이것은 우연이 아니다. 인류가 진화하는 동안 두뇌는 많은 사물에 대한 통상 개념에 따라 행동하도록 적응되었다. 이러한 통상 개념에 속박된 사고가 심리적 장벽을 극복하기 위해서는 수백, 수천 번의 시도가 필요하다.

체조에 관한 지식이 없는 사람은 아마도 사람들이 연습하는 것을 처음으로 보았을 때,

체육관 마루에서 일어나고 있는 것들, 예를 들어 성인들이 모여서, 어떤 목표 없이 손을 흔들고, 여기저기로 점프하며 어떤 것도 만들거나 생산하지 않고 갑자기 떠나는 것을 이해하기란 어려울 것이다. 마찬가지로 상상력 훈련 수업이 외부인에게는 낯설게 보일 수 있다. 반면에 이것은 매우 진지하고 힘든 작업이지만, 교육과정을 거치면서 수강생들은 공상 개발을 위한 방법론을 배우게 된다. 교육과정 초기에 방법들은 단순하다(늘려라, 줄여라, 반대로 하라 등). 그런 다음 방법들은 점점 복잡해지고(시간에 따라 물체의 특성을 바꾼다, 물체와 환경의 상호작용을 바꾼다), 결국에 가서는 그들의 사고는 심리적 장벽을 극복하는 방법을 배운다.

상상의 식물에 대해서 생각하라고 물었을 때, 열이면 열 모두는 분명히 꽃이나 나무를 변경하면서 시작한다. 다른 말로 하면, 생물체 전체를 바꾼다. 그러나 미시 수준으로 내려갈 수 있다. 즉 식물의 세포를 바꾸고, 그런 다음 세포 수준에서 훨씬 작은 변화를 주어, 초현실적 공상과학소설에서 조차도 등장하지 않는 놀라운 식물을 만들 수 있다. 또한 거시 수준으로 올라가, 숲의 특성을 바꿈으로써 매우 흥미로운 발견을 할 수도 있다.

모든 객체(동물, 식물, 배, 선반 등)는 화학 조성, 물리적 디자인, 미세 구조(세포), 거시 구조(관련 조립품), 에너지 유지, 발전 방향 등과 같은 어떤 주요 특징들을 갖고 있다. 이러한 모든 특징들을 바꿀 수 있고, 또한 이러한 변화를 만들기 위한 수십 가지의 방법들이 있다. 그러므로 상상력 개발 과정은 **팬토그램(phantogram, 환각)**을 창출하고 사용하는 방법을 배우는 부분을 갖는다. 팬토그램은 객체의 특성 변화를 나타내는 축과 그것들을 바꾸는 데 사용될 수 있는 주요한 방법들을 나타내는 축으로 구성된 표이다.

공상의 풍부함은 대체로 이러한 누적된 조합의 크기로 특징지울 수 있고, 이것이 바로 본질적인 팬토그램을 의미한다. 이러한 종류의 훈련을 하기 전에 두뇌는 이러한 조합의 일부 조각만을 저장한다. 공상과학소설 작가들은 그들의 전문적인 훈련의 결과로서 이러한 조각들을 가장 잘 팬토그램으로 결합한다.

공상 기법을 공부하는 것은 전통적인 방법들을 외우고 배우는 것과는 다르다. 동일한 훈련을 개개인의 개성에 따라 다르게 할 수 있다. 그래서 기술적 방법들은 음악에서처럼 개인의 자질을 밝히는데 도움을 준다. 그리고 훌륭하게 연주되는 음악과 같이 매우 잘된 훈련은 때로 순수한 심미적 만족감을 줄 수 있다.

16장 장벽을 넘어서

PART 3

앞에서 제시한 연습 문제들로 돌아가, 그 해결책을 분석해 보자

문제 9의 해결책

연못 속의 산소가 완전히 포화상태에 이를 때까지 가능한 한 많은 산소공급을 해야 한다. 결론적으로 말하자면, 우리는 **물질의 양**(산소)을 증가시키고자 한다. 이것은 모순행렬표에서 26번째 행에 해당한다.

산소로 물을 포화시키는 일반적인 방법을 사용한다고 가정하자. 즉 연못의 제방에 강력한 펌프를 설치하고, 이 펌프에 연결된 파이프를 연못 바닥에 깔아서, 그것으로 많은 양의 공기나 산소를 연못에 공급해 보자. 물론 이렇게 하면 연못의 물에 함유된 산소량은 증가할 것이다. 그렇지만 이러한 방법은 기구의 복잡성(모순행렬표 36번째 열) 때문에 결국 실패하게 될 것이다. 여기에서 추천되는 발명원리는 #3, #13, #27, #10이다. 만약 화학약품을 사용한다면, 그것이 산소를 만들어주기는 하지만 수질을 오염시킬 수 있다. 모순행렬표의 31번째 열을 찾아보자. **"물질에 의해 생긴 해로운 인자" : 발명원리 #3, #35, #40, #39.**

이 문제를 다르게 접근할 수 있다. **물질의 낭비**(23번째 행)를 줄이려면 원하는 농도, 즉

"물질의 양"(26번째 열)을 얻을 수 없다고 가정하자 : **발명원리 #6, #3, #10, #24.** 결론은 전통적인 방법(압축공기의 유입속도를 늦추는 것)으로 물질의 낭비를 줄이면 **용량**(39번째 열)을 잃게 된다는 것이다 : **발명원리 #28, #35, #10, #23.**

모순행렬표은 발명원리 #3(**"국소적 성질"**)과 #10(**"선행 조치"**)을 강력히 추천한다. 이것으로부터 해결책을 생각해 내는 것은 어렵지 않다. 미리 약간의 물을 취해, 그 물속에 산소가 용해되기에 적합한 환경을 만들어 보자. 이것은 표준해(발명가 인증서 #168,073)와 일치한다.

적은 양의 물속에 산소를 가압하여 용해한다. 그런 다음 산소로 포화된 물을 연못의 바닥으로 공급한다. 이전에는 산소가 물속에서 용해될 충분한 시간을 갖지 못한 채 물 밖으로 뿜어져 나왔다. 이제 산소는 충분한 시간을 갖는다.

문제 10의 해결책

우리는 기계의 **속도**(9번째 행)를 증가시켜야 한다 ; 그러나 **온도**(17번째 열)의 증가라는 대가를 지불해야 한다. **발명원리 #28, #30, #36, #2.** 발명원리 #36이 우리의 문제 상황과 직접 관련이 있다 : 상전이는 큰 열 흡수를 수반할 수 있다. 연마 회전 기구가 열 발산 영역에서 녹거나 증발해야 한다.

이것을 다르게 표현할 수 있다 : "물체에 의해 생기는 해로운 인자"를 줄여야 한다. "속도"나 "용량"을 줄임으로써 그렇게 할 수 있다. 이와 관련된 발명원리는 **#35, #28, #3, #23,** 또는 **#22, #35, #18, #39**이다. 발명원리 #35는 속성 변환을 제안하고 있는데, 즉 시스템의 물리적 상태를 바꾸면, 그것이 올바른 해결책으로 안내할 것이다.

표준해(발명가 인증서 #192,658) : "마모성 입자를 포함한 얼음으로 연마 회전 기구를 만든다. 연마 공정이 진행되는 동안에 얼음이 서서히 녹으면서, 발산되는 열을 흡수한다."

문제 11의 해결책

· **제2-3단계** 시스템이 다음과 같이 구성되어 있다 : 용기 — 시료(철사, 막대) — 추 —

용기 내부의 부식성 매체. 시료가 끊어지거나 추가 떨어지는 순간을 측정하기가 어렵다.

· **제2-4단계**

a. 용기, 추 ;

b. 시료, 부식성 매체(시료와 매체는 문제의 조건에 주어졌다. 그것들을 바꿀 수 없다. 그러나 추가 시료에 필요한 하중을 유지하는 한, 추를 바꿀 수 있다 ; 또한 용기 역시 밀폐를 유지하는 한, 우리가 원한다면 바꿀 수 있다).

· **제2-5단계** 용기(용기는 추보다 바꾸기가 쉽다. 게다가 용기는 움직이지 않는다 : **아리즈 단계 2-5**의 주석 "1"을 참조하라).

· **제3-1단계** 벽에 어떤 구멍도 없는 용기가 스스로 시료의 절단이나 추의 낙하에 대한 정보를 준다.

· **제3-2단계** 시스템 그림을 그린다.

· **제3-3단계** 용기의 벽은 필요한 기능을 수행할 수 없다. 용기의 외부 면에 이것을 나타냄으로서 제3-3단계의 대답을 더 정확하게 정형화 할 수 있다.

· **제3-4단계** 시료가 끊어지거나 추가 낙하할 때, 용기 내부의 벽(또는 외부의 표면)은 어떻게든 하여 스스로 변화해야 한다.

다음과 같이 **제3-4단계**의 대답을 더 정확히 표현할 수 있다 :

a. 용기 내부의 벽(바닥)은 추의 움직임에 관한 신호를 외부로 보내기 위해 움직일 수 있어야 한다.

b. 용기의 벽은 용기 내부 부식매체의 압력을 유지하기 위하여 움직여서는 안된다.

c. 벽은 움직일 수 있어야 하며, 이와 동시에 움직여서는 안 된다.

· **제3-5단계** 움직이는 특성과 움직이지 않는 특성을 동시에 갖기 위해서 벽이 다른 벽들과 함께 움직여야 한다. 그러면 벽이 다른 벽들에 대해서 상대적으로 움직이지 않지만, 벽의 지지대에 대해서는 상대적으로 움직일 것이다.

PART 3

주석 : 추의 낙하는 용기의 벽이 투명하지 않기 때문에 볼 수 없다. 이것은 벽이 추의 낙하를 완충하지 않아야 한다는 것을 의미한다 : 낙하하여 바닥에 닿은 후에도 추가 계속해서 용기와 함께 움직이도록 하자.

· **제3-6단계** 추의 낙하(움직임)가 용기의 낙하(움직임)를 유발해야 한다. 이때 지지대의 반작용이 시료 추(무게)를 상쇄한다. 이것은 추의 낙하가 용기의 균형을 깨어야만 한다는 것을 의미한다.

· **제3-7단계** 낙하하는 추가 무게 중심을 바꾸어, 용기의 균형을 깨고, 용기를 움직이게 한다.

· **제3-8단계** 우리는 표준해와 일치하는 디자인(**그림 37**)에 도달하고 있다 : 발명가 인증서 #260,249. 용기 내부의 경사면 위쪽에 추를 매단다. 용기 바닥을 두 평면으로 만든다. 시료가 끊어지면, 시료가 용기 내부의 경사면 위에 떨어져, 용기의 벽 쪽으로 이동하고, 용기의 균형을 바꾼다. 용기는 원래 위치를 바꾼 다음, 움직임을 멈추고, 신호를 준다.

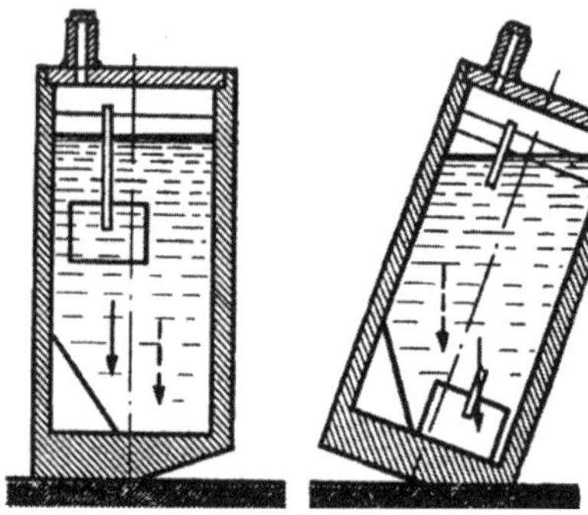

그림 37
해결책은 정확하고, IFR과 일치한다. 용기 스스로 낙하하는 추에 대한 신호를 준다.

· **제4-1단계** 이 해결책은 IFR과 일치한다. 용기가 스스로 추의 낙하에 대한 신호를 준다. 이와 동시에 디자인을 더 복잡하게 하지 않는다. 그러나 이 장치는 이동하는 추가 충분한 기울이 모멘트를 일으켜야만 작동할 것이다. 만약 시료의 추(무게)가 용기의 무게에 비해 너무 작다면 어떻겠는가? 그러면 용기의 수평 바닥 부분의 크기를 줄일 수 있다 : 용기를 보다 불균형 상태로 만들어 보자. 그러나 이것은 최선의 해결책이 아니다 : 용기는 작은 흔들림이나 미는 힘에도 기울어질 것이다.

· **제4-2단계** 작은 추를 시료에 매달 필요가 있다. 시료가 끊어진 다음에, 추의 무게가 증가하고, 용기와 상호작용해야 한다. 또 다시 모순되는 요구사항이 한 객체에 대해 생긴다.

물론 작은 추가 큰 추를 미끄러지게 할 수 있다(마치 우박이 쏟아지는 것처럼). 그러나 이것은 디자인을 복잡하게 할 것이다. 만약 같은 추가 가벼우면서(시료에 매달려 있을 때) 무거울 수 있다(용기와 작용을 할 때)면 더욱 좋다. 추가 시료에 매달려 있는 동안 추의 질량 중 일부분이 "사라질" 필요가 있다. 이렇게 하기 위해서 필요한 무게만을 시료에 전달할 수 있는 각도로 추를 경사면에 놓아야 한다. 시료가 끊어졌을 때, 추는 경사면을 따라 미끄러져서, 추의 전체 무게로 용기를 기울게 할 것이다. 경사면의 기울기를 조절 가능하게 만들 수 있다.

· **제4-3단계** 우리는 바라는 효과 — 대가를 지불하지 않고 이 장치에 대한 적용범위를 확장하는 것 — 를 달성했다. 이 장치는 장치의 단순성을 유지하지만, 훨씬 보편적이다. 이제 가는 철사 줄 등을 시험하기 위해 이 장치를 활용할 수 있다.

· **제4-4단계** 이 해결책은 완벽하다고 생각할 수 있다 ; 과제의 요구사항을 충족시켰다.

문제 12의 해결책

· **제2-3단계** 이 시스템은 파이프라인, 공기 흐름 그리고 토마토로 구성되어 있다. 공기 흐름으로 토마토를 이송할 때, 토마토들이 서로 충돌한다.

· **제2-4단계**

a. 파이프라인, 공기 흐름
b. 토마토

· **제2-5단계** 파이프라인(이 선택은 **제2-5단계**의 주석 "1"을 기초로 하였다).

· **제3-1단계** 토마토를 운반하는 동안 파이프라인 스스로 빠르게 움직이는 토마토의 속도를 줄이는 동시에 느리게 움직이는 토마토를 가속한다.

IFR에 두 가지의 작용이 있다 : **감속**과 **가속**. 그러나 IFR은 단지 하나의 작용만을 나타내야 한다. 다른 작용은 다르게 수행될 수 있다. 따라서 문제를 두 부분으로 나누어 IFR을 다시 정립해야 한다. 단지 하나의 작용만을 취한다 : "파이프라인이 토마토의 속도를 낮춘다." 만약 파이프라인이 토마토를 가속시킬 수 있다면 공기 흐름은 필요가 없다—파이프라인 스스로 토마토를 이송할 것이다. 문제의 조건에 따라서, 우리는 토마토 이송을 위한 공기시스템을 유지해야만 한다. 따라서 우회적인 방법을 받아들일 수 없다.

· **제3-2단계** 그림 38을 보자.

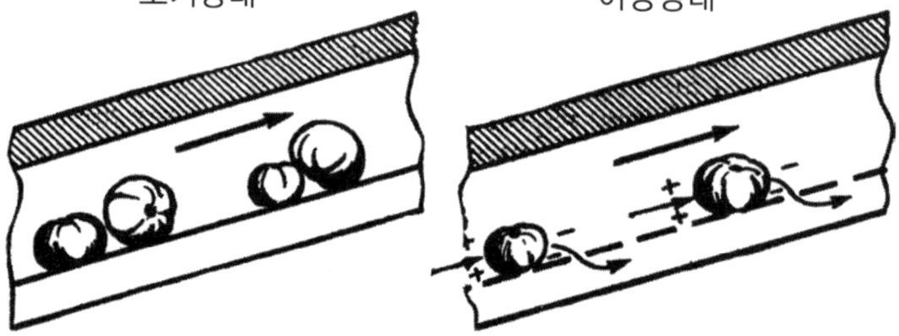

그림 38
문제 12, 제3-2단계

· **제3-3단계** 파이프라인의 바닥 부분은 빠르게 움직이는 토마토의 속도를 줄일 수 없다.

· **제3-4단계**

a. 이것은 파이프라인의 어느 부분에 앞서 도달한 토마토가 더 이상 앞으로 나아갈 수 없다는 의미한다.

b. 이 지점에서 파이프라인의 바닥 부분은 장애물이 아니다. 그러므로 토마토를 그냥 지나쳐 가게 하자.

c. 파이프라인의 같은 지점은 토마토를 "이송할 수 있어야 하고", 동시에 "이송할 수 없어야 한다."

· **제3-5단계** 파이프라인에서 장애물이 필요에 따라 나타났다가 사라져야 한다.

· **제3-6단계** 토마토는 공기 흐름으로 생기는 압력에 의해 이동한다. 특정 지점에서 토마토를 멈추기 위해 공기 압력을 토마토의 뒤쪽에서 낮추거나, 그 앞쪽에서 올려야 한다. 필요할 때 구멍이 파이프라인의 바닥에서 나타나,

공기가 그곳으로 움직일 것이다. 그러므로 파이프라인의 바닥 부분에 주기적으로 열고 닫는 구멍이 있어야 한다.

· **제3-7단계** 구멍을 열고 닫는 것은 너무 복잡하다. 구멍은 항상 열려 있어야만 한다. 토마토가 그 구멍 속으로 빠지는 것을 막기 위해 구멍은 작아야 한다. 이러한 구멍 안으로 공기를 흡입하거나, 밖으로 공기를 품어낼 수 있다. 공기를 흡입하는 것이 신뢰성이 높고, 이것이 필요에 따라 각기 다른 구멍에서 각각의 토마토를 정지시킬 수 있다.

· **제3-8단계** 파이프라인 바닥은 작은 구멍들이 있다(**그림 39**). 공기가 그 구멍 안으로 흡입된다. 이것은 첫 번째 구멍에서 시작해서 두 번째 구멍으로 이어지며, 계속 이어진다. 반대 압력의 진행파가 생긴다; 토마토들은 이러한 진행파보다 빠르게 이동하지는 못할 것이다.

이것은 표준해와 일치한다(발명가 인증서 #188,364).

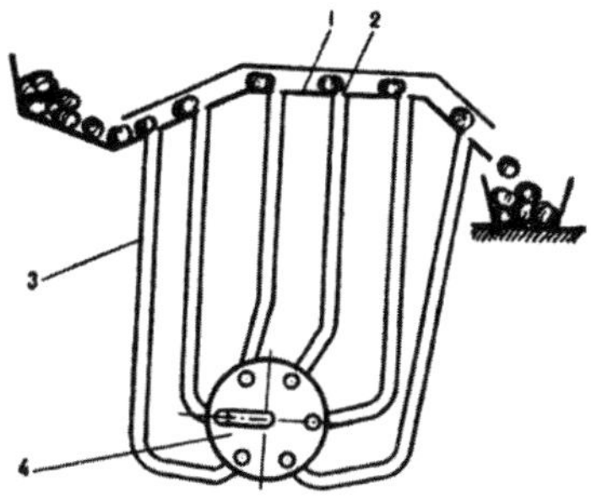

그림 39

유압식 이송. 1. 파이프, 2. 구멍, 3. 공기 라인, 4. 진공원

· **제4-1단계** 우리가 얻은 것은 조절 가능한 파동으로 토마토의 이동을 조절할 수 있는 능력이다. 이 경우에 잃은 것은 시스템이 복잡해졌다는 것이다.

· **제4-2단계** 우리는 파이프라인에 공기를 공급할 필요성을 제거함으로써 시스템을 단순화할 수 있다. 반대 방향의 이동 압력파가 토마토를 한 구멍에서 다른 구멍으로 이송하도록 해보자. 만약 우리가 첫 번째 구멍과 두 번째 구멍사이에서 빠르게 공기의 흡입을 전환한다면, 두 번째 구멍 쪽으로 흡

입되는 공기가 자기 쪽으로 토마토를 당길 것이다. 그 다음 공기의 흡입을 세 번째 구멍으로 전환하고, 토마토는 계속해서 그 쪽으로 움직인다. 토마토들이 서너 개의 구멍을 이동했을 때, 첫 번째 구멍에서 다시 이러한 주기를 반복한다. 토마토를 횡렬로 이송하기 위해서 파이프라인의 바닥부분을 넓게 만들 수 있다.

문제 13의 해결책

· **제2-2단계** 각 판의 두께가 제로가 되려는 경향이 있다. 각 판의 두께가 원자의 지름과 같다고 가정하자. 이것은 판을 분리된 원자들로 조립할 수 있다는 것을 의미한다.

a. 만약 각 판의 두께가 1,000킬로미터라면, 각 판을 분리된 조립품으로 조립해야 한다.

b. 각 판을 조립하는데 드는 시간이 제로라면, 구성요소들을 미리 만들고, 어떤 "마술적인" 힘에 의해 조립해야 한다.

c. 각 판을 조립하는데 드는 시간이 100년이라면, 용액에서 입자 침전과 같은 느리고 자연적인 공정을 이용할 수 있다.

d. 제품 생산비용이 제로이라면, 판들이 스스로 나타나서 결합해야 한다. 그러나 어떻게? 아마도 일부 해로운 힘을 통해서? 그러면 우리는 비용을 들이지 않을 뿐만 아니라 추가의 비용 없이 부가적인 효과를 얻을 수 있을 것이다.

e. 비용이 엄청나다고 가정하자. 이 경우에 물질의 특성이 끊임없이 변화하는 조건으로 작업할 수 있다. 예를 들어, 판들을 상온에서 결합시키지만 압력은 높게 유지한다.

STC 연산자는 바로 쓸 수 있는 해결책을 주지 못했다. 이것은 언제나 일어나는 일이다. STC 연산자의 본질은 심리적 장벽을 누그러뜨리는 것이며, 이 방법이 해결책 탐색 과정을 쉽게 해준다.

· **제2-3단계** 두 개의 물질이 있다 — A(저 융점)와 B(고 융점). 이러한 물질로 얇은 "샌드위치"를 만드는 것이 어렵다.

· **제2-4단계**

a. 물질 A ; 물질 B

b. —

· **제2-5단계** 물질 A. (이것은 녹이기 쉬우며, 변화를 의미한다).

· **제3-1단계** 물질 A가 스스로 물질 B 와 "샌드위치"를 만든다.

· **제3-2단계** 그림 40을 보아라. 이제 "샌드위치"를 얻기 위한 공정이 두 개의 작용으로 구성되어 있다는 것이 분명하다. 물질 A와 B는 따로 떨어진 곳에 놓여 있으며, 한 덩어리로 만들어야 한다. 이때 이러한 물질들은 공간 안에서 각각 특정한 위치를 차지해야 한다. 결과적으로 우리는 이제 IFR을 진술할 수 있다.

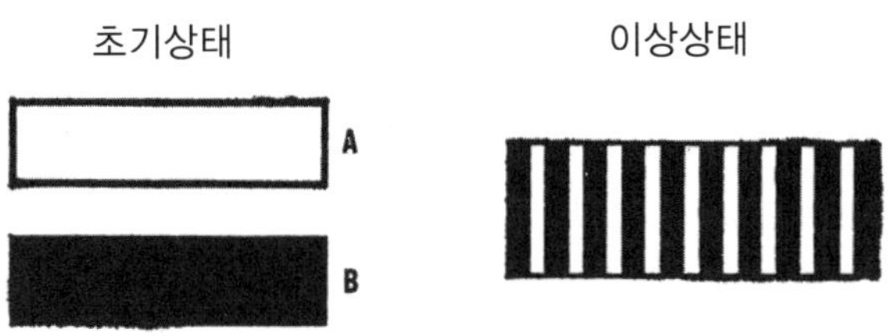

그림 40

문제 13, 제3-2단계

다음은 아제르바이젠 발명창의성 연구소에서 이 문제를 해결할 때 IFR을 어떻게 가다듬었는지 보여주고 있다(물질 B를 객체로 선택하였다) :

학생 : 물질 B 스스로 물질 A에 들어가서 그 안에서 가지런히 배열됩니다.

교사 : 여기에는 두 가지의 작용이 있군요 : "들어간다"와 "가지런히 배열한다"지요. 게다가 이것은 두 개의 과제가 여기에 있다는 의미이지요.

학생 : 첫 번째 문제는 해결하기 쉽습니다. 물질 B가 물질 A로 들어가기 위해서,

물질 B를 용융된 물질 A에 쏟아 붓을 수 있습니다.

교사 : 그러면 IFR을 다시 세울 수 있군요.

학생 : 물질 B가 입자로 깨져서, 그 입자들이 스스로 판상으로 자리를 잡습니다.

교사 : 여기에는 또 다시 두 개의 과제가 있군요 : "깨진다"와 "판상으로 자리를 잡는다"

학생 : "깨진다"는 과제는 쉽습니다. 쏟아 붇는 물질 B는 가루 형태입니다. 최종적인 IFR은 다음과 같습니다: 가루 B가 스스로 용융된 물질 A안에서 가지런히 자리를 잡는다(그림 41). 그러나 만약 가루 B가 자성 물질이라면 자력을 사용할 수 있습니다. 자력은 어떤 순서로 가루 B의 입자를 정렬시킬 수 있습니다. 그런 다음 물체를 경화시키고, 문제는 해결됩니다.

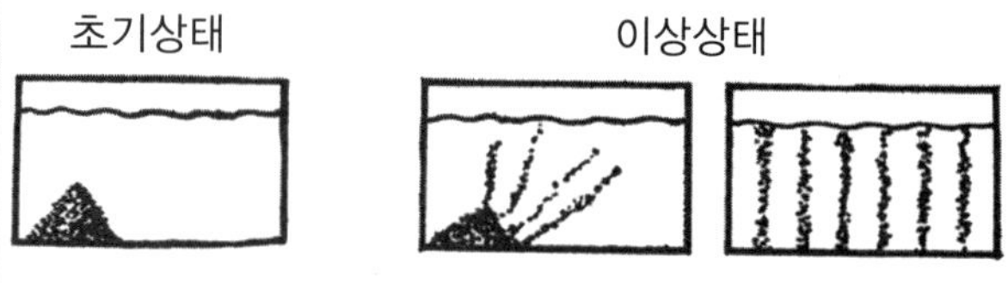

그림 41
문제 13, 제3-2단계의 최종 개념

교사 : 물질 B가 자성 물질이 아니라면?

다른 학생들 : 광학 — 또는 소리, 전기… 힘을 사용합니다.

학생 : 다음과 같은 힘들이 있지요 : 전기, 자성, 광학, 기계, 소리, 원자……

다른 학생들 : 소리! 용기 안에 정상파를 만듭니다. 물질 B의 입자들이 각 정상파의 최고점과 일치하는 면에 모일 것입니다. 물질 A는 정상파 최저점에만 있을 것입니다.

이것은 표준해와 일치한다 : "층 위치가 설정된 적층판 재료를 만드는 방법. 이 방법은 저융점 물질 안에 고융점의 현탁액 입자가 있기 때문에 독특하다. 특정 초음파 주파수의 정상파 장을 현탁액에 걸고, 합금이 식는 동안에 장을 제거한다. 이것으로 얇은, 주기성이 있는 3차원 구조물은 생산할 수 있다." : **발명가 인증서 #108,894.**

이 문제를 해결하는 과정은 분석 기교를 명쾌하게 보여주기 때문에 흥미롭다. 넓은 탐색 분야를 갖는 과제에 대해서, 불명확성의 정도는 점점 줄고, 탐색분야가 점점 작아진다.

끝으로 하나의 의문사항이 남는다 : 액체 속에 넣은 비자성의 분말을 제어하기 위해서는 어떠한 힘을 사용할 수 있을까? 복잡한 발명문제가 단지 몇 개의 변형을 분류함으로써 해결되는 단순한 문제로 바뀌었다.

표준해에는 정상파 활용을 기초로 한 물리적 효과와 발명 원리(분할과 역동성의 원리)가 결합되어 있다. 이것은 정형적인 상황이다. 분석의 결과로 얻은, 단순화된 문제는 한두 개의 물리적 효과를 활용함으로써 해결된다.

□ ■ □ ■ □

물리적 효과를 활용해야만 해결되는 발명 문제들이 있다. 예를 들어, 독일 특허 #51, 194 : 금속 탄알의 지름을 바꾸기 위해서 액체 금속의 표면 장력에 대한 전자기장의 영향을 사용한다. 전자기장의 강도를 바꿈으로써, 표면장력 또한 바뀐다 : 그러므로 액체 금속 방울의 크기를 바꾸면서 탄알을 만든다.

때로는 발명이 발견에서 직접적으로 나온다. 그러한 많은 발명들은 전기유압 효과에 기초를 두고 있다.

때로는 발명은 먼 옛날에 있었던 발견을 사용한다. 예를 들어, 발명가 인증서 #306, 036 : "그림용 펜이 두 개의 판으로 된 손잡이와 이것들 사이의 모세관 간격을 조정하기 위한 스크루로 구성되어 있다. 이 발명은 (지레의 한쪽 어깨를 스크루에 부착하고, 다른 쪽 어깨를 펜과 접한 판에 부착한) 이중 지레로 만든 조정 장치를 갖고 있어서 독특하다. 이 장치가 판 조정의 정확도를 높여 준다." 이 글에서 쉽게 볼 수 있듯이 발명가는 수천 년 전에 발견한 지레를 사용하였다. 이것은 기초적인 발견(비록 고대의 발견이라 할지라도)이다.

> "폭파로 산 바위를 연속적으로 분쇄하기 위한 방법. 이 발명은 바위 표면층에서 미세한 폭파를 활용하기 때문에 다른 방법들과 구별된다. 이것으로 작은 바위조각들을 얻을 수 있다."

때로는 기초적인 발견에 대하여 그 발견 날짜나 발명가의 이름도 — 심지어 명확한 설명조차도 없다. 예로써 **발명가 인증서 #184,219**를 들어보자.

여기에서, 알려지지 않은 시대에 누군가가 기초적 발견을 하였고, 이 발견을 다음과 같이 정형화할 수 있다 : 바위가 작은 망치를 사용하면 작은 조각으로 깨지고, 큰 망치를 사용하면 큰 조각 ….

때때로 사람들은 모든 발명(혹은, 적어도 뛰어난 발명들)은 발견으로부터 나온다고 말하는 경향이 있다. 만약 "발견" 이라는 말을 러시아 특허입문서의 정의대로 해석한다면, 수많은 발명들은 발견과 관련이 없고, 한편으로 동시에 뛰어나며 독창적인 것임을 우리는 즉시 알 수 있다. 예를 들어 **미국특허 #3,440,900**을 살펴보자 : 배가 분리된 상호교환 가능한 블록으로 구성되어 있다 — 앞 블록은 화물칸의 선적과 하역을 기다리면서 대기하지 않는다. 또는 **발명가 인증서 #305,974** : 다층 나선형 파이프를 생산하는 기계의 용량은 용접 공정에 의해 제한을 받는다; 그러나 이 특허는 몇 군데의 이음매 부분을 용접, 고정하고, 파이프를 기계에서 떼어내어 기계 외부에서 완벽하게 용접할 수 있다고 제안하고 있다. 이것은 다음의 파이프 생산을 지연시키지 않는다. 여기에서는 물리적 효과나 현상이 이용되지 않았다 ; 비록 해결책에 대한 발명적 접근 방법을 분명하게 제시하고 있지만.

또한 반대의 경향이 있다 — 물리적 효과에 기초한 발명그룹을 최근의 발견(이전에 있었지만 독특하고 잘 알려져 있지 않은 발견)과 직접 관련이 있는 것만으로 줄인다.

이 두 경향은 모두 잘못되었다. "물리적 발명" 은 중요한 발명그룹을 대표하지만, 그것이 유일한 발명그룹은 아니다. 오늘날 우리는 "물리적 발명" (더 정확히 말하자면, 물리적 효과와 현상의 활용에 직접적으로 기반을 둔 발명들)이란 용어를 정확히 정의하지는 않는다. 그러나 이것이 이러한 발명들을 연구하지 않는 이유는 아니다.

물리적 효과와 현상은 오늘날의 발명가들이 수년 동안 학교에서 공부해 왔던 물리학의 기초이다. 불행하게도 물리학의 발명적 응용을 학교에서 가르치지 않았다. 따라서 비록 엔지니어의 기억 속에 남아있다 하더라도, 엔지니어들은 물리적 효과와 현상을 발명문제에 관한 정보와 연관시키지 못한다. 발명가들은 그들의 손에 열쇠 꾸러미를 들고 있으면서도, 사용방법을 배우지 못했기 때문에 그것을 사용해서 발명이라는 교묘한 비밀 자물쇠를 열 수가 없다. 때때로 발명가는 이 열쇠들을 임의로 분류해야 한다. 때때로 그들은 올바른 열쇠를 선택하지만, 그것을 잘못된 방향으로 끼워 넣는다. 그리고 이것 때문에 많은 시간을 낭비한다.

발명가는 잘 알려진 물리적 효과와 현상을 찾아야 하고, 발명문제를 해결하기 위한 창의적 접근법으로써 그러한 작업도구들을 바라볼 수 있도록 스스로 훈련을 해야 한다. 발견된 효과와 현상들의 수가 빠르게 증가하고 있기 때문에 이러한 분야에 있는 지식을 끊임없이 새롭게 보충해야 한다. 게다가 오래된, 잘 알려지지 않은 효과들이 조금씩 계속해서 나타날 것이다.

주어진 상황에 사용할 수 있는, 특정 문제와 관련된 물리적 효과와 현상을 설명하는 표를 만드는 것이 좋을지도 모른다. 이 작업은 발명가와 혁신가 연합중앙위원회(CC AUII) 산하에 있는 발명방법론 연구소에 의해서 진행 중에 있다.

문제 14의 해결책

- **제2-3단계** 파이프라인, 펌프, 그리고 액체 A와 B(파이프라인 내부에서 이동하는)로 구성된 시스템이 있다. 또한 액체 A와 B사이에 분리기가 있다. 분리기는 펌프를 통과할 수 없으며, 종종 파이프라인 내부에 박혀 움직이지 않는다.
- **제2-4단계**
  a. 분리기
  b. 파이프라인, 펌프, 액체 A와 B(파이프라인과 펌프장은 이미 건설되어 있으며, 따라서 이것을 바꾸기는 어렵다)
- **제2-5단계** 분리기
- **제3-1단계** 분리기 스스로 펌프를 쉽게 통과한다. 펌프를 쉽게 통과할 수 있는 분리기는 이미 알려져 있다 – 액체 분리기. 그러나 액체 분리기는 결점이 있다. 액체 분리기를 송유관 끝에서 분리해 내기가 어렵다. 우리는 과제를 좁히기 위해 모델로서 고체 분리기를 채택했다. 만약 우리가 액체 분리기를 모델로 고려한다면, 고체 분리기를 사용해야만 한다는 잘못된 결론에 이를 수 있다. 제2-3단계에서, 두 가지 형태의 분리기를 진술해야 한다.
- **제2-3단계** 파이프라인, 펌프, 파이프라인 내부에 흐르는 액체 A와 B, 그리고 그러한 액체 A와 B를 분리하는 (고체 또는 액체)분리기로 구성된 시스템이 있다. 고체 분리기는 펌프를 통과하지 못하고, 액체 분리기는 파이프라

PART 3

인 끝에서 분리해 내기가 어렵다.

이제 우리는 과제를 정확히 정형화하였다. 더욱이 문제의 조건에는 분명하게 언급된 모순이 있다 : 전체 파이프라인에서는 **액체 분리기**가 좋지만, 파이프라인 끝에서는 **고체 분리기**가 좋다. 그러므로 물체가 작업을 수행하는 동안 바뀌어야 한다. 이것은 이미 우리가 알고 있는 발명원리 #15(역동성)에 해당된다. 분리기가 파이프라인 내부에서 액체라고 하자 - 그리고 파이프라인 끝에서 고체 또는 기체가 된다고 하자. 기체가 훨씬 더 적절하다. 액체 분리기가 저수지(파이프라인보다 저수지의 압력이 더 낮다)에 도달했을 때, 분리기가 스스로 사라진다. 액체와 분리기가 혼합되는 것은 더 이상 위험하지 않다. 이제 분리기가 액체(다른 등급의 기름처럼)와 섞여도 좋다. 왜냐하면 섞기는 양이 많더라도 분리기가 파이프라인 끝에서 기체로 바뀌고, 쉽게 모을 수 있기 때문이다.

우리는 해결책 개념을 찾았다. 이제 우리는 분리기 물질에 대한 요구 사항을 정형화해야 한다. 물질은 아래와 같아야 한다 :

- 기름에 용해되지 않는다.
- 탄화수소에 대해서 화학적으로 비활성이다.
- 액체 상태로 있는 동안, 펌프되는 액체와 같은 밀도를 갖는다.
- −50℃에서 얼지 않는다.
- 안전하고 비싸지 않다.

여러 핸드북을 조사해 본다면, 이러한 요구사항에 가장 잘 맞는 물질이 암모니아라는 것을 어렵지 않게 찾을 수 있다. 암모니아는 기름에 용해되지 않으며, 기름과 반응하지도 않는다. 또한 필요한 밀도를 갖고 있으며, 액체 상태로 쉽게 압축된다. 그리고 -77℃에서조차 얼지 않는다. 액체 암모니아는 상대적으로 비용이 저렴하고, 농업에서 비료로도 사용된다.

17장 창의적인 일의 과학적 구조

발명문제 해결 과정을 분석하면서, 우리는 발명가가 이전에 어떤 창의적 훈련을 받았는지 묻지 않았다. 그런데, 발명가의 문제해결 과정은 상당부분 이전에 받은 훈련에 달려 있다. 발명가들에 대한 설문조사 결과, 발명가가 경험이 풍부할수록[87] 발명문제를 해결하기에 앞서서 사전 준비가 더욱 철저하다는 사실이 밝혀졌다. 예를 들어, 23개의 발명가 인증서를 받은 발명가, 이아히모비치(Iahimovich)는 설문에 대한 그의 답변서에서 다음과 같이 적고 있다 :

> 흥미로운 각종 디자인, 방법, 장치 등을 수집할 필요가 있습니다. 이렇게 모아진 결과물은 단지 사실이나 경험을 모은 것이므로, 특정한 목적을 갖고 있지 않은 '은행'입니다. 당신은 자신의 전공분야와 직접적으로 관계가 없는 정보를 공부해야 합니다. 기계 설계자는 전기 및 전자 기술뿐 아니라 복사기 산업, 식품 산업, 제화 산업 등과 같은 많은 일반적인 정보를 알아야 합니다.

창의성 과정을 연구하면서, 우리는 '문제해결의 합리적인 시스템'이라고 하는 하나의 핵심 주제로부터 얘기를 시작했다. "창의성 기술"을 조사하였고, 새로운 기술적 아이디어들을 찾았으므로, 이제 우리는 사전 창의성 준비로 시작해서, 전체적인 창의성 과정을 다시 한 번 더 살펴 보도록 하겠다.

"선도" 산업을 학습해라

"선도(leading)"라는 단어는 발명가의 관점에서 볼 때 그 의미가 상대적이기 때문에 인용표시(" ")하였다. 모든 산업은 몇몇 기술 분야에서 상대적으로 선도 산업이며, 동시에 다른 기술 분야에서는 상대적으로 "후발"이다. 때로는 산업 간의 관계는 더욱 복잡하다 : 같은 산업이 몇몇 분야에서 선발주자로 보이나, 다른 분야에서는 후발주자이다. 예를 들어, 기계공작은 제조, 기술 및 생산성 관점에서 생각할 때 선도 산업이다. 이러한 분야는 모두 건설 산업보다 앞서있다. 그러나 압축응력 요소의 활용 분야에 있어서 건설기술은 기계공작 산업이 아직 갖지 못한 경험을 갖고 있다.

발명가는 발명 관점에서 선도 산업(그들의 업적, 경향, 새로운 방법)을 공부할 필요가 있다. 다른 말로해서, 발명가는 선도 산업에서 오늘 풀린 문제들을 계속해서 놓치지 않고 따라가야 한다. 왜냐하면 유사한 문제들이 발명가 자신의 산업에서 내일 나타날 수도 있기 때문이다.

"후발" 산업의 기술 분야를 학습하라

"후발" 산업의 기술 분야에 관한 지식은 아리즈의 종합단계를 위해 주로 필요하지만 발명가들이 충분한 주의를 기울이지 않는다.

"후발" 분야에서, 뒤쳐진 분야가 발명가들에게 가장 흥미 있는 분야이다. 발명가가 그러한 뒤쳐진 분야를 잘 이해하면 할수록, 그는 문제의 해결책에서 얻은 새로운 기술적 아이디어를 보다 폭 넓게 활용할 수 있다.

뿐만 아니라, "후발" 분야 기술을 학습함으로써 기술적 진보에 공통적으로 존재하는 어떤 경향을 보다 쉽게 파악할 수 있다. 선도와 후발분야는 두 점과 같아서, 그 점으로 기

87) 물론, 발명가의 나이와 그가 일에 사용한 시간이 발명가의 경험을 결정하지는 않는다. 발명가의 경험은 그가 직접적으로 창의적인 일에 몰두했던 시간에 어느 정도 비례한다.

술진화의 방향을 결정하는 단일 선을 그릴 수 있다.

기술문제를 해결하기 위해 물리적 효과, 새로운 재료, 방법론에 관한 정보를 수집하라

우리는 기술적 모순을 제거하기 위해 40가지 기본원리를 공부했다. 이들 원리들은 직접적인 원리와 이와 반대되는 원리의 쌍으로 되어 있음을 어렵지 않게 알 수 있다. 예를 들어, 분할의 원리(#1)는 이것과 반대되는 통합의 원리(#5), 유익한 작용의 지속의 원리(#20)와 이것과 반대되는 주기적 작동의 원리(#19)가 있다. 그렇다면 즉시 "한 쌍의 빠진 나머지 반을 찾음으로써 발명원리의 목록을 완성시킬 수 있을까?"라는 의문이 생긴다. 가령, 고속처리의 원리(#21)는 "저속처리"(뒤꿈치를 들고 살금살금)라 하는 반대원리(해롭고, 위험한 과정을 천천히 그리고 조심스럽게 극복해야 한다)와 쌍이 되어야 한다고 상상해 보자.

여기서, 우리가 사용하는 모순행렬표는 일반적인(또는 좀 더 정확하게 평균적인) 기술 특성을 반영한다는 것을 한 번 더 강조해야 한다. 아직까지 특정 산업 분야를 위한 알고리듬은 존재하지 않으므로, 발명가들은 개인의 전문분야에 따라 발명원리의 일부를 가감하여 발명원리의 목록을 수정할 수 있다. 이것이 발명가의 창의성 과정 중에서 사전준비의 중요한 부분이다. 발명가의 전문분야에 따라 발명원리에 수정을 가하기 위해서 발명가는 자신의 창의적 경험을 먼저 들여다본 다음, 이를 분석하고 재구성해야 한다.

모순행렬표에 수정을 가할 때는 더욱 상황이 복잡해진다. 새로운 발명원리를 발견했을 때, 그것이 당신에게 더 강력해 보인다고 해서 선불리 칸 안에서 그것을 첫 번째 위치로 급하게 옮겨서는 안 된다. 이들 발명원리들을 이미 존재하는 발명원리 다음에 첨가하는 것이 최선책이다. 많은 문제(최소 10문제)의 해결책이 새로운 발명원리의 힘을 입증해야만 칸 내에서 첫 번째 위치로 옮길 수 있다.

모순행렬표를 바꾸지 않고도 발명원리들을 추가할 수 있으며, 단순하게 개개의 강력한(즉, 새롭고 성공적인) 발명원리를 차례로 써 넣을 수 있다. 참고로, 이 책에는 150개 이상의 발명원리가 수록되어 있다. 만약 250~300개의 원리가 쌓인다면, 그 때는 4문제 마다 1문제 정도(25 %)는 문제와 씨름을 하지 않고도 해결책을 얻을 수 있다. 다시 말해, 여러분은 거의 준비된 해결책 (문제를 보면 곧 튀어나오는 답)을 찾을 수 있다. (물론 그러한 발명원리들이 다양하고 독창적이어야 하지만, 무엇보다 중요한 것은 폭이 넓고 일반적이

PART 3

어야 한다.) 한편, 500~600개 정도의 발명원리 색인카드를 얻는다면, 빠르게 올바른 답을 찾을 수 있다는 자신감을 갖고서 문제를 공략할 수 있을 것이다.

발명원리의 개수를 무한정 증가시킬 필요는 없다. 300~400개의 발명원리를 모은 다음에 자신의 주요 관심사는 발명원리의 질적 향상에 초점을 맞추어야 한다. 즉, 발명원리를 유사하고 더욱 정확한 발명원리로 교체하여라.

예를 들어 발명원리 자원은 특허, 기술문헌, (전공 및 대중적인) 과학잡지, 저널, 자신의 전문적인 경험 등이 있다.

특허정보를 학습하라

특허정보의 학습은 발명가가 발명 문제를 사전 준비할 때 매우 중요한 역할을 한다.

특허정보를 다루는 두 가지 방법이 있다. 첫 번째 방법은 먼저 문제를 선택하고 나서, 그 다음으로 특허정보를 학습할 것을 제안한다. 대다수의 경험 있는 발명가들은 이 방법을 사용한다. 두 번째 방법은 발명가의 문제에 관계없이 특허정보를 체계적으로 조사할 것을 제안한다. 다시 말해서 문제를 다루기 전에 발명가는 특허정보의 관련 분야를 학습해야 한다.

첫 번째 방법은 중요하지만 좁은, 즉 이미 발명된 발명에 시간과 에너지 낭비하는 것을 피하라는 목표가 있다.

두 번째 방법은 특허정보의 다목적 활용을 예견한다(발명문제 해결 이론인 트리즈는 이 방법을 추천한다).

특허정보를 읽는 것은 발명가의 창의적인 잠재력을 향상시켜 준다. 발명은 본질적으로 기술 문제와 그 문제들의 성공적인(가끔은 성공적이지 못한) 해결책을 제시한다.

방대한 양의 특허관련 문헌들 중에서 이러한 관점에서 가장 흥미로운 것으로 한 달에 3회 발간되는 **'발견, 발명, 제조 샘플, 그리고 등록상표'**라는 회보가 있다. 매 호 마다 수백 건의 여러 종류의 발명들이 있고, 그 중에는 우리의 사례 모음에 넣을 수 있는 최소한 2~3건 정도의 발명이 있다.

이 회보를 정기적으로 살펴보다면, 발명가는 기술 진화의 경향에 관한 아이디어를 얻을 수 있을 뿐만 아니라 다른 기술 분야에 대해서도 친숙해질 것이다. 다시 말해서 기술적 사고의 미개척 분야에 대한 아주 분명한 식견을 얻을 수 있다.

결론적으로 특허 문헌은 훌륭한 문제에 대한 정보 제공자이다. 즉, 특허는 발명가의 주의를 끄는 문제와 그러한 문제들이 해결된 수준에 대한 대단히 귀중한 정보를 제공해 준다.

발명 창의성 이론에 관한 문헌을 계속해서 접촉하라

창의성 이론에 관한 전문 문헌은 그리 많지 않지만, 창의성 기술의 여러 면을 다루고 있는 몇 권의 책과 논문이 있다.

발명 창의성은 복잡한 과정이고, 이 주제와 관련된 진술들이 실제로 그 내용이 깊고 가치가 있을 수도 있고, 아니면 피상적이고 때로는 틀릴 수 있다는 사실은 전혀 놀라운 일이 아니다.

예를 들어, 스튜덴소바(A. Studentsova) 박사가 쓴 '창의성의 기술'[88]이라는 글을 보자. 저자의 입장은 매우 단순하다 : "어떤 지식과 훈련도 재능의 부족을 대신할 수 없다. 가령, 엘리어스 호웨(Elias Howe)가 기존에 알려진 손으로 하는 솔기를 새로운 이중 솔기로 바꾸지 않았다면, 오늘날 우리가 알고 있는 형태의 재봉틀이 발명되지 않았을 것이다." 따라서, 호웨가 태어나지 않았다면, 당대의 재봉틀은 있지도 않았을 것인가? 이 논리에 따르면, 구텐베르크(Gutenberg)와 페도세프(Fedoseev)가 없었다면, 인쇄술은 발명될 수 없었다 — 이 발명가가 하마터면 어린 시절에 죽을 뻔했기 때문에, 기술 세계의 크랭크축을 받아들이는 것이 하나의 기적이었다.

나는 확신하는데, 비슷한 진술이 미래에도 나타날 것이다. 이러한 진술은 나타나겠지만, 다소 덜 직설적일 것이다. 그리고 창의성 과정을 배울 수 없다는 낡은, 동일한 생각은 계속해서 강조될 것이다. 그럼에도 불구하고, 당신은 그러한 논문 역시 읽어보아야 한다 : 그러한 논문들은 흥미롭고, 유용한 사례들을 담고 있을지 모른다.

창의성 방법론과 관련된 문헌에 특별한 주의를 기울여야 한다. 그러나 이들 자료를 비판적으로 분석해야 한다. 실제로 옛날 사고는 때로 새로운 용어 속에 숨어 있다. 미국의 물리학자 존 피어스(John Pierce)는 슬프게도 한때 다음과 같은 사실에 주목하였다. "나는 내가 기억할 수 있고, 기억하고 싶은 것보다 훨씬 많은 정보와 심리학 이론에 대해서 읽었다. 대부분의 경우에 그런 이론들은 새로운 용어를 낡고 안개 낀 개념으로 바꾸려는 단순한 시도였다. 책의 저자들은 아마도 마술 지팡이를 흔드는 것과 같이 새로운 용어로 곡예를 하는 것이 애매하고 분명치 않은 모든 것을 해결하리라 희망했다." 이러한 표현은 불행

88) *Inventor and Innovator*, 1961, #12, page 4.

PART 3

하게도 창의성 방법론에 관한 몇몇 서적과도 다분히 관련이 있다. "시행착오"라는 낡은 방법이 가끔 당대의 새로운 옷을 걸치고 나타났다.

20세기 초에 프랑스의 수학자 푸앵카레는 다음과 같이 적고 있다 :

> 나는 단순한 비교를 하고자 한다. 앞으로 있을 원소 조합들이 나에게 에피큐어의 원자(Epicure's atoms) 안에 있는 갈고리를 닮은 어떤 것을 생각나게 한다고 해 보자. 그러고 나서, 정신적으로 충분한 휴식을 취하는 동안, 이들 원자들이 움직이지 않는데··· 확실하지 않은 잠재의식적인 일을 하는 동안, 원자들 중에 일부가 ··· 움직이기 시작한다 ··· 기체상태의 분자처럼 ··· 이제 그들 원자들이 서로 충돌하여 새로운 조합을 만들 수 있다 ···. 우리가 원자를 임의로 선택하지 않았지만, 대신에 특정한 목적을 의도적으로 추구했기 때문에, 움직일 수 있게 된 이들 원소들로부터 해결책을 줄 수 있는 어떤 것들이 나올 것이다.[89]

알 수 있는바와 같이, 여기에서 푸앵카레는 "시행착오" 이론을 가면도 쓰지 않은 채 오직 약간의 수정만으로 설명하고 있다 : 푸앵카레는 시행을 불규칙하게 하지 않는다는 것을 강조하였다. 여기에, 동시대 미국의 심리학자 로렌스 포겔(Lawrence Fogel)은 다음과 같은 주석을 달았다 : "인간에게 있어서 발명의 과정은 내부의 정신적 잡음을 철저한 추론적 탐색으로 조합한 결과이다. 이것이 얻어진 결과들 중에서 어느 것을 곧바로 활용할 수 있는지(어느 결과가 필요성에 의해 강요된 제약 조건들을 만족하는지)를 결정하는 쪽으로 방향을 잡는다."[90]

당신이 알 수 있는바와 같이, 이 용어는 인공두뇌학(cybernetics)의 수준에서 매우 현대적인 것이기는 하지만, 아이디어 자체는 오래된 것이다. 두뇌는 몇 개의 우연한 아이디어("잡음")를 만들고, 누군가가 쓸 수 있는 아이디어를 골라낸다.

이것이 새로운 이론처럼 보인다 하더라도 독자는 이 이론이 오래된 이론임을 알아차

---

89) J. Poincare, *Mathematical Creativity*, Iureiv, 190, page9.

90) L. Fogel, "Intellectual Levels of Solutions." from the collection *"Engineering Psychology."* M., Progress, 1964, page 138~139.

릴 수 있었으면 한다. 용어가 당신에게 최면을 걸도록 내버려 두지 마라 — 용어 뒤에 숨겨진 아이디어들을 찾아라. 우리는 매우 믿을만한 기준, 즉 경험이 있다.

이러한 이론과 방법론들이 확실하게 우리의 일을 돕고, 우리의 사고를 체계화하며, 실제적인 결과를 창출해 준다.

연습문제를 풀면서 경험을 쌓아라

시행착오 방법을 사용할 때, 발명가는 유사한 문제를 생각해내고, 특허 정보를 참고하며, 과학기술문헌과 산업체의 경험을 활용함으로써 경험을 끌어들인다.

문제의 수준에 따라 세 가지 가능한 상황이 있다.

1. 1 수준과 2 수준에서는 예전의 경험이 **도움이 된다.**
2. 3 수준에서는 일반적으로 예전의 경험이 **중립적이다.** 3 수준의 낮은 하위수준에서는 경험이 어느 정도 도움이 되지만, 높은 하위수준에서는 경험이 과정을 곁길로 빠지게 해서 해결책과 거리가 멀어진다.
3. 4 수준과 5 수준에서는 예전의 경험이 발명가를 방해하여, 관성 벡터에 의한 시행 방향이 해결책과 거리가 멀어지게 한다.

PART 3

아리즈의 핵심은 보다 높은 수준에서 유용한 경험을 발명가에게 제공하는 것이다. 바꾸어 말하면, 아리즈는 사고 과정을 숙련시켜주고, 필요에 따라 신뢰할 수 있는, 제어 가능한 "직관"을 제공한다. 아리즈의 모든 부분은 바로 이것을 제공하며, 특히 아리즈의 정보 요소들(발명원리와 모순행렬표)을 제공하는 것이 아리즈의 목표이다. 만약 발명가 한사람의 경험은 보통 낮은 수준의 해결책으로 우리를 안내한다면, 아리즈가 수정하고 응집시킨, 집단적인 발명의 경험은 높은 수준의 해결책을 찾도록 도와줄 것이다.

그러나 아리즈를 학습하면서 발명가는 발명 연습문제의 해결과 다른 아리즈 응용을 기초로 한 새로운 개인적 경험을 쌓아 나간다. 이 아리즈의 경험은 응집된, 강력한 발명 아이디어와 함께, 높은 수준의 문제에 도움을 줄 것이다.

높은 수준의 기술 문제를 해결할 때 개인적 경험을 해롭게 하는 심리적 관성은 아리즈를 사용할 때 유용해진다. 이 때 관성 벡터가 강력한 해결책 방향으로 향한다. 제한된 개인적 경험은 나쁜 사례를 제안하는 반면, 아리즈의 경험은 예기치 않은 넓은 산업 영역으로부터 좋은 사례를 제안한다.

아리즈의 경험은 발명가가 학습함에 따라 점차 쌓인다. 처음에 그것은 거의 손에 잡히지 않는다. 대략 30~40개의 연습문제를 풀어 보고, 40가지 발명원리와 예제를 배우며, 색인 카드를 흥미로운 발명 해결책으로 채운 다음, 당신은 아리즈 없이(아리즈의 경험을 직접 활용하여) 약간의 문제를 해결할 수 있을 것이다.

30~40개의 연습문제를 학습한 다음에 아리즈-71를 제2-0단계로 보충할 수 있다.

· **제2-0단계** 주어진 문제와 유사한 연습문제는 어떻게 해결되었는가?

a. 새로운 문제의 핵심을 기술하라.
b. 문제가 갖고 있는 기술적 모순을 기술하라.
c. 유사 문제를 기술하라.
d. 유사 문제가 갖고 있는 기술적 모순을 기술하라.
e. "b"와 "d" 사이에 유사점은 무엇인가.
f. 유사 문제의 해결책 개념을 기술하라.
g. 이 개념을 주어진 문제와 관련해서 어떻게 바꿀 수 있는가?

아리즈의 경험을 사용할 때 특별한 디자인을 하라는 것은 아니라, 이 개념의 **본질**로 이동할 필요가 있다는 것을 기억하라.

다음 예제를 살펴보자.

예를 들어 철도 축제(築堤)와 같이 기존 건물이 있는 상태에서 건설 공사를 할 때 터널을 만드는 방법이 있다. 이 방법은 진동의 도움으로, 또는 도움 없이 파이프를 밀어서 흙을 뚫은 다음 , 파이프 내부에 있는 흙을 제거하는 것이다.

파이프의 벽 두께는 그 직경에 따라 결정된다 : 직경이 클수록 파이프 벽은 두꺼워진다. 그러나 파이프의 벽 두께가 증가하면 파이프의 침투에 필요한 힘이 받아들일 수 없을 만큼 증가한다.

우리는 이러한 결점이 없는 방법을 개발해야 한다.

이 문제를 아리즈의 경험을 사용해서 해결해 보자.

· **제2-0단계**

a. **문제의 핵심** : 두꺼운 내벽의 파이프가 땅을 뚫기 어렵다.

b. **기술적 모순** : 굴착 속도의 증가는 기계 힘의 엄청난 증가를 요구한다.

c. **유사 문제** : 얼음을 통과하는 쇄빙선의 움직임

d. **유사 문제의 기술적 모순** : 얼음을 통과하는 쇄빙선의 속도 증가는 엔진 힘의 엄청난 증가를 요구한다.

e. **"b"와 "d"가 유사한 점** : 두 경우에 고체 매질을 통과해서 움직이는 속도의 증가는 받아들일 수 없는 동력의 증가를 요구한다.

f. **유사 문제의 해결책 개념** : 속이 빈 선체가 얼음을 통과해서 이동해야 한다.

g. 속이 차지 않고 비어 있는 내벽을 갖는 파이프가 땅을 통과해야 한다.

· **표준해** : 이미 기능을 하는 어떤 건축물(예를 들어, 철도 축제(築堤)와 같이) 아래에서 굴착 외피요소를 이용하고, 내부 흙을 제거하면서 터널을 뚫는 방법. 이 특허는 터널의 길이와 같은 길이를 하고 있는 속이 빈 외피요소를 사용하기 때문에 색다르다. 이 외피요소를 터널의 축 방향으로 밀어 넣은 다음, 외피요소의 속이 빈 부분에 있는 흙을 제거한다. 그 다음에 콘크리트를 안쪽에 채운다. 이 방법은 외피요소가 흙을 뚫는데 필요한 힘을 줄여준다(**발명가 인증서 #271,555**).

제2-0단계의 의미를 그림 42로 설명할 수 있다. 주어진 문제에서 해결책으로 즉시 이동(1)하기는 어렵다. 주어진 문제에서 유사 문제(2)로, 다음에 두 문제(3)의 공통 영역인 A로, 유사 문제의 알려진 해결책(4)으로, 두 해결책(5)의 공통 영역인 B로, 마침내 주어진 문제의 해결책(6)으로 이동하는 2→3→4→5→6라는 보다 좋은 길이 있다.

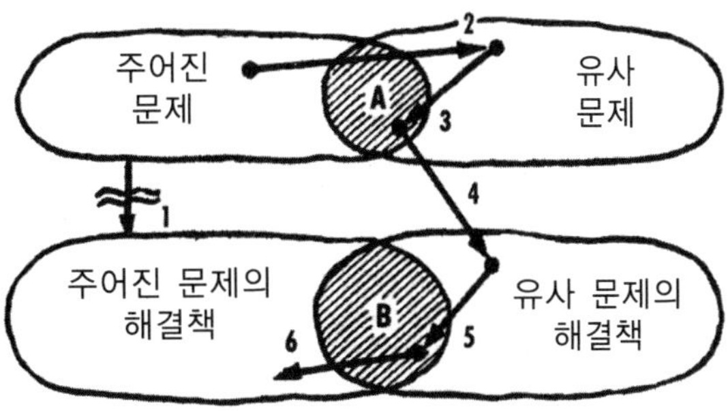

그림 42
유사 문제가 새로운 문제를 해결하는 데 도움을 준다.

유사 문제를 정확히 선택 할수록 A, B 면적이 커지고, 2→3→4→5→6의 이동이 쉬워진다. 이러한 "이동" 경험이 많아질수

PART 3

록 "A" 부분은 계속 작아진다. 그러면 발명가는 문제 사이에 분명한 유사성이 적다는 것을 알면서도 시작한다. 때때로 정교한 유사성은 말로 표현하기가 어렵다. 때로는 발명가가 그것을 알아차릴 수도 없다. 단지 느낌이 있을 뿐이다. 외부 관찰자에게 이것은 아마도 "영감"이나 "직관"처럼 보일 것이다.

규칙적인 훈련은 매우 작은 영역 A와 B로 작업할 수 있는 능력을 향상시킨다. 바꾸어 말하면, 사고과정이 보다 날카롭고, 능숙해진다.

창의적 사고방법을 익혀라

트리즈에 대한 첫 번째 세미나는 1959년 바쿠(Baku)에서 있었다. 오늘날 소련의 많은 도시에서 창의성 교육이 이루어지고 있다. 몇번의 수업을 마치자, 학생들은 벌써 아리즈의 몇 가지 요소, 즉 기술적 모순의 개념, IFR, 몇 개의 전형적인 발명원리 등의 사용을 실제로 보여주었다. 문제해결 과정은 아직도 시행착오 방법으로 이루어지고 있었지만, 그러한 시도는 보다 더 방향성을 갖고 효과적이었다.

아리즈의 도움으로 발명 문제해결의 완벽한 지식을 얻기 위해서는 20~30회 세미나 교육이 필요하다. 그 이후 다음 몇 달은 연습문제 분석, 새로운 문제해결, 그리고 새로운 교육 자료의 공부 등을 포함하여 별도로 개인적인 훈련을 해야 한다.

사고를 집중하는 기술이 커짐에 따라, 발명가는 문제해결을 위해서 아리즈 과정에 대해 상세히 기술된 노트를 점점 적게 사용한다. 복잡한 아리즈의 사고 과정은 자유로운 조건반사 형태로 발명가의 마음속에서 수행된다. 아리즈의 개별적인 조각들을 활용함으로써 문제를 점차 많이 해결한다. 많은 것들이 아리즈 과정을 시작하기 전에도 즉시 분명해 진다. 증명(분석 단계를 포함한)은 나중에 해결책을 찾은 다음에 나타난다. 일부 아리즈의 요소들이 발명가의 개인적 성향인 "개인적 특징"(자발적이든 그렇지 않든)을 만든다. 발명가는 아직 알려지지 않은 문제에 대한 해답을 체계적으로 모은다. 즉 발명가는 색인 카드에 가장 강력한 해결책에 관한 원리와 정보를 모은다.

아리즈의 사고 과정(또는 아리즈의 사고)은 이제 과학적 조사의 대상이 될 수 있다. 그 특징의 일부를 다음과 같이 강조할 수 있다 :

기존의 발명 사고 과정	아리즈의 사고 과정
1. 문제를 쉽고, 간단하게 만들려는 경향	1. 문제를 무겁고, 더 복잡하게 만들려는 경향

문제 7을 해결할 때 보통의 발명가는 "당연히 마찰을 완전히 제거하는 것은 불가능하다. 나의 목표는 마찰을 줄이는 것이다."라고 생각한다. 아리즈의 사고 과정에 익숙한 발명가는 다르게 생각한다 : "접점이 마찰을 갖고 움직인다. 마찰은 적을수록 좋다. 이것은 마찰은 없어야 한다는 뜻이다. IFR = 접점이 마찰 없이 단자를 접촉한다."

기존의 발명 사고 과정	아리즈의 사고 과정
2. "공상적인"(무모한, 거친) 단계를 피하려는 경향	2. 점점 더 "공상적인"(무모한, 거친) 단계의 길을 따라가려는 경향

사람들이 '발명가가 미쳤다'라고 말하는 말 속에 진실의 핵심이 있다 : 훌륭한 발명가의 사고 과정은 발명가가 아닌 사람의 관점에서 볼 때 비정상이다. 불행하게도 보통의 발명가들은 보통 맥이 풀리는 정상적인 사고를 갖고 있다.

보통의 발명가는 "얼음을 녹이거나 폭파할 필요가 있다"고 생각한다. 배가 수영하거나 풍선처럼 부풀어 오를 가능성은 그의 마음에서 나타날 수가 없다 — 아니면, 그것이 나타날지도 모르지만, 즉시 그것을 버린다. 아리즈의 지식 없는 발명가가 모순행렬표을 사용하여 문제 5를 풀면서 얻는 경험을 살펴보면, 이것을 분명하게 알 수 있다. 모순행렬표의 힌트 : **원리 #35**(**속성변환** : 예를 들어 그것의 응집상태)를 사용하라. 이 원리를 배가 아니라 항상 얼음에 적용한다. 이 경우에 선생님이 "우리가 배의 속성을 바꾸면 어떨까요?"라고 직접적인 질문을 던진다면, 학생들은 항상 웃음을 터트릴 것이다.

기존의 발명 사고 과정	아리즈의 사고 과정
3. 객체의 시각적 이미지가 명확하지 않고, 객체-원형과 관련시킨다.	3. 객체의 시각적 이미지가 명확하고, 객체-IFR과 관련시킨다.

보통의 발명가는 — 애매하고 일반적인 윤곽으로-얼음을 빠르게 깨고 통과하는 쇄빙선을 생각한다. 아리즈의 사고 과정은 매우 다른 그림을 그린다 : 어떤 것이 화물을 나르고 있고, 그것은 얼음이 거기에 없는 것처럼 얼음을 통과하여 간다.

기존의 발명 사고 과정	아리즈의 사고 과정
4. 객체의 평면 이미지	4. 객체의 삼차원 이미지 : 단지 객체 그 자체뿐 아니라 그 하위 시스템과 상위 시스템을 동시에 상상한다.

'아리즈 사고'를 갖는 발명가는 "일반적인 쇄빙선"뿐 아니라, 삼차원 이미지를 동시에 본다.

a. 쇄빙선

b. 그 부분들(비대해진 엔진부분과 매우 작은 화물 칸 — 그리고 갑작스러운 생각 : 이것은 이상 기계와는 완전히 반대임에 틀림없다!), 그리고

c. 쇄빙선의 한 부분인 대형 운반선(한번 더 갑작스러운 생각 : 우리가 얼음을 분말 상태로 깨더라도 배 뒤쪽은 계속해서 얼 것이다 ; 하나의 문제는 계속해서 다른 문제로 이어진다 — 이것이 막다른 골목이다!)

기존의 발명 사고 과정	아리즈의 사고 과정
5. 객체의 이미지가 고정된 시간대에 머물러 있다.	5. 객체를 시간대 별로 움직이는 과정으로 본다 : 객체는 어제 있었던 것처럼 오늘 있고, 내일도 있을 것이다(마치 진화의 경향을 유지하는 것처럼).
6. 객체의 이미지가 경직되어 있다.	6. 객체의 이미지가 유연하고, 시간과 공간상으로 많은 변화를 열어둔다.

문제 7에서 어떤 낙하체 형태인, 경직된 이미지로 접점을 상상할 수 있다(문제 6의 답에서와 같이). 그러나 접점이 낙하하면서 1/10 초 동안에 접점을 매우 많은 변화가 있는 무게(추)라고 역시 상상할 수 있다. "매우 많은 변화"는 무게가 제로에 이르는 물질도 포함한다.

기존의 발명 사고 과정	아리즈의 사고 과정
7. 기억에 친숙한(그러므로 약한) 유사물을 떠올린다.	7. 기억과 거리가 먼(그러므로 강력한) 유사물을 떠올린다. 동시에 정보의 창고는 새로운 방법, 원리 등을 모으면서 계속해서 쌓인다.
8. 해를 거듭하면서 전문화의 장벽이 커진다.	8. 전문화의 장벽이 붕괴된다.
9. 사고 과정에 대한 제어의 강도가 증가하지 않는다.	9. 사고 과정이 더욱 제어 가능해진다: 그리고 발명가는 이방인처럼 사고의 방향을 바라볼 수 있다 ; 그는 쉽게 사고 과정을 제어한다(예를 들어 발명가가 "제안된 변형"을 간단히 추상적 실험 등을 하는 쪽으로 전환할 때 문제가 없다).

이런 것들이 아리즈 사고의 특징이다. 물론 보통의 발명가도 이런 특징의 일부를 갖고 있을지 모른다 ; 그러나 그들은 이런 특징을 너무 늦게 얻는다? 그리고 창의성을 위한 최고의 시기를 잃는다. 중요한 사실은 바로 이러한 특징들의 힘은 그것들이 분리되어 있을 때 보다 함께 있을 때가 더 크다는 것이다.

선택된 과제에 수정을 가하라

이 책에서 발명의 기술은 기술 진화의 경향을 알아차릴 수 있는 능력에 의해 결정된다는 것을 여러 번 언급하였다. 기술적 객체와 연관된 과제를 선택할 때, 먼저 그 객체가 진화하는 방향을 결정할 필요가 있다.

다음과 같은 예제를 살펴보자. 한 개의 버킷을 가진 굴착기(**그림 43a**)가 1836년 후반에 출현하였다. 이 굴착기는 굴착물을 이송하여 버킷을 비우고, 다시 작업 위치로 되돌아오는 시간 때문에 긴 휴지(休止) 시간을 갖고 일을 하고 있다. 100년 이상이 지나서 1949년 발명가 제딕크(T. G. Gedick)는 두 개의 기중기 팔을 갖는 굴착기(**그림 43b**)에 대한 아이디어를 내놓았다. 이 홍미로운 아이디어는 너무 늦게 나와, 그 실용성을 찾지 못했다. 더

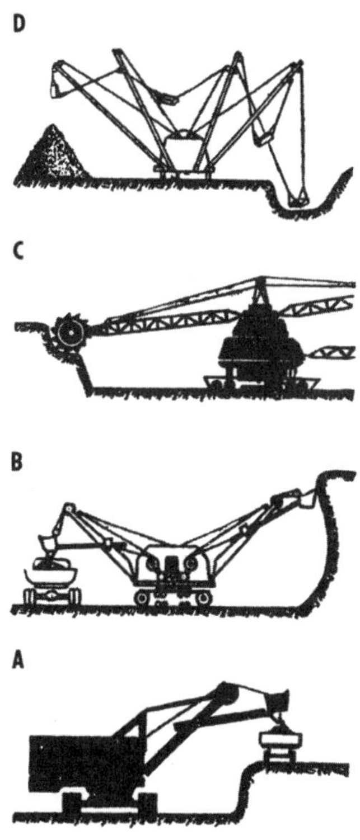

그림 43
굴착기의 변형

정확히 말하면 그 실용성을 찾을 시간이 없었다. 왜냐하면 회전형 굴착기(**그림 43c**)가 바로 출현하였기 때문이다. 굴착기의 진화 방향은 매우 명확하다: 한 개의 버킷, 두개의 버킷, 많은 버킷(회전형). 갑작스럽게 1958년에 4개의 버킷은 어떤가 하고 누군가가 묻기 시작했다.

4개의 버킷을 가진 굴착기(**그림 43d**)는 회전형 굴착기와 비교해서 한 단계 퇴보하였다. 과거로 기술을 되돌리려고 하는 시도는 항상 희망이 없다. 여기에 편견 없는 증언이 있다 : "우리들의 주의를 끄는 수많은 비슷한 적용 예가 있다. 소련에서만 보아도 1952년~1954년 동안 비슷한 발명에 대한 적용이 수십 개나 쌓였다. 다른 발명가들은 한 개의 버킷을 가진 굴착기(특히 띠 모양의 탄광용 굴착기)는 매우 많은 비슷한 일련의 작업 요소를 가져야만 한다고 생각하였다.[91] "물론 이러한 아이디어 중에서 실현된 것은 없다."

기술은 앞쪽으로만 움직인다 ; 그 진화를 뒤돌리거나 멈출 수는 없다. 이 경우에 있어서도 다음 단계가 불가능해 보일 때, 그 다음 단계가 확실하게 일어날 것이다.

기술시스템의 진화 경향은 피할 수가 없다. 시스템은 불가능을 깨고 우회하면서 그 논리적 결론에 도달해야 한다. 그 다음에 진화가 멈출지 모르지만, 바로 이 시점이 흥미로운 발명 과제가 출현할 때이다.

이 "혁명 이전" 상태의 주된 증거는 일정 기간 동안 기술적 객체가 단순히 양적으로만 성장한다는 것이다. 객체의 질적 특성은 변하지 않으면서 크기가 증가한다든지, 동시에 작업 요소의 숫자가 증가함으로써 이 새로운 효과에 도달한다.

하나의 예로써 터보 드릴을 생각해보자. 터보 드릴은 그 디자인이 물려준 자원을 한계까지 거의 사용하였다. 이것이 터보 드릴이 완벽한 이유이며, 이 단일 시스템의 힘이 왜 더 크게 증가할 수 없는지를 설명하고 있다. 결과적으로 한 개의 터보 드릴을 또 다른 드릴과 합칠 필요가 있었다—두 개의 터보드릴을 연결한 2단 터보드릴이 나타났다. 오늘날에는 5단 터보드릴이 사용되고 있다.

터보드릴 설계의 완벽성은 분명히 발명가에게 혼란을 주거나, 두려움이 생기게 하지도 않는다. 우물을 파기 위해서는 완전히 다른 개념을 활용한 기계가 필요하다.

새로운 발명 과제를 탐색하기 위한 유용한 도구 중에 하나로 "기술시스템 진화의 일반적 경향"(부록 2)이 있다. 아리즈의 문제해결 과정은 처음 정형화된 문제에 수정을 가하도

91) P. A. Nadaliak, Single-Bucket Excavators, 1960, pages 55~56.

록 한다. 발명가는 잘못된 문제 진술로 시작할 수 있지만, 이 알고리듬을 정확히 사용하면 아리즈가 당신을 올바른 문제 진술로 안내할 것이다. 문제를 해결하는 과정에 있더라도 어떤 문제를 다른 문제로 바꿀 필요가 있다.

해결책의 우회적인 방법을 찾아라

발명문제를 해결하기 위한 합리적 개략도를 앞 장에서 상세히 전개하였다. 대부분의 경우 새로운 방향은 우회적 방법이라는 것을 여기서 강조하고자 한다.

어떤 공장의 창문을 닦는 문제를 살펴보자. 여기에 기록된 내용을 보자 : "최고의 인공두뇌학을 자신 있게 정복한 세계 수준의 기술 사상가가 공장의 높은 창문과 유리 시설을 청소하기 위한 기계의 개발이라는 '매우 간단한' 문제를 포기하였다.[92] 이 사상가가 말하자면 이 문제를 "포기하지" 않았다고 상상하여 보자. 이 청소 기계가 제작되었다. 그 다음엔 무엇인가? 우리는 이런 종류의 기계를 매우 많이 필요할 것이다. 공장의 조건으로 볼 때, 많은 창문을 계속적으로 청소해야 하기 때문에 이 기계는 아마도 에너지를 절약하기보다는 많은 에너지를 낭비할 것이다.

거의 마술에 가까운 기계를 만들었다고 가정하자 : 이 기계는 비용이 들지 않고, 에너지 낭비 없이 작동되며, 유지 보수가 필요 없다. 이것으로 충분한가? 아니다. 만약 구름이 태양을 가려서 공장 작업 공간의 조명을 크게 바꾸면, 이미 한 조명 강도에 적응한 눈이 새로운 조명에 즉시 적응하기 시작할 것이다. 태양 광선이 공장의 한 부분을 비추고, 다른 부분(아마도 빛이 가장 필요한 부분)에는 어두운 그림자를 드리운다. 이 조명도는 일년 내내, 하루 종일, 그리고 날씨 조건에 따라 변화할 것이다.

다소 역설적으로 들릴지 모르지만, 더러운 창문은 창문을 통과하는 변동하는 광선을 일정 수준으로 조절하는 긍정적 역할을 어느 정도 하고 있다.

"세계 수준의 기술 사상가"가 이 문제의 시작을 포기한 것은 우연이 아니다. 왜냐하면 **문제를 전혀 해결할 필요가 없었기 때문이다.** 에너지 절약과 공장 조건의 개선(작업 공간의 조명)은 다른 수단으로 접근하여야 한다.

---

92) Knowledge - *Power*, 1962, page 2.

문제를 풀기 시작할 때, 우회적인 방향을 탐색할 필요가 있다

(아리즈의 제1-2단계와 제1-3단계)

발명가가 "우회적인" 방향을 피하는 한 가지 이유는 그들이 통상의 좁은 전문 분야의 경계를 벗어나는 것을 두려워하거나, 달갑게 생각하지 않기 때문이다. 무언가 새로운 것이 다른 과학의 교차점에서 종종 나타난다는 것은 누구나 아는 사실이다. 그러나 발명가들은 이러한 교차점을 매우 두려워한다. 기계 엔지니어는 "화학적 해결책"을 두려워하고, 화학자는 "전기 개념"을 사용하지 않는다.

높은 수준의 해결책(수준 4, 5)은 자신의 전문분야를 벗어나는 것과 항상 관련이 있다

문제를 풀기 시작할 때, 발명가는 어떤 기술 분야가 그 분석의 논리를 선도하고 있는가를 아직 알지 못한다. 그러므로 발명가는 자신의 전문 지식을 넘어선 분야를 빠르게 학습해야 한다. 이 학습의 정도를 과도하게 할 필요는 없다. 기술의 "색다른" 분야로 뛰어 들면서 발명가는 처음에 아마추어 수준에 머무른다. 아마추어 수준은 해결책을 찾을 때에는 위험하지 않지만, 엔지니어링 실행을 시작할 때는 상황이 완전히 달라진다. 여기서는 전문적인 수준의 지식이 필요하다. 발명가는 항상 "새로운" 기술 분야를 학습해야 한다. 더욱이 공동으로 작업하는 것이 더욱 좋고, 더욱 효과적이다.

쉬운 실행에 의존하지 마라

종종 새로운 기술을 실행하는 문제에서, 사람들은 혁신적 기술자와 전통적 기술자 사이의 갈등에 따라 스스로 방향을 잡아야 할 것이다. 실제로 어떤 경우에 전통은 실행에 옮기려는 발명가에게 유일한 장애물로 나타난다. 그러나 대부분의 경우에 실행은 다른 이유 때문에 보류된다.

소련 발명가들은 혁신 과정에서 발생하는 어려움을 극복하기 위해 그의 작업장에 모든 것을 갖추고 있다 ; 그러나 발명가는 스스로 이루어지는 실행에 의존할 수 없다.

새로운 아이디어의 운명은 문제를 해결하는 동안에도 결정될 수 있다. 새로운 기술적 해결책은 쉽게 실행에 옮길 수 있어야 하고, 스스로도 실행될 수 있는 방식으로 문제가 해결되어야 한다. **무엇보다도 해결책은 가능한 간단해야 한다.**

때때로 훌륭한 개념을 도입할 때의 어려움은 그릇되고 비합리적인 엔지니어링 실행에 있다. 어떻게 기계를 디자인하고 만들 것인가는 과학이다. 발명가가 기계 설계에 있어서 얼마간의 기술과 지식을 갖는 것은 좋은 일이다. 그러나 그러한 기술이 없더라도 발명가는 그것을 직접 하지 않아도 좋다. 발명가들은 자신의 개념에 대한 올바른 공학 설계를 얻기 위해서 언제든지 능력 있는 사람을 구할 수 있다.

□ ■ □ ■ □

발명 이론은 과학 진화에 있어서 불규칙한 발견이 아니라, 논리적인 계단이다. 1962년 5월 체코, 토폴키안카(Topolchianka)에서 창의성 방법론에 관한 첫번째 국제 심포지움이 열렸다. 이 프로그램에서 다음과 같은 문구가 있었다 : "우리는 널리 받아들여지고 있는 다음과 같은 사실을 인정한다. 즉 기술 – 과학 혁명의 동시대의 질적이고, 양적인 발전은 과학자, 엔지니어, 그리고 발명가들에게 과학 지식뿐만 아니라 창의적으로 일하는 방법의 필요성도 생기게 하였다." 어떻게 창의적 사고 과정의 효율을 증가시킬까라는 문제는 점차로 현대 과학의 주요 문제들 중의 하나가 되고 있다. 이노베이션 알고리듬의 개발은 과학에 의해 시작된 공격의 한 영역이다. 이런 방향으로 진보는 빠른 속도로 진행되고 있다. 매년 아리즈는 효율성과 신뢰성을 얻어가고 있다. 이것의 계속적인 발전 방향은 매우 확실해 보이고, 그 가능성이 고갈되지는 않을 것이다.

아리즈만이 가능한 발명 알고리듬인가?

나는 그렇게 생각하지 않는다. 다른 알고리듬의 탄생을 배제할 수 없다.

알고리듬 개발의 두 가지 가능한 지정 방향이 있다.

인간이 문제를 해결하는 프로그램으로써 아리즈를 개발할 수 있다. 또한 **기계**를 위한 알고리듬으로 아리즈를 바꿀 수 있다.

첫번째 방향은 화학과 전자 분야에 있는 문제에 대해서 처음으로 전문적인 알고리듬의 개발을 이끌어 내고 있다. 그러한 특별한 알고리듬은 외부에서 볼 때 비슷하게 보일지라도 부분적 문제 영역에 대해서 일반적인 아리즈 보다는 더욱 효과적임에 틀림없다.

두번째 방향은 아리즈에서 표를 뽑아내서, 표 체계로 바꾸고, 문제 해결을 위해 모순 행렬표를 사용하는 것이다. 이것은 결국 컴퓨터의 활용을 이끌어 낼 것이다. 모순행렬표에서 행과 열의 단순한 증가만을 이야기하는 것이 아니다. "발명 기계"를 만들어내기 위해서, 이러한 행렬의 제작을 위해서 원리를 바꿀 필요가 있다.

발명 문제를 해결하기 위한 컴퓨터의 활용이 창의성을 해치지 않는다

맨손으로 땅을 파는 사람을 상상해 보자. 이것은 시행착오 방법으로 발명하는 모델이다. 자, 이 사람에게 도구(삽, 곡괭이 또는 공압식 망치 등)를 주어 보자. 이것이 아리즈로 발명하는 모델이다. 이제 컴퓨터를 이용하는 발명 과정의 모델은 사람에게 동력식 삽을 주는 것이다. 이러한 모든 경우에 **일은 사람이 한다.** 이 과정은 사람을 보다 좋은 도구로 무장시킨다 : 한 경우에 도구가 그의 손이지만, 다른 경우에 도구는 그의 두뇌이다.

오늘날 대부분의 발명가는 "우리가 이것을 하면 어떻게 될까" 라는 모든 종류의 의문들을 분류하면서, 시행착오 방법으로 일을 한다. 땅은 더욱 굳어 딱딱해 지고 있다 : 그러나 발명가들은 맨손으로 땅을 긁고 있다. 과학자들이 땅을 긁고 있는 사람의 심리를 연구하고, 소위 말해서 행운의 땅파기 비밀을 찾으려는 희망을 갖고 있다는 사실로 볼 때 이 비극적인 상황은 그 골이 깊어지고 있다. 한편, 우리는 오늘날 땅 파는 사람에게 보다 효과적인 도구를 줄 수 있다. 내일은 그가 굴착기의 제어판 앞에 앉아 있을 것이다.

발명의 이론은 아직도 형성 단계에 있다. 하늘을 나는 것이 터무니없는 꿈같이 보였던 20세기 초 항공기 산업과 이것을 비교할 수 있다. 대다수의 사람은 항상 동일하고 친숙한 장소에서 행진하기를 좋아한다. 그렇지만 우리는 가장 높은 창공으로 우리를 인도할 새로운 아이디어를 찾기 시작하였다.

그래서 우리의 일은 계속되고 있다.

the Innovation Algorithm

부록

Appendix

부록 1 : 모순행렬표와 40가지 원리

모순행렬표의 사용

사례를 통해 모순행렬표의 사용법을 알아보자.

슐리악(Lev Shulyak)

· **쇄빙선 :** 겨울철에 약 3미터 두께의 얼음으로 덮인 물길을 따라 화물을 운반해야 한다. 전통적으로 쇄빙선은 뒤따라오는 다른 배들을 위해 얼음을 깨서 수로를 여는 데 사용되었다. 쇄빙선은 겨우 시속 2킬로미터로 나아갈 수 있다. 빠를수록 좋지만 우리는 쇄빙선의 속도를 적어도 6킬로미터 정도로 높이려고 한다. 다른 운송수단은 받아들일 수 없다. 우리의 조사에 의하면 쇄빙선은 현재 산업계에서 이용할 수 있는 가장 효율적인 엔진을 갖고 있다.

· **해결책 :** 주요 목표는 배의 속도를 시속 2킬로미터에서 최소한 시속 6킬로미터로 높이는 것이다. 즉, 배의 생산성을 증가시키는 것이다. 이 목표를 달성하기 위해 보통의 방법은 배의 엔진의 동력을 증가시키는 것이다. 동력을 증가시키면 배의 다른 파라미터(엔진실의 면적, 배의 전체 무게 등)가 영향을 받는다. 이러한 변화들은 바람직하지 않다. 그러므로 기술적 모순(TC)은 다음과 같다 :

TC—1 : "속도" 대 "동력"

TC—2 : "생산성" 대 "동력"

모순행렬표에서 적합한 행과 열을 찾는다. 속도는 9행, 생산성은 39행, 동력은 21열에 있다. 아래 표에 두 종류의 모순을 나타내었다.

기술적 모순	행렬 좌표	제안된 원리	원리의 이름
1. 속도/동력	9×21	19	주기적 조치
		35	속성 변환
		38	산화 가속
		2	추출
2. 생산성/동력	39×21	35	속성 변환
		20	유용한 작용의 지속
		20	유용한 작용의 지속

제안된 원리들 중에서 일부를 분석해보자. 밑줄 친 굵은 글씨 번호는 "가장 좋은" 제안임을 뜻한다.

1. 발명원리 #19, 주기적 작동

a. 연속적인 작동을 주기적 작동(임펄스)로 바꾼다.

b. 작동이 이미 주기적이라면 그 주파수를 바꾼다.

c. 추가적인 작동을 제공하기 위해 임펄스 사이의 쉬는 시간을 이용한다.

이 발명원리들 중 하나를 활용함으로써 얼음을 깨는 작동을 얻을 수 있다. 예 : 계속해서 배를 얼음 쪽으로 밀어대는 대신에, 진동 동작으로 이용하여 얼음을 깨고 배를 앞으로 나아가게 할 수 있다.

2. 발명원리 #35, 속성 변환

a. 시스템의 물리적 상태를 바꾼다.

b. 농도나 밀도를 바꾼다.
c. 유연성의 정도를 바꾼다.
d. 온도나 부피를 바꾼다.

이 발명원리는 얼음과 상호작용을 하는 배 부분의 물리적인 상태나 밀도를 바꾸라고 제안한다. 이 제안은 두개의 모순 진술에서 반복된다. 배의 밀도나 물리적인 상태를 어떻게 바꿀 수 있을까? 우리는 뒤에서 이것을 다룰 것이다. 지금은 일단 원리 #2를 검토해보자 :

3. 발명원리 #2, 추출

a. 물체에서 "방해가 되는" 부분이나 특성을 추출한다.
b. 물체에서 필요한 부분이나 특성만을 추출한다.

이 발명원리는 얼음과 접촉하는 배의 부분을 없애라고 제안한다.

4. 발명원리 #10, 선행 조치

a. 완전하게 또는 부분적으로 물체에 필요한 변화를 미리 가한다.
b. 가장 편리한 위치에서 즉시 작동할 수 있도록 물체들을 미리 가져다 놓는다.

발명원리 #10은 배가 얼음과 상호작용을 하기 전에 배에 미리 어떤 조치를 취하라고 제안한다.

결론 : 제안된 대부분의 발명원리들은 얼음과 접촉하는 배의 부분을 바꾸라고 제안한다. 배와 얼음의 접촉 부분을 완전히 없애면, 배가 아무 문제없이 얼음을 통과하여 나아갈 수 있다. 다만 배의 아래 부분이 해수면 아래로 가라앉는 것이 문제이다. 이것을 방지하기 위해서 두 개의 칼날을 세워 배의 아래와 윗부분을 연결한다. 그러면 얼음을 자르기도 훨씬 수월할 것이다. 배의 단면적을 최소화하면 배가 얼음을 자르며 나아갈 때 저항이 줄어든다. 배의 아래 부분은 얼음 아래에 있으면서 화물을 운송한다. 이제 쇄빙선은 화물선의 몫도 할 수 있다.

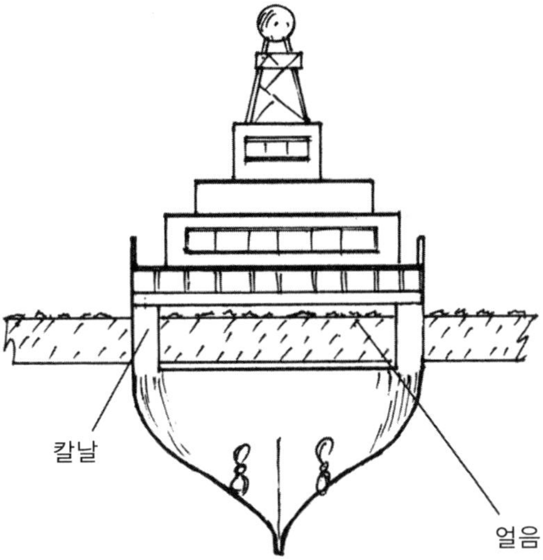

*이것이 쇄빙선 문제의 분석이다. 그러나 우리는 제안된 개념의 공학적인 실행을 제공할 의도는 없다. 우리의 목표는 가능한 공학적 설계의 방향을 나타내는 것이다.

모순행렬표

39가지 파라미터		40가지 원리	
1.	움직이는 물체의 무게	1.	분할
2.	정지된 물체의 무게	2.	추출(빼내기, 회수, 제거)
3.	움직이는 물체의 길이	3.	국소적 성질
4.	정지된 물체의 길이	4.	비대칭
5.	움직이는 물체의 면적	5.	통합
6.	정지된 물체의 면적	6.	범용성/다용도
7.	움직이는 물체의 부피	7.	포개기
8.	정지된 물체의 부피	8.	평형추
9.	속도	9.	사전반대 조치
10.	힘	10.	선행 조치
11.	압력	11.	사전 예방
12.	모양	12.	높이 맞추기
13.	구성의 안정성	13.	반대로 하기
14.	강도	14.	구형화
15.	움직이는 물체의 작용시간	15.	역동성
16.	정지된 물체의 작용시간	16.	과부족 조치
17.	온도	17.	차원 바꾸기
18.	밝기	18.	기계적 진동
19.	움직이는 물체의 소비 에너지	19.	주기적 작동
20.	정지된 물체의 소비 에너지	20.	유용한 작용의 지속
21.	동력	21.	고속처리
22.	에너지의 손실	22.	전화위복
23.	물질의 손실	23.	피드백
24.	정보의 손실	24.	매개체
25.	시간의 손실	25.	셀프서비스
26.	물질의 양	26.	복제
27.	신뢰성	27.	일회용품
28.	측정의 정확성	28.	기계시스템의 대체
29.	제조의 정확성	29.	공기/수압식 구조물
30.	외부로부터의 해로운 인자	30.	유연한 막/얇은 필름
31.	물체에 의해 생기는 해로운 인자	31.	다공성 재료
32.	제조의 용이성	32.	색깔 변경
33.	사용의 편의성	33.	동질성
34.	보수성	34.	폐기 및 재생
35.	적응성	35.	속성 변환
36.	장치의 복잡성	36.	상전이
37.	조절의 복잡성	37.	열팽창
38.	자동화의 수준	38.	산화 가속
39.	생산성	39.	불활성 환경
		40.	복합재료

개선하려는 파라미터	악화되는 파라미터									
	1	2	3	4	5	6	7	8	9	10
1		-	15, 8, 29, 34	-	29, 17, 38, 34	-	29, 2, 40, 28	-	2, 8, 15, 38	8,10, 18, 37
2	-		-	10, 1, 29, 35	-	35, 30, 13, 2	-	5, 35, 14, 2	-	8, 10, 19, 35
3	8, 15, 29, 34	-		-	15, 17, 4	-	7, 17, 4, 35	-	13, 4, 8	17, 10, 4
4	-	35, 28, 40, 29	-		-	17, 7, 10, 40	-	35, 8, 2, 14	-	28, 10
5	2, 17, 29, 4	-	14, 15, 18, 4	-		-	7, 14, 17, 4	-	29, 30, 4, 34	19, 30, 35, 2
6	-	30, 2, 14, 18	-	26, 7, 9, 39	-		-	-	-	1, 18, 35, 36
7	2, 26, 29, 40	-	1, 7, 4, 35	-	1, 7, 4, 17	-		-	29, 4, 38, 34	15, 35, 36, 37
8	-	35, 10, 19, 14	19, 14	35, 8, 2, 14	-	-	-		-	2, 18, 37
9	2, 28, 13, 38	-	13, 14, 8	-	29, 30, 34	-	7, 29, 34	-		13, 28, 15, 19
10	8, 1, 37, 18	18, 13, 1, 28	17, 19, 9, 36	28, 10	19, 10, 15	1, 18, 36, 37	15, 9, 12, 37	2, 36, 18, 37	13, 28, 15, 12	
11	10, 36, 37, 40	13, 29, 10, 18	35, 10, 36	35, 1, 14, 16	10, 15, 36, 28	10, 15, 36, 37	6, 35, 10	35, 24	6, 35, 36	36, 35, 21
12	8, 10, 29, 40	15, 10, 26, 3	29, 34, 5, 4	13, 14, 10, 7	5, 34, 4, 10	-	14, 4, 15, 22	7, 2, 35	35, 15, 34, 18	35, 10, 37, 40
13	21, 35, 2, 39	26, 39, 1, 40	13, 15, 1, 28	37	2, 11, 13	39	28, 10, 19, 39	34, 28, 35, 40	33, 15, 28, 18	10, 35, 21, 16
14	1, 8, 40, 15	40, 26, 27, 1	1, 15, 8, 35	15, 14, 28, 26	3, 34, 40, 29	9, 40, 28	10, 15, 14, 7	9, 14, 17, 15	8, 13, 26, 14	10, 18, 3, 14
15	19, 5, 34, 31	-	2, 19, 9	-	3, 17, 19	-	10, 2, 19, 30	-	3, 35, 5	19, 2, 6
16	-	6, 27, 19, 16	-	1, 40, 35	-	-	-	35, 34, 38	-	-
17	36, 22, 6, 38	22, 35, 32	15, 19, 9	15, 19, 9	3, 35, 39, 18	35, 38	34, 39, 40, 18	35, 6, 4	2, 28, 36, 30	35, 10, 3, 21
18	19, 1, 32	2, 35, 32	19, 32, 16		19, 32, 26	-	2, 13, 10		10, 13, 19	26, 19, 6
19	12, 18, 28, 31	-	12, 28	-	15, 19, 25	-	35, 13, 18	-	8, 35	16, 26, 21, 2
20	-	19, 9, 6, 27	-	-	-	-	-	-	-	36, 37

개선하려는 파라미터	악화되는 파라미터									
	1	2	3	4	5	6	7	8	9	10
21	8, 36, 38, 31	19, 26, 17, 27	1, 10, 35, 37	-	19, 38	17, 32, 13, 38	35, 6, 38	30, 6, 25	15, 35, 2	26, 2, 36, 35
22	15, 6, 19, 28	19, 6, 18, 9	7, 2, 6, 13	6, 38, 7	15, 26, 17, 30	17, 7, 30, 18	7, 18, 23	7	16, 35, 38	36, 38
23	35, 6, 23, 40	35, 6, 22, 32	14, 29, 10, 39	10, 28, 24	35, 2, 10, 31	10, 18, 39, 31	1, 29, 30, 36	3, 39, 18, 31	10, 13, 28, 38	14, 15, 18, 40
24	10, 24, 35	10, 35, 5	1, 26	26	30, 26	30, 16	-	2, 22	26, 32	-
25	10, 20, 37, 35	10, 20, 26, 5	15, 2, 29	30, 24, 14, 5	26, 4, 5, 16	10, 35, 17, 4	2, 5, 34, 10	35, 16, 32, 18	-	10, 37, 36,5
26	35, 6, 18, 31	27, 26, 18, 35	29, 14, 35, 18	-	15, 14, 29	2, 18, 40, 4	15, 20, 29	-	35, 29, 34, 28	35, 14, 3
27	3, 8, 10, 40	3, 10, 8, 28	15, 9, 14, 4	15, 29, 28, 11	17, 10, 14, 16	32, 35, 40, 4	3, 10, 14, 24	2, 35, 24	21, 35, 11, 28	8, 28, 10, 3
28	32, 35, 26, 28	28, 35, 25, 26	28, 26, 5, 16	32, 28, 3, 16	26, 28, 32, 3	26, 28, 32, 3	32, 13, 6	-	28, 13, 32, 24	32, 2
29	28, 32, 13, 18	28, 35, 27, 9	10, 28, 29, 37	2, 32, 10	28, 33, 29, 32	2, 29, 18, 36	32, 23, 2	25, 10, 35	10, 28, 32	28, 19, 34, 36
30	22, 21, 27, 39	2, 22, 13, 24	17, 1, 39, 4	1, 18	22, 1, 33, 28	27, 2, 39, 35	22, 23, 37, 35	34, 39, 19, 27	21, 22, 35, 28	13, 35, 39, 18
31	19, 22, 15, 39	35, 22, 1, 39	17, 15, 16, 22	-	17, 2, 18, 39	22, 1, 40	17, 2, 40	30, 18, 35, 4	35, 28, 3, 23	35, 28, 1, 40
32	28, 29, 15, 16	1, 27, 36, 13	1, 29, 13, 17	15, 17, 27	13, 1, 26, 12	16, 40	13, 29, 1, 40	35	35, 13, 8, 1	35, 12
33	25, 2, 13, 15	6, 13, 1, 25	1, 17, 13, 12	-	1, 17, 13, 16	18, 16, 15, 39	1, 16, 35, 15	4, 18, 39, 31	18, 13, 34	28, 13 35
34	2, 27, 35, 11	2, 27, 35, 11	1, 28, 10, 25	3, 18, 31	15, 13, 32	16, 25	25, 2, 35, 11	1	34, 9	1, 11, 10
35	1, 6, 15, 8	19, 15, 29, 16	35, 1, 29, 2	1, 35, 16	35, 30, 29, 7	15, 16	15, 35, 29	-	35, 10, 14	15, 17, 20
36	26, 30, 34, 36	2, 26, 35, 39	1, 19, 26, 24	26	14, 1, 13, 16	6, 36	34, 26, 6	1, 16	34, 10, 28	26, 16
37	27, 26, 28, 13	6, 13, 28, 1	16, 17, 26, 24	26	2, 13, 18, 17	2, 39, 30, 16	29, 1, 4, 16	2, 18, 26, 31	3, 4, 16, 35	30, 28, 40, 19
38	28, 26, 18, 35	28, 26, 35, 10	14, 13, 17, 28	23	17, 14, 13	-	35, 13, 16	-	28, 10	2, 35
39	35, 26, 24, 37	28, 27, 15, 3	18, 4, 28, 38	30, 7, 14, 26	10, 26, 34, 31	10, 35, 17, 7	2, 6, 34, 10	35, 37, 10, 2	-	28, 15, 10, 36

개선하려는 파라미터	악화되는 파라미터									
	11	12	13	14	15	16	17	18	19	20
1	10, 36, 37, 40	10, 14, 35, 40	1, 35, 19, 39	28, 27, 18, 40	5, 34, 31, 35	-	6, 29, 4, 38	19, 1, 32	35, 12, 34, 31	-
2	13, 29, 10, 18	13, 10, 29, 14	26, 39, 1, 40	28, 2, 10, 27	-	2, 27, 19, 6	28, 19, 32, 22	19, 32, 35	-	18, 19, 28, 1
3	1, 8, 35	1, 8, 10, 29	1, 8, 15, 34	8, 35, 29, 34	19	-	10, 15, 19	32	8, 35, 24	-
4	1, 14, 35	13, 14, 15, 7	39, 37, 35	15, 14, 28, 26	-	1, 40, 35	3, 35, 38, 18	3, 25	-	-
5	10, 15, 36, 28	5, 34, 29, 4	11, 2, 13, 39	3, 15, 40, 14	6, 3	-	2, 15, 16	15, 32, 19, 13	19, 32	-
6	10, 15, 36, 37	-	2, 38	40	-	2, 10, 19, 30	35, 39, 38	-	-	-
7	6, 35, 36, 37	1, 15, 29, 4	28, 10, 1, 39	9, 14, 15, 7	6, 35, 4	-	34, 39, 10, 18	2, 13, 10	35	-
8	24, 35	7, 2, 35	34, 28, 35, 40	9, 14, 17, 15	-	35, 34, 38	35, 6, 4	-	-	-
9	6, 18, 38, 40	35, 15, 18, 34	28, 33, 1, 18	8, 3, 26, 14	3, 19, 35, 5	-	28, 30, 36, 2	10, 13, 19	8, 15, 35, 38	-
10	18, 21, 11	10, 35, 40, 34	35, 10, 21	35, 10, 14, 27	19, 2	-	35, 10, 21	-	19, 17, 10	1, 16, 36, 37
11		35, 4, 15, 10	35, 33, 2, 40	9, 18, 3, 40	19, 3, 27	-	35, 39, 19, 2	-	14, 24, 10, 37	-
12	34, 15, 10, 14		33, 1, 18, 4	30, 14, 10, 40	14, 26, 9, 25	-	22, 14, 19, 32	13, 15, 32	2, 6, 34, 14	-
13	2, 35, 40	22, 1, 18, 4		17, 9, 15	13, 27, 10, 35	39, 3, 35, 23	35, 1, 32	32, 3, 27, 15	13, 19	27, 4, 29, 18
14	10, 3, 18, 40	10, 30, 35, 40	13, 17, 35		27, 3, 26	-	30, 10, 40	35, 19	19, 35, 10	35
15	19, 3, 27	14, 26, 28, 25	13, 3, 35	27, 3, 10		-	19, 35, 39	2, 19, 4, 35	28, 6, 35, 18	-
16	-	-	39, 3, 35, 23	-	-		19, 18, 36, 40	-	-	-
17	35, 39, 19, 2	14, 22, 19, 32	1, 35, 32	10, 30, 22, 40	19, 13, 39	19, 18, 36, 40		32, 30, 21, 16	19, 15, 3, 17	-
18	-	32, 30	32, 3, 27	35, 19	2, 19, 6	-	32, 35, 19		32, 1, 19	32, 35, 1, 15
19	23, 14, 25	12, 2, 29	19, 13, 17, 24	5, 19, 9, 35	28, 35, 6, 18	-	19, 24, 3, 14	2, 15, 19		-
20	-	-	27, 4, 29, 18	35	-	-	-	19, 2, 35, 32	-	

Appendix

개선하려는 파라미터	악화되는 파라미터									
	11	12	13	14	15	16	17	18	19	20
21	22, 10, 35	29, 14, 2, 40	35, 32, 15, 31	26, 10, 28	19, 35, 10, 38	16	2, 14, 17, 25	16, 6, 19	16, 6, 19, 37	-
22	-	-	14, 2, 39, 6	26	-	-	19, 38, 7	1, 13, 32, 15	-	-
23	3, 36, 37, 10	29, 35, 3, 5	2, 14, 30, 40	35, 28, 31, 40	28, 27, 3, 18	27, 16, 18, 38	21, 36, 39, 31	1, 6, 13	35, 18, 24, 5	28, 27, 12, 31
24	-	-	-	-	10	10	-	19	-	-
25	37, 36, 4	4, 10, 34, 17	35, 3, 22, 5	29, 3, 28, 18	20, 10, 28, 18	28, 20, 10, 16	35, 29, 21, 18	1, 19, 26, 17	35, 38, 19, 18	1
26	10, 36, 14, 3	35, 14	15, 2, 17, 40	14, 35, 34, 10	3, 35, 10, 40	3, 35, 31	3, 17, 39	-	34, 29, 16, 18	3, 35, 31
27	10, 24, 35, 19	35, 1, 16, 11	-	11, 28	2, 35, 3, 25	34, 27, 6, 40	3, 35, 10	11, 32, 13	21, 11, 27, 19	36, 23
28	6, 28, 32	6, 28, 32	32, 35, 13	28, 6, 32	28, 6, 32	10, 26, 24	6, 19, 28, 24	6, 1, 32	3, 6, 32	-
29	3, 35	32, 30, 40	30, 18	3, 27	3, 27, 40	-	19, 26	3, 32	32, 2	-
30	22, 2, 37	22, 1, 3, 35	35, 24, 30, 18	18, 35, 37, 1	22, 15, 33, 28	17, 1, 40, 33	22, 33, 35, 2	1, 19, 32, 13	1, 24, 6, 27	10, 2, 22, 37
31	2, 33, 27, 18	35, 1	35, 40, 27, 39	15, 35, 22, 2	15, 22, 33, 31	21, 39, 16, 22	22, 35, 2, 24	19, 24, 39, 32	2, 35, 6	19, 22, 18
32	35, 19, 1, 37	1, 28, 13, 27	11, 13, 1	1, 3, 10, 32	27, 1, 4	35, 16	27, 26, 18	28, 24, 27, 1	28, 26, 27, 1	1, 4
33	2, 32, 12	15, 34, 29, 28	32, 35, 30	32, 40, 3, 28	29, 3, 8, 25	1, 16, 25	26, 27, 13	13, 17, 1, 24	1, 13, 24	-
34	13	1, 13, 2, 4	2, 35	11, 1, 2, 9	11, 29, 28, 27	1	4, 10	15, 1, 13	15, 1, 28, 16	-
35	35, 16	15, 37, 1, 8	35, 30, 14	35, 3, 32, 6	13, 1, 35	2, 16	27, 2, 3, 35	6, 22, 26, 1	19, 35, 29, 13	-
36	19, 1, 35	29, 13, 28, 15	2, 22, 17, 19	2, 13, 28	10, 4, 28, 15	-	2, 17, 13	24, 17, 13	27, 2, 29, 28	-
37	35, 36, 37, 32	27, 13, 1, 39	11, 22, 39, 30	27, 3, 15, 28	19, 29, 39, 25	25, 34, 6, 35	3, 27, 35, 16	2, 24, 26	35, 38	19, 35, 16
38	13, 35	15, 32, 1, 13	18, 1	25, 13	6, 9	-	26, 2, 19	8, 32, 19	2, 32, 13	-
39	10, 37, 14	14, 10, 34, 40	35, 3, 22, 39	29, 28, 10, 18	35, 10, 2, 18	20, 10, 16, 38	35, 21, 28, 10	26, 17, 19, 1	35, 10, 38, 19	1

개선하려는 파라미터	악화되는 파라미터									
	21	22	23	24	25	26	27	28	29	30
1	12, 36, 18, 31	6, 2, 34, 19	5, 35, 3, 31	10, 24, 35	10, 35, 20, 28	3, 26, 18, 31	3, 11, 1, 27	28, 27, 35, 26	28, 35, 26, 18	22, 21, 18, 27
2	15, 19, 18, 22	18, 19, 28, 15	5, 8, 13, 30	10, 15, 35	10, 20, 35, 26	19, 6, 18, 26	10, 28, 8, 3	18, 26, 28	10, 1, 35, 17	2, 19, 22, 37
3	1, 35	7, 2, 35, 39	4, 29, 23, 10	1, 24	15, 2, 29	29, 35	10, 14, 29, 40	28, 32, 4	10, 28, 29, 37	1, 15, 17, 24
4	12, 8	6, 28	10, 28, 24, 35	24, 26,	30, 29, 14	-	15, 29, 28	32, 28, 3	2, 32, 10	1, 18
5	19, 10, 32, 18	15, 17, 30, 26	10, 35, 2, 39	30, 26	26, 4	29, 30, 6, 13	29, 9	26, 28, 32, 3	2, 32	22, 33, 28, 1
6	17, 32	17, 7, 30	10, 14, 18, 39	30, 16	10, 35, 4, 18	2, 18, 40, 4	32, 35, 40, 4	26, 28, 32, 3	2, 29, 18, 36	27, 2, 39, 35
7	35, 6, 13, 18	7, 15, 13, 16	36, 39, 34, 10	2, 22	2, 6, 34, 10	29, 30, 7	14, 1, 40, 11	26, 28	25, 28, 2, 16	22, 21, 27, 35
8	30, 6	-	10, 39, 35, 34	-	35, 16, 32 18	35, 3	2, 35, 16	-	35, 10, 25	34, 39, 19, 27
9	19, 35, 38, 2	14, 20, 19, 35	10, 13, 28, 38	13, 26	-	10, 19, 29, 38	11, 35, 27, 28	28, 32, 1, 24	10, 28, 32, 25	1, 28, 35, 23
10	19, 35, 18, 37	14, 15	8, 35, 40, 5	-	10, 37, 36	14, 29, 18, 36	3, 35, 13, 21	35, 10, 23, 24	28, 29, 37, 36	1, 35, 40, 18
11	10, 35, 14	2, 36, 25	10, 36, 3, 37	-	37, 36, 4	10, 14, 36	10, 13, 19, 35	6, 28, 25	3, 35	22, 2, 37
12	4, 6, 2	14	35, 29, 3, 5	-	14, 10, 34, 17	36, 22	10, 40, 16	28, 32, 1	32, 30, 40	22, 1, 2, 35
13	32, 35, 27, 31	14, 2, 39, 6	2, 14, 30, 40	-	35, 27	15, 32, 35	-	13	18	35, 24, 30, 18
14	10, 26, 35, 28	35	35, 28, 31, 40	-	29, 3, 28, 10	29, 10, 27	11, 3	3, 27, 16	3, 27	18, 35, 37, 1
15	19, 10, 35, 38	-	28, 27, 3, 18	10	20, 10, 28, 18	3, 35, 10, 40	11, 2, 13	3	3, 27, 16, 40	22, 15, 33, 28
16	16	-	27, 16, 18, 38	10	28, 20, 10, 16	3, 35, 31	34, 27, 6, 40	10, 26, 24	-	17, 1, 40, 33
17	2, 14, 17, 25	21, 17, 35, 38	21, 36, 29, 31	-	35, 28, 21, 18	3, 17, 30, 39	19, 35, 3, 10	32, 19, 24	24	22, 33, 35, 2
18	32	13, 16, 1, 6	13, 1	1, 6	19, 1, 26, 17	1, 19	-	11, 15, 32	3, 32	15, 19
19	6, 19, 37, 18	12, 22, 15, 24	35, 24, 18, 5	-	35, 38, 19, 18	34, 23, 16, 18	19, 21, 11, 27	3, 1, 32	-	1, 35, 6, 27
20	-	-	28, 27, 18, 31	-	-	3, 35, 31	10, 36, 23	-	-	10, 2, 22, 37

개선하려는 파라미터	악화되는 파라미터									
	21	22	23	24	25	26	27	28	29	30
21		10, 35, 38	28, 27, 18, 38	10, 19	35, 20, 10, 6	4, 34, 19	19, 24, 26, 31	32, 15, 2	32, 2	19, 22, 31, 2
22	3, 38		35, 27, 2, 37	19, 10	10, 18, 32, 7	7, 18, 25	11, 10, 35	32	-	21, 22, 35, 2
23	28, 27, 18, 38	35, 27, 2, 31		-	15, 18, 35, 10	6, 3, 10, 24	10, 29, 39, 35	16, 34, 31, 28	35, 10, 24, 31	33, 22, 30, 40
24	10, 19	19, 10	-		24, 26, 28, 32	24, 28, 35	10, 28, 23	-	-	22, 10, 1
25	35, 20, 10, 6	10, 5, 18, 32	35, 18, 10, 39	24, 26, 28, 32		35, 38, 18, 16	10, 30, 4	24, 34, 28, 32	24, 26, 28, 18	35, 18, 34
26	35	7, 18, 25	6, 3, 10, 24	24, 28, 35	35, 38, 18, 16		18, 3, 28, 40	3, 2, 28	33, 30	35, 33, 29, 31
27	21, 11, 26, 31	10, 11, 35	10, 35, 29, 39	10, 28	10, 30, 4	21, 28, 40, 3		32, 3, 11, 23	11, 32, 1	27, 35, 2, 40
28	3, 6, 32	26, 32, 27	10, 16, 31, 28	-	24, 34, 28, 32	2, 6, 32	5, 11, 1, 23		-	28, 24, 22, 26
29	32, 2	13, 32, 2	35, 31, 10, 24	-	32, 26, 28, 18	32, 30	11, 32, 1	-		26, 28, 10, 36
30	19, 22, 31, 2	21, 22, 35, 2	33, 22, 19, 40	22, 10, 2	35, 18, 34	35, 33, 29, 31	27, 24, 2, 40	28, 33, 23, 26	26, 28, 10, 18	
31	2, 35, 18	21, 35, 2, 22	10, 1, 34	10, 21, 29	1, 22	3, 24, 39, 1	24, 2, 40, 39	3, 33, 26	4, 17, 34, 26	-
32	27, 1, 12, 24	19, 35	15, 34, 33	32, 24, 18, 16	35, 28, 34, 4	35, 23, 1, 24	-	1, 35, 12, 18	-	24, 2
33	35, 34, 2, 10	2, 19, 13	28, 32, 2, 24	4, 10, 27, 22	4, 28, 10, 34	12, 35	17, 27, 8, 40	25, 13, 2, 34	1, 32, 35, 23	2, 25, 28, 39
34	15, 10, 32, 2	15, 1, 32, 19	2, 35, 34, 27	-	32, 1, 10, 25	2, 28, 10, 25	11, 10, 1, 16	10, 2, 13	25, 10	35, 10, 2, 16
35	19, 1, 29	18, 15, 1	15, 10, 2, 13	-	35, 28	3, 35, 15	35, 13, 8, 24	35, 5, 1, 10	-	35, 11, 32, 31
36	20, 19, 30, 34	10, 35, 13, 2	35, 10, 28, 29	-	6, 29	13, 3, 27, 10	13, 35, 1	2, 26, 10, 34	26, 24, 32	22, 19, 29, 40
37	19, 1, 16, 10	35, 3, 15, 19	1, 18, 10, 24	35, 33, 27, 22	18, 28, 32, 9	3, 27, 29, 18	27, 40, 28, 8	26, 24, 32, 28	-	22, 19, 29, 28
38	28, 2, 27	23, 28	35, 10, 18, 5	35, 33	24, 28, 35, 30	35, 13	11, 27, 32	28, 26, 10, 34	28, 26, 18, 23	2, 33
39	35, 20, 10	28, 10, 29, 35	28, 10, 35, 23	13, 15, 23	-	35, 38	1, 35, 10, 38	1, 10, 34, 28	18, 10, 32, 1	22, 35, 13, 24

개선하려는 파라미터	악화되는 파라미터								
	31	32	33	34	35	36	37	38	39
1	22, 35, 31, 39	27, 28, 1, 36	35, 3, 2, 24	2, 27, 28, 11	29, 5, 15, 8	26, 30, 36, 34	28, 29, 26, 32	26, 35 18, 19	35, 3, 24, 37
2	35, 22, 1, 39	28, 1, 9	6, 13, 1, 32	2, 27, 28, 11	19, 15, 29	1, 10, 26, 39	25, 28, 17, 15	2, 26, 35	1, 28, 15, 35
3	17, 15	1, 29, 17	15, 29, 35, 4	1, 28, 10	14, 15, 1, 16	1, 19, 26, 24	35, 1, 26, 24	17, 24, 26, 16	14, 4, 28, 29
4	-	15, 17, 27	2, 25	3	1, 35	1, 26	26	-	30, 14, 7, 26
5	17, 2, 18, 39	13, 1, 26, 24	15, 17, 13, 16	15, 13, 10, 1	15, 30	14, 1, 13	2, 36, 26, 18	14, 30, 28, 23	10, 26, 34, 2
6	22, 1, 40	40, 16	16, 4	16	15, 16	1, 18, 36	2, 35, 30, 18	23	10, 15, 17, 7
7	17, 2, 40, 1	29, 1, 40	15, 13, 30, 12	10	15, 29	26, 1	29, 26, 4	35, 34, 16, 24	10, 6, 2, 34
8	30, 18, 35, 4	35	-	1	-	1, 31	2, 17, 26	-	35, 37, 10, 2
9	2, 24, 35, 21	35, 13, 8, 1	32, 28, 13, 12	34, 2, 28, 27	15, 10, 26	10, 28, 4, 34	3, 34, 27, 16	10, 18	-
10	13, 3, 36, 24	15, 37, 18, 1	1, 28, 3, 25	15, 1, 11	15, 17, 18, 20	26, 35, 10, 18	36, 37, 10, 19	2, 35	3, 28, 35, 37
11	2, 33, 27, 18	1, 35, 16	11	2	35	19, 1, 35	2, 36, 37	35, 24	10, 14, 35, 37
12	35, 1	1, 32, 17, 28	32, 15, 26	2, 13, 1	1, 15, 29	16, 29, 1, 28	15, 13, 39	15, 1, 32	17, 26, 34, 10
13	35, 40, 27, 39	35, 19	32, 35, 30	2, 35, 10, 16	35, 30, 34, 2	2, 35, 22, 26	35, 22, 39, 23	1, 8, 35	23, 35, 40, 3
14	15, 35, 22, 2	11, 3, 10, 32	32, 40, 28, 2	27, 11, 3	15, 3, 32	2, 13, 28	27, 3, 15, 40	15	29, 35, 10, 14
15	21, 39, 16, 22	27, 1, 4	12, 27	29, 10, 27	1, 35, 13	10, 4, 29, 15	19, 29, 39, 35	6, 10	35, 17, 14, 19
16	22	35, 10	1	1	2	-	25, 34, 6, 35	1	20, 10, 16, 38
17	22, 35, 2, 24	26, 27	26, 27	4, 10, 16	2, 18, 27	2, 17, 16	3, 27, 35, 31	26, 2, 19, 16	15, 28, 35
18	35, 19, 32, 39	19, 35, 28, 26	28, 26, 19	15, 17, 13, 16	15, 1, 19	6, 32, 13	32, 15	2, 26, 10	2, 25, 16
19	2, 35, 6	28, 26, 30	19, 35	1, 15, 17, 28	15, 17, 13, 16	2, 29, 27, 28	35, 38	32, 2	12, 28, 35
20	19, 22, 18	1, 4	-	-	-	-	19, 35, 16, 25	-	1, 6

개선하려는 파라미터	악화되는 파라미터								
	31	32	33	34	35	36	37	38	39
21	2, 35, 18	26, 10, 34	26, 35, 10	35, 2, 10, 34	19, 17, 34	20, 19, 30, 34	19, 35, 16	28, 2, 17	28, 35, 34
22	21, 35, 2, 22	-	35, 32, 1	2, 19	-	7, 23	35, 3, 15, 23	2	28, 10, 29, 35
23	10, 1, 34, 29	15, 34, 33	32, 28, 2, 24	2, 35, 34, 27	15, 10, 2	35, 10, 28, 24	35, 18, 10, 13	35, 10, 18	28, 35, 10, 23
24	10, 21, 22	32	27, 22	-	-	-	35, 33	35	13, 23, 15
25	35, 22, 18, 39	35, 28, 34, 4	4, 28, 10, 34	32, 1, 10	35, 28	6, 29	18, 28, 32, 10	24, 28, 35, 30	-
26	3, 35, 40, 39	29, 1, 35, 27	35, 29, 25, 10	2, 32, 10, 25	15, 3, 29	3, 13, 27, 10	3, 27, 29, 18	8, 35	13, 29, 3, 27
27	35, 2, 40, 26	-	27, 17, 40	1, 11	13, 35, 8, 24	13, 35, 1	27, 40, 28	11, 13, 27	1, 35, 29, 38
28	3, 33, 39, 10	6, 35, 25, 18	1, 13, 17, 34	1, 32, 13, 11	13, 35, 2	27, 35, 10, 34	26, 24, 32, 28	28, 2, 10, 34	10, 34, 28, 32
29	4, 17, 34, 26	-	1, 32, 35, 23	25, 10	-	26, 2, 18	-	26, 28, 18, 23	10, 18, 32, 39
30	-	24, 35, 2	2, 25, 28, 39	35, 10, 2	35, 11, 22, 31	22, 19, 29, 40	22, 19, 29, 40	33, 3, 34	22, 35, 13, 24
31		-	-	-	-	19, 1, 31	2, 21, 27, 1	2	22, 35, 18, 39
32	-		2, 5, 13, 16	35, 1, 11, 9	2, 13, 15	27, 26, 1	6, 28, 11, 1	8, 28, 1	35, 1, 10, 28
33	-	2, 5, 12		12, 26, 1, 32	15, 34, 1, 16	32, 26, 12, 17	-	1, 34, 12, 3	15, 1, 28
34	-	1, 35, 11, 10	1, 12, 26, 15		7, 1, 4, 16	35, 1, 13, 11	-	34, 35, 7, 13	1, 32, 10
35	-	1, 13, 31	15, 34, 1, 16	1, 16, 7, 4		15, 29, 37, 28	1	27, 34, 35	35, 28, 6, 37
36	19, 1	27, 26, 1, 13	27, 9, 26, 24	1, 13	29, 15, 28, 37		15, 10, 37, 28	15, 1, 24	12, 17, 28
37	2, 21	5, 28, 11, 29	2, 5	12, 26	1, 15	15, 10, 37, 28		34, 21	35, 18
38	2	1, 26, 13	1, 12, 34, 3	1, 35, 13	27, 4, 1, 35	15, 24, 10	34, 27, 25		5, 12, 35, 26
39	35, 22, 18, 39	35, 28, 2, 24	1, 28, 7, 19	1, 32, 10, 25	1, 35, 28, 37	12, 17, 28, 24	35, 18, 27, 2	5, 12, 35, 26	

40가지 원리

1. 분할

a. 물체를 독립된 여러 부분으로 나눈다.

b. 물체를 구획화 한다(분해와 조립이 쉽도록).

c. 물체의 분할 정도를 더욱 높인다.

2. 추출(빼내기, 회수, 제거)

a. 물체에서 "방해가 되는" 부분이나 특성을 추출한다.

b. 물체에서 필요한 부분이나 특성만을 추출한다.

3. 국소적 성질

a. 물체나 외부 환경(작용)의 구조를 동질적인 것에서 이질적인 것으로 바꾼다.

b. 물체의 여러 부분들이 서로 다른 기능을 수행하게 한다.

c. 물체의 각 부분을 작동상 가장 유리한 조건이 되도록 배치한다.

4. 비대칭

a. 대칭형을 비대칭형으로 바꾼다.

b. 물체가 이미 비대칭이라면, 그 비대칭의 정도를 더욱 높인다.

5. 통합

a. 동질적인 물체 또는 연속적으로 작동하도록 되어 있는 물체를 공간적으로 통합한다.

b. 동질적이거나 연속적 작동을 시간적으로 통합한다.

6. 다용도

a. 하나의 물체로 여러 가지 다른 기능을 수행하게 한다. 그러면 나머지 다른 요소들을 제거할 수 있다.

7. 포개기(마트레쉬카)

a. 한 물체를 다른 물체 속에 넣는다. 그 물체를 또 다른 물체 속에 넣는다….

b. 한 물체가 다른 물체의 구멍을 통과한다.

8. 평형추

a. 물체의 무게를 상쇄하기 위해, 양력을 제공하는 다른 물체와 물체를 결합시킨다.

b. 물체의 무게를 상쇄하기 위해, 외부 환경의 영향을 받는 공기역학적/유체역학적 힘을 이용한다.

9. 사전반대 조치

a. 너무 크거나 바람직하지 않은 응력을 상쇄하기 위해 물체에 미리 반대 응력(應力)을 가한다.

10. 선행 조치

a. 물체에 필요한 변화를 미리 (완전하게 또는 부분적으로) 가한다.

b. 가장 편리한 위치에서 즉시 작동할 수 있도록 물체의 위치를 미리 잡아둔다.

11. 사전 예방

a. 물체의 신뢰성이 그다지 높지 않은 경우, 미리 준비된 비상수단을 써서 보완한다.

12. 높이 맞추기

a. 물체를 들어 올리거나 내릴 필요가 없도록 작업조건을 바꾼다.

13. 반대로 하기

a. 문제가 요구하는 직접적인 작용 대신, 반대 작용(예를 들어, 가열대신 냉각)을 실행한다.

b. 물체 또는 외부 환경에서 움직이는 부분을 고정시키고, 고정된 부분을 움직이게 한다.

c. 물체의 위와 아래를 뒤집는다.

14. 구형화

a. 직선을 곡선으로, 평면을 곡면으로, 입방체를 구체로 바꾼다.

b. 롤러, 볼, 나선형을 이용한다.

c. 직선운동을 회전운동으로 바꾼다. 원심력을 활용한다.

15. 역동성

a. 물체나 외부환경의 특성을 변화시켜 작동단계마다 최고의 성능을 내게 한다.

b. 물체가 움직일 수 없으면 움직일 수 있게 한다. 물체를 교환 가능하게 만든다.

c. 물체의 위치를 서로 바꿀 수 있도록 물체를 부분으로 나눈다.

16. 과부족 조치

a. 원하는 효과를 100 % 달성할 수 없다면, 그 보다 많거나 적게 달성한다.

17. 차원 바꾸기

a. 물체의 일차원 이동이나 배치를 이차원으로 바꾼다. 이차원을 삼차원으로 바꾼다.

b. 물체의 다층 구조를 활용한다.

c. 물체를 기울이거나 옆으로 눕힌다.

d. 주어진 표면의 반대쪽을 활용한다.

e. 광선을 물체의 주변 영역이나 반대쪽으로 투사한다.

18. 진동

a. 진동을 이용한다.

b. 진동이 있다면 그 진동수를 초음파 수준으로 증가시킨다.

c. 공명 주파수를 이용한다.

d. 기계적 진동을 압전 진동으로 바꾼다.

e. 초음파 진동을 전자기장과 연계하여 이용한다.

19. 주기적 작동

a. 연속적인 작동을 주기적 순간 작동(임펄스, impulse)로 바꾼다.

b. 작동이 이미 주기적이라면 그 주파수를 바꾼다.

c. 추가적인 작동을 제공하기 위해 임펄스 사이에 쉬는 시간을 이용한다.

20. 유익한 작용의 지속

a. 중단 없이 작동하게 한다. 물체의 모든 부분들을 최대 성능으로 계속해서 작동하게 한다.

b. 헛된 동작 또는 중간 동작은 제거한다.

c. 전후 왕복 운동을 회전 운동으로 바꾼다.

21. 고속처리

a. 해롭고 위험한 작동을 고속으로 처리한다.

22. 전화위복/해로움을 이로움으로

a. 바람직한 효과를 얻기 위해, 해로운 인자(특히, 환경 인자)를 활용한다.

b. 해로운 인자를 다른 해로운 인자와 결합시켜서 해로운 인자를 제거한다.

c. 해로운 인자가 사라질 때까지 해로운 작용의 정도를 증가시킨다.

23. 피드백

a. 피드백을 도입한다.

b. 피드백이 이미 존재한다면 그것을 변화시킨다.

24. 매개체

a. 매개체를 사용하여 작용을 전달하거나 수행한다.

b. 쉽게 제거할 수 있는 물체를 원래 물체에 임시로 연결한다.

25. 셀프서비스

a. 물체가 스스로 서비스 하거나 보충 및 수리 작업을 수행한다.

b. 버리는 재료와 에너지를 이용한다.

26. 복제

a. 깨지기 쉬운 원본이나 다루기 불편한 물체 대신에 간단하고 값싼 복제품을 사용해야 한다.

b. 가시광선 복제품을 사용하고 있으면 적외선이나 자외선 복제품으로 바꾼다.

c. 물체(또는 물체의 시스템)를 그 물체의 광학이미지로 바꾼다. 그러면 그 이미지를 줄이거나 늘릴 수 있다.

27. 일회용품

a. 값비싼 물체를 값싼 물체로 바꾸고, 다른 특성들(예를 들어, 수명)과 타협한다.

28. 기계시스템의 대체

a. 기계시스템을 광학, 음향, 열, 후각 시스템으로 바꾼다.

b. 물체와 상호작용을 하는 전기, 자기 또는 전자기장을 이용한다.

c. 장을 다음과 같이 바꾼다 :

1. 움직이지 않는 장을 움직이는 장으로
2. 고정된 장을 시간에 따라 변화하는 장으로
3. 불규칙한 장을 구조화된 장으로

d. 장을 강자성 입자와 함께 사용한다.

29. 공기식 또는 유압식 구조물

a. 물체의 고체 부분을 기체나 액체로 바꾼다. 이러한 부분들은 이제 공기나 물을 사용하여 팽창될 수 있고, 공기쿠션 또는 수압쿠션을 사용할 수 있다.

30. 유연한 막 또는 얇은 필름

a. 통상적인 구조물을 유연한 막이나 얇은 필름으로 바꾼다.

b. 유연한 막이나 얇은 필름을 이용하여 물체를 외부 환경과 격리한다.

31. 다공성 재료

a. 물체를 다공성으로 만들거나 보충적인 다공성 요소(삽입물, 덮개 등)를 사용한다.

b. 만일 물체가 이미 다공성이라면, 그 구멍을 미리 어떤 물질로 채운다.

32. 색깔 변경

a. 물체나 외부환경의 색깔을 바꾼다.

b. 물체나 외부환경의 투명도를 바꾼다.

c. 관찰하기 어려운 물체나 공정을 관찰하기 위해 유색 첨가제를 사용한다.

d. 만약 그러한 첨가제를 이미 사용하고 있다면 발광추적자 또는 추적원자를 이용한다.

33. 동질성

a. 본체와 상호작용하는 물체를 본체와 동일한 재료(또는 비슷한 특성을 지닌 재료)로 만든다.

34. 폐기 및 재생

a. 물체의 요소가 그 기능을 마쳤거나 필요 없게 되면, 그 요소를 폐기하거나(버리기, 녹이기, 증발시키기 등), 작업 도중에 변형한다.

b. 물체 중에서 이미 사용된 부분을 작동 중에 원 위치한다.

35. 속성 변환

a. 시스템의 물리적 상태를 바꾼다.

b. 농도나 밀도를 바꾼다.

c. 유연성의 정도를 바꾼다.

d. 온도나 부피를 바꾼다.

36. 상전이

a. 상전이 현상(즉, 부피의 변화, 열의 발산/ 흡수 등)을 이용한다.

37. 열팽창

a. 온도변화에 의한 물질의 팽창 또는 수축을 이용한다.

b. 열팽창 계수를 다른 여러 가지 재료를 이용한다.

38. 산화 가속

a. 한 수준의 산화로부터 더 높은 수준의 산화로 바꿔간다:

1. 일반 공기를 산화 공기로
2. 산화 공기를 산소로
3. 산소를 이온화 산소로
4. 이온화 산소를 오존화 산소로
5. 오존화 산소를 오존으로
6. 오존을 활성 산소로

39. 불활성 환경

a. 정상적인 환경을 불활성 환경으로 바꾼다.

b. 물체에 중성 물질이나 중성 첨가제를 넣는다.

c. 작업을 진공에서 수행한다.

40. 복합 재료

a. 동질성 재료를 복합 재료로 바꾼다.

부록 2 : 기술시스템 진화의 일반적인 경향

수준	시스템의 구조	문제, 어려움, 갈등 : 문제의 근원	문제를 해결할 때 일어나는 전형적인 실수	진화의 기본 방향
1	A|B|C… 시스템 이전 수준 독립적인 개체	몇몇 객체는 그들의 발전과 활용의 정체기에 도달한다.	이러한 객체들을 계속해서 개선하려고 한다.	독립적인 객체들을 하나의 시스템으로 통합
수준1에서 수준2로 전이	A+B… 초기의 불안정한 시스템	필요한 시스템부분의 부재. 잘못된 부분이 결합되어 있다. 부분들이 불완전하게 상호작용한다.	가장 고도로 발전된 객체를 일련의 A1, A2, A3…로부터 도입한다. 하지만, 이것이 주어진 시스템에 언제나 알맞은 객체는 아니다.	"신데렐라" 객체를 찾는다. 빠진 객체를 인간(*H*)으로 대체한다.
2	(A+*H*+B+*H*+C…) 안정된 시스템. 객체들이 시스템의 부분이 되며, 각 부분은 독립적으로 작동한다. 하지만 시스템은 모든 부분들이 작동하고 있을 때만 산출물을 만든다.	시스템 발전의 자원들은 시스템의 인간부분의 능력에 의해서만 제한된다.	H부분을 유지하면서 부분 A와 B를 개선하려고 한다.	인간(*H*)부분들을 장치(*D*)로 교체
수준2에서 수준3으로 전이	$(A+D_h+B+D_h+\cdots)$ 불안정한 시스템. 장치 D_h는 인간의 행동을 모방한다.	장치 D_h(인간의 행동을 모방한 것)가 전체 시스템의 발전 능력을 제한한다.	각 요소들이 현재 완전한 시스템을 구성하고 있다는 사실을 고려하지 않고 각 개별 요소들을 개선	부분들의 기계적 집합체로부터 유기적으로 얽혀 있는 요소들의 종합시스템으로 전이
3	$[E_1+E_2+E_3+E_4+\cdots]$ 지속적으로 발전하는 안정된 시스템. 시스템의 부분중 일부는 시스템의 요소 E가 되고, 대개 함께 있을 때만 작동할 수 있다.	한 요소가 개선되는 한편, 다른 요소들(또는 전체 시스템)이 크게 악화될 때, 기술적 모순이 나타난다.	다른 영역에서 생기는 손실은 고려하지 않은 채, 한 영역에서 이득을 얻으려고 한다.	전문화된 시스템의 개발
3^1	$[E_1'+E_2'+E_3'+E_4'+\cdots+E_1''+E_2''+E_3'+E_4''\cdots]$ 전문화되고, 지속적으로 발전하는 안정된 시스템	시스템이 더욱 전문화됨에 따라, 그 활용영역이 줄어들고, 고장시간이 증가하며, 효율성이 감소한다.	전문화를 계속하려고 한다. ; 전문화된 다양한 시스템의 개발	완전한 시스템의 재구성 : 다른 물리적 또는 화학적 작동원리로 전이. 예를 들어, 기계적 작동원리에서 전기적 작동원리로

수준	시스템의 구조	문제, 어려움, 갈등 : 문제의 근원	문제를 해결할 때 일어나는 전형적인 실수	진화의 기본 방향
수준3에서 수준4로 전이	[E_1' E_1"+E_2' E_2"+E_3' E_3"+E_4' E_4"…] 결합은 불안정한 시스템이 된다.	시스템의 복잡성이 크게 증가한다. 발전능력의 줄어든다.	요소(하부시스템)들의 다른 조합을 지속적으로 찾는다.	다른 물리적 또는 화학적 작동원리로 전이
4	[SuS_1+SuS_2+SuS_3+…] 새로운 원리들에 기초한, 지속적으로 발전하는 안정된 시스템. 시스템의 요소들이 빠르게 하부시스템으로 발전한다.(SuS)	어떤 시점에서 시스템 발전이 수용할 수 없는 변화를 일으킴으로써 외부 환경과 갈등한다.	중간 하부시스템을 추가함으로써 갈등을 무마시키려고 한다.	개방 시스템에서 외부 환경과 독립적인 폐쇄 시스템으로 전이
수준4에서 수준5로의 전이	불안정한 시스템. 작동주기(또는 주기의 일부)동안 폐쇄된 시스템이 활성화된다.	복잡한 설계. 제한된 작동 시간	서로 다른 하부시스템의 지속적인 발전	완전한 시스템의 재구성 : 새로운 작동원리로 전이. 예를 들어, 거시 공정에서 분자, 분자, 핵, 또는 소립자 수준의 미시 공정으로의 전이. 장치와 같은 "물질"에서 전자기장 및 다른 장의 활용으로 전이
5	지속적으로 발전하는, 안정된 폐쇄시스템	하부시스템의 수가 빠르게 증가한다.	시스템과 그 하부시스템들의 지속적인 발전	수퍼시스템으로 전이 : 기존 시스템이 훨씬 더 높은 수준에 있는 다른 시스템의 요소가 된다.
	[S1+S2+S3+S4+…] 스스로 발전하는 시스템			

the Innovation Algorithm

부록 3 : 보충 자료

СОЮЗ СОВЕТСКИХ СОЦИАЛИСТИЧЕСКИХ РЕСПУБЛИК
КОМИТЕТ ПО ДЕЛАМ ИЗОБРЕТЕНИЙ И ОТКРЫТИЙ
при СОВЕТЕ МИНИСТРОВ СССР

АВТОРСКОЕ СВИДЕТЕЛЬСТВО

№ 211116

На основании полномочий, предоставленных Правительством СССР, Комитет по делам изобретений и открытий при Совете Министров СССР выдал настоящее свидетельство

Всесоюзному институту по проектированию организации энергетического строительства

на изобретение Весовой порционный дозатор для трудносыпучих материалов.

по заявке № 1102202 с приоритетом от 10 сентября 1966 г.
автор изобретения ШУЛЯК Лев Абрамович, Ицексон Б.И., Крохалев Н.А., Шапиро А.М. и Хиневич Ю.Ф.

Зарегистрировано в Государственном реестре изобретений Союза ССР
23 ноября 1967.
Действие авторского свидетельства распространяется на всю территорию Союза ССР

Заместитель Председателя Комитета
Начальник отдела

러시아의 발명가 인증서 견본

이 인증서는 슐리악과 다른 발명자들에게 1966년 9월 10일자로 수여된 것으로, 딱딱한 유동 물질의 일괄처리 시스템에 관한 것이다.

알트슐러가 인정한 "트리즈 대가들"

알트슐러가 죽기 직전, 그는 "트리즈 대가들" 이라고 부르는 목록을 만들었다. 그의 아내인 쥬라블리오바(Z. Zuravliova)가 이 목록을 러시아 뉴스레터 "News of The TRIZ Movement" 에 제출하였다. 1998년 7월에서 9월까지 러시아 첼리아빙크(Cheliabinck) 트리즈 - 정보 출판센터는 광범위한 이메일로 이 목록을 발표하였다.

이 목록의 사람들은 합당한 평가를 받는 것이 중요하다고, 본 출판 발행인들은 느끼고 있으며, 따라서 우리는 뉴스레터에 실린 대로 그 목록을 책에 싣는다.

□ ■ □ ■ □

"나는 다음 목록에 있는 후보자들이

트리즈 대가 증서를

받는 것을 지지하고 승인한다. 이 목록의 몇몇 후보자들에게 나는 **"트리즈 대가 플러스"** 증서를 주고 싶다. 하지만 우리는 한 종류의 증서 양식만을 갖고 있다.

약간의 수정이 가해진 이 목록은 약 2년 전에 만든 것으로, 현시점에서 이 목록을 확장하였고, 우리는 이 정도면 이 작업이 완벽하다고 판단할 수 있다. 이 목록에 포함된 후보자들이 국제 트리즈 협회의 회원인지 아닌지를 고려하지는 않았다. 그들 모두는 **발명문제 해결이론인 트리즈**의 발전을 위해서 위대한 일을 하였다."

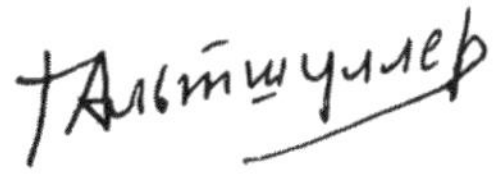

"트리즈 대가" 증서의 후보자 목록은 다음 페이지에 있다.

Amnuel, Pesah—Baku
(현재 이스라엘 거주)
Beliltzev, Baleri—Voronez
Vikentiev, Igor—Sankt-Petersberg
Vertkin, Igor— Baku(현재 영국 거주)
Gerasimov, Vladimir—Sankt-Petersberg
(현재 미국 거주)
Gubanov, Sergei—Novosibirsk
Gafitulin, Marat—Zukovski
Zusman, Alla—Kishinev (현재 미국 거주)
Zinovkina, Miloslava—Moscow
Ivanov, Gennadi—Angarsk
Kaloshin, Nikolai—Moscow
Kaner, Vadim—Sankt-Petersberg
Kolchev, Nikolai—Sosnovi Bor
Litvin, Semeon—Sankt-Petersberg
(현재 미국 거주)
Liubomirski, aleksandr—Sankt-Petersberg
(현재 미국 거주)
Mikhailov, Valeri—Cheboksari
Murashkovski, Yli—
Harbut, Aleksei—Saporozie
Podkatilin, Alaksei—Moscow
Pevsner, Lev—Ekaterinbourgh
Rubin, Michail—Petrosavodsk
Royzen, Zinovy—Kishinev
(현재 미국 거주)
Sibiriakov, Vissarion—Novosibirsk
Sichev, Valeri—Rostov na Donu
Sklobovski, Kiril—Obninsk
(현재 미국 거주)
Srigub, Aleksandr—Petrosavodsk
Simohov, Victor—Gomel
Fey, Victor—Baku (현재 미국 거주)
Filkovsk, i Gennadi—Baku
(현재 미국 거주)
Kholkin, Igor—Moscow
Shulyak, Lev—Moscow (사망)
Sarapov, Michail—Magnitogorsk
Bdulenko, Margarita—Krasnogorsk
Bukhman, Isak—Riga (현재 미국 거주)
Gasanov, Aleksandr—Moscow
Gorin, Yri—Penza
Gorchakov, Igor—Ribinsk
Gorchakov, Georgi—Ekaterinbourgh
Gin, Anatoli—Gomel
Zlotin, Boris—Kishinev (현재 미국 거주)
Zlotin, Fira—Sankt-Petersberg
(현재 이스라엘 거주)
Ilovaiski, Igor—Novosibirsk
Kriachko, Valentina—Sankt-Petersberg
Kislov, Aleksandr—Sankt-Petersberg
Kravtzov, Sergei—Semipalatinsk
Linkova, Nina—Moscow
Limarenko, Anatoli—Vladivostok
Ladoshkin, Victor—Novosibirsk
Magidenko, Vladimir—Komsomolsk na Amur
Meerovoch, Mark—Odessa
Mitrofanov, Boulslav—Sankt-Petersberg
Nikashin, Aleksandr—Rostov na Donu
Harbut, Natalia—Saporozie
Pigorov, Georgi—Dnepropetrovsk
Petrov, Vladimir—Sankt-Petersberg
(현재 이스라엘 거주)
Salamatov, Yri—Krasnoiarsk
Selioutski, Aleksandr—Petrosavodsk
Salnikov, Vadim—Samara
Stupniker, Yri—Dnepropetrovsk
(현재 이스라엘 거주)
Corgashev, Aleksandr—Novosibirsk
Fedosov, Yri—Sankt-Petersberg
Khomenko, Nikolai—Minsk
Tzourikov, Valeri—Minsk (현재 미국 거주)
Shusterman, Michail—Norilsk
Shargina, Larisa—Odessa

□ ■ □ ■ □

트리즈 기반의 서비스 제공자들(미국)

American Supplier Institute
17333 Federal Drive, Suite 220,
Allen Park, MI 48101
Tel. (313) 336-8877

Goal/QPC
13 Branch Street,
Methuen, MA 01844
Bob King, Executive Director
Tel. (508) 685-3900

Ideation International, Inc.
21800 West 10 Mile Road
Suite 119
Southfield, MI 48075
Tel. (248) 353-1313

Invention Machine Corp.
200 Portland Street,
Boston, MA 021114-1722
Val Tsourikov, CEO and TRIZ Expert.
Tel. (617) 305-9250

Renaissance Leadership Institute, Inc.
P.O. Box 659
9907 Camper Lane,
Oregon House, CA 95962
Jim Kowalick, President.
Tel. (916) 692-1944

Pragmatic Vision, Inc.
200 Portland Street,
Boston, MA 021114-1722
Simon Litvin,
Vice President and TRIZ Master
Tel. (617) 305-9260

Strategic Product Innovation, Inc.
7591 Brighton Road,
Brighton, MI 48116
Steven Ungvari, President.
Tel. (810) 220-8440

Technical Innovation Center, Inc.
60 Prescott Street
Worcester, MA 01605
Lev Shulyak, President and TRIZ Expert
Tel. (508) 799-6700
Fax: (08) 799-9944
Email: tic@triz.org
www.triz.org

The TRIZ Group
30120 Northgate Lane,
Southfield, MI 48076
Victor Fey, President and TRIZ Expert
Tel. (248) 433-3075

TRIZ Consulting, Inc.
12013C 12 Avenue Northwest
Seattle, WA 98177
Zinovy Roysen, President and TRIZ Expert
Tel. (206) 364-3116

The Altshuller Institute for TRIZ Studies
www.aitriz.org

트리즈 기반의 서비스 제공자들(한국)

한국아이템 개발(www.innokid.com)
Invention Machine Corp.의
Goldfire 판매/교육
Email : sales@innokid.com

(주)트리즈 코리아(www.triz.co.kr)
Invention Machine Corp.의
Goldfire 판매/교육
Email : info@triz.co.kr

아이디어브레인(www.ideabrain.co.kr)
Ideation International, Inc.의
IWB 판매/교육
Email : info@ideabrain.co.kr

한국트리즈협회(www.triz.or.kr)
트리즈연구회, 교육/인증제도 운영
Email : webmaster@triz.or.kr

시그마트리즈(www.sigmatriz.com)
: 역자의 홈페이지
Invention Machine Corp.의
Goldfire 판매/교육
Email : pasu@sigmatriz.com

저자, 겐리흐 알트슐러에 대하여

— 레오니드 러너(Leonid Lerner)

우리가 말하려는 사람은 특별한 사람이다.
그가 위대한 과학을 개발했기 때문에 특별한 것이 아니다.
그는 결코 어떤 대가도 요구하지 않았기 때문에 특별하다.
그는 결코 "주세요"라고 말하지 않았다.
그는 항상 "이걸 가져가세요"라고 말했다.
그의 이름은 알트슐러이다.

□ ■ □ ■ □

스탈린에게 쓴 편지

1948년 12월 카스피해의 해군대위로 근무하던 알트슐러는 "스탈린 동지에게" 라고 시작하는 위험스러운 편지를 썼다. 이 편지에서 그는 국가 지도자에게 혁신과 발명에 대한 소비에트연방의 대응이 혼란스럽고 무지하다고 꼬집었다. 편지의 끝부분에서 그는 다음과 같이 훨씬 더 "터무니없는" 생각을 드러냈다: "모든 기술자들의 발명을 도울 수 있는 이론이 존재합니다. 이 이론은 매우 귀중한 결과를 낳을 수 있고, 기술세계에 혁명을 일으킬 수 있습니다." 2년이 지난 뒤 이 편지에 대한 가혹한 응답이 돌아왔다. 이 용감한 젊은 대위를 소개하고자 한다.

알트슐러는 1926년에 10월 15일에 구 소련의 타쉬켄트에서 태어났다. 그는 아제르바이젠의 수도인 바쿠에서 많은 세월을 보냈고, 1990년 이후로는 카렐리아의 페트로자봇스크에서 살았다.

알트슐러는 9학년(14세)때 수중잠수장치를 발명하여 처음으로 발명가 인증서를 받았고, 10학년 때에는 카바이드를 연료로 사용한 로켓엔진을 장착한 배를 만들었다. 1946년에는 처음으로 완숙한 발명을 했는데, 그것은 움직이지 못하게 된 잠수함에서 잠수복 없이 탈출하는 방법이었다. 이 발명은 즉시 군사기밀로 분류되었고, 알트슐러는 카스피해에 있는 해군 특허국에 배치되었다.

특허국의 책임자는 공상에 빠져있는 사람이었다. 그는 알트슐러에게 다음과 같은 공상에 대한 해결책을 찾아보라고 요구했다: 아무런 자원도 없이 적 후방에 갇혀있는 병사를 구할 수 있는 군사 양동작전을 찾으시오. 이 요청에 대한 응답으로 알트슐러는 새로운 종류의 무기를 개발했다. 이 무기는 일반 의약품으로 만든 매우 독성이 강한 화학물질이었다. 이 발명은 성공적이어서 알트슐러는 모스코바에 있는 KGB 베리아(Beria) 국장을 만나게 되었다. 4년이 지나 알트슐러는 베리아 휘하의 어느 감옥에서 이것과 동일한 발명품으로 붉은 광장의 시위대를 해산시키는 일을 맡았다.

알트슐러는 성공한 젊은 발명가였다. 그런 그가 무엇 때문에 자신의 경력을 파괴하고, 인생을 영원히 바꾸어 놓게 될 편지를 스탈린에게 쓰게 된 것일까?

알트슐러는 이렇게 말했다. "나 혼자 발명하는 것에 그치지 않고 발명하고 싶어 하는 모든 사람들을 도와야 했던 것이 나에게 중요했습니다."

많은 사람들이 알트슐러의 사무실을 찾아와 이렇게 말했다: "여기 문제가 하나 있어요. 나는 이것을 해결할 수 없어요. 어떻게 해야 하나요?" 알트슐러는 과학 도서관을 모두 찾아보았지만, 발명이라는 주제에 관해서는 아주 기초적인 책조차 찾을 수가 없었다. 과학자들은 발명이 우연한 사건이나 분위기, 또는 "혈액형"의 결과라고 주장했다. 알트슐러는 이런 생각을 받아들일 수 없었다. 만일 발명을 위한 방법론이 존재하지 않는다면, 누군가는 그 방법론을 개발해야만 한다고 생각했다.

알트슐러는 그의 아이디어들을 학교 동창생이었던 샤피로(Rafael Shapiro)와 공유했다. 그 당시 샤피로는 최고의 성공을 향해 달려가던 발명가였다. 이 시기에 이미 알트슐러는 발명이란 어떤 원리의 도움으로 기술적 모순을 제거하는 것에 지나지 않는다는 사실을 깨닫고 있었다. 만일 발명가가 이 원리들에 대한 지식을 갖고 있다면 발명은 확실하다. 샤피로는 이 발견에 흥분했고, 스탈린의 지원을 받기 위해 즉시 편지를 쓰자고 제안했다.

알트슐러와 샤피로는 준비했다. 그들은 새로운 방법들을 탐색했고, 기존의 모든 특허들을 연구했으며, 발명대회에 참가했다. 그들은 방염복을 발명하여 국가발명상을 수상하기도 했다. 그런 그들은 갑자기 조지아에 있는 한 마을인 트빌리시에 오라는 연락을 받았다. 그들은 도착하자마자 체포되었고, 2일 뒤 심문이 시작되었다. 그들은 '발명가'의 방해활동이라는 죄목으로 당시 보통 그랬던 것처럼 25년형을 선고 받았다.

이 일은 1950년에 일어났다. 독자들은 "자신의 아이디어를 위한 어느 순교자"의 이야

기가 이렇게 시작된다고 생각할지도 모르겠다. 그러나 알트슐러는 그가 체포된 것을 다른 시각으로 보았다.

"감옥에 오기 전에 나는 단순한 인간적 의구심과 싸우고 있었다. 만일 내 아이디어가 그토록 중요하다면, 왜 사람들이 그것을 인식하지 못할까? 나의 모든 의구심은 MGB(모스코바 국가안전 위원회)에 의해서 풀렸다." 알트슐러가 체포된 이후 많은 일들이 일어났고, 그 상황 속에서 살아남기 위해 그는 자신의 유일한 방어수단으로 트리즈 개념을 활용했다.

모스코바 감옥에서 알트슐러는 자백서에 서명하기를 것을 거부했고, "심문 컨베이어"에 올려져, 철야 심문을 받았다. 낮 동안 잠자는 것이 허락되지 않았다. 알트슐러는 이러한 상황에서 살아남을 수 없다는 것을 깨달았다. 그는 문제를 다음과 같이 기술했다: "어떻게 하면 자는 것과 자지 않는 것을 동시에 할 수 있을까?" 이 문제는 해결될 수 없을 것 같았다. 그에게 허락된 최대한의 휴식은 눈을 뜬 채로 앉아있는 것이었다. 이것은 그가 자기 위해서는 눈을 뜨고 있으면서, 동시에 감고 있어야 한다는 것을 의미했다. 이것은 쉬웠다. 그는 담배 갑에서 찢어낸 두 조각의 종이 위에 성냥을 태워 만든 숯으로 눈동자를 그렸다. 알트슐러의 동료 수감자는 그 종이 조각에 침을 발라 알트슐러의 감긴 눈에 그것을 붙여 주었다. 그러고 나서 알트슐러는 감시용 구멍이 뚫린 문의 맞은편에 앉아, 고요히 잠들었다. 그는 계속해서 며칠 동안 잠을 잘 수 있었다. 그를 심문하던 사람은 알트슐러가 어째서 매일 밤 피곤한 내색을 보이지 않는지 궁금해 했다.

마침내 알트슐러는 시베리아의 굴라그 수용소에서 하루에 12시간씩 벌목 작업을 하라는 선고를 받았다. 그는 그렇게 힘든 노동을 해서는 살아남을 수 없다는 것을 알고, 스스로 이렇게 질문을 했다: "계속 일을 하는 것과 그것을 거절하고 독방에 감금되는 것 중에서 어느 것이 더 나은가?" 그는 감금생활을 하기로 결정했고, 범죄자들이 있는 방으로 옮겨졌다. 여기에서 생존하기는 훨씬 수월했다. 알트슐러는 외우고 있던 많은 소설 이야기를 죄수들에게 들려줌으로써 그들과 친구가 되었다.

나중에 알트슐러는 다른 수용소로 옮겨졌는데, 그곳에서는 나이든 지식계급(과학자, 법률가, 건축가)들이 서서히 죽어가고 있었다. 그는 이 절망적인 사람들에게 활력을 불어넣어주기 위해 "일인 대학(One Student University)"을 열었다. 그는 매일 12시간 내지 14시간씩 생기를 되찾은 교수들이 제공하는 수업과 세미나에 참석했다. 이것이 알트슐러가 "대학교육"을 받은 방법이다.

또 다른 굴라그 수용소 바르쿠타 광산에서 그는 광산에서 일어나는 긴급한 기술적 상황들을 끊임없이 해결해면서 자신의 트리즈 이론을 개발하기 위해 매일 8시간 내지 10시간을 쏟았다. 이 젊은 발명가에게 광산 근무가 처음이라는 사실을 아무도 믿지 않았다. 모든 사람들은 알트슐러가 그들을 속이고 있다고 생각했다. 광산의 수석 엔지니어는 트리즈 방법론이 도움이 된다는 말을 들으려고 하지도 않았다.

어느 날 밤 알트슐러는 스탈린이 죽었다는 소식을 들었다. 그로부터 1년 반이 지난 뒤 알트슐러는 석방되었다. 바쿠에 돌아와서 그는 어머니가 자식을 다시 만날 희망을 모두 잃고 자살했다는 것을 알게 되었다.

1956년 알트슐러와 샤피로는 저널 **Voprosi of Psihologi [심리학의 문제]**에 **발명 창의성의 심리학(Psychology of Inventive Creativity)**라는 논문을 처음으로 발표했다. 창의성 과정을 연구하던 과학자들에게 그 논문은 폭탄이 터진 것과도 같았다. 그때까지 소련과 외국의 심리학자들은, 발명이란 우연한 영감(순간적인 아이디어의 반짝임)을 통해 탄생되는 것이라고 믿고 있었다.

알트슐러는 전 세계의 특허자원을 분석한 후에, 인간의 발명활동 결과를 바탕으로 한 특별한 방법을 제안했다. 발명은 모순을 밝혀내는 문제분석으로부터 나온다.

20만 건의 특허를 연구한 다음, 알트슐러는 기본적인 원리들을 적용함으로써 비교적 쉽게 해결할 수 있는 약 1,500가지의 기술적 모순이 존재한다고 결론을 내렸다.

"당신은 영감이 떠오를 때까지 수백 년을 기다릴 수도 있고, 이런 원리를 이용하여 15분 만에 문제를 해결할 수도 있다"라고 알트슐러는 말했다.

무명의 알토프(H. Altov - 알트슐러의 필명)가 트리즈 개념을 활용하여 공상과학소설을 쓰면서 생계를 유지하고 있었다는 것을 알트슐러의 반대자들이 알았었다면, 뭐라고 말했을까? 알토프는 그의 발명 아이디어를 활용하여 공상과학소설을 썼다. 1961년 알트슐러는 그의 첫번째 저서인 **발명 학습법(How to Learn Invent)**을 썼다. 이 작은 책에서 그는 발명가는 타고난다는 만연된 견해를 비난했다. 그는 발견을 위해서 사용되는 시행착오법을 비난했다. 5만 명의 독자들은 겨우 25코펙(25센트)을 지불하고 트리즈의 초기 20가지 발명방법을 배웠다.

1959년 알트슐러는 자신의 이론을 인정받고자 구소련의 최상위 특허기구인 VOIR(발명가 및 혁신가 연합)에 편지를 썼다. 그는 그의 이론을 증명할 기회를 달라고 요구했다. 수백 통의 편지를 쓴지 9년째 되던 해에 그는 마침내 답장을 받았다. 그가 요청한 발명 방법론에 관한 세미나는 1968년 12월 조지아의 드신태리에서 열렸다.

그것은 트리즈에 관한 사상 최초의 세미나였다. 알트슐러는 거기서 처음으로 알트슐러의 제자라고 자처하는 사람들을 만났다. 페트로자봇스크에서 온 셀리오우트스키(Alexander Selioutsk), 상트페테르부르크에서 온 미트로파노프(Voluslav Mitrofanov), 리가에서 온 부크맨(Isaak Buchman) 등이 그들이다. 젊은 기술자들은 후에 그들의 도시로 돌아가 트리즈 학교를 열었다. 알트슐러의 학교를 거쳐 간 수백 명의 사람들은 소련의 여러 도시에서 세미나를 열어달라고 요청했다.

1969년 알트슐러는 **발명 알고리듬**(Algorithm of Inventing)이라는 새로운 책을 출판했다. 이 책에서 그는 독자들과 학생들에게 40가지 원리를 제공했고, 복잡한 발명문제를 해결하기 위한 첫 번째 알고리듬을 제시했다.

상트페테르부르크 기술창의성대학의 창립자인 미트로파노프는 레닌그라드 출신의 저명한 발명가인 앙글린(Robert Anglin)에 관한 이야기를 들려주었다. 앙글린은 시행착오법으로 40개 이상의 발명을 한 사람인데, 이 사람이 한번은 트리즈 세미나에 참석했다. 그는 트리즈 교육기간 동안 매우 차분했다. 모든 사람들이 떠난 후, 그는 여전히 책상에 그대로 앉아서, 손으로 머리를 감싸고 있었다. "얼마나 많은 시간을 낭비했던가!" 라고 그는 말하고 있었다. "얼마나 많은 시간을… 트리즈를 더 일찍 알았더라면…."

1989년 알트슐러를 회장으로 하는 러시아 트리즈협회가 설립되었다.

본 내용은 1991년 러시아 잡지인 오고네크(Ogonek)에 레오니드 러너가 기고한 글에서 발췌한 것이다. 이 글은 영어로 번역되어 **40가지 원리**(40 Principles)라는 책에 최초로 발표되었다. 알트슐러는 1998년 9월 24일 타계했다.

역자(영문판)에 관하여

슐리악(Lev A. Shulyak)

40년 가까이 발명을 계속해온 슐리악(Lev A. Shulyak)은 구소련 모스크바에서 태어났다. 1954년, 슐리악은 모스크바 고속도로 건설대학으로부터 기계공학 학위를 받았다. 그는 기계 엔지니어로서 그 당시 가장 큰 수력발전소인 브라드스크의 건설현장에서 일하면서, 습식 콘크리트 혼합물을 생산하기 위한 첫 번째 자동화시스템을 설계, 제조하고 실행하는 일을 도왔다.

1961년, 그는 발명에 관한 알트슐러의 첫 번째 책 **발명가가 되는 법**을 구입했다. 이 책은 그의 문제해결과정에 도움을 주었고, 채 일 년도 안 되어 그는 '전기-기계 변환기'로 첫 번째 특허를 받았다.

1961년부터 1974년까지 그는 자동제어 시스템과 기계장비에 관한 15개의 특허를 받았고, 이러한 발명들은 여러 곳의 수력발전소 건설에서 엄청나게 많은 잡석을 절약할 수 있게 해주었다.

1973년 그는 기계공학 석사학위를 마치고, 그 다음 해에 미국으로 이주하였다. 그는 메사츄세츠, 워세스터에 정착하여 1976년부터 1983년까지 노턴사의 프로젝트 매니저로 근무하였다. 트리즈 지식을 활용하여 공정 설비를 재설계함으로써 그는 회사의 비용을 수십만 달러나 절감하였다.

슐리악은 여러 가지 소비제품에 대해 4개의 미국특허를 받았고, 그 중 일부를 성공적으로 제조하여 시장에 내놓았다.

1984년, 그는 미국에서 엔지니어와 어린이들에게 트리즈 방법론을 가르치는 첫 번째 사람이 되었다.

1991년, 그는 기술혁신센터(TIC)를 설립하여 발명가, 엔지니어 그리고 아이들에게 트리즈 기반의 체계적 이노베이션에 대한 과정을 가르치기 시작했다. 그는 알트슐러가 쓴 **그러자 갑자기 발명가가 나타났다**(And Suddenly the Inventor Appeared)(1995), **40가지 원리**(40 Principles)(1998), **이노베이션 알고리듬**(The Innovation Algorithm)(1999)을 로드먼(Steven Rodman)과 함께 공동으로 번역하였다. 1998년 9월 슐리악은 알트슐러에 의해서 **트리즈 대가**로 인정받았다.

슐리악은 이노베이션과 창의성 센터인 '트리즈 연구를 위한 알트슐러 협회(Altshuller Institute for TRIZ Studies)'를 설립하기 위하여 헌신적인 노력을 하였고, 그 결과 1998년 8월 15일 협회가 공식적으로 설립되었다. 그러나 불행하게도 슐리악은 1999년 12월 22일에 단발엔진 경비행기 사고로 사망하였다. 현재 알트슐러 협회는 트리즈의 계속적인 발전과 함께 전 세계로의 보급을 추진하고 있다.

□ ■ □ ■ □

로드먼(Steven Rodman)

로드먼(Steven Rodman)은 작가이자 교육자, 그리고 컴퓨터와 미디어 분야의 컨설턴트이다. 트리즈에 관한 그의 관심은 1993년 슐리악과 만남 직후부터 시작되었다.

기술혁신센터(TIC)의 설립자이자 사장인 로드먼은 출판 및 기술 부사장일 뿐만 아니라, Windchime 그룹과 ConVergence: New Media Design의 설립자이면서 멤버이기도 하다. 전에 그는 아일랜드와 푸에르토리코, 미국의 프레밍햄(또한 여기서 고등제조 훈련부서의 시스템 관리자였다)에 있는 프라임 컴퓨터사에서 선임 기술강사로 일했다. 프라임에서 10년 동안 일한 후, 그는 *Worcester Magazine*, *Worcester Business Journal*, *Hartford Business Journal*에서 정보시스템 및 기술이사로서 5년간 일했다. 그는 또한 *Worcester Business Journal*의 선임 작가였고, *Worcester Magazine*과 기타 다른 출판물들의 기고 작가였다.

로드먼은 1993년 이후로 슐리악의 지도아래 트리즈를 공부하였다. 그는 또한 몇 명의 다른 러시아 트리즈 대가로부터 트리즈 교육을 받았다. 그는 '트리즈 연구를 위한 알트슐러 협회'의 설립에 있어 중요한 역할을 하였다.

이 책은 로드먼이 슐리악과 공동으로 번역한 알트슐러의 세 번째 책이다.

트리즈 연구를 위한 알트슐러 협회

· 혁신 아이디어의 교환
· 트리즈 연구 및 개발
· 트리즈 관련 서적의 번역 및 출판
· 고등학교와 대학의 이노베이션 교과과정
· 트리즈 컨퍼런스
· 쌍방향 웹 사이트
· 트리즈 도구 및 출판물의 보급
· 전세계적인 트리즈의 이해 증진
· 목표가 정해진 해결책 탐색을 위한 기금조성

트리즈, 창의성 그리고 이노베이션을 위한 강력한 자원

레브 슐리악, 리차드 랭게빈 그리고 스티브 로드먼이 1995년 처음으로 겐리흐 알트슐러와 접촉하여 미국에서 트리즈 연구소를 세우고자 하였다. 1998년 가을 트리즈 공동체의 많은 회원들의 열정과 도움으로 그 꿈이 실현되었다. 트리즈 연구를 위한 알트슐러 협회는 비영리 집단으로 설립되었다.

당신이 더 많은 정보를 알고 싶거나 알트슐러 협회에 참가하고 싶다면, www.aitriz.org 웹사이트를 방문하거나 The Altshuller Institute, 60 Prescott Street, Worcester, MA 01605로 편지를 하기 바란다.

역자 후기

일련의 위대한 발견 뒤에는 언제나 창의적 생각이 숨어 있다. 그러나 일반인이나 학생들에게 창의성과 발명하는 방법을 가르치거나 소개하는 것은 결코 쉽지 않다. 사람은 누구나 자기가 이해할 수 있는 만큼만 받아들일 수 있으므로, 아무리 훌륭한 이론이라 할지라도 그것을 이해할 수 있는 능력이 없는 사람에게는 자기하고는 무관한 딴 세계의 이야기로 밖에 비쳐지지 않는다.

그런데도 일반인이나 학생들에게 현재하고 있는 일에 대한 업무효율 향상이나 장차 관심분야 혹은 배우고 싶은 기법에 대해 물어보면, 가장 많이 나오는 것 중의 하나가 창의성 또는 문제해결 능력이다.

창의성은 모든 발명의 바탕이 되고, 이로부터 얻어진 특허를 비롯한 지적자산이 사회나 기업의 경쟁력을 결정짓는 중요한 요소가 되었다. 특히, 지식사회에서는 창의성에 근거한 혁신 알고리듬에 대한 요구가 더욱 커질 것으로 예상된다. 이 같은 흐름과 중요성에 의견을 같이한 사람들이 〈발명문제 해결〉이란 주제에 대해 정규적인 세미나와 학습을 하기로 의견을 모아 1999년 8월에 결성한 모임이〈트리즈 연구회〉이다.

우리는 어떤 문제를 풀고자 할 때 지식과 경험에 의존하는 경향이 있다. 따라서 가능한 한 많이 배우고, 풍부한 경험을 얻으려고 애쓰면서 많은 시간을 쓰고 있다. 그러나 "구슬이 서 말이라도 꿰어야 보배"라는 우리 속담이 있듯이 우리 앞에 놓인 문제를 풀지 못한다면 그 많은 지식과 경험이 무슨 소용이 있겠는가! 우리 앞에 놓인 문제를 풀기 위해서 그저 반복적인 시행착오가 아닌 잘 그려진 산악지도와 같은 올바른 길이 있다면 얼마나 좋겠는가. 우리에게 풀어야 할 문제가 있을 때, 무언가 체계적인 접근방법이 있다면, 지식과 경험을 앞세운 시행착오 방법보다는 훨씬 좋을 것이다.

알트슐러에 의하면 발명은 몇 몇 직관이 뛰어난 발명가의 전유물이 아니라, 그가 제안한 체계적인 새로운 사고방법, 즉 "강력한 사고"는 누구나 훈련에 의해 얻을 수 있다. 그는 이"강력한 사고"를 바탕으로 경이적인 과학인 발명문제 해결 이론(트리즈)을 우리에게 제시하였다.

이 책의 출판과정을 살펴보면, 처음 〈트리즈연구회〉의 회원들이 알트슐러의 "The nnovation Algorithm"을 1999년 말에 초벌 번역하였다. 그 다음 2001년 초부터 약 6개월간 김성대, 박성균, 박수동, 윤기섭이 초벌 번역물을 원서와 비교해가면서 교정을 하였다. 또한 독자의 이해를 돕기 위해 필요에 따라 역자주석을 달았다. 그리고 본인이 여러권의 트리즈 책 출판 경험을 바탕으로 초기 출판에 있었던 많은 오역을 바로 잡으면서 약 2개월 간 다시 교정 하였다.

이 책이 러시아어에서 영어로 번역될 때, 레브 슐리악(Lev Shulyak)과 스티브 로드먼(Steve Rodman)이 그랬던 것처럼, 영어를 한글로 번역하는 작업 역시, 알트슐러 글이 지닌 본래의 맛을 그대로 간직하려고 노력하였다. 그러나 잘된 것에 대한 모든 영예는 알트슐러에게, 잘못된 것에 대한 모든 책임은 옮긴이의 몫이다.

이 책의 출판을 위해 수고한 많은 분들이 있다. 먼저 일일이 열거하지는 않았지만, 이 책의 초벌 번역에 참여했던 많은 〈트리즈 연구회〉 회원들에게 감사한다. 그리고 마지막 원고를 세삼하게 검토해준 삼성 SDI 김원식 박사, TIC로부터 출판권을 얻도록 도와준 프래트 위트니 로켓다인(Pratt & Whitney Rocketdyne)사 손기호 이사, 트리즈 관련 출판에 열성을 보이는 GS인터비전 송기수 대표께 진심으로 감사한다.

전주산 건지산 기슭에서
박성균

역자소개

박성균은 20여 년 동안 기업연구소, 기술부서에서 연구개발, 품질관리 분야를 담당하던 중, 1998년 〈한국트리즈연구회〉에서 트리즈를 접했고, 트리즈 관련 "이노베이션 알고리듬", "체계적인 이노베이션", "알기쉬운 트리즈", "40가지 원리", "그러나 갑자기 발명가가 나타났다"를 번역, 출판하였다. 현재는 대학에서「창의공학」, 「창의설계」등의 교과목으로 트리즈를 가르치고, 트리즈 교육·컨설팅·번역 활동을 하고 있다.

새로운 방식의 트리즈

2011년 3월 5일 초판 인쇄
2012년 4월 30일 2 쇄 발행

저 자 겐리흐 알트슐러
역 자 박성균
발 행 인 송기수
발 행 처 도서출판 GS인터비전
편 집 처 도서출판 GS인터비전
인 쇄 처 토탈프로세스
등록번호 제313-2011-120호
I S B N 978-89-93668-89-6 (92530)

주 소 서울 마포구 신수동 448-6
전 화 02-976-7898, 3272-7898
팩 스 02-6468-7898
홈페이지 gsintervision.co.kr
E-Mail gsinter7@chol.com

정 가 20,000원